·21 世纪高等学校创新教材·

工 程 力 学

（第三版）

余建初　主　编
吴永桥　主　审

科 学 出 版 社
北　京

内 容 简 介

本教材依据国家教育部工科力学指导小组制定的中、少学时《工程力学》课程的基本要求编写而成。

全书分为静力学和材料力学两大部分,共16章和1个附录,主要内容包括静力学和材料力学的基本概念和公理、简单力系、平面任意力系、空间力系、轴向拉伸与压缩、扭转、弯曲内力、弯曲应力、弯曲变形、能量法、应力状态与强度理论、组合变形、动载荷及交变应力、压杆稳定以及截面的几何性质。带“*”号的内容可根据专业特点选择讲授,也可作为自学阅读材料。每章编有思考题和习题,书末附有答案。

图书在版编目(CIP)数据

工程力学/佘建初主编. —3版. —北京:科学出版社,2011
(21世纪高等学校创新教材)
ISBN 978-7-03-030645-6

Ⅰ.①工…　Ⅱ.①佘…　Ⅲ.①工程力学－高等学校－教材　Ⅳ.①TB12

中国版本图书馆CIP数据核字(2011)第051315号

责任编辑:王雨舸/责任校对:董艳辉
责任印制:徐晓晨/封面设计:苏　波

科学出版社出版
北京东黄城根北街16号
邮政编码:100717
http://www.sciencep.com
北京凌奇印刷有限责任公司印刷
科学出版社发行　各地新华书店经销
*
2007年1月第　二　版　开本:787×1092　1/16
2011年8月第　三　版　印张:15 3/4
2021年7月第九次印刷　字数:391 000

定价:65.00元

(如有印装质量问题,我社负责调换)

前　言

工程力学是高等学校工程类专业的技术基础课。本书根据国家教育部工科力学指导小组制订的中、少学时“工程力学”课程的基本要求编写。

全书分静力学和材料力学两大部分，共16章和1个附录。主要内容包括静力学和材料力学的基本概念和公理、简单力系、平面任意力系、空间力系、轴向拉伸与压缩、扭转、弯曲内力、弯曲应力、弯曲变形、能量法、应力状态与强度理论、组合变形、动载荷及交变应力、压杆稳定以及截面的几何性质。为了便于读者参考外文书籍，本书给出了中英文对照的专业词汇名词索引。

有些章节编入了一些深度和广度较大的内容(带有“*”号的章节)，这些内容可根据专业特点选择讲授，也可作为自学阅读材料。每章末都编入了一定数量的思考题和习题，书末附有习题答案。

书内所有插图中构件的尺寸，凡是用毫米(mm)作单位的，一般不注明单位；如用其他单位，如厘米(cm)或米(m)时，则将单位注出。

本书由佘建初主编，潘毖椽副主编。其中绪论、第1章由佘建初编写，第2～5章及索引由潘毖椽编写，第6～14章由王建军、王应军编写，第15章、第16章由靳邦虎编写，书中插图由曾翠林绘制。全书最后由佘建初统稿、定稿。在本书的编写工作中得到了武汉理工大学及华夏学院领导及各位老师的支持和帮助，在编写中参考了一些同类教材并选用了某些插图和习题，在此一并表示感谢。

本书由吴永桥教授主审，他对本书提出了许多宝贵的意见，编者在此表示由衷的感谢。

限于编者水平，书中难免存在缺点和错误，诚恳希望读者批评指正。

编　者

2010年12月

前 言

目　　录

绪论

第1篇　静　力　学

第2篇　材料力学

绪　论

一、工程力学的研究对象与内容

工程力学是研究物体机械运动的一般规律以及构件的强度、刚度和稳定性的科学，它包括理论力学和材料力学两门课程中的有关内容，是一门理论性和实践性都较强的课程。

理论力学是研究物体机械运动一般规律的科学。所谓机械运动是指物体在空间的位置随时间的变化。机械运动是最常见、最简单的运动形式。在工程实际应用中，有的物体作机械运动，有的物体处于静止状态，静止是机械运动的特殊情况。研究机械运动的规律以及静止物体的受力平衡问题，都要用到理论力学的知识。

结构物体和机器都是由构件组成的。构件在工作时总要受到载荷的作用，为了使构件在载荷的作用下能正常工作而不被破坏，也不发生过度的变形和丧失稳定，就要求构件具有一定的强度(抵抗破坏的能力)、刚度(抵抗变形的能力)和稳定性(保持原有平衡形态的能力)，而材料力学就是研究构件的强度、刚度和稳定性的科学。

本教材只包括理论力学中的静力学部分(研究物件的受力及力系的简化与平衡条件)和材料力学。

二、工程力学的研究方法

工程力学和其他学科一样，为抓住问题的主要因素而忽略次要因素，需要应用已有的知识和经验对所研究问题进行抽象简化，建立力学模型。例如，由于一般物体的变形很小，与物体的原始尺寸相比微不足道，所以在研究物体的平衡和运动时，可把物体抽象为刚体；而在研究物体的强度、刚度和稳定性问题时，则将物体抽象为连续、均匀、各向同性的变形体。

在建立力学模型的基础上，应用数学推演的方法，从少量的基本规律出发，得到从多方面揭示机械运动规律的定理、定律和公式，建立严密而完整的理论体系，这就是工程力学的基本研究方法。

对某一具体问题，应用力学原理得到的结论还需要实践的检验。

由于计算机技术的飞速发展和广泛应用，工程力学的研究方法(即理论方法和实验方法)也需要更新。而随着研究方法和研究手段的变革，工程力学也将从工程设计的辅助手段发展为主要手段。

三、学习工程力学的目的

工程力学是一门技术基础课，它所阐述的规律一方面具有普遍性，是一门基础科学；另一方面又和工程实际问题紧密相联，是一门技术科学。它为机械设计等后续课程提供必要的理论基础，是工程类专业学生从基础课学习向专业课学习过渡的桥梁。

工程力学的研究方法具有一定的代表性，因此充分理解工程力学的研究方法，不仅有助于深入地掌握这门学科，而且有助于学习其他科学技术理论，有助于培养辩证唯物主义世界观和正确的分析问题、解决问题的能力，为今后解决工程实际问题和从事科学研究工作打下基础。

第 1 篇

静力学

第1章 静力学的基本概念、公理和物体的受力分析

1.1 静力学的基本概念

静力学(statics)是研究物体在力系作用下的平衡条件的科学。力系(force system),是指作用于物体上的一群力。平衡(equilibrium),是指物体相对于惯性参考系(如地面)处于静止或匀速直线运动状态。如房屋、桥梁、工厂中的各种固定设备及作匀速直线运动的车辆等,都处于平衡状态。平衡是机械运动的特殊情况。

静力学主要研究以下三个基本问题。

1. 物体的受力分析

分析物体的受力情况,即物体受几个力,每个力的作用位置和方向如何。

2. 力系的等效替换(或简化)

若作用在刚体上的一力系可用另一力系来代替而不改变它对刚体的作用效应,则称这两个力系为等效力系或互等力系。所谓力系的简化,就是用一个简单的等效力系来代替作用在刚体上的一个复杂力系。研究力系简化的目的是为了简化刚体的受力情况,以便进一步分析和研究刚体在力系作用下的平衡条件或运动规律。

3. 建立各种力系的平衡条件

物体平衡时,作用在物体上的各种力系所需满足的条件称为平衡条件(condition of equilibrium)。

在工程中常见的力系按其作用线的位置可分为平面力系(coplanar force system)和空间力系(spatial force system)两大类;还可进一步划分为平行力系、汇交力系和任意力系。各种力系的平衡条件具有不同的特点,使物体处于平衡状态的力系称为平衡力系。研究力系的平衡条件在工程上具有十分重要的意义,它是设计结构、构件和机械零件时静力计算的基础。

1.1.1 力的概念

力是人们在长期的生产和生活实践中,通过反复观察、实验和分析而逐渐形成的抽象概念。力(force)是物体间的相互作用,其结果是使物体的机械运动状态发生变化或使物体产生变形,即物体受力后产生的效应有两种:一种是机械运动状态的变化,称之为力对物体的外效应或运动效应(effect of motion),如原来静止的物体在力的作用下由静止开始运动;另一种是变形,称之为力对物体的内效应或变形效应(effect of deformation),如弹簧受力会伸长。静力学只研究力的外效应。

实践证明,力对物体的作用效应取决于力的基本要素,即力的大小、方向、作用点,简称为力的三要素(three elements of force)。

力的大小表示物体之间机械作用的强弱,在国际单位制(SI)中,以牛顿(N)或千牛顿(kN)作为力的单位。

力的方向表示物体的机械作用具有方向性。力的方向包括力的作用线在空间的方位和力沿作用线的指向。

力的作用点是力作用在物体上的部位。实际上，当两个物体相互作用时，力总是分布地作用在一定的面积上的。如果力作用的面积很大，就称之为分布力(distributed force)，例如图1-1(a)所示的管子受均匀分布的内压力作用，其单位面积上的压力为 $\boldsymbol{p}$。如果力的作用面积很小，可近似地看成作用在一个点上，这种力称为集中力(concentrated force)，该点称为力的作用点，例如图 1-1(b)所示作用在重物上的绳索的拉力 $\boldsymbol{T}$。

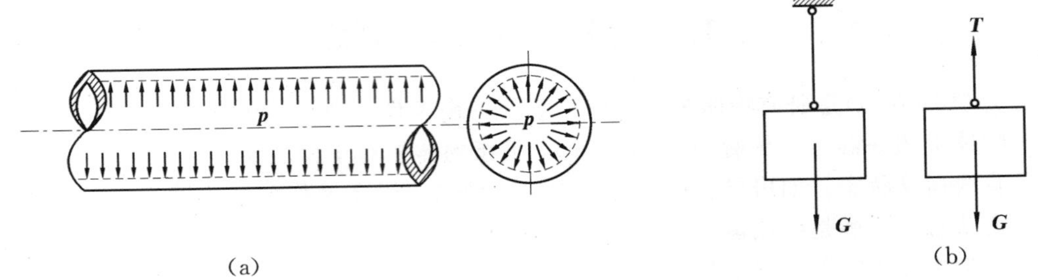

图 1-1

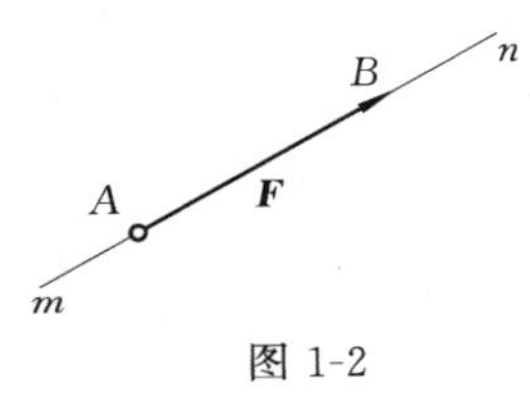

图 1-2

力的三要素表明：力是一个矢量，它可用具有方向的线段来表示(图 1-2)。有向线段的起点(或终点)表示力的作用点；有向线段的方位和箭头指向表示力的方向；有向线段的长度(按一定的比例尺)表示力的大小。通过力的作用点沿力的方向的直线称为力的作用线。在静力学中，用粗体字母 $\boldsymbol{F}$ 表示力矢量，而用普通字母 F 表示力的大小。

1.1.2 刚体的概念

所谓刚体是指在任何力作用下都不发生变形的物体，或者说其内任意两点间的距离始终保持不变的物体。显然，这是一个抽象化的模型，实际上并不存在这样的物体，因为任何物体受力后都会或多或少地发生变形。然而工程实际应用中很多物体的变形都非常微小，当研究它们的平衡和运动时可对其忽略不计，从而使研究的问题大为简化。

将物体抽象为刚体是有条件的，这与所研究问题的性质有关。如果在所研究的问题中，物体的变形成为主要因素时，就不能再把物体视为刚体，而要视为变形体。

静力学中所研究的物体只限于刚体，因此，静力学又称为刚体静力学(statics of rigid bodies)。以后将会看到，当研究变形体的平衡问题时，也是以刚体静力学的理论为基础的。

1.2 静力学公理

所谓公理，就是人们在生产和生活实践中长期积累的经验总结，是经过大量实践的检验、证明是符合客观实际的为人们所公认的普遍规律。静力学中所有定理和结论都是由以下几个基本公理推演出来的。

公理 1　二力平衡公理　一个刚体受两个力作用而处于平衡状态，其必要和充分条件是：两个力的大小相等、方向相反，且作用在同一直线上(图 1-3)。

公理 1 给出了刚体受最简单的力系作用时的平衡条件。由经验可知，自由刚体在只受一个力作用时是不可能平衡的。在工程中常用到图 1-4 所示的一类构件，其特点是构件只受两个力作用而保持平衡，称之为二力构件，简称二力杆。根据二力平衡公理可以断定，这两个力的方向必定沿着两个力作用点 A,B 的连线，且等值、反向。二力杆在工程实际应用中经常遇到。

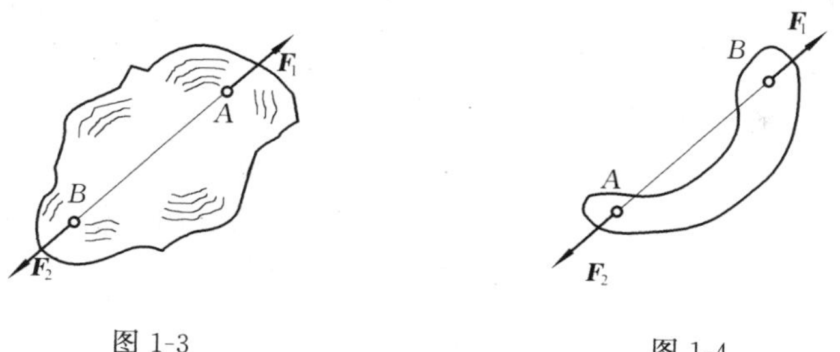

图 1-3　　图 1-4

公理 2　力的平行四边形法则　作用于物体上同一点的两个力可以合成为一个力，其大小和方向可以用这两个力为边构成的平行四边形的对角线来表示，其作用点即为原来两力的交点。这个力和原来的两个力等效，称为原来两力的合力。

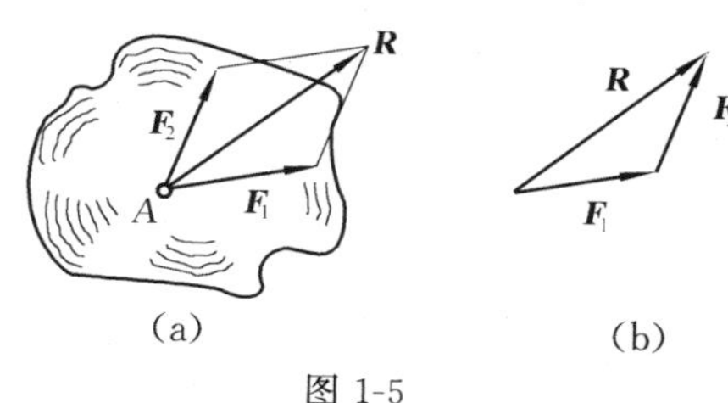

图 1-5

如图 1-5(a)所示，$\boldsymbol{R}$ 即为力 $\boldsymbol{F}_1$ 和 $\boldsymbol{F}_2$ 的合力，A 为其作用点。合力 $\boldsymbol{R}$ 等于 $\boldsymbol{F}_1$ 和 $\boldsymbol{F}_2$ 的矢量和或几何和，即

$$\boldsymbol{R} = \boldsymbol{F}_1 + \boldsymbol{F}_2$$

这个公理总结了最简单力系的简化规律，它是复杂力系简化的基础。由此，也可以用力三角形法则求力 F_1 和 F_2 的合力 R，即画出力 F_1 或 F_2 中的一力，再以该力的终点为起点画第二个力，连接第一个力的起点和第二个力的终点，形成力三角形，力三角形的封闭边即为力 F_1 和 F_2 的合力 R，如图 1-5(b)所示。

公理 3　加减平衡力系公理　在已知力系上加上或减去任何一个平衡力系，不会改变原力系对刚体的作用。因为平衡力系对于刚体的平衡或运动状态没有影响，所以，如果两个力系相互只差一个平衡力系，则这两个力系是等效的。这个公理是力系简化的理论根据之一。

推论 1　力的可传性(transmissibility of force)　作用在刚体上某点的力可以沿其作用线移到刚体内任意一点，而不会改变该力对刚体的作用效应。

证　设力 $\boldsymbol{F}$ 作用于刚体的点 A，如图 1-6(a)所示，在该力作用线上任取一点 B，根据公理 3，在点 B 加一对平衡力 $\boldsymbol{F}_1$ 和 $\boldsymbol{F}_2$，且使 $-\boldsymbol{F}_1=\boldsymbol{F}_2=\boldsymbol{F}$，如图 1-6(b)所示，式中负号表示 $\boldsymbol{F}_1$ 的方向与 $\boldsymbol{F}_2$，$\boldsymbol{F}$ 的方向相反。由于 $\boldsymbol{F}_1$ 和 $\boldsymbol{F}$ 也是一对平衡力，根据公理 3，可将它们从力系中去掉，但并不改变刚体的运动状态，于是刚体上只剩下力 $\boldsymbol{F}_2$，如图 1-6(c)所示，它的大小和方向与力 $\boldsymbol{F}$ 相同，只是作用点移到了 B 点。

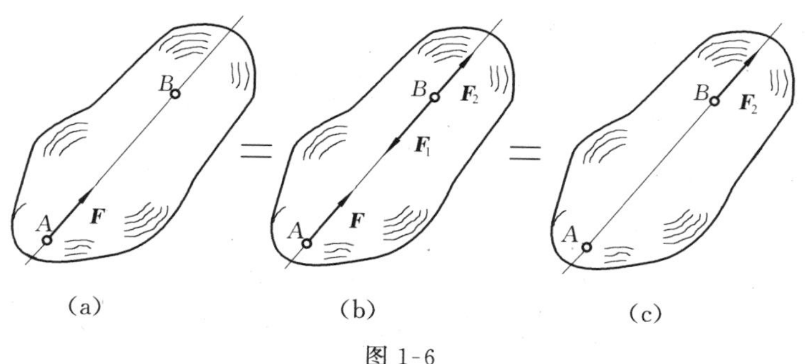

图 1-6

对于刚体而言，由于力的可传性，力的作用点已不是决定力的作用效果的一个要素，它可被其作用线所代替，因此作用于刚体上的力的三要素是：力的大小、方向和作用线。作用于刚体上的力可以沿作用线移动，这种矢量称为滑动矢量。

注意：力的可传性不适用于研究力对物体的变形效应。例如，一根直杆受到一对平衡拉力 $\boldsymbol{F}$ 和 $\boldsymbol{F}'$ 作用时，它将沿轴线伸长，如图 1-7(a)所示，若将两力按力的可传性而互相移位，则杆将受压力作用而沿轴向缩短，如图 1-7(b)所示。显然，伸长和缩短是两种完全不同的变形效应。因此在这种情况下，力的作用点仍是决定力的作用效应的一个因素，必须将力视为固定矢量。

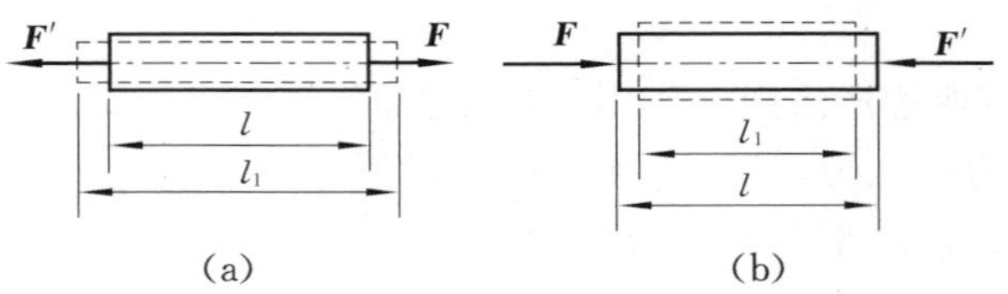

图 1-7

推论 2　三力平衡汇交定理　如果物体在 3 个互不平行的共面力作用下处于平衡状态，则这 3 个力的作用线必定汇交于一点。

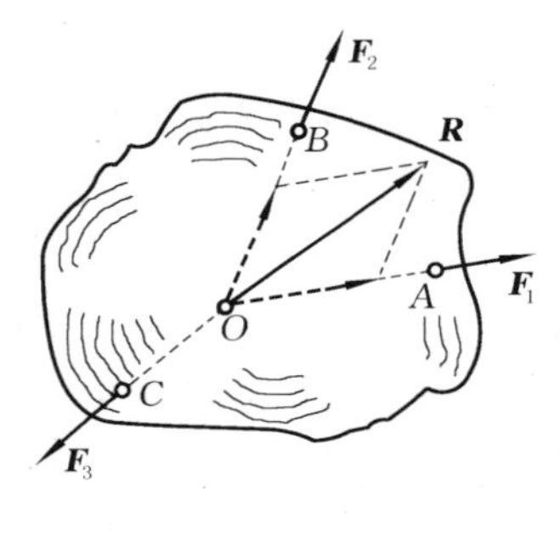

图 1-8

证　设有 3 个共面、互不平行的力 $\boldsymbol{F}_1$，$\boldsymbol{F}_2$，$\boldsymbol{F}_3$ 分别作用于物体的 A，B，C 三点，使物体处于平衡状态，如图 1-8 所示。延长 $\boldsymbol{F}_1$ 和 $\boldsymbol{F}_2$ 的作用线，得交点 O。根据力的可传性，可将 $\boldsymbol{F}_1$ 及 $\boldsymbol{F}_2$ 移至点 O(图中用虚线表示其力矢)，并按平行四边形法则求得其合力 $\boldsymbol{R}$，以代替 $\boldsymbol{F}_1$ 和 $\boldsymbol{F}_2$。根据二力平衡公理，力 $\boldsymbol{F}_3$ 和 $\boldsymbol{R}$ 必在同一直线上，且大小相等，方向相反，所以力 $\boldsymbol{F}_3$ 的作用线也必通过点 O。

若物体受 3 个互不平行的共面力作用而平衡，则只要知道两个力的方向，可根据三力平衡汇交定理确定第三个力的方向。

公理 4　作用和反作用定律　一物体对另一物体有一作用力时，另一物体对此物体必有一反作用力。这两个力大小相等，方向相反，且沿同一直线作用。

公理 4 概括了任何两物体间相互作用的关系，不论物体是处于静止状态还是运动状态，研究对象是刚体还是变形体，它都普遍适用。即所有的力都是成对存在的，有作用力就必然有反作用力。在研究由几个物体构成的系统的受力关系时，作用力与反作用力的分析尤为重要。

注意，作用力和反作用力不能与二力平衡公理中的一对平衡力相混淆。一对平衡力是作用在同一研究对象上的，而作用力与反作用力则是分别作用在两个不同的研究对象上的。

公理 5　硬化原理　变形体在某一力系作用下处于平衡时，若将变形体硬化为刚体，则其原来的平衡状态并不改变。

公理 5 建立了刚体的平衡条件和变形体的平衡条件之间的联系。即刚体平衡所需满足的条件对于变形体仍然是需要的，对刚体是必要而且是充分的平衡条件，对变形体则只是必要的，并不一定是充分的。不过，由公理 5，可以把刚体平衡所需的条件，全部应用到变形体的平衡上去。所以，硬化原理为刚体力学向变形体力学的过渡提供了条件。

1.3 约束与约束反力

有些物体，如飞行中的飞机、炮弹等，能在空中任何方向运动，这类位移不受任何限制的物体称为自由体(free body)；而有些物体，如在轨道上行驶的火车，只能沿轨道行驶，这类位移受到某些限制的物体称为非自由体(constrained body)。静力学研究的主要对象是非自由体，非自由体的位移之所以受到限制，是由于其他物体的阻碍。对非自由体在某些方向上的位移起阻碍或限制作用的任何物体称为约束(constraint)。约束可能是轨道、地面，也可能是一些其他物体，如轴承、撑架、绳索等。约束在与被约束物体相连接的地方，对被约束物体的某些运动起了阻碍作用。

物体之所以有运动状态改变的趋势，是因为在物体上作用有能主动引起物体运动状态改变或使物体有运动状态改变趋势的力，称为主动力(applied forces)。例如，物体受到的重力、风力，人们作用于物体上的拉力等，都是主动力。对非自由体，由于主动力的作用，使其运动状态有改变的趋势，而约束阻碍了物体的运动，使物体受到阻碍其运动的力的作用，这种力称为约束反力(reactions of constraint)。约束反力的大小和方向取决于主动力的作用情况和约束的形式。约束反力的方向总是与该约束所能阻碍的物体运动的方向相反。与主动力相比，约束反力是被动的，在工程实际应用中，主动力通常是给定的或可测定的，而约束反力一般是未知的。静力学的重要任务之一就是确定未知的约束反力，而正确地判断约束反力的方向是十分重要的。下面分析几种常见约束形式的性质及确定约束反力方向的方法。

1. 光滑面约束

当物体与平面或曲面接触时，如果摩擦力很小，可以忽略不计，就可以认为接触面是“光滑”的。光滑面(smooth surface)约束只能阻止物体沿着接触面的公法线向支承面的运动，而不能阻止物体离开支承面和在支承面的切平面内的运动。因此，约束反力应通过接触点，并沿着接触面的公法线指向被约束物体。例如，在轮与轨道接触时(图 1-9)，若不计钢轨的摩擦，则钢轨可视为光滑面约束，车轮在主动力 $\boldsymbol{G}$ 作用下有向下运动的趋势，而约束反力 $\boldsymbol{N}$ 则沿公法线且铅直向上。

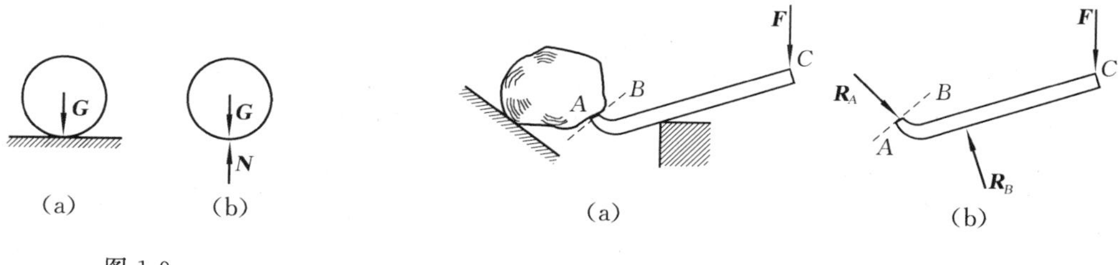

图 1-9

图 1-10

若具有光滑面的物体搁在支承物的尖端上，则约束对物体的约束反力的方向应垂直于物体和尖端的公切线。由于尖端处的切线是不定的，所以这时公切线的方位要根据物体来确定。如图 1-10(a)所示，用一直杆 AC 撬一块石头，在 A 端，接触点的支承反力应垂直于接触点处石头的公切线；在 B 端，接触点的约束反力应垂直于直杆在该接触点处的公切线，如图1-10(b)所示。

2. 柔性约束

由绳索、皮带、链条等柔性物体构成的约束称为柔性约束。由于柔性物体本身只能受拉不

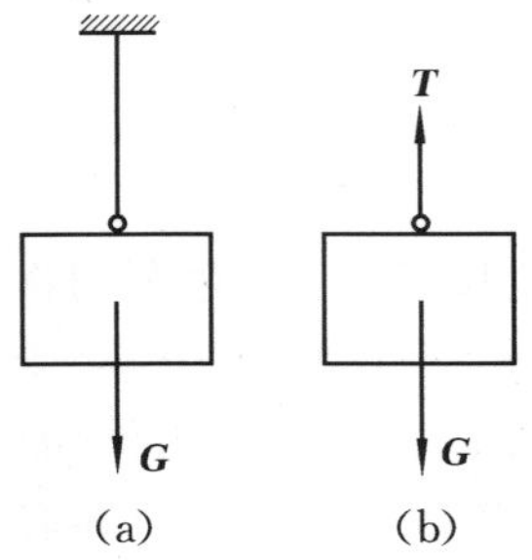

图 1-11

能受压，因此这种约束只能阻止被约束物体沿柔性物体伸长方向的运动，柔性约束的约束反力应沿着柔性物体的轴线方向作用于连接点处，并背离被约束物体。如图 1-11(a)所示，绳子悬挂一重物，绳子可阻止物体向下(即沿绳子伸长的方向)运动，它所产生的约束反力 $\boldsymbol{T}$ 竖直向上，如图 1-11(b)所示。

3. 光滑铰链约束

光滑铰链(smooth cylindrical pin)约束也是一种常见约束，其主要结构是在被约束物体和固定支座上各钻一圆孔，再用一圆柱形销钉将二者连接(亦称圆柱铰链约束)，如图 1-12(a)所示。被约束物体只能绕销钉轴线转动，而不能在与销钉轴线垂直的平面内产生任何方向的移动，这种约束又称为平面固定铰链支座，简称铰支座。

假定销钉与被约束物体间为两个光滑圆柱面的接触，如图 1-12(b)所示，根据光滑面约束的性质，销钉对被约束物体的约束反力 $\boldsymbol{R}$ 应通过接触点 K 并沿接触面的法线方向，即通过圆孔中心，如图 1-12(c)所示。但因接触点 K 的位置与被约束物体的受力有关，往往不能预先确定，所以约束反力 $\boldsymbol{R}$ 的方向亦不能确定。这种约束反力通常可以用通过铰链中心的两个互相垂直的分力 $\boldsymbol{X}$ 和 $\boldsymbol{Y}$ 表示，如图 1-12(d)所示，只要确定了这两个分力，便确定了约束反力 $\boldsymbol{R}$。平面固定铰链支座通常用图 1-12(e)所示的简化符号表示。

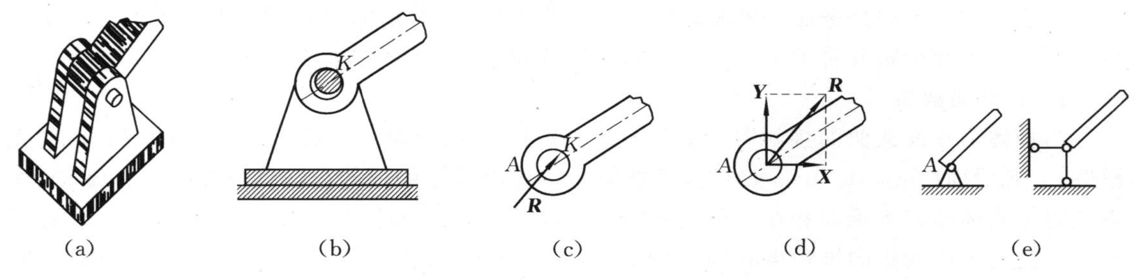

图 1-12

在实际结构中，常用圆柱形光滑销钉连接两个构件，称为中间铰，如图 1-13(a)、(b)所示。如将其中任一构件作为被约束物体，则约束反力同样具有上述特点，因而也可用两个互相垂直的分力来表示约束反力，如图 1-13(c)所示。图 1-13(d)所示为中间铰的简化符号。

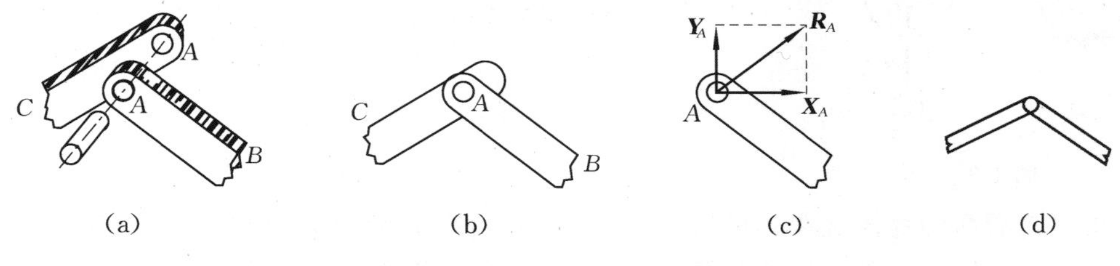

图 1-13

4. 辊轴约束

辊轴(roller support)约束的结构是在圆柱铰链的底座下安装一些圆柱形的滚轴，如图 1-14(a)所示。如果接触面是光滑的，则约束反力必通过铰链中心，如图 1-14(b)所示。这表明，辊轴约束只限制物体在垂直于接触面方向的移动，而不限制物体的转动和沿接触面切线方向的移动。图 1-14(c)所示为辊轴约束的简化符号。

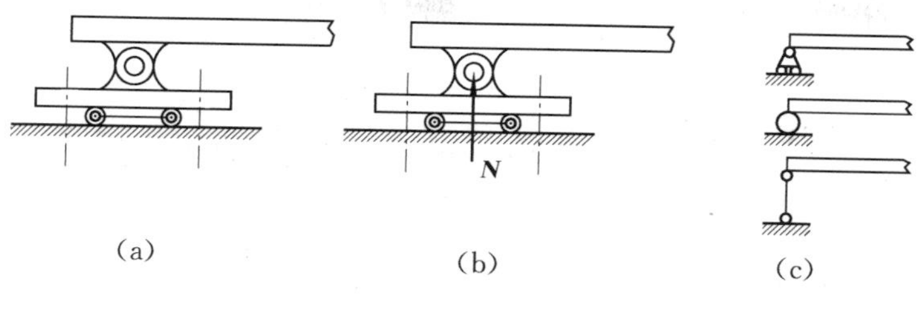

图 1-14

5. 球形铰链约束

球形铰链约束是将连在物体上的圆球装在支承物的球窝里而构成的一种空间约束，如图 1-15(a)所示，简称球铰。球和球窝的半径近似相等，且假定接触是光滑的。球铰可阻止球心点沿任何方向的移动，但不能阻止物体绕该点的转动。与圆柱铰链约束类似，球和球窝的接触点位置不能由约束性质来决定，而取决于被约束物体的受力，但可以肯定，约束反力的作用线必通过球心。通常将其沿坐标轴分解为 $\boldsymbol{X}$,$\boldsymbol{Y}$,$\boldsymbol{Z}$ 三个分力，如图 1-15(b)所示。图 1-15(c)所示为球铰约束的简化符号。

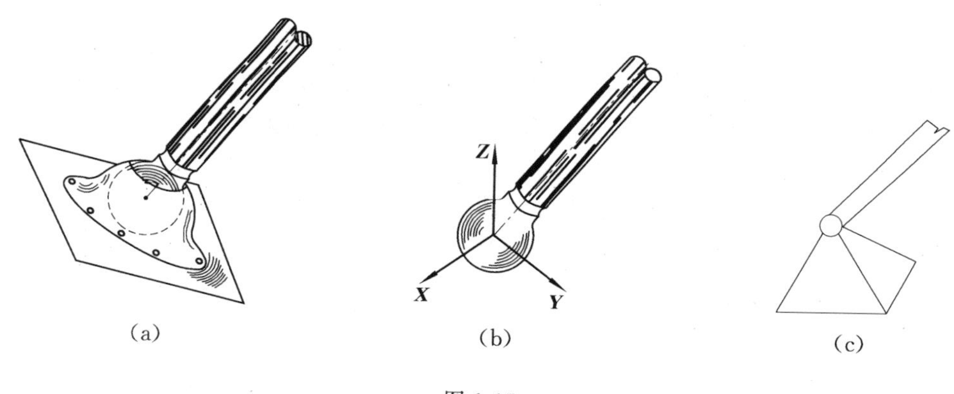

图 1-15

6. 轴承约束

轴承是机器中常见的一种约束，常用的有向心轴承和向心推力轴承。向心轴承(图 1-16(a))的性质与圆柱铰链相同，即轴承限制了轴在垂直于轴线的平面内的径向运动。其约束反力与圆柱铰链约束反力的特点相同，如图 1-16(b)所示，通常用互相垂直的两个分力 $\boldsymbol{X}$ 和 $\boldsymbol{Y}$ 表示。图 1-16(c)所示为向心轴承的简化符号。

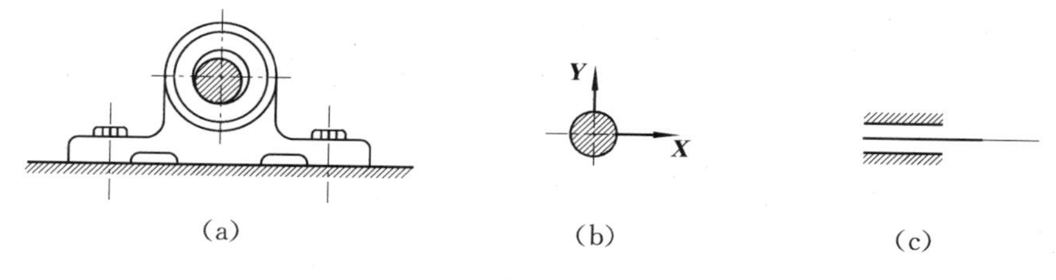

图 1-16

向心推力轴承(图1-17(a))，不仅限制了轴在垂直于轴线的平面内的径向运动，而且限制了单方向的轴向运动(止推作用)。其约束反力与球铰的约束反力的特点相同，如图 1-17(b)

所示，通常用互相垂直的 3 个分力 $\boldsymbol{X}$,$\boldsymbol{Y}$ 和 $\boldsymbol{Z}$ 表示。与球铰不同的是，其 z 向的约束反力的方向是确定的。图 1-17(c)所示为向心推力轴承的简化符号。

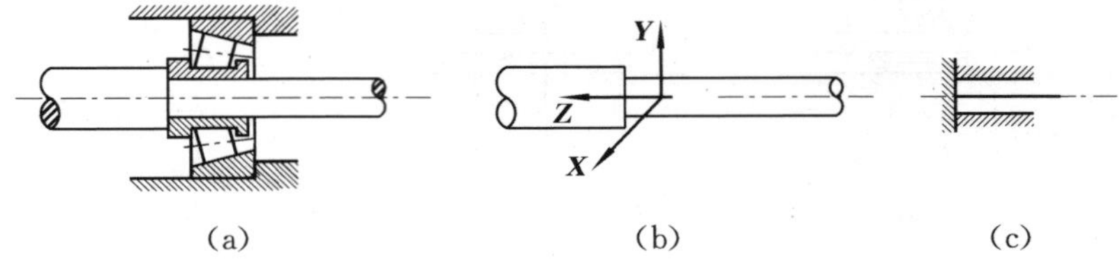

图 1-17

上述约束均为理想约束，在工程实际结构中，有些约束与理想约束极为接近，有些则不然。如某些桁架结构的焊接与铆接处，严格地讲并不是铰链约束，但当连接处刚性不大时，简化成铰链约束所造成的误差很小，可以忽略不计，而这种简化使静力分析简单了许多。因此在实际分析中，应根据约束对被约束物体运动的限制，作适当的简化，使之成为与其接近的理想约束。

1.4 物体的受力分析及受力图

当一个给定的非自由体受到主动力作用时，在它与约束相接触的地方将有约束反力作用。将给定物体作为研究对象进行分析时，必须将其从周围的物体(约束)中分离出来，即将约束解除，而以相应的约束反力来代替约束的作用，这就是所谓解除约束原理。

解除约束后的物体，称为分离体(isolated body)。作用在分离体上的力一般有两种，即主动力和约束反力。将分离体视为受力体，在受力体上画上主动力和周围物体对它的约束反力，就可得到分离体的受力图(free-body diagram)。

确定研究对象，取分离体，分析其受力情况并画受力图，这一全过程称为“受力分析”。其中关键在于分析约束反力，一般可根据以下原则分析和判断约束反力：

(1) 约束的性质，即根据上一节所述的各类型约束的性质确定相应的约束反力。

(2) 平衡条件，即画受力图时应用平衡条件来确定约束反力的作用线，如二力构件、三力平衡汇交定理等。

(3) 作用力与反作用力，即两物体间的相互作用必须符合作用力与反作用力定律。

例 1.1 如图 1-18(a)所示的三铰拱桥，由左、右两拱铰接而成。设各拱自重不计，在拱 AC 上作用载荷 $\boldsymbol{P}$，试分别画出拱 AC 和 BC 的受力图。

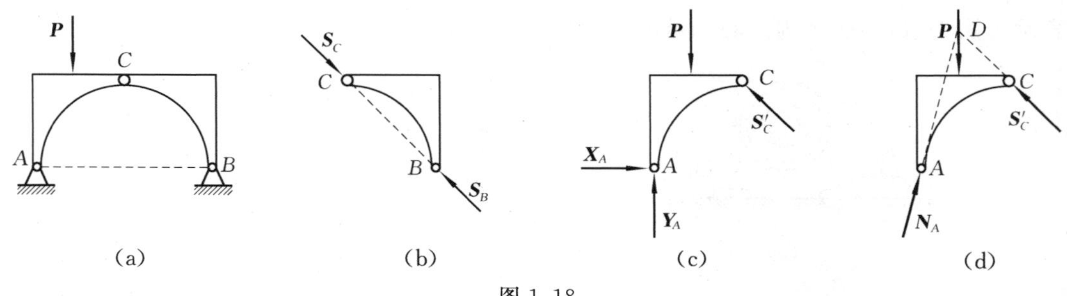

图 1-18

解 本例是物体系统的平衡问题，需分别对各个物体进行分析。

先分析拱 BC 的受力。拱 BC 受有铰链 C 和固定铰链支座 B 的约束，其约束反力 $\boldsymbol{S}_C$ 和 $\boldsymbol{S}_B$ 分别通过铰链

C,B 的中心。由于拱 BC 的自重不计，也无其他主动力作用，即拱 BC 分别在 B,C 两处受到力的作用而平衡，为二力平衡构件，根据二力平衡公理，其 $\boldsymbol{S}_C$ 和 $\boldsymbol{S}_B$ 二力的作用线应沿 C,B 两铰中心的连线。对于力的指向，一般由平衡条件确定，在此可设拱 BC 受压，如图 1-18(b)所示。

再取拱 AC 为研究对象，由于自重不计，因此主动力只有载荷 $\boldsymbol{P}$，拱在铰链 C 处受到拱 BC 给它的约束反力 $\boldsymbol{S}_C'$，$\boldsymbol{S}_C'$ 与 $\boldsymbol{S}_C$ 互为作用力和反作用力，故可表示为 $\boldsymbol{S}_C'=-\boldsymbol{S}_C$。拱在 A 处受到固定铰链支座给它的约束反力 $\boldsymbol{N}_A$，由于方向未定，可用两个大小未知的正交分力 $\boldsymbol{X}_A$ 和 $\boldsymbol{Y}_A$ 来表示。此时拱 AC 的受力图如图 1-18(c)所示。

对于拱 AC 还可作如下分析：由于拱 AC 在 $\boldsymbol{P}$，$\boldsymbol{S}_C'$，$\boldsymbol{N}_A$ 三力作用下平衡，故根据三力平衡汇交定理，可确定铰链 A 处约束反力 $\boldsymbol{N}_A$ 的方向，即当拱 AC 平衡时，反力 $\boldsymbol{N}_A$ 的作用线必通过 $\boldsymbol{P}$ 和 $\boldsymbol{S}_C'$ 二力作用线的交点 D，如图 1-18(d)所示。至于 $\boldsymbol{N}_A$ 的指向，可由平衡条件确定。

例 1.2　重量为 G 的管子置于托架 ABC 上。托架的水平杆 AC 在 A 处以支杆 AB 撑住，如图 1-19(a)所示，A,B,C 三处均可视为平面铰链连接，水平杆和支杆的重量不计。试绘下列物体的受力图：(1) 管子；(2) 支杆；(3) 水平杆。

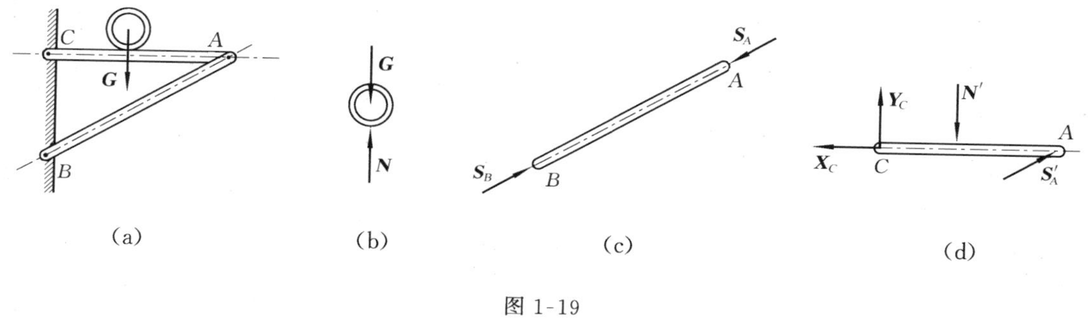

图 1-19

解　管子的受力图如图 1-19(b)所示，作用力有重力 $\boldsymbol{G}$ 和 AC 杆对管子的约束反力 $\boldsymbol{N}$。

支杆的 A 端和 B 端均为平面铰链连接，在一般情况下，A,B 处所受的力，应分别画成一对互相垂直的力，如图 1-13(c)所示，但在支杆本身重量不计的情况下，支杆就成为二力构件。根据二力构件的特点，$\boldsymbol{S}_A$ 和 $\boldsymbol{S}_B$ 的方向必沿 AB 连线，如图 1-19(c)所示。在绘制二力构件的受力图时，必须注意这一特点。

水平杆 AC 的受力图如图 1-19(d)所示。其中 $\boldsymbol{N}'$ 是管子对水平杆的作用力。它与作用在管子上的约束反力 $\boldsymbol{N}$ 互为作用力和反作用力。注意，不要将 $\boldsymbol{N}'$ 误解为管子的重力 $\boldsymbol{G}$，二者分别作用在杆 AC 和管子上，是两个不同的力。A 处和 C 处虽然皆为平面铰链约束，但因作用于 A 端的力 $\boldsymbol{S}_A'$ 是二力构件 AB 对杆 AC 的约束反力，所以 $\boldsymbol{S}_A'$ 应沿 AB 连线的方向；C 端约束反力的方向不能预先确定，这是因为杆 AC 不是二力构件，一般只能以相互垂直的反力 $\boldsymbol{X}_C$ 和 $\boldsymbol{Y}_C$ 来表示。在本例中，由于水平杆 AC 受 3 个力作用而平衡，故可根据三力平衡汇交定理确定 C 点的约束反力方向，请读者自己分析。

综上所述，受力分析的一般过程如下：

(1) 取分离体。根据已知条件和题意要求确定研究对象，解除约束。研究对象可以是一个物体，也可以是几个物体的组合或整个物体系统，注意不要在没有解除约束的图形上画受力图。

(2) 画主动力。约束反力的分析与主动力有关，应先在分离体上画出研究对象所受的全部主动力，不能遗漏，也不要多画。

(3) 画约束反力。在解除约束的地方，严格按照被去掉的约束的性质，画出其作用在研究对象上的约束反力，并标注恰当的符号。

思考题

1. 两个力相等的条件是什么？说明下列式子的意义和区别：(1) $P_1 = P_2$；(2) $\boldsymbol{P}_1 = \boldsymbol{P}_2$；(3) 力 $\boldsymbol{P}_1$ 等效于力 $\boldsymbol{P}_2$。

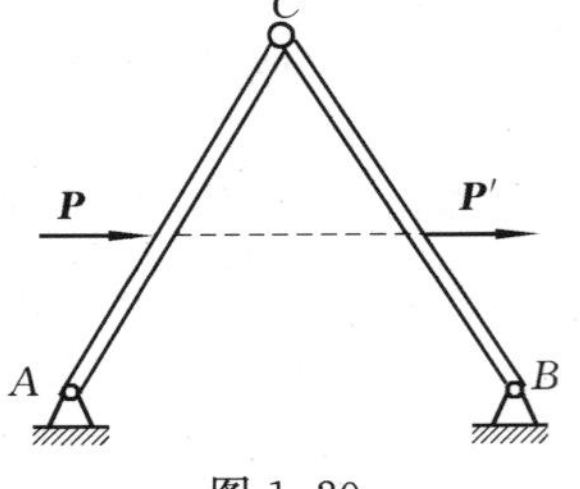

图 1-20

2. 确定约束反力的原则是什么？光滑铰链约束有什么特点？

3. 分析二力构件受力时与构件的形状有无关系？

4. 两杆连接如图 1-20 所示，能否根据力的可传性原理，将作用于杆 AC 的力 $\boldsymbol{P}$ 沿其作用线移至杆 BC 上而成为 $\boldsymbol{P}'$ 呢？

习题

1. 画出图1-21所示结构中各物体的受力图。未画重力的物体的重量不计，所有接触点均为光滑接触。

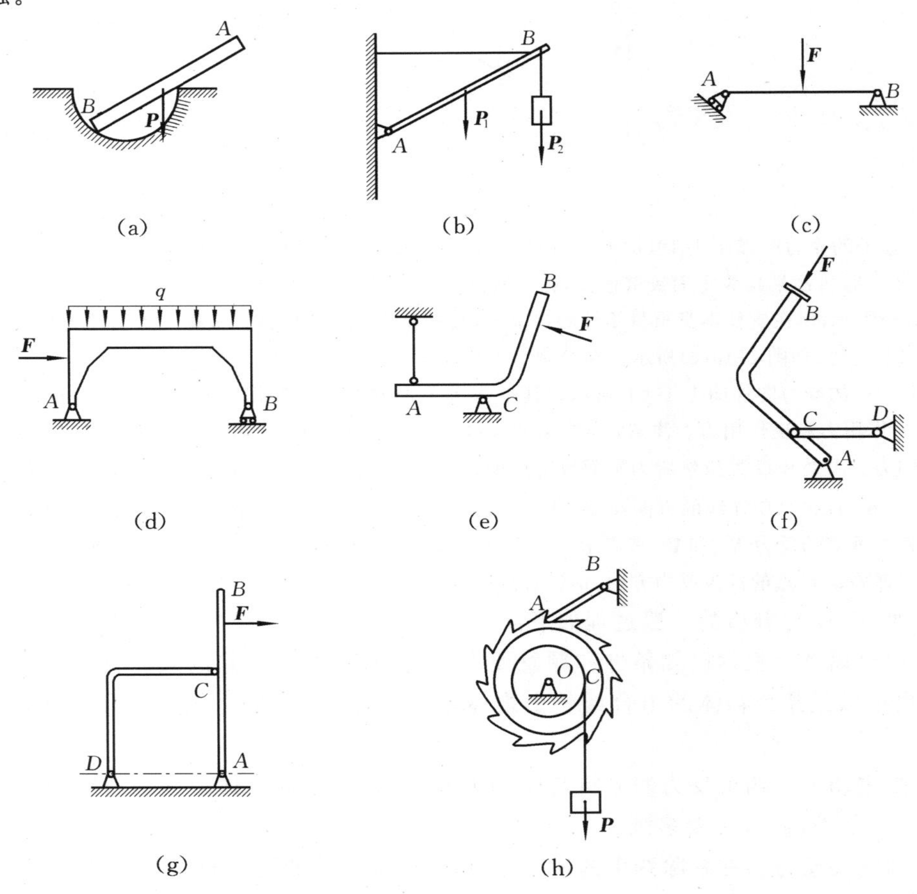

图 1-21

2. 画出图 1-22 所示结构中各物体的受力图。

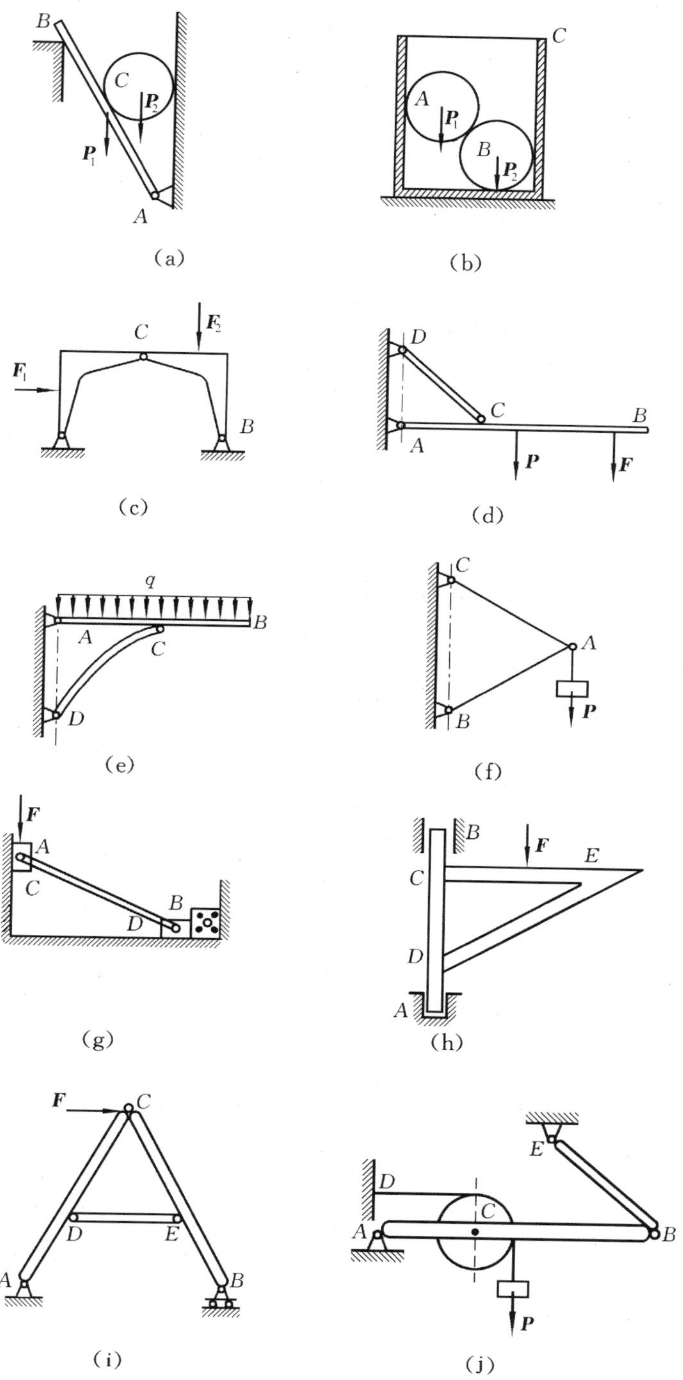

图 1-22

第2章 简单力系

平面汇交力系和平面力偶系是两种最简单的力系，是研究复杂力系的基础。本章将介绍这两种力系的合成与平衡问题。

2.1 平面汇交力系合成与平衡的几何法

平面汇交力系是指各力作用线分布在同一平面上且汇交于同一点的力系。

1. 平面汇交力系合成的几何法，力多边形法则

如果作用于刚体上的一个力系和一个力等效，则称此力为该力系的合力。汇交力系的合力可连续应用平行四边形法则或力三角形法则求得。为简单起见，假设刚体受平面汇交力系 $\boldsymbol{F}_1,\boldsymbol{F}_2,\boldsymbol{F}_3,\boldsymbol{F}_4$ 作用，如图 2-1(a)所示。任取一点 a，作力三角形求 $\boldsymbol{F}_1$ 和 $\boldsymbol{F}_2$ 的合力 $\boldsymbol{F}_{R1}$，再将 $\boldsymbol{F}_{R1}$ 与 $\boldsymbol{F}_3$ 合成为 $\boldsymbol{F}_{R2}$，最后将 $\boldsymbol{F}_{R2}$ 与 $\boldsymbol{F}_4$ 合成得 $\boldsymbol{F}_R$，如图 2-1(b)所示。多边形 $abcde$ 称为此平面汇交力系的力多边形，矢量$\overrightarrow{ae}$称为此力多边形的封闭边。封闭边矢量$\overrightarrow{ae}$即表示此平面汇交力系合力 $\boldsymbol{F}_R$ 的大小与方向，而合力作用线应通过各力的汇交点 A。

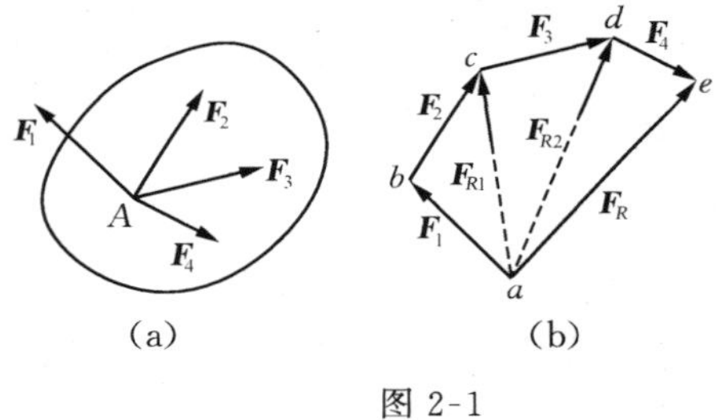

图 2-1

显然，此法可推广至 n 个力构成的平面汇交力系。总之，平面汇交力系可合成为一个合力，其大小和方向由力多边形的封闭边来表示，其作用线通过汇交点，即合力等于各力的矢量和。

$$\boldsymbol{F}_R = \boldsymbol{F}_1 + \boldsymbol{F}_2 + \cdots + \boldsymbol{F}_n = \sum \boldsymbol{F}_i \qquad (2\text{-}1)$$

2. 平面汇交力系平衡的几何条件

由于平面汇交力系可合成为一个合力，故平面汇交力系平衡的充分必要条件是：该力系的合力等于零，即

$$\boldsymbol{F}_R = \sum \boldsymbol{F}_i = 0 \qquad (2\text{-}2)$$

当合力等于零时，力多边形中的第一个力矢量的始端与最后一个力矢量的末端相重合，此时的力多边形称为封闭的力多边形。因此，平面汇交力系平衡的几何条件是：力多边形自行封闭。

求解平面汇交力系的平衡问题时可用图解法，即按比例先画出封闭的力多边形，然后，再用尺和量角器在图上量得所要求的未知量；也可根据图形的几何关系，用三角公式计算出所要求的未知数，这种解题方法称为几何法。

例 2.1 三铰刚架如图 2-2(a)所示。A,B,C 三处都是平面铰链连接，尺寸如图 2-2(a)所示。设刚架自重不计，试求在水平力 $\boldsymbol{P}$ 作用下，刚架在 A,B 两处所受的约束反力。

解 将三铰刚架 A,B,C 三处的约束解除，绘分离体 AC 及 BC 的受力图。AC 部分如图 2-2(b)所示，图中约束反力的指向是假定的。由于 AC 部分为二力构件，故 C 处的作用力 $\boldsymbol{R}_C$ 和 A 处的约束反力 $\boldsymbol{R}_A$ 都是沿 AC 连线作用。BC 部分共受三个力作用，主动力 $\boldsymbol{P}$ 的方向已知，AC 部分通过铰 C 给予 BC 部分的约束反力 $\boldsymbol{R}_C'$ 与 $\boldsymbol{R}_C$成作用与反作用的关系，故其方位亦已知。由于 $\boldsymbol{P}$ 与 $\boldsymbol{R}_C$ 交于点 C，根据三力平衡汇交定理，B 处的

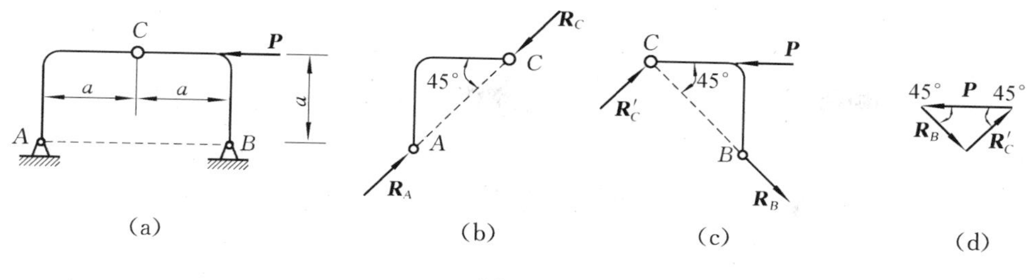

图 2-2

约束反力 $\boldsymbol{R}_B$ 的作用线必定通过 C 点。再根据刚架 BC 部分平衡的几何条件，绘出封闭的力三角形，如图 2-2(d)所示。由图可定出 $\boldsymbol{R}_B$ 和 $\boldsymbol{R}'_C$ 的指向，从而可见，受力图中假定的约束反力的指向是正确的。由力三角形可求出

$$R_B = P\cos45° = 0.7071P, \quad R_A = R_C = R'_C = P\sin45° = 0.7071P$$

2.2 平面汇交力系合成与平衡的解析法

求解平面汇交力系问题时，除了应用前述的几何法以外，更常用的是解析法。解析法是以力在坐标轴上的投影为基础的，为此，先介绍力在坐标轴上投影的概念。

1. 力在坐标轴上的投影

设力 $\boldsymbol{F} = \overrightarrow{AB}$ 在 Oxy 平面内，如图 2-3 所示。

从力 $\boldsymbol{F}$ 的起点 A 和终点 B 作 Ox 轴的垂线 Aa 和 Bb，则线段 ab 称为力 $\boldsymbol{F}$ 在 x 轴上的投影；同理，从力 $\boldsymbol{F}$ 的起点 A 和终点 B 可作 Oy 轴的垂线 Aa' 和 Bb'，则称 $a'b'$ 为力 $\boldsymbol{F}$ 在 y 轴上的投影。通常用 X 表示力在 x 轴上的投影，用 Y 表示力在 y 轴上的投影。力的投影是代数量。投影的符号规定：从 a 到 b（或从 a' 到 b'）的指向与坐标轴的正向一致时为正；反之为负。

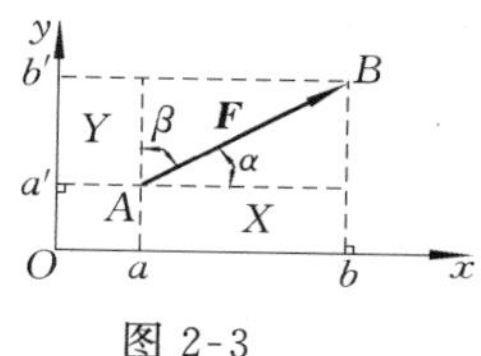

图 2-3

设 α 和 β 表示力 $\boldsymbol{F}$ 与 x 轴和 y 轴正向的夹角，则由图 2-3 可知

$$\begin{cases} X = F\cos\alpha \\ Y = F\cos\beta = F\sin\alpha \end{cases} \tag{2-3}$$

反之，如已知力 $\boldsymbol{F}$ 在两个正交轴上的投影 X 和 Y，由几何关系即可求出力 $\boldsymbol{F}$ 的大小和方向余弦为

$$F = \sqrt{X^2 + Y^2}$$
$$\cos\alpha = \frac{X}{\sqrt{X^2 + Y^2}}, \quad \cos\beta = \frac{Y}{\sqrt{X^2 + Y^2}} \tag{2-4}$$

2. 合力投影定理

合力投影定理建立了合力的投影与各分力投影的关系。

图 2-4 所示为由平面汇交力系 $\boldsymbol{F}_1, \boldsymbol{F}_2, \boldsymbol{F}_3$ 所示组成的力多边形 $ABCD$，$\overrightarrow{AD}$ 是封闭边，即合力 $\boldsymbol{F}_R$。建立直角坐标系 xOy，将合力 $\boldsymbol{F}_R$ 及各分力 $\boldsymbol{F}_1, \boldsymbol{F}_2, \boldsymbol{F}_3$ 分别向 x 轴上投影，得

$$F_{Rx} = ad, \quad X_1 = ab, \quad X_2 = bc, \quad X_3 = -cd$$

由图 2-4 可见

$$ad = ab + bc - cd$$

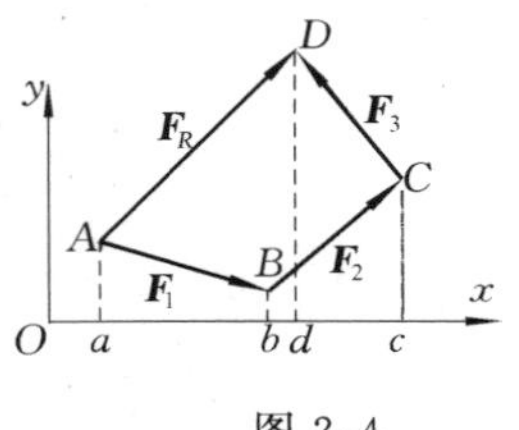

图 2-4

故得 $$F_{Rx}=X_1+X_2+X_3$$

同理可得合力 $\boldsymbol{F}_R$ 在 y 轴上的投影为

$$F_{Ry}=Y_1+Y_2+Y_3$$

式中,Y_1,Y_2,Y_3 分别为力 $\boldsymbol{F}_1$,$\boldsymbol{F}_2$,$\boldsymbol{F}_3$ 在 y 轴上的投影。

上述合力投影与各分力投影的关系式显然可推广到 n 个力组成的平面汇交力系中,可得

$$\begin{cases} F_{Rx}=X_1+X_2+\cdots+X_n=\sum X_i \\ F_{Ry}=Y_1+Y_2+\cdots+Y_n=\sum Y_i \end{cases} \tag{2-5}$$

即合力在任意轴上的投影等于各分力在同一轴上投影的代数和,称为合力投影定理。

3. 合成的解析法

根据合力投影定理算出合力的投影 F_{Rx} 和 F_{Ry} 后,就可根据式(2-4)求出合力 $\boldsymbol{F}_R$ 的大小和方向:

$$\begin{cases} F_R=\sqrt{F_{Rx}^2+F_{Ry}^2}=\sqrt{\left(\sum X\right)^2+\left(\sum Y\right)^2} \\ \tan\alpha=\dfrac{F_{Ry}}{F_{Rx}}=\dfrac{\sum Y}{\sum X} \end{cases} \tag{2-6}$$

式中,α 表示合力 $\boldsymbol{F}_R$ 与 x 轴间的夹角。

运用式(2-6)计算合力 $\boldsymbol{F}_R$的大小和方向,这种方法称为平面汇交力系合成的解析法。

例 2.2 在螺栓的环眼上套有三根软索,它们的位置和受力情况如图 2-5 所示。试用解析法求螺柱所受合力的大小和方向。

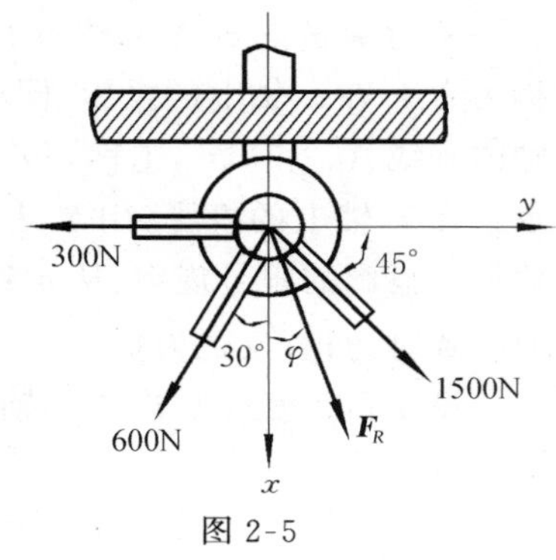

图 2-5

解 建立直角坐标系如图 2-5 所示。

由式(2-5)求得合力在 x,y 轴上的投影分别为

$$F_{Rx}=\sum X=1500\cos45°+600\cos30°=1580(\text{N})$$

$$F_{Ry}=\sum Y=1500\cos45°-600\sin30°-300=460(\text{N})$$

所以 $$F_R=\sqrt{F_{Rx}^2+F_{Ry}^2}=\sqrt{1580^2+460^2}=1646(\text{N})$$

合力 $\boldsymbol{F}_R$ 与 x 轴所成的夹角 φ 为

$$\varphi=\tan^{-1}\frac{\sum Y}{\sum X}=\tan^{-1}\frac{460}{1580}=16°\ 10'$$

4. 平面汇交力系平衡方程

如前所述,平面汇交力系的平衡条件是合力 $\boldsymbol{F}_R$ 为零,由式(2-6)则有

$$F_R=\sqrt{\left(\sum X\right)^2+\left(\sum Y\right)^2}=0$$

所以

$$\begin{cases} \sum X=0 \\ \sum Y=0 \end{cases} \tag{2-7}$$

即平面汇交力系平衡的解析条件是各力在 x 轴和 y 轴上投影的代数和分别等于零。式(2-7)称为平面汇交力系的平衡方程。

利用这两个平衡方程,可以求解两个未知量,它们可以是力的大小,也可以是力的方位。

力的指向不作为未知量，在力的指向不能判明时，可先任意假设，根据平衡方程计算的结果可判定实际指向。若求出的力为正值，则表示所假定的指向是正确的，若求出的力为负值，则表示力的指向与假设的相反。

例 2.3 如图 2-6(a)所示为一简单的起重架。AB 和 BC 两杆在 A,B,C 三处用铰链连接，在 B 处的销子上装有一个可以不计重量的光滑小滑轮，绕过滑轮的起重钢丝绳，一端悬挂重量 $G=1.5\text{kN}$ 的重物，另一端绕在卷扬机的绞盘 D 上。当卷扬机开动时，可将重物吊起。设 AB 和 BC 两杆本身重量可以不计，小滑轮尺寸亦不考虑，并设重物上升是匀速的，试求 AB 杆和 BC 杆所受的力。

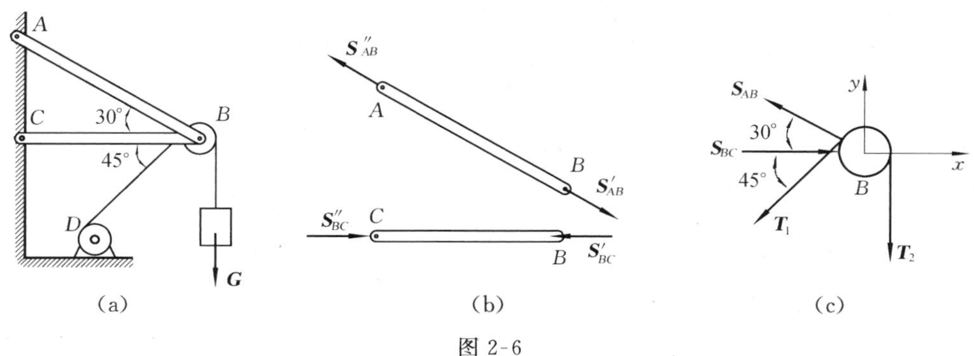

图 2-6

解 在本题中，由于小滑轮上作用着所有相关的力，而小滑轮尺寸可以不计，即这些力可视为平面汇交力系。现取小滑轮为分离体，绘受力图如图 2-6(c)所示。因为滑轮是光滑的，可以不考虑摩擦，故绳 BD 段的拉力 $\boldsymbol{T}_1$ 和铅垂段的拉力 $\boldsymbol{T}_2$ 的大小彼此相等，且皆等于重物的重量 $\boldsymbol{G}$。AB,BC 两杆均为二力杆，它们对滑轮的约束反力分别沿两杆的轴线。在图 2-6(b)中，绘出了 AB,BC 两杆的受力图，目的是便于初学力学者判断二杆的受力情况，但对解题来说，一般不用单独绘二力杆的受力图，以后解题时可省去这一步骤。下面根据图 2-6(c)用解析法求解。

先在滑轮 B 上建立一个坐标系，为了计算各力投影时比较方便，使 x 轴沿 $\boldsymbol{S}_{BC}$ 的方向，y 轴铅直向上，如图 2-6(c)所示，再列平衡方程。在决定各力投影的正负时，只需看投影后的指向是否与坐标轴的正向一致，而不必考虑各力矢所在的象限如何。在写平衡方程的具体内容之前，应先把 $\sum X=0$（或 $\sum Y=0$）写在前面，以便检查。

$$\sum X=0,\quad S_{BC}-S_{AB}\cos30^\circ-T_1\cos45^\circ=0 \tag{a}$$

$$\sum Y=0,\quad S_{AB}\sin30^\circ-T_1\sin45^\circ-T_2=0 \tag{b}$$

由式(a)、(b)以及 $T_1=T_2=G$，解得

$$S_{AB}=\frac{G(1+\sin45^\circ)}{\sin30^\circ}=\frac{1.5\times(1+0.7071)}{0.5}=5.121(\text{kN})$$

$$S_{BC}=S_{AB}\cos30^\circ+G\cos45^\circ=5.121\times0.866+1.5\times0.7071=5.495(\text{kN})$$

由于 S_{AB} 和 S_{BC} 均为正值，说明各力假定的指向是正确的。由图 2-6(b)可知，杆 AB 受拉而杆 BC 受压。

通过以上例题，可以总结出求解平面汇交力系平衡问题的主要步骤：

(1) 选取研究对象。根据题意，确定研究对象。对于较复杂的问题，要选两个甚至更多的研究对象，才能逐步解决。

(2) 画受力图。画出所有作用于研究对象上的力（包括主动力和约束反力），不能漏画，也不要多画，应特别注意约束反力的画法。

(3) 列平衡方程。先选坐标轴，然后计算投影，计算力的投影时要注意正负号，最后列平衡方程求解未知量。也可采用几何法求解。

2.3 力对点的力矩

力对刚体的作用效应使刚体的运动状态发生改变(包括移动和转动)。其中力对刚体的移动效应用力矢来度量,而力对刚体的转动效应可用力矩来度量,即力矩是度量力对刚体转动效应的物理量。

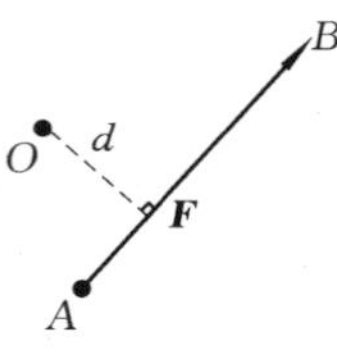

图 2-7

如图 2-7 所示,平面上作用一力 $\boldsymbol{F}$。在一同平面内任取一点 O,称点 O 为矩心,点 O 到力的作用线的垂直距离 d 称为力臂。在力学上以乘积 Fd 作用量度力 $\boldsymbol{F}$ 使物体绕 O 点转动效应的物理量,这个量度称为 $\boldsymbol{F}$ 对 O 点之矩,简称力矩,以符号 $m_O(\boldsymbol{F})$ 表示,即

$$m_O(\boldsymbol{F}) = \pm Fd \qquad (2\text{-}8)$$

通常规定:力使物体绕矩心作逆时针方向转动时,力矩取正号,反之为负号。可见,平面内力对点之矩只取决于力矩的大小及旋转方向,因此平面内力对点之矩为一个代数量。

力矩的单位常用 N · m 或 kN · m。

2.4 平面力偶理论

2.4.1 力偶与力偶矩

在生产实践中,常看到物体同时受到大小相等,方向相反,作用线互相平行的两个力的作用。例如,汽车司机用双手转动方向盘,如图 2-8 所示。这样的两个力由于不满足二力平衡条件,显然不会平衡。在力学上把大小相等、方向相反、作用线互相平行的两个力称为力偶,并记为$(\boldsymbol{F},\boldsymbol{F}')$。力偶中两力所在的平面称为力偶作用面,力偶的两力作用线间的垂直距离称为力偶臂,以 d 表示,如图 2-9 所示。

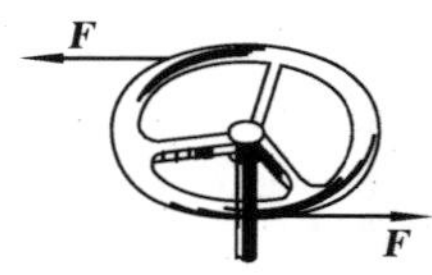

图 2-8

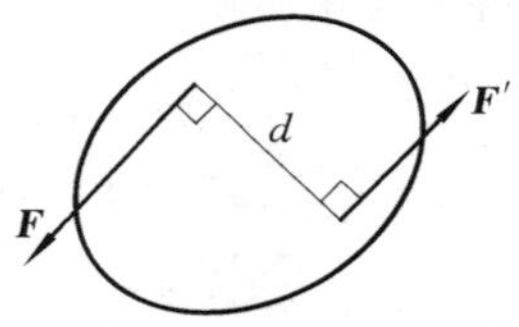

图 2-9

力偶对物体的作用效应是怎样的呢?由于力偶中的两个力大小相等,方向相反,作用线平行,因此这两个力在任何坐标轴上投影之和等于零,如图 2-10 所示。可见,力偶无合力,即力偶对物体不产生移动效应。实践证明力偶只能使物体产生转动效应。

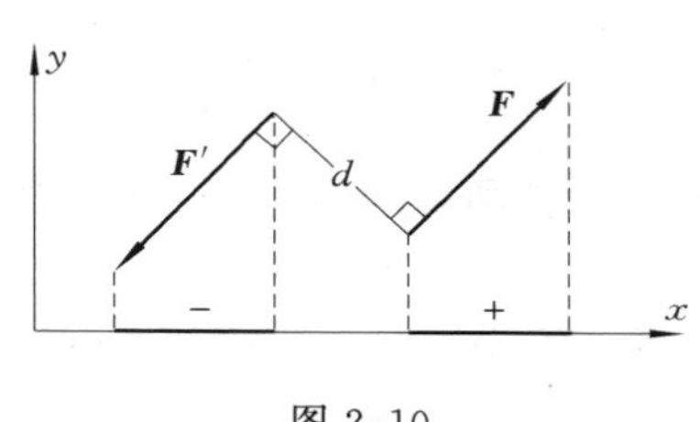

图 2-10

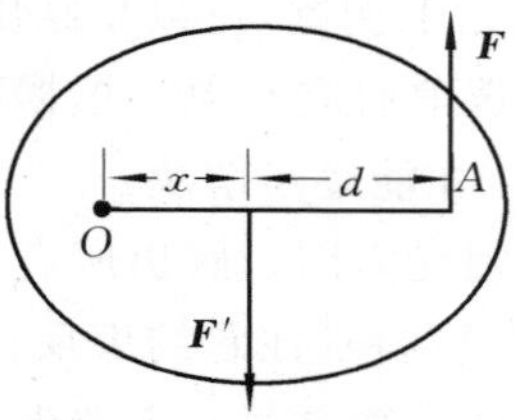

图 2-11

如何度量力偶对物体的转动效应呢？显然可用力偶中两个力对矩心的力矩之和来度量。如图 2-11 所示，在力偶平面内任取一点 O 为矩心，设 O 点与力 $\boldsymbol{F}$ 的距离为 x，则力偶的两个力对于 O 点之矩的和为

$$m_o(\boldsymbol{F})+m_o(\boldsymbol{F}')=-F'x+F(x+d)=-F'x+Fx+Fd=Fd$$

由此可见，力偶对矩心 O 点的力矩只与 $\boldsymbol{F}$ 和力偶臂 d 的大小有关，而与矩心的位置无关。即力偶对物体的转动效应只取决于力偶中力的大小和二力之间的垂直距离（即力偶臂）。因此，在力学上以乘积 Fd 为量度力偶对物体的转动效应的物理量，这个量称为力偶矩（moment of couple），以符号 $m(\boldsymbol{F},\boldsymbol{F}')$ 或 m 表示，即

$$m(\boldsymbol{F},\boldsymbol{F}')=\pm Fd \quad 或 \quad m=\pm Fd \tag{2-9}$$

式(2-9)中的正负号表示力偶的转动方向，即逆时针方向转动时为正，顺时针转动方向时为负，如图 2-12 所示。由此可见，在平面内力偶矩是代数量。

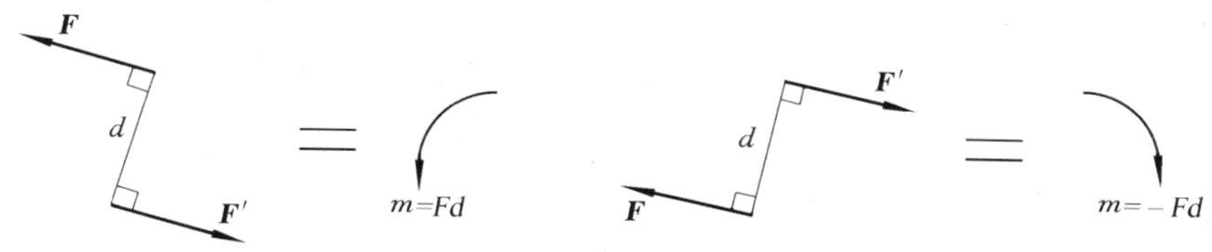

图 2-12

与力矩一样，力偶矩的单位是 N·m 或 kN·m。

综上所述，力偶对物体的作用效应决定于下列三个因素：

(1) 力偶矩的大小。

(2) 力偶的转向。

(3) 力偶的作用面。

以上三因素称为力偶的三要素。

2.4.2 力偶的等效

既然力偶没有合力，因而就不可能用一个力来平衡，只能用另一个力偶来平衡。也就是说，力偶不能与力等效，只能与另一个力偶等效。而力偶对物体的作用效果取决于力偶的三要素，所以，在同一平面内的两个力偶，只要它们的力偶矩大小相等，转向相同，则两力偶完全等效。这就是平面力偶的等效定理。

上述结论可直接由经验证实。如图 2-13(a)中作用在方向盘上的力偶($\boldsymbol{F}_1$，$\boldsymbol{F}_1'$)或($\boldsymbol{F}_2$，$\boldsymbol{F}_2'$)，虽然它们的作用位置不同，但如果它们的力偶矩大小相等，则对物体的作用效果就相同。又如作用在丝锥扳手上的力偶($\boldsymbol{F}_1$，$\boldsymbol{F}_1'$)或($\boldsymbol{F}_2$，$\boldsymbol{F}_2'$)，如图 2-13(b)所示，虽然 $F_1\neq F_2$，$d_1\neq d_2$，但如两个力偶矩相等，即 $F_1d_1=F_2d_2$，则它们对物体的作用效应就相同。

综上所述，还可得出两个重要推论：

(1) 力偶可以在作用面内任意移转，而不影响它对物体的作用效应。

(2) 在保证力偶矩的大小和力偶的转向不变的条件下，可以任意改变力和力偶臂的大小，而不影响它对物体的作用效果。

由此可见，力偶矩是力偶作用的唯一度量。图 2-14 中同平面内各力偶的力偶矩均为 $m=20\text{N}\cdot\text{m}$，因此，它们对于刚体的作用效应是相同的。

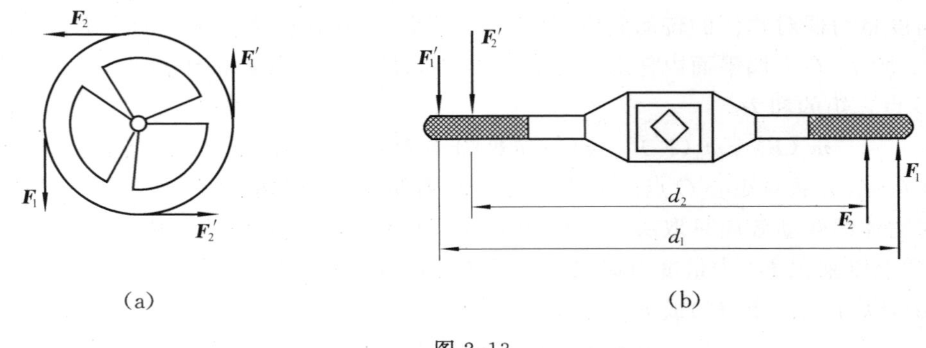

图 2-13

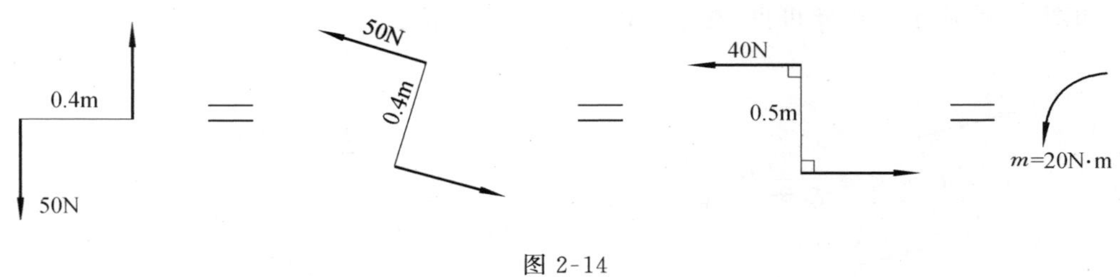

图 2-14

2.4.3 平面力偶系的合成和平衡条件

1. 平面力偶系的合成

设在同一平面内有两个力偶($\boldsymbol{F}_1$,$\boldsymbol{F}_1'$)和($\boldsymbol{F}_2$,$\boldsymbol{F}_2'$),它们的力偶臂为 d_1 和 d_2,如图 2-15(a)所示,其力偶矩分别为 m_1 和 m_2,求它们的合成结果。

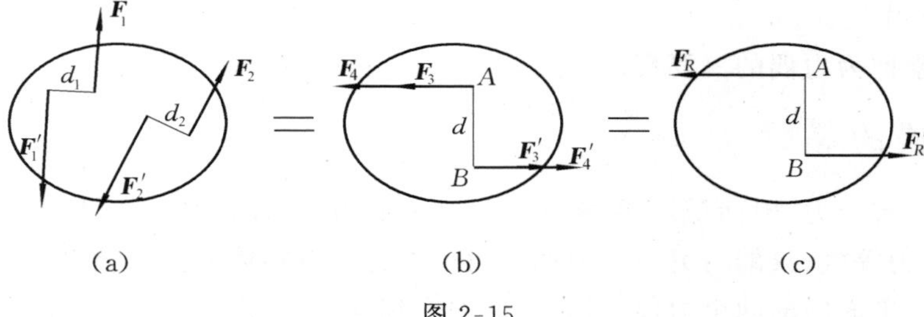

图 2-15

在保持力偶矩不变的情况下,同时改变这两个力偶的力的大小和力偶臂的长短,使它们具有相同的臂长 d,并将它们在平面内移转,使力的作用线重合,如图 2-15(b)所示,于是得到与原力偶等效的两个新力偶($\boldsymbol{F}_3$,$\boldsymbol{F}_3'$)和($\boldsymbol{F}_4$,$\boldsymbol{F}_4'$)。

$\boldsymbol{F}_3$ 和 $\boldsymbol{F}_4$ 的大小为

$$F_3=\frac{m_1}{d},\quad F_4=\frac{m_2}{d}$$

作用于 A 点和 B 点的力可进一步合成为

$$F_R=F_3+F_4,\quad F_R'=F_3'+F_4'=F_3+F_4$$

可见,$\boldsymbol{F}_R$ 与 $\boldsymbol{F}_R'$ 大小相等,方向相反,但不在同一直线上,因此 $\boldsymbol{F}_R$ 和 $\boldsymbol{F}_R'$ 构成一个与原力偶系等效的合力偶($\boldsymbol{F}_R$, $\boldsymbol{F}_R'$),如图 2-15(c)所示,其力偶矩为

$$M=F_R d=(F_3+F_4)d=m_1+m_2$$

显然，可推广到 n 个力偶的情况。若作用在同一平面内有 n 个力偶，则其合力偶应为

$$M = m_1 + m_2 + \cdots + m_n = \sum m_i \tag{2-10}$$

由此可知，平面力偶系可合成为一个合力偶，合力偶矩等于各个力偶矩的代数和。

2. 平面力偶系的平衡条件

平面力偶系的合成结果既然是一个合力偶，那么要使力偶系平衡，则合力偶矩必须等于零，即

$$M = \sum m_i = 0 \tag{2-11}$$

因此，平面力偶系平衡的必要和充分条件是：力偶系中各力偶矩的代数和等于零。

例 2.4 在图 2-16(a)所示结构中，横梁 AB 长为 l，A 端通过铰链由 AC 杆支撑，B 端为固定铰支座。在结构平面内，梁上受到一力偶作用，其力偶矩为 m，转向如图所示。若不计梁与杆的自重，求 AC 杆的受力和 B 端的约束反力。

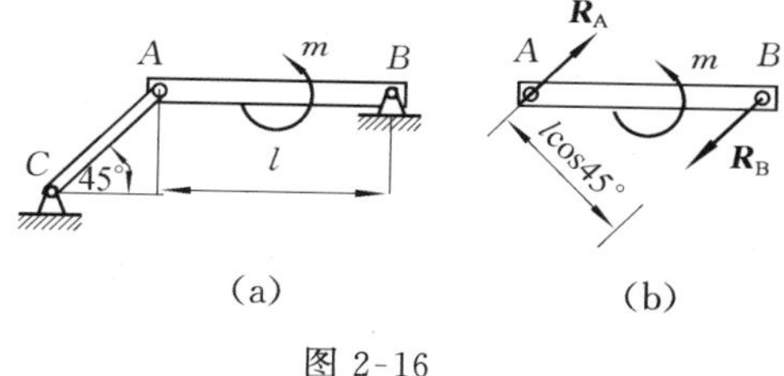

图 2-16

解 以梁为研究对象，梁所受的主动力为力偶矩 m，在 A，B 两处各受一约束力 $\boldsymbol{R}_A$ 和 $\boldsymbol{R}_B$ 作用。考虑到杆 AC 为二力杆，$\boldsymbol{R}_A$ 的作用线必沿杆 AC 的方向。B 端为固定铰支座，$\boldsymbol{R}_B$ 的作用线方向一般不能确定，考虑到梁 AB 上只有一个外力偶作用，为保持梁的平衡，$\boldsymbol{R}_A$ 和 $\boldsymbol{R}_B$ 必须组成一力偶。因此，B 端约束反力 $\boldsymbol{R}_B$ 的作用线必平行于杆 AC 的方向，而且 $\boldsymbol{R}_A$ 与 $\boldsymbol{R}_B$ 大小相等、方向相反。于是，梁 AB 的受力图如图 2-16(b)所示。

根据以上分析，A，B 两处的约束反力组成一力偶，力偶矩方向与 m 相反。根据力偶系的平衡条件，有

$$\sum m_i = 0, \quad m - R_A l\cos 45^\circ = 0$$

由此解得

$$R_A = R_B = \frac{m}{l\cos 45^\circ} = \sqrt{2}\frac{m}{l}$$

例 2.5 用三轴钻床在水平工件上钻孔时，每个钻头对工件施加一个力偶，如图 2-17 (a)所示。已知 3 个力偶的力偶矩分别为：$m_1 = 1\text{Nm}$，$m_2 = 1.4\text{Nm}$，$m_3 = 2\text{Nm}$，固定工件的两螺柱 A 和 B 与工件成光滑面接触，两螺柱间的距离 $l = 0.2\text{m}$，求两螺柱受到的力。

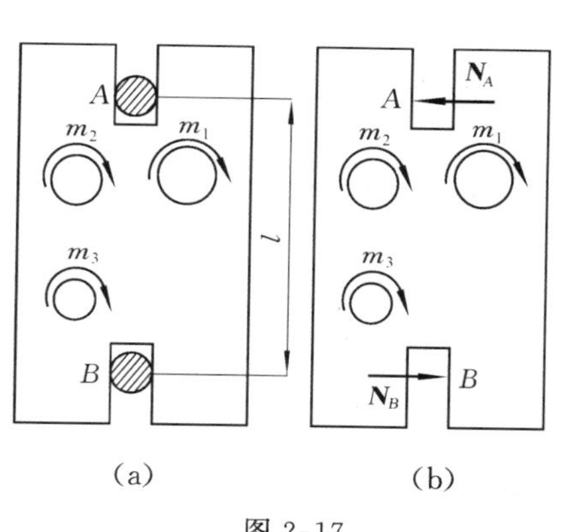

图 2-17

解 因工件在水平面内受到 3 个主动力偶的作用，根据力偶系合成定理，螺柱 A 和 B 分别对工件产生的约束反力 $\boldsymbol{N}_A$ 和 $\boldsymbol{N}_B$，必以力偶形式与主动力偶相平衡，如图 2-17(b)所示，所以

$$\sum m_i = 0, \quad N_A l - m_1 - m_2 - m_3 = 0$$

解得

$$N_A = \frac{m_1 + m_2 + m_3}{l} = \frac{1 + 1.4 + 2}{0.2} = 22(\text{N})$$

思 考 题

1. 合力是否一定比分力大？

2. 图 2-18 中两个力三角形中 3 个力的关系是否一样？

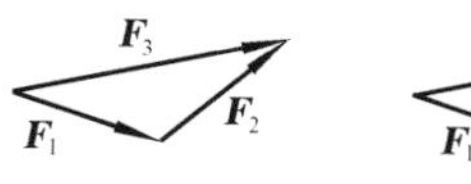

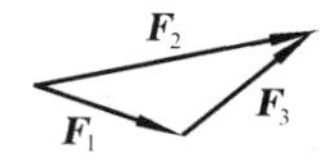

图 2-18

3. 用解析法求平面汇交力系的合力时，若取不同的直角坐标轴，所求得的合力是否相同？为什么？

4. 用解析法求解平面汇交力系的平衡问题时，x 与 y 两轴是否一定要相互垂直？当 x 与 y 轴不垂直时，建立的平衡方程 $\sum X = 0$，$\sum Y = 0$ 能满足力系的平衡条件吗？

5. 用手拔钉子拔不动，为什么用羊角锤就容易拔起？如图2-19所示，如锤把上作用 50kN 的推力，问拔钉子的力有多大？加在锤把上的力沿什么方向最省力？

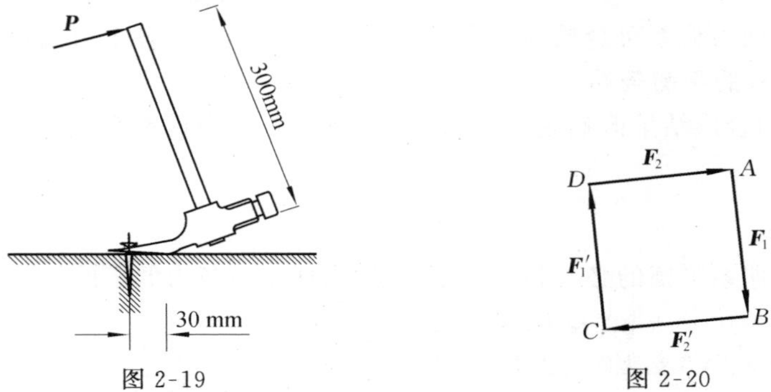

图 2-19　　图 2-20

6. 试比较力矩与力偶矩两者的异同。

7. 在刚体上 A,B,C,D 四点作用两个平面力偶$(\boldsymbol{F}_1,\boldsymbol{F}_1')$和$(\boldsymbol{F}_2,\boldsymbol{F}_2')$，如图 2-20 所示，其力多边形封闭。试问刚体是否平衡？

习　　题

1. 工件放在 V 形铁内，如图 2-21 所示。若已知压板夹紧力 $Q=400\text{N}$，求工件对 V 形铁的压力。

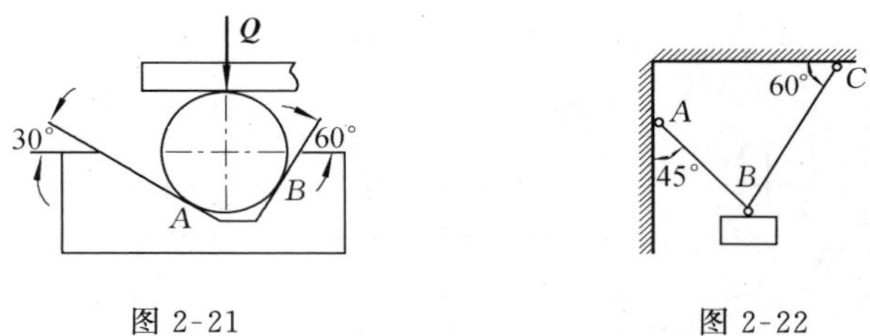

图 2-21　　图 2-22

2. 重 10kN 的物体，用两根钢索悬挂，如图 2-22 所示。设钢索重量不计，求钢索的拉力。

3. 在图 2-23 所示刚架的点 B 作用一水平力 $\boldsymbol{P}$，求支座 A,D 的反力 $\boldsymbol{R}_A$ 和 $\boldsymbol{R}_D$。刚架重量略去不计。

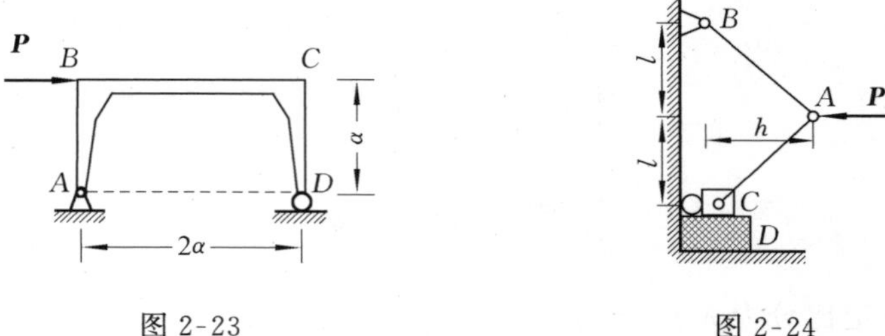

图 2-23　　图 2-24

4. 在压榨机 ABC 的铰 A 处作用水平力 $\boldsymbol{P}$，点 B 为固定铰链。由于水平力 $\boldsymbol{P}$ 的作用使 C 块压紧物体 D。如 C 块与墙壁光滑接触，压榨机尺寸如图 2-24 所示，试求物体 D 所受的压力 $\boldsymbol{R}$。

5. 试计算下列各图中力 $\boldsymbol{P}$ 对点 O 的力矩，如图 2-25 所示。

6. 已知梁 AB 上作用一力偶，力偶矩为 M，梁长为 l，求在图 2-26(a)、(b)两种情况下，支

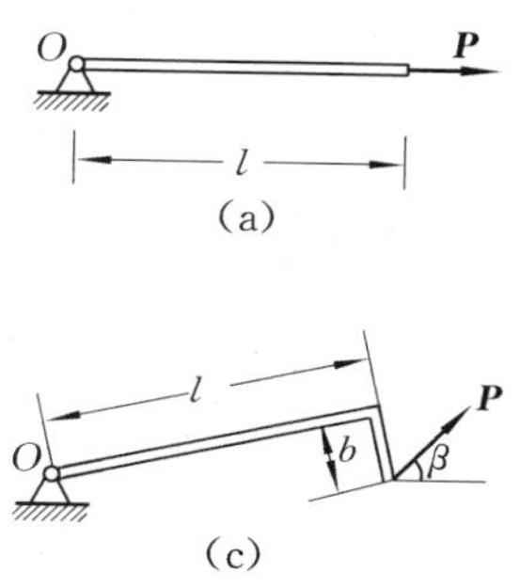

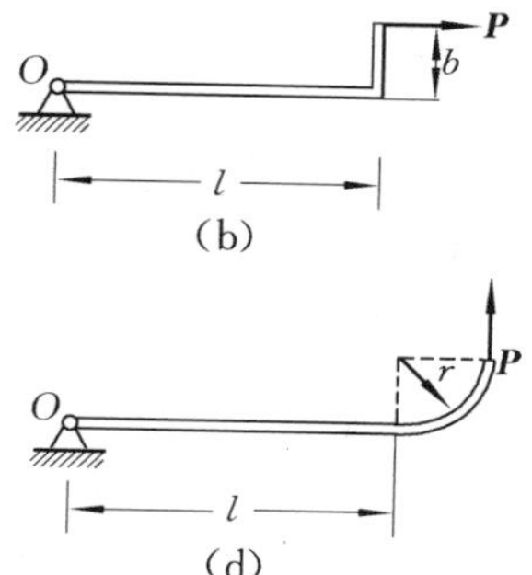

图 2-25

座 A 和 B 的约束反力。

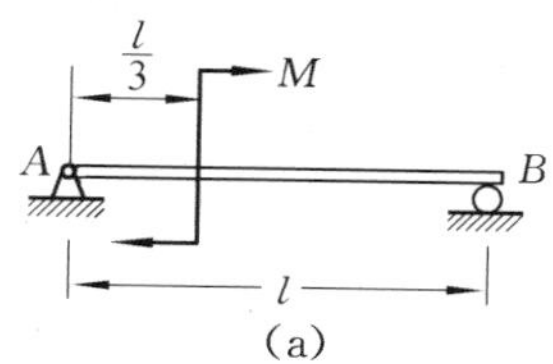

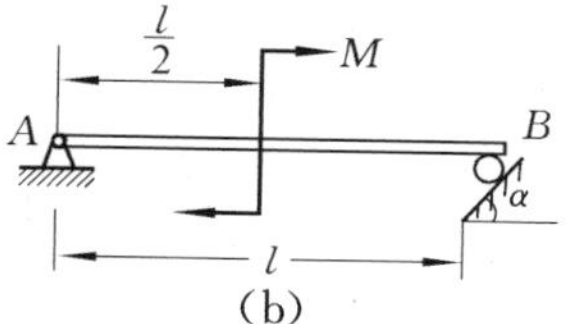

图 2-26

7. 曲柄连杆机构在图 2-27 所示位置时，活塞上受力 $F=400\text{N}$，如不计摩擦和所有构件的重量，问在曲柄上应加多大的力偶方能使机构处于平衡状态(图中长度单位为 mm)。

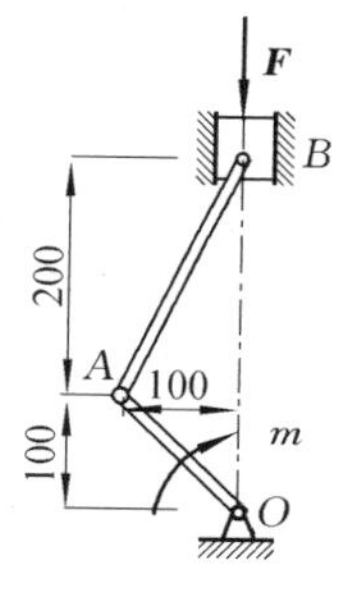

图 2-27

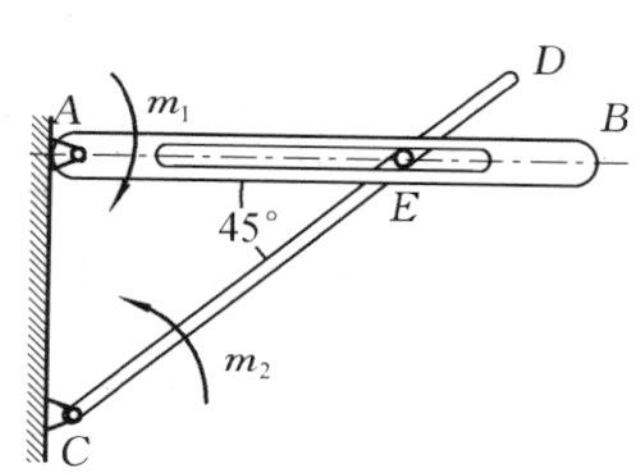

图 2-28

8. 图 2-28 中 AB 杆上有一导槽，套在 CD 杆上的销子 E 上，在 AB 杆和 CD 杆上各有一力偶作用。已知 $m_1=1000\text{N}\cdot\text{m}$，若不计杆重及所有接触面的摩擦，求机构平衡时 m_2 应为多大？如果导槽开在 CD 杆上，销子固连在 AB 杆上，m_2 又应为多大？

9. 铰链四连杆机构 $OABO_1$ 在图 2-29 所示位置平衡。已知：$OA=0.4\text{m}$，$O_1B=0.6\text{m}$，作用在 OA 上的力偶矩 $m_1=1\text{N}\cdot\text{m}$。试求力偶矩 m_2 的大小及 AB 杆所受的力 $\boldsymbol{S}$。不计摩擦和各杆的重量。

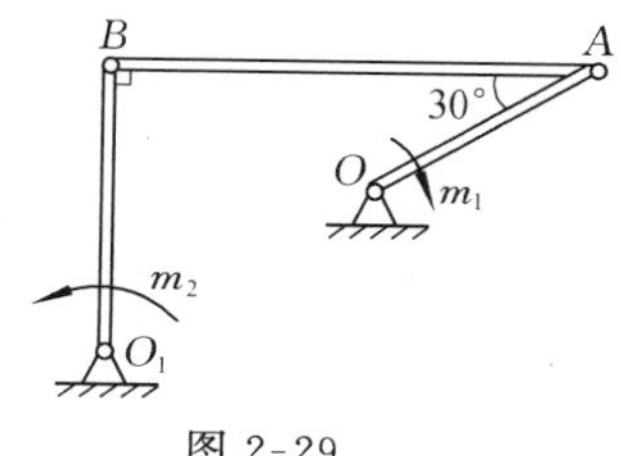

图 2-29

第3章　平面任意力系

在研究平面汇交力系及平面力偶系的合成与平衡问题的基础上，本章将进一步研究平面任意力系的合成与平衡问题。所谓平面任意力系是指各力作用线在同一平面上任意分布的力系。在工程实际应用中，大部分力学问题属于这类力系，有些问题虽不属于平面任意力系，但经适当简化，仍可归结为平面任意力系来处理。

工程中的平面力系问题一般分为两类：

(1) 各力的作用线近似位于同一平面内。例如，图 3-1 所示的曲柄连杆机构的受力，梁的受力等。

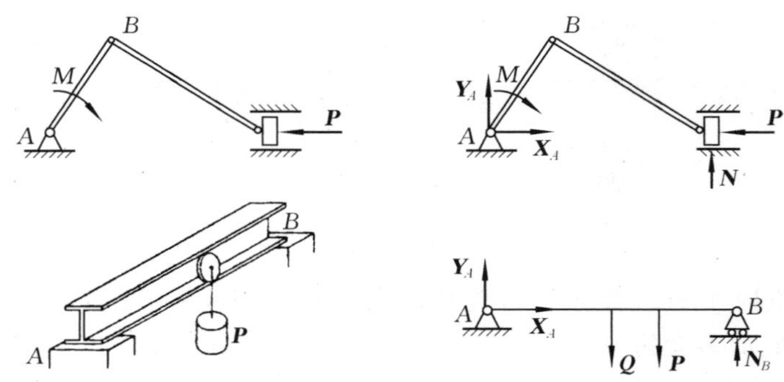

图 3-1

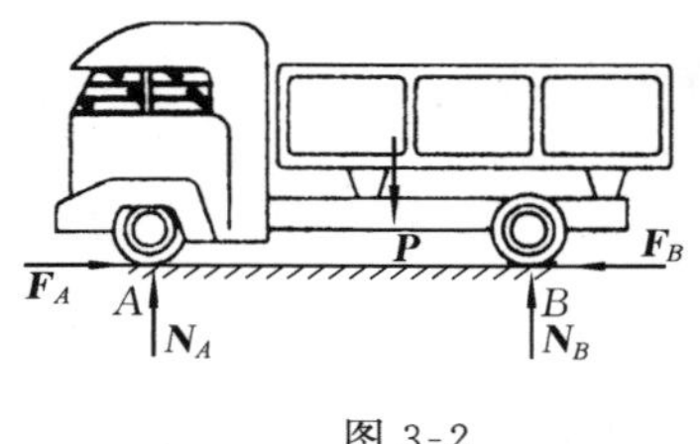

图 3-2

(2) 各力的作用线虽然是空间分布，但相对于某一平面对称分布，因而可以等效地简化到这对称平面内。例如，图 3-2 就是将汽车的空间受力简化到其纵向对称面内的汽车受力简图。

工程中存在着大量的平面任意力系问题，且其研究方法具有一定意义，因此平面任意力系是静力学的重点内容，必须掌握。本章重点研究平面任意力系的简化、平衡及平衡方程的工程应用问题。

3.1　平面任意力系向作用面内一点的简化

把一个复杂力系简化为和它等效的简单力系，称为力系的简化，前述合成就是一种简化。力系简化的目的，一方面是为了便于看出力系对物体的作用效果和进行计算；另一方面是为了从简化结果可以直接得到力系的平衡条件。平面任意力系向作用面内一点简化的理论依据是力的平移定理。

1. 力的平移定理

定理　可以把作用在刚体上点 A 的力 $\boldsymbol{F}$ 平移到点 B，但必须同时附加一个力偶，这个附加力偶的矩等于原来力 $\boldsymbol{F}$ 对新作用点 B 的矩。

证　设有一力 $\boldsymbol{F}$ 作用于刚体的点 A，如图 3-3(a)所示，根据加减平衡力系公理，在该刚体

的点 B 加一对平衡力 $\boldsymbol{F}_1$ 和 $\boldsymbol{F}_1'$，使 $-\boldsymbol{F}_1'=\boldsymbol{F}_1=\boldsymbol{F}$，如图 3-3(b)所示。在 $\boldsymbol{F}$，$\boldsymbol{F}_1$，$\boldsymbol{F}_1'$ 三力中，$\boldsymbol{F}$ 和 $\boldsymbol{F}_1'$ 两力组成一个力偶，其力偶臂为 d，该力偶称为附加力偶，其矩恰好等于原力 $\boldsymbol{F}$ 对点 B 之矩，即

$$m=m_B(\boldsymbol{F})=Fd$$

作用于刚体上点 B 处有一个力 $\boldsymbol{F}_1$ 和一个力偶矩为 m_B 的力偶，如图 3-3(c)所示。它们对刚体的作用效应和力 $\boldsymbol{F}$ 作用在原位置时对刚体的作用效应相同，力偶矩 m 称为附加力偶矩。

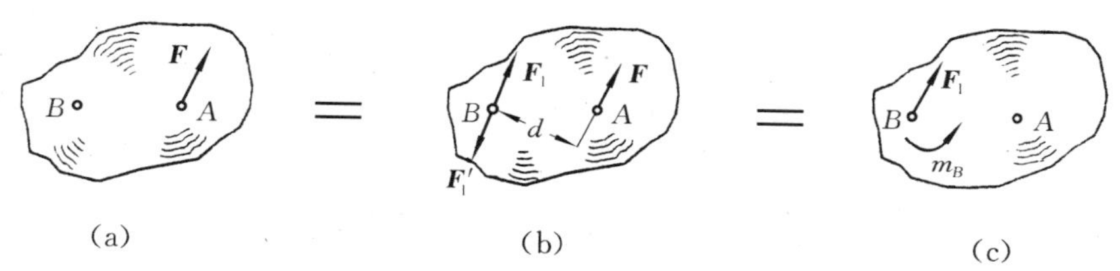

图 3-3

力的平移定理不仅是力系简化的依据，同时也可利用其原理解决一些工程中的实际问题。例如，攻丝时必须用两手握扳手，而且用力要相等。为什么不用一只手扳动扳手呢？如图 3-4 所示，通过力的平移分析知，作用于一端的力 $\boldsymbol{F}$ 与作用点 C 得力 $\boldsymbol{F}'$ 和一个矩为 m 的力偶等效，而力 $\boldsymbol{F}'$ 往往容易使丝锥折断。

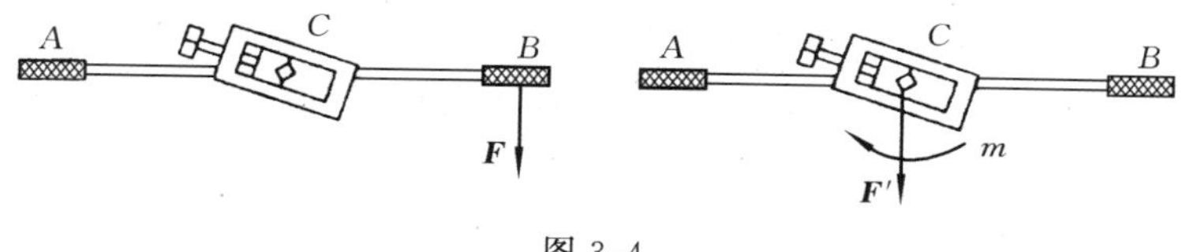

图 3-4

2. 平面任意力系向作用面内一点的简化

设有作用于刚体的平面任意力系 $\boldsymbol{F}_1,\boldsymbol{F}_2,\cdots,\boldsymbol{F}_n$，各力的作用点分别为 $A_1,A_2,\cdots,A_n$，如图 3-5(a)所示。为了简化这个力系，在力系所在的平面内任选一点 O，称为简化中心(center of reduction)；由力的平移定理，将各力平移至 O 点，同时加入相应的附加力偶，这样原力系变换为作用在 O 点的平面汇交力系 $\boldsymbol{F}_1',\boldsymbol{F}_2',\cdots,\boldsymbol{F}_n'$ 及力偶矩为 $m_1,m_2,\cdots,m_n$ 的平面力偶系，如图 3-5(b)所示。其中平面汇交力系中各力的大小和方向分别与原力系中对应的各力相同，即

$$\boldsymbol{F}_1'=\boldsymbol{F}_1,\ \boldsymbol{F}_2'=\boldsymbol{F}_2,\ \cdots,\ \boldsymbol{F}_n'=\boldsymbol{F}_n$$

而平面力偶系中各附加力偶的力偶矩分别等于原力系中各力对点 O 的矩，即

$$m_1=m_O(\boldsymbol{F}_1),\ m_2=m_O(\boldsymbol{F}_2),\ \cdots,\ m_n=m_O(\boldsymbol{F}_n)$$

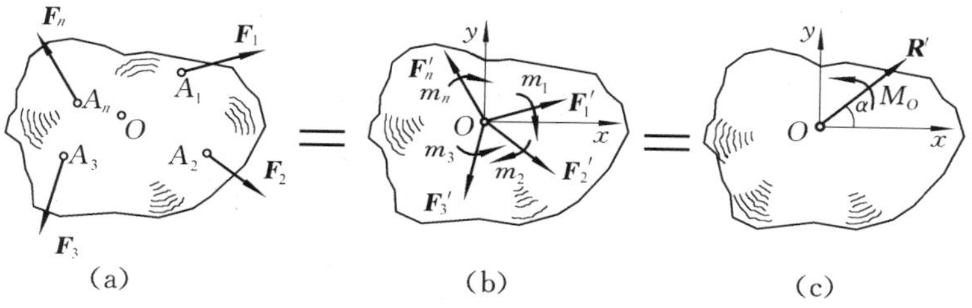

(a) (b) (c)

图 3-5

根据 2.1 节所述，平面汇交力系可以合成为一个力 $\boldsymbol{R}'$，即

$$\boldsymbol{R}'=\boldsymbol{F}_1+\boldsymbol{F}_2+\cdots+\boldsymbol{F}_n=\sum\boldsymbol{F}_i \tag{3-1}$$

矢量$\boldsymbol{R}'$称为原力系的主矢量(principal vector),此处用$\boldsymbol{R}'$以示与原力系的合力相区别。显然,主矢量取决于原力系中各力的大小和方向,而与简化中心的位置无关。求主矢量的大小和方向与求平面汇交力系合力的方法一样,可以直接写出主矢量$\boldsymbol{R}'$的大小和方向的计算式:

$$\begin{cases} R' = \sqrt{\left(\sum X\right)^2 + \left(\sum Y\right)^2} \\ \tan\alpha = \dfrac{\sum Y}{\sum X} \end{cases} \tag{3-2}$$

其中,$\sum X$和$\sum Y$分别为原力系在x轴和y轴上的投影值的代数和,α是主矢量$\boldsymbol{R}'$与x轴的夹角。

根据式(2-10)可知,平面附加力偶系可以合成为同平面内的一个合力偶,其矩即为各附加力偶矩的代数和,即

$$M_O = m_O(\boldsymbol{F}_1) + m_O(\boldsymbol{F}_2) + \cdots + m_O(\boldsymbol{F}_n) = \sum m_O(\boldsymbol{F}) \tag{3-3}$$

其中,M_O称为原力系对简化中心的主矩(principal moment)。对已给定的力系来说,主矩的大小及转向取决于简化中心的位置。

由于力系的主矢只是原力系中各力的矢量和,所以它与简化中心的选择无关。而力系对于简化中心的主矩M_O显然与简化中心的选择有关。因为若取不同的点为简化中心,各力的力臂将会改变,则各力对简化中心的矩也将变化,因而各力对于简化中心的主矩也将会改变。

综上所述,可得如下结论:在一般情况下,平面力系向其作用面内任一点简化的结果是一个通过简化中心的力和一个力偶(图3-5(c))。这个力等于该力系的主矢量,这个力偶的矩等于该力系对简化中心的主矩。

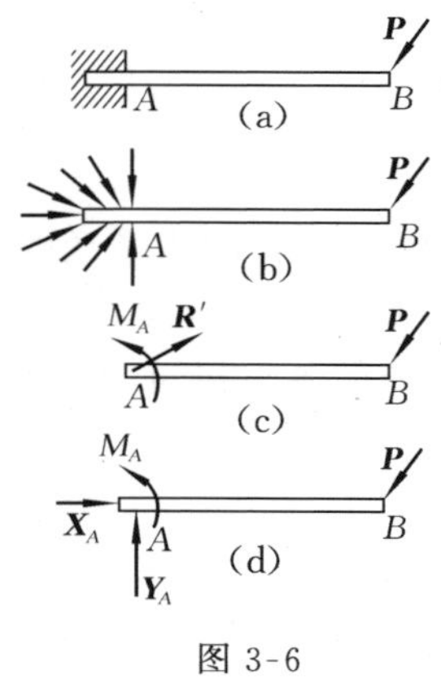

图3-6

3. 固定端约束

下面应用平面任意力系向一点简化的结论,介绍工程中常见的固定端(fixed ends)支座的约束反力的特点。以一端插入墙内的梁(图3-6(a))为例:在主动力$\boldsymbol{P}$作用下,梁的插入部分受到墙的约束,与墙接触的点均受到约束反力作用,使梁既不能移动也不能转动。在平面问题中,这些力构成平面任意力系,如图3-6(b)所示;将这些力在作用面内点A简化得到一个约束反力$\boldsymbol{R}'$和一个力偶矩为M_A的约束反力偶,如图3-6(c)所示,一般情况下这个力的大小和方向均为未知量;再将约束反力$\boldsymbol{R}'$分解为水平分力$\boldsymbol{X}_A$和铅垂分力$\boldsymbol{Y}_A$。因此,在平面力系情况下,固定端约束共有3个未知量,即约束反力$\boldsymbol{X}_A$,$\boldsymbol{Y}_A$和约束反力偶矩M_A,如图3-6(d)所示。

比较固定端支座与铰链支座的约束性质可见,固定端支座除了限制物体在水平方向和铅直方向移动外,还能限制物体在水平面内转动。因此,除了约束反力$\boldsymbol{X}_A$,$\boldsymbol{Y}_A$外,还有矩为M_A的约束反力偶。而固定铰链支座没有约束反力偶,因为它不能限制物体在平面内转动。

3.2 平面任意力系简化结果讨论、合力矩定理

平面一般力系向O点简化为一个力和一个力偶(图3-5(c)),这一结果尚可进一步简化。现在对4种可能的情况分别进行讨论:

（1）$\boldsymbol{R}'=0, M_O=0$，表明原力系是一个平衡力系，将在下面进一步讨论。

（2）$\boldsymbol{R}'\neq 0, M_O=0$，表明原力系简化为一个合力，此合力通过简化中心 O，其大小和方向与主矢相同。

（3）$\boldsymbol{R}'=0, M_O\neq 0$，表明原力系合成为一个力偶，即原力系为一个合力偶，此合力偶之矩就等于原力系对简化中心的主矩。在此特殊情况下，根据力偶矩与矩心位置无关的特性，主矩与简化中心的位置无关，反映了力偶可在作用面内任意移转这一特性。

（4）$\boldsymbol{R}'\neq 0, M_O\neq 0$，则力系简化为一力和一力偶，如图 3-7(a)所示，这还不是最后的结果，尚可进一步简化。

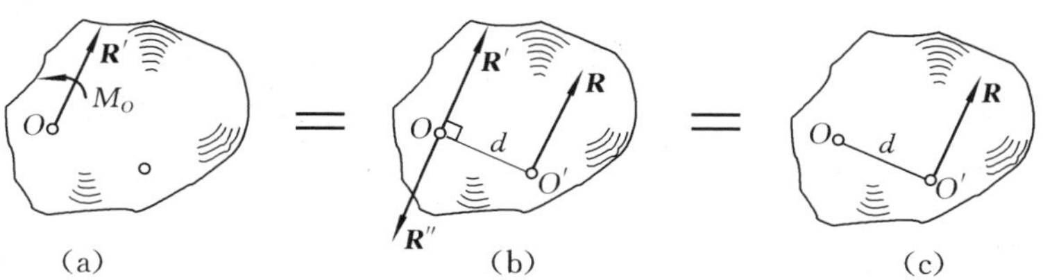

图 3-7

先将矩为 M_O 的力偶用两个力 $\boldsymbol{R}$ 和 $\boldsymbol{R}''$ 表示，并令 $\boldsymbol{R}'=\boldsymbol{R}=-\boldsymbol{R}''$，如图3-7(b)所示；减去一对平衡力 $\boldsymbol{R}'$ 和 $\boldsymbol{R}''$，则作用于 O 点的力 $\boldsymbol{R}'$ 和力偶$(\boldsymbol{R},\boldsymbol{R}'')$合成为作用于 O' 点的力 $\boldsymbol{R}$，如图3-7(c)所示；此力 $\boldsymbol{R}$ 即为原力系的合力，合力的大小等于主矢，其作用线到 O 点的距离 d 可根据下式求得

$$d=\frac{M_O}{R} \tag{3-4}$$

合力作用线在 O 点的哪一侧应根据主矩 M_O 的转向决定。

从图 3-7 所示的等效变换过程还可导出有关力矩的一条重要定理——合力矩定理(theorem of the moment of a resultant)。

由图 3-7 可知合力 $\boldsymbol{R}$ 对点 O 的矩为

$$m_O(\boldsymbol{R})=Rd=M_O$$

而主矩等于各分力对点 O 的矩的代数和，即

$$M_O=\sum m_O(\boldsymbol{F})$$

所以有

$$m_O(\boldsymbol{R})=\sum m_O(\boldsymbol{F}) \tag{3-5}$$

由选取 O 点的任意性，上式应具有普遍的意义，即：平面任意力系的合力对该力系作用面内任一点的矩，等于各分力对同一点之矩的代数和，这就是合力矩定理。在某些情况下，利用合力矩定理计算力矩甚为方便。

例 3.1 水平梁 AB 受三角形分布载荷的作用如图 3-8 所示，分布载荷集度的最大值为 q，梁长 l。试求合力作用线的位置。

解 先求分布载荷的合力 $\boldsymbol{Q}$。取梁的 A 端为坐标原点，在 x 处取微段 dx，作用在此微段的分布载荷集度为 q_x，根据几何关系 $q_x=\frac{x}{l}q$，在 dx 长度上合力的大小为 $q_x dx$，所以整根梁上合力的大小：

$$Q=\int_0^l q_x dx=\int_0^l \frac{q}{l}x dx=\frac{q}{l}\left[\frac{x^2}{2}\right]_0^l=\frac{1}{2}ql$$

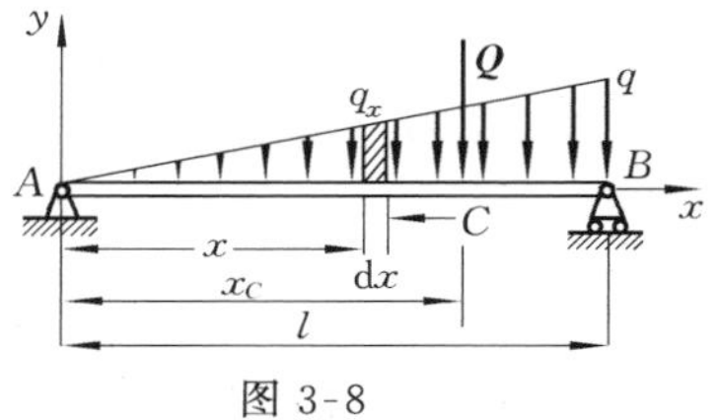

图 3-8

又设合力 $\boldsymbol{Q}$ 的作用线距 A 端为 x_C，根据合力矩定理：

$$Qx_C = \int_0^l xq_x \mathrm{d}x = \int_0^l \frac{q}{l}x^2 \mathrm{d}x = \frac{q}{l}\left[\frac{x^3}{3}\right]_0^l = \frac{1}{3}ql^2$$

解得

$$x_C = \frac{ql^2}{3Q}$$

以 $Q=\frac{1}{2}ql$ 代入上式，得

$$x_C = \frac{2l}{3}$$

讨论：由此例求出的分布力合力大小及其作用线位置可以看出，若将分布载荷作用的长度及分布载荷的集度视为三角形的两个直角边，则分布力合力的大小就等于此三角形面积的大小，分布力合力的作用线通过此三角形的形心。此规律对各种线性分布的载荷都适用。掌握了这一规律，以后碰到线性分布的荷载，可以不必再用积分法求合力和合力作用线位置，而直接求分布载荷所包含的图形面积及图形的形心位置即可。请读者试求均布载荷的合力大小及其作用线位置。

3.3 平面任意力系的平衡条件和平衡方程

1. 平面任意力系的平衡条件和平衡方程的基本形式

由前面的分析可知，只有当平面任意力系的简化结果主矢 $\boldsymbol{R}'=0$、主矩 $M_O=0$ 时力系才是平衡的，而要力系平衡，则必须满足此两条件，有一个不等于零，刚体即不会平衡。所以可得如下结论：平面任意力系平衡的必要和充分条件是力系的主矢和力系对任意点的主矩都等于零，即

$$\begin{cases} \boldsymbol{R}'=0 \\ M_O=0 \end{cases} \tag{3-6}$$

由式(3-2)可知，欲使 $\boldsymbol{R}'=0$，必须 $\sum X = 0$ 及 $\sum Y=0$，同时，将式(3-3)代入式(3-6)，则得

$$\begin{cases} \sum X = 0 \\ \sum Y = 0 \\ \sum m_O(\boldsymbol{F}) = 0 \end{cases} \tag{3-7}$$

其中第三式常可简写为 $\sum m_O = 0$。

式(3-7)即为平面一般力系的平衡方程。其中，前面两式称为力的投影方程，表示所有的力在任一轴上投影的代数和等于零；第三式称为力矩方程，表示所有的力对任一点 O 之矩的代数和等于零。由式(3-7)可知，平面任意力系独立的平衡方程个数有 3 个，故能求解 3 个未知量。

应该指出，投影轴和矩心是可以任意选取的，在解决实际问题时适当选择矩心与投影轴可以简化计算。一般地说，矩心选在未知力的交点，投影轴则尽可能选取与该力系中多数力的作用线平行或垂直。

下面简述平面一般力系平衡方程的其他形式。

2. 二力矩形式的平衡方程

$$\begin{cases} \sum m_A = 0 \\ \sum m_B = 0 \\ \sum X = 0 \end{cases} \tag{3-8}$$

即两个力矩式和一个投影式，其中A,B两点连线AB不能垂直于投影轴x。这是因为平面力系向已知点简化只可能有3种结果：合力、力偶或平衡。力系既然满足平衡方程$\sum m_A=0$，则表明力系不可能简化为一力偶，只可能是作用线通过A点的合力或平衡；同理，力系如又满足方程$\sum m_B=0$，可以断定，该力系合成结果为经过A,B两点的一个合力或平衡；但当力系又满足方程$\sum X=0$，而连线AB不垂直于x轴，显然力系不可能有合力。这就表明，只要适合以上3个方程及连线AB不垂直于投影轴的附加条件，则力系必平衡。

3. 三力矩形式的平衡方程

$$\begin{cases}\sum m_A=0\\\sum m_B=0\\\sum m_C=0\end{cases}\tag{3-9}$$

其中，A,B,C为平面上不共线的任意3点。这是因为平面任意力系若满足$\sum m_A=0$和$\sum m_B=0$两式，综上所述，该力系合成结果只可能为经过A,B两点连线的一个力或是平衡；若力系再满足$\sum m_C=0$，且A,B,C三点不共线，则该力系不可能有经过A,B两点的合力，因而必然是平衡力系。

以上讨论了平面任意力系的三种不同形式的平衡方程，在解决实际问题时可根据具体条件选某一种形式。

由平面任意力系的平衡方程，可推出几个平面特殊力系的平衡方程。

对于平面汇交力系，它不可能合成为一个力偶，若取各力的汇交点为简化中心，则式(3-7)的第三式自然满足，而第一、二式即为平面汇交力系的平衡方程式(2-7)。

对于平面力偶系，它不可能合成为一个力，式(3-7)的前两式自然满足，而第三式即为平面力偶系的平衡方程式(2-11)。在此情况下，矩心O可不注明。

对于平面平行力系(即平面力系中各力的作用线互相平行)，如果选择直角坐标轴时，使y轴与各力平行，则式(3-7)的第一式恒等于零自然满足，于是平面平行力系的平衡方程为

$$\begin{cases}\sum Y=0\\\sum m_O=0\end{cases}\tag{3-10}$$

显然，利用式(3-10)只能求解两个未知量。

平面平行力系的平衡方程也可以表示为二力矩形式，即

$$\begin{cases}\sum m_A=0\\\sum m_B=0\end{cases}\tag{3-11}$$

其中，A,B两点的连线不能与力系各力的作用线平行。

例3.2 一端固定的水平悬臂梁AB如图3-9(a)所示，梁上作用有垂直向下且连续均匀分布的载荷(称为均布载荷)，载荷集度(即梁的单位长度上力的大小)为q(N/m)。在梁的自由端还受一集中力$\boldsymbol{P}$(N)和一力偶矩大小为m(N·m)的力偶作用，梁的长度为l(m)。试求固定端A处的约束反力。

解 取悬臂梁AB为研究对象，受力分析如图3-9(b)所示。显然，均布载荷的合力为$Q=ql$，作用在AB中点。列平衡方程：

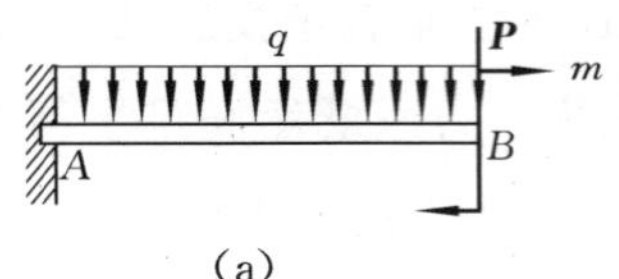

(a)

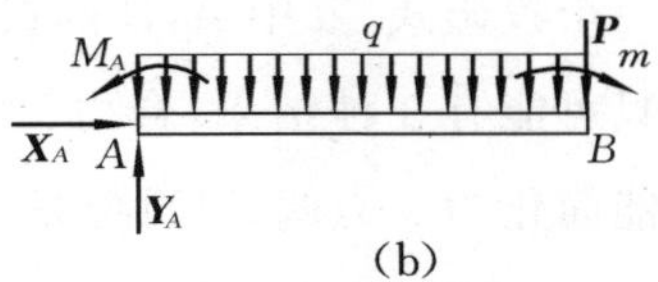

(b)

图 3-9

$$\begin{cases} \sum X = 0, & X_A = 0 \\ \sum Y = 0, & Y_A - ql - P = 0 \\ \sum m_A = 0, & M_A - \dfrac{ql^2}{2} - Pl - m = 0 \end{cases}$$

联立可解得

$$X_A = 0, \quad Y_A = ql + P, \quad M_A = \frac{ql^2}{2} + P + m$$

例 3.3 塔式起重机如图 3-10 所示。机架重 $P=700\text{kN}$，作用线通过塔架中心。最大起重量 $W=200\text{kN}$，最大悬臂长为 12m，轨道 AB 的间距为 4m。平衡块重 Q，到机身中心线距离为 6m，求：

(1) 保证起重机在满载和空载时都不致翻倒，平衡块的重量 Q 应为多少？

(2) 若平衡块重 $Q=180\text{kN}$，当满载时轨道 A，B 对起重机轮子的反力为多大？

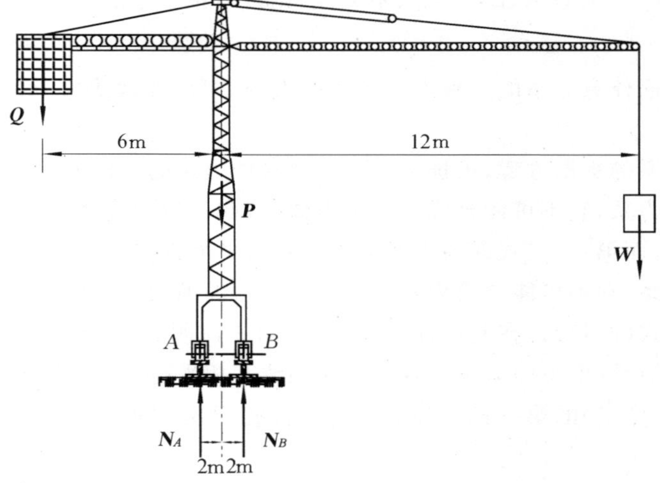

图 3-10

解 (1) 要使起重机不翻倒，应使作用在起重机上的所有力满足平衡条件。起重机所受的力有：载荷重力 $\boldsymbol{W}$，机架的重力 $\boldsymbol{P}$，平衡块的重力 $\boldsymbol{Q}$，以及轨道的约束反力 $\boldsymbol{N}_A$ 和 $\boldsymbol{N}_B$。

满载时，为使起重机不绕点 B 翻倒，这些力必须满足平衡方程 $\sum m_B=0$，在临界情况下，$N_A=0$，这时求出的 Q 值是允许的最小值。由 $\sum m_B=0$，得

$$Q_{\min} \times (6+2) + P \times 2 - W \times (12-2) = 0$$

即

$$Q_{\min} = (10W - 2P)/8 = 75 \text{ kN}$$

空载时，$W=0$，为使起重机不绕 A 翻倒，所受的力必须满足平衡方程 $\sum m_A=0$。在临界情况下，$N_B=0$，这时求出的 Q 值是所允许的最大值。由 $\sum m_A=0$，得

$$Q_{\max} \times (6-2) - P \times 2 = 0$$

即

$$Q_{\max} = 2P/4 = 350 \text{ kN}$$

起重机在实际工作时不允许处于极限状态，要使起重机不翻倒，平衡块的重量应在这两者之间，即

$$75\text{kN} < Q < 350\text{kN}$$

(2) 取 $Q=180$ kN，求满载时作用于轮子的约束反力 $\boldsymbol{N}_A$ 和 $\boldsymbol{N}_B$。此时，起重机在力 $\boldsymbol{Q},\boldsymbol{P},\boldsymbol{W}$ 以及 $\boldsymbol{N}_A,\boldsymbol{N}_B$ 作用下平衡，根据平面平行力系的平衡方程，有

$$\sum m_A = 0,\quad Q\times(6-2)-P\times 2-W\times(12+2)+N_B\times 4=0 \tag{3-12}$$

$$\sum Y = 0,\quad -Q-P-W+N_A+N_B=0 \tag{3-13}$$

由式(3-12)，得

$$N_B=(14W+2P-4Q)/4=870\ \text{kN}$$

代入式(3-13)，得

$$N_A=210\ \text{kN}$$

3.4 物系的平衡、静定和静不定问题

在实际工程中，很多结构都是由多个物体通过一定的约束形式相连接组成的系统，称为物体系统，简称为物系。在研究物体系统的平衡问题时，不仅要知道外界物体对于这个系统的作用，同时还应分析系统内各物体之间的相互作用。外界物体作用于系统的力称为该系统的外力(external force)；系统内部各物体间相互作用的力称为该系统的内力(internal force)。根据作用与反作用定律可知，内力总是成对出现的，因此当取整个系统为分离体时，可不考虑内力；当要求的是系统的内力时，就必须取系统中与需求内力相关的某些物体为分离体。

应当指出，当整个系统平衡时，则组成该系统的每一个物体也都平衡，因此在研究这类平衡问题时，既可以取系统中的某个物体为分离体，也可以取几个物体的组合，或者取整个系统为分离体，这要根据问题的具体情况，以便于求解为原则来适当地选取。对于 n 个物体组成的系统在平面任意力系作用下，能列出 $3n$ 个独立平衡方程。若系统中有受平面汇交力系或平面平行力系的作用时，则独立平衡方程的总数目应相应地减少。在选择平衡方程时，应尽可能避免解联立方程。

在刚体静力学中，若未知约束力的个数等于独立平衡方程数，则应用静力平衡方程即可确定全部未知的约束力，这类问题称为静定(statically determinate)问题；反之若未知约束力的个数大于独立平衡方程的个数，则仅由静力平衡方程不能求出所有的未知量，这类问题称为静不定(statically indeterminate)问题(或超静定问题)，而总未知量数与总独立平衡方程数两者之差称为静不定次数。例如，图 3-11(a)所示梁的 A 端用固定铰链支座支承，B 和 C 处用活动铰链支座支承，在主动力 $\boldsymbol{P}_1$ 和 $\boldsymbol{P}_2$ 作用下，它的约束反力计有 $\boldsymbol{X}_A,\boldsymbol{Y}_A,\boldsymbol{Y}_B$ 和 $\boldsymbol{Y}_C$ 共 4 个力，如图 3-11(b)所示，而平面一般力系只有 3 个独立平衡方程，无法求出 4 个未知量，因此，求解该梁的约束反力是静不定问题。静不定问题可借助于物体的变形规律来求解，这将在材料力学部分中进行研究。

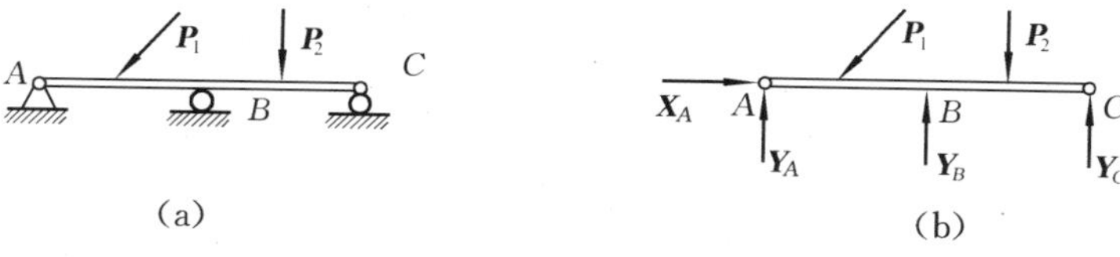

图 3-11

下面通过实例来说明各种物体系统的平衡问题的解法。

例 3.4 如图 3-12(a)所示，水平梁由 AC 和 CD 两部分组成，它们在 C 处用铰链相连，梁的 A 端固定在墙上，在 B 处受滚动支座支持。已知：$Q=10\text{kN}$，$P=20\text{kN}$，均布载荷 $p=5\text{kN/m}$，梁的 BD 段受线性分布载荷，在 D 端为零，在 B 处最大值 $q=6\text{kN/m}$，试求 A 和 B 处的约束反力。

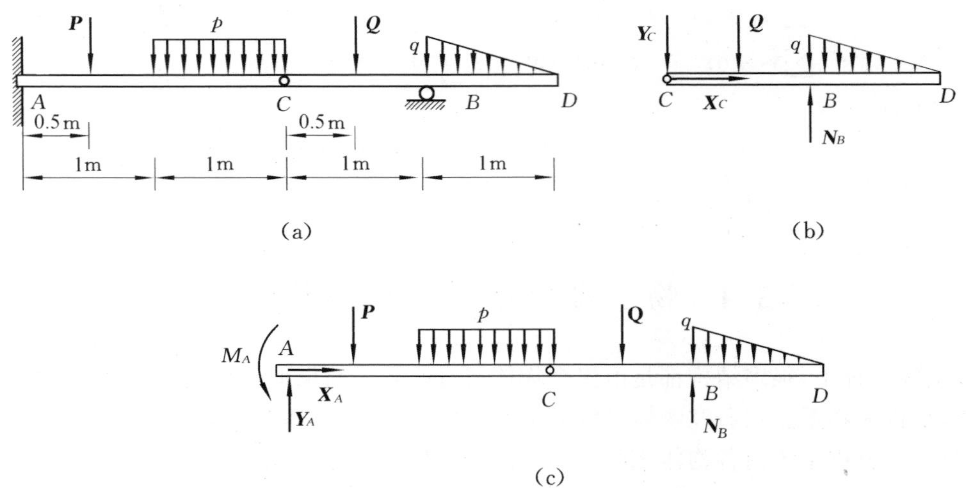

图 3-12

解 先取梁的 CD 部分为研究对象，其受力分析如图 3-12(b)所示。AC 部分与 CD 部分的相互作用，是通过中间铰 C 上的作用力传递的，因此两部分拆开后，铰链 C 处 AC 与 CD 的相互作用力由系统的内力转变为外力。因是研究 CD 部分，AC 部分对 CD 部分的作用就由作用在 C 处的外力表示，所以铰链 C 处的力必须画出。但注意到 CD 部分待求的量只是 N_B，可以只列包含 N_B 的一个平衡方程求解。为此取点 C 为矩心，列平衡方程：

$$\sum m_C = 0,\quad N_B \times 1 - 0.5Q - \frac{4}{3} \times Q_1 = 0$$

式中，Q_1 为三角形分布荷载的合力的大小等于三角形的面积，即 $Q_1 = \frac{q}{2} \times 1$，作用点在距点 B 为 $\frac{1}{3}m$ 处，由此解得

$$N_B = 0.5 \times Q + \frac{2}{3} \times q = 9(\text{kN})$$

再取整体为研究对象，受力分析如图 3-12(c)所示。这时铰链 C 处 AC 与 CD 的相互作用力是系统的内力，不能画出。N_B 已求出，还剩 A 处的 3 个约束反力是待求的未知量。取整体为研究对象意味着将它看成是一个刚体，所以它的独立平衡方程数也是 3 个，正好可求解这 3 个未知量。列平衡方程：

$$\begin{cases} \sum X = 0, & X_A = 0 \\ \sum Y = 0, & Y_A + N_B - P - Q - p \times 1 - q \times 1 \times \dfrac{1}{2} = 0 \\ \sum m_A = 0, & M_A + N_B \times 3 - P \times 0.5 - Q \times 2.5 - p \times 1 \times 1.5 - q \times 1 \times \dfrac{1}{2} \times \left(3 + \dfrac{1}{3}\right) = 0 \end{cases}$$

解得

$$X_A = 0,\quad Y_A = 29\text{kN},\quad M_A = 25.5\text{kN} \cdot \text{m}$$

例 3.5 构架 ABC 由杆 AB、AC、DF 组成。杆 DF 上的销子 E 可在杆 AB 的光滑槽内滑动。构架的尺寸和载荷如图 3-13(a)所示。已知 $m=2400\text{N} \cdot \text{m}$，$P=200\text{N}$，试求铰链支座 B 和 C 的约束反力。

解 根据题意，求解的是外部支座 B 和 C 的支座反力，可首先考虑取整体为研究对象，其受力如

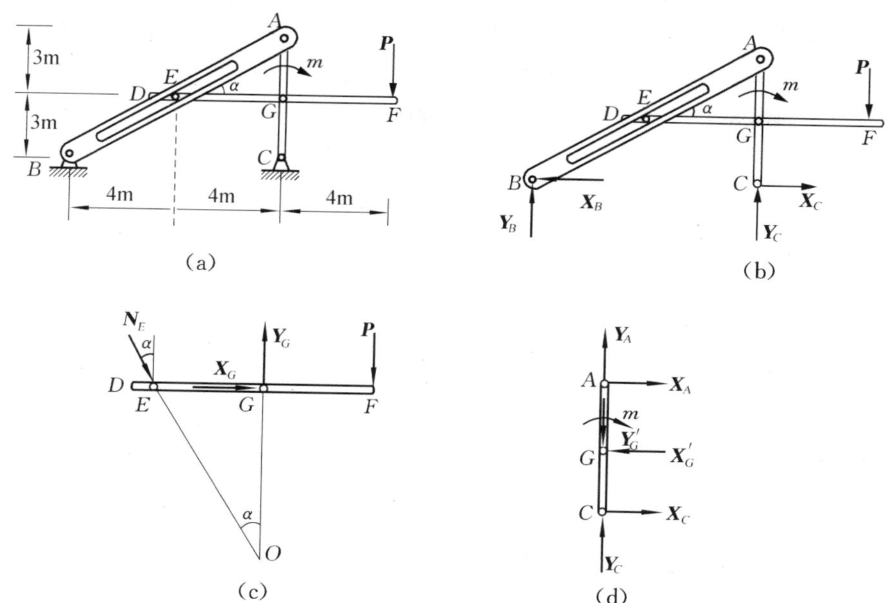

图 3-13

图 3-13(b)所示。列平衡方程：

$$\begin{cases} \sum m_C = 0, & -Y_B \times 8 - m - P \times 4 = 0 \\ \sum m_B = 0, & Y_C \times 8 - m - P \times 12 = 0 \\ \sum X = 0, & X_C - X_B = 0 \end{cases}$$

解得

$$Y_B = -400\text{N}, \quad Y_C = 600\text{N}, \quad X_C = X_B$$

负号表示 Y_B 的指向与图示方向相反。

再取 DF 杆为研究对象，其受力分析如图 3-13(c)所示，列平衡方程：

$$\sum m_O = 0, \quad -X_G \times OG - P \times GF = 0$$

解得

$$X_G = -P\frac{GF}{OG} = -P\tan\alpha = -200 \times \frac{3}{4} = -150(\text{N})$$

最后取杆 AC 为研究对象，其受力情况如图 3-13(d)所示，列平衡方程：

$$\sum m_A = 0, \quad X_C \times 6 - X'_G \times 3 - m = 0$$

解得

$$X_C = 325\text{N}$$

故

$$X_B = X_C = 325\text{N}$$

在本例列力矩方程式时选取的矩心尽量与多个未知力相交，使得每一个方程中只含有一个未知量，可方便求解。

例 3.6 图 3-14(a)所示为一桥梁桁架简图。作用在节点 E 和 G 上的载荷分别为 $Q=400\text{N}$，$P=1200\text{N}$。图中尺寸 $a=4\text{m}$，$b=3\text{m}$。求 1、2、3、4 杆所受的力。

解 桁架是由一些直杆彼此在两端连接而成的一种几何形状不变的工程结构。桁架中的各杆都是直杆；所有外力都作用在桁架平面内，且都作用在节点上；组成桁架的杆件彼此用光滑铰链连接，杆件重量不计。先求桁架的支座反力，为此，取整个桁架为研究对象，绘受力图如图 3-14(b)所示，列平衡方程：

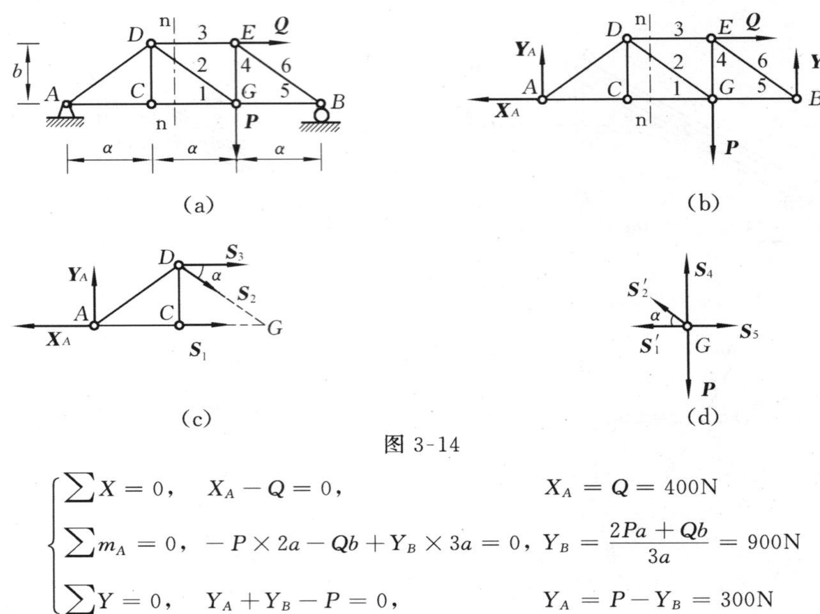

图 3-14

$$\begin{cases}\sum X = 0, \quad X_A - Q = 0, & X_A = Q = 400\text{N} \\ \sum m_A = 0, \quad -P\times 2a - Qb + Y_B\times 3a = 0, & Y_B = \dfrac{2Pa+Qb}{3a} = 900\text{N} \\ \sum Y = 0, \quad Y_A + Y_B - P = 0, & Y_A = P - Y_B = 300\text{N}\end{cases}$$

计算下一步前,先要校核一下上述结果是否正确,这可由 $\sum m_E = 0$ 是否满足来实现,建议读者自己完成这一步。

再求 1,2,3,4 杆所受之力。我们可把此桁架看成是由两个三角架 ACD 和 BGE 通过杆 1,2,3 连接而成的。现设想用一平面 n-n 将这三杆沿横截面一起截断,两个三角架连同三根截断的杆便各自成了分离体,可任取其中一个作为研究对象,如取三角架 ACD,其受力分析如图 3-14(c)所示,图中各杆截断处均假设受拉力作用,再列出平面一般力系的 3 个平衡方程,即可求出 3 根连接杆 1,2,3 所受的力。这种用一截面 n-n 将桁架截为两部分,取其中任一部分为研究对象,求解未知量的方法称为截面法。

以 ACD 为研究对象,应用平衡方程的二矩式,有

$$\begin{cases}\sum Y = 0, \quad Y_A - S_2\sin\alpha = 0 \\ \sum m_D = 0, \quad S_1 b - X_A b - Y_A a = 0 \\ \sum m_G = 0, \quad -S_3 b - Y_A 2a = 0\end{cases}$$

其中 $\sin\alpha = 3/5$。将 a,b 及 X_A,Y_A 代入后,解得

$$S_1 = \frac{X_A b + Y_A a}{b} = 800\text{N}\ (拉),\quad S_2 = \frac{Y_A}{\sin\alpha} = 500\text{N}\ (拉),\quad S_3 = -\frac{2Y_A a}{b} = -800\text{N}\ (压)$$

由于 4 杆与 1,2,5 杆铰接于 G 点,以节点 G 为研究对象,设各杆受拉力作用,绘受力图如图 3-14(d)所示,可以看出,各杆所受之力在节点 G 组成一平面汇交力系,则沿 y 方向列平衡方程,即可求得 4 杆的受力。这种以节点为研究对象,求解未知力的方法称为节点法。

以节点 G 为研究对象,其 y 方向投影形式的平衡方程为

$$\sum Y = 0, \quad S_4 - P + S'_2\sin\alpha = 0$$

其中 $S'_2 = S_2$,由此解得

$$S_4 = P - S_2\sin\alpha = 900\text{N}\ (拉)$$

另外,求 4 杆受力时,也可以节点 E 为研究对象,只是这种算法较节点 G 略为复杂。在计算结果中,第三杆受力为负,这是由于桁架的计算中,各杆受力均假设为拉力,因此,负号表示该杆受力为压力。

最后,需要指出的是,求桁架各杆受力的节点法和截面法是互相补充的。在桁架的受力计算中,一般采用节点法求得每根杆的受力,而截面法则可用以对某些杆的受力进行校核。当求部分杆受力时,用截面法计算可以避免不需求的未知量,使问题大大简化。

3.5 考虑摩擦时的平衡问题

在前面研究物体的平衡问题时，都假定物体的表面是绝对光滑的，实际上两物体的表面接触时都有一定的摩擦，如果摩擦力太小，即对问题的分析影响不大时，可忽略其影响，但有时则不能，有时摩擦还起着决定性作用。在实际工程中，物体间的摩擦有其有利的一面，也有其不利的一面。如摩擦制动、皮带传动、摩擦轮传动等都是利用摩擦有利的一面；反之，摩擦要消耗机械运动传递中的能量，降低工作效率，这是其不利的一面。我们研究摩擦问题就是要掌握其规律，尽量利用其有利的一面，同时尽量减少或避免其不利的一面。

3.5.1 滑动摩擦定律

所有接触面都是粗糙的，当两物体在粗糙表面无润滑地相互接触，且有相对滑动或滑动趋势时，两物体表面上便产生沿接触面切线方向阻碍相互滑动的力，称为滑动摩擦力。滑动摩擦(sliding friction)又可分为静滑动摩擦(static friction)和动滑动摩擦(moving friction)，前者是指物体之间具有相对滑动趋势但相对滑动并未发生时的摩擦；后者则是物体之间正在相对滑动时的摩擦。

为了说明滑动摩擦的规律，考虑一重为 G 的物体，放在一个粗糙的水平面上，如果此时没有其他主动力作用，则物体只受重力 $\boldsymbol{G}$ 和法向反力 $\boldsymbol{N}$ 的作用而处于平衡，如图 3-15(a)所示，$\boldsymbol{N}$ 称为正压力或法向力。显然，物体在水平方向没有滑动趋势，因而在接触面间就不存在摩擦。现在给物体一水平拉力 $\boldsymbol{Q}$，按 Q 值不同，分下面几种情况讨论。

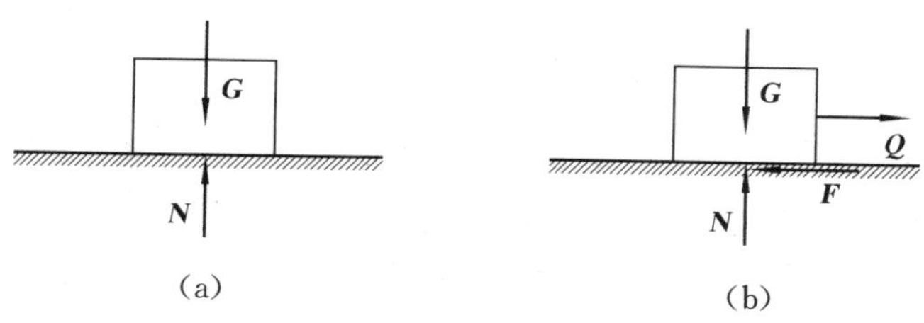

图 3-15

1. 静滑动摩擦力

当拉力 $\boldsymbol{Q}$ 由零逐渐增加但不很大时，物体不会向右滑动，这是因为沿接触面受到了阻碍物体滑动的摩擦力 $\boldsymbol{F}$(图 3-15(b))，因而使物体保持静止。这种在接触物体之间有相对滑动趋势时所产生的摩擦力称为静滑动摩擦力，简称静摩擦力。根据图 3-15 得出平衡条件：

$$N=G,\quad F=Q$$

如果拉力 $\boldsymbol{Q}$ 再继续增加，在一定范围内，物体仍继续保持静止，这表明在此范围内摩擦力 $\boldsymbol{F}$ 随拉力的增加而不断增大。可见静摩擦力随主动力而变化，它的大小由平衡条件来确定，方向与物体相对滑动趋势的方向相反。

2. 最大静滑动摩擦力

静摩擦力 $\boldsymbol{F}$ 不能随拉力 $\boldsymbol{Q}$ 增大而无限增大，当拉力达到某一定值 Q_k 时，物体处于将要滑动而尚未滑动的临界状态，此时只要拉力比 Q_k 稍大或受到环境的任何扰动，物体即开始滑动。可见当物体处于临界平衡状态时，静摩擦力达到最大值，称为最大静滑动摩擦力，简称最大静摩擦力，以 F_{max} 表示。

根据上面的分析可知，静摩擦力 $\boldsymbol{F}$ 的大小并不是固定的值，它可在一定的范围内变化，即

$$0 \leqslant F \leqslant F_{\max}$$

只要物体保持平衡，静摩擦力的大小就应由物体的平衡条件来确定。

大量实验表明，最大静摩擦力的大小与两物体间的正压力的大小成正比，方向与相对滑动趋势的方向相反，即

$$F_{\max} = fN \tag{3-12}$$

这就是静滑动摩擦定律。式中无量纲比例系数 f 称为静滑动摩擦因数，简称静摩擦因数(coefficient friction)。它的大小与两接触物体的材料以及表面情况(粗糙度、干湿度、温度等)有关，通常认为与接触面积的大小无关，一般可用实验测定。

工程技术部门采用的滑动摩擦因数如表 3-1 中所示。不同专业，有时采用的数据不一定相同，这里只作为一般情况下的参考。对于实际问题中的摩擦因数，若要求精确，可通过实验测定。

表 3-1　常用材料的滑动摩擦因数

材料名称	静摩擦因数 f		动摩擦因数 f'	
	无润滑剂	有润滑剂	无润滑剂	有润滑剂
钢—钢	0.15	0.1～0.12	0.15	0.05～0.10
钢—铸铁	0.30		0.18	0.05～0.15
钢—青铜	0.15	0.1～0.15	0.15	0.1～0.15
钢—软钢			0.2	0.1～0.2
铸铁—铸铁		0.18	0.15	0.07～0.12
铸铁—软纲	0.2	0.1	0.18	0.05～0.15
木材—木材	0.4～0.6	0.1	0.2～0.5	0.07～0.15

3. 动滑动摩擦力

当物体所受拉力达到 Q_k 时，若拉力再增大，只要略大于 Q_k，物体就要向右滑动。这时的摩擦力称为动滑动摩擦力，简称为动摩擦力，以 $\boldsymbol{F}'$ 表示。

实验表明，动摩擦力 $\boldsymbol{F}'$ 的大小也与接触面正压力 $\boldsymbol{N}$ 的大小成正比，即

$$F' = f'N \tag{3-13}$$

这是动滑动摩擦定律。式中无量纲比例系数 f' 称为动滑动摩擦因数，简称动摩擦因数。它除了与接触面的材料以及表面情况等因素有关外，还与物体相对滑动速度有关。对于大多数材料，在开始滑动后的一定范围内，f' 随相对速度的增大而减小。动摩擦因数 f' 用实验方法测定，在一般情况下 $f' < f$。

3.5.2　摩擦角的概念

当考虑接触面的摩擦时，支承面对物体的约束反力包含两个分量，法向约束反力 $\boldsymbol{N}$ 和静摩擦力 $\boldsymbol{F}$。这两个力的矢量和称为全约束反力，简称全反力，如图 3-16(a)所示。即

$$\boldsymbol{R} = \boldsymbol{F} + \boldsymbol{N}$$

全反力随静摩擦力大小的改变而改变，全反力与法线之间的夹角 φ 也在改变。当物体处于临界平衡状态时，静摩擦力达到最大值，φ 也达到最大值 φ_m，如图 3-16(b)所示。全反力与法线间的夹角的最大值称为摩擦角(angle of friction)。由图 3-16(b)可知

$$\tan\varphi_m = \frac{F_{\max}}{N} = \frac{fN}{N} = f$$

即摩擦角的正切等于静摩擦因数。在用几何法求有关摩擦平衡问题时，常用到摩擦角的概念。

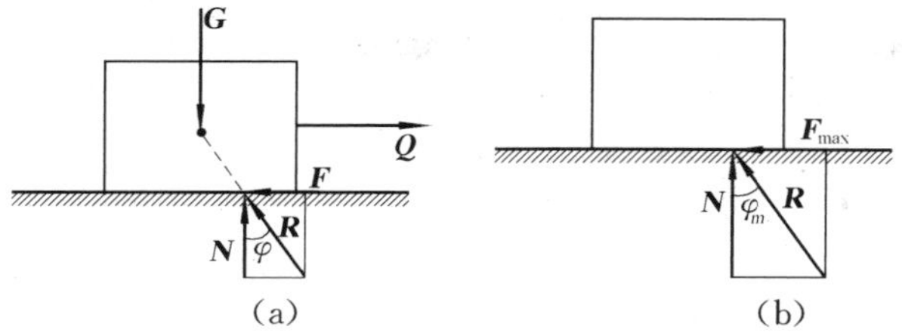

图 3-16

3.5.3 考虑摩擦时的平衡问题

考虑摩擦时物体的平衡问题也是用平衡方程来解决的，只是在受力分析中必须考虑摩擦力。这里要严格区分物体是处于一般的平衡状态还是临界的平衡状态。在一般平衡状态下，摩擦力 $\boldsymbol{F}$ 由平衡条件确定，大小应满足 $F \leqslant F_{max}$ 的条件，方向由接触面的相对运动趋势来确定。在临界平衡状态下，摩擦力为最大值 F_{max}，应该满足 $F = F_{max} = fN$ 的关系式。

例 3.7 物块重 $G=980\text{N}$，放在一倾斜角 $\alpha=30°$的斜面上。已知接触面间的静摩擦因数 $f=0.2$。今有一大小为 $Q=588\text{N}$ 的力沿斜面作用在物块上，如图 3-17(a)所示。问物块在斜面上是否处于静止？若静止，这时摩擦力为多大？

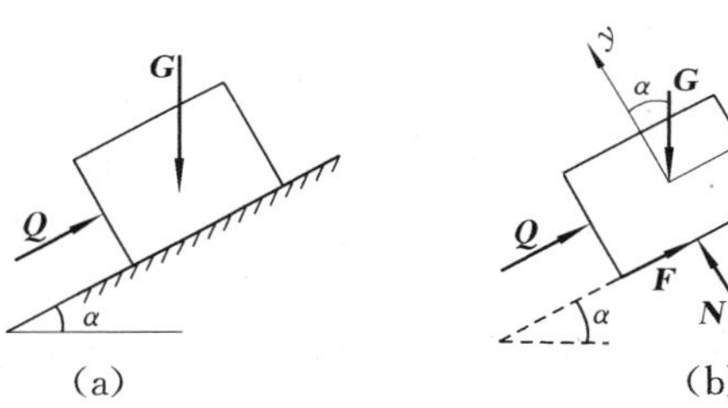

图 3-17

解 本题需判断物块是否处于静止状态，并计算摩擦力。先假定物块静止，然后计算静止时所需要的摩擦力以及可能的最大静摩擦力 F_{max}，进行比较后，就可以确定物块所处的真实状态。

取物块为研究对象。设物决沿斜面有下滑的趋势，静摩擦力 $\boldsymbol{F}$ 的指向应与滑动趋势相反，物体的受力图和坐标轴如图 3-17(b)所示。由平衡方程：

$$\sum X = 0, \quad Q - G\sin\alpha + F = 0$$

解得

$$F = G\sin\alpha - Q = 980\sin30° - 588 = -98(\text{N})$$

由

$$\sum Y = 0, \quad N - G\cos\alpha = 0$$

解得

$$N = G\cos\alpha = 980\cos30° = 848.7(\text{N})$$

根据摩擦定律，可能达到的最大静摩擦力为

$$F_{max} = fN = 0.2 \times 848.7 = 169.7(\text{N})$$

求得的力 $\boldsymbol{F}$ 的负号说明它的正确指向应与假设方向相反，即沿斜面向下，故物块实际上有向上滑动的趋势。摩擦力 $\boldsymbol{F}$ 的值小于最大静摩擦力的值 F_{max}，说明物块在斜面需要的动摩擦力小于可能的最大值，故物块在斜面上保持静止。这时摩擦力的值为 98N，方向沿斜面向下。

例 3.8 梯子长 $AB=L$，重 $G=100\text{N}$，靠在光滑墙上并和水平地面成 $\alpha=75°$角，如图 3-18(a)所示。已知地面与梯子间的滑动摩擦因数 $f=0.4$，问重 $Q=700\text{N}$ 的人能否爬到梯子顶端而不致使梯子滑倒？并求地面对梯子的摩擦力。假定梯子的重心在其中点 C。

解 因墙面光滑，人爬梯子时可以判定梯子滑动趋势的方向，现假设人站在上端时仍能平衡，取梯子 AB 为研究对象，受力分析如图 3-18(b)所示。梯子受平面任意力系作用，有 3 个未知力：即 A 处墙面和 B 处

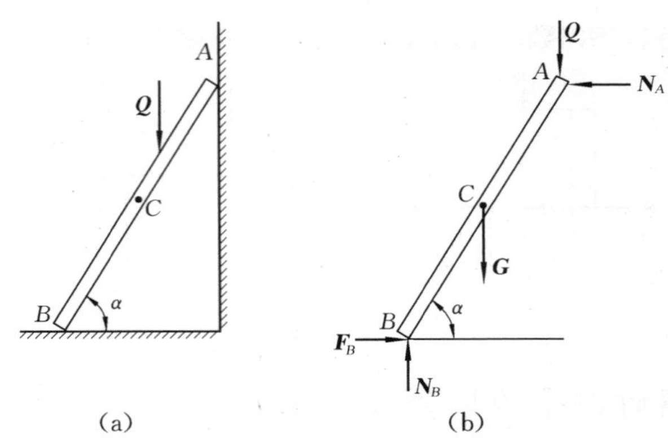

图 3-18

地面对梯子的法向约束反力 $\boldsymbol{N}_A$,$\boldsymbol{N}_B$ 及摩擦力 $\boldsymbol{F}_B$,故问题可解。列平衡方程:

$$\begin{cases}\sum X = 0, & F_B - N_A = 0 \\ \sum Y = 0, & N_B - G - Q = 0 \\ \sum m_A = 0, & F_B L\sin\alpha + G\dfrac{L}{2}\cos\alpha - N_B L\cos\alpha = 0\end{cases}$$

联立求解,得

$$N_A = \frac{G+2Q}{2\sin\alpha}\cos\alpha = 201\text{N}, \quad N_B = G+Q = 800\text{N}, \quad F_B = N_A = 201\text{N}$$

极限摩擦力 $F_{B\max} = fN_B = 320\text{N}$。显然 $F_B < F_{B\max}$,即人爬到梯子顶端时维持梯子平衡所需的摩擦力小于最大摩擦力,表明人爬到梯子顶端仍能保持平衡而不滑动。此时由以上平衡方程求出的摩擦力 $F_B = 201\text{N}$ 就是梯子与地面间摩擦力的大小。

如果求出的摩擦力大于最大静滑动摩擦力,则上述解不能成立。因为人还未爬到顶端,摩擦力就已超过最大静摩擦力,梯子不能保持平衡而发生滑动。这与上述梯子与地面夹角不变的求解条件是矛盾的。

例 3.9 斜面上放一重为 G 的物体,如图 3-19(a)所示。斜面的倾斜角为 α,物体与斜面之间的摩擦角为 φ_m,且知 $\alpha > \varphi_m$。试求维持物体在斜面上静止时,水平推力 $\boldsymbol{Q}$ 所容许的范围。

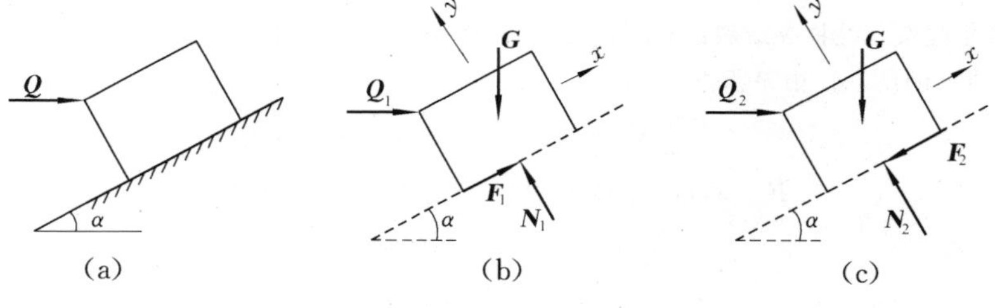

图 3-19

解 按题意,此题为确定平衡范围的问题。事实上,若 Q 值太小,物体将向下滑;若 Q 值太大,将导致物体沿斜面上滑。因此,应分两种情况进行分析。

(1) 物体开始下滑的极限状态。此时物体有向下滑动的趋势,静摩擦力应沿斜面向上,其受力情况如图 3-19(b)所示。由平衡方程及摩擦定律可得

$$\begin{cases}\sum X = 0, & Q_1\cos\alpha - G\sin\alpha + F_1 = 0 \\ \sum Y = 0, & -Q_1\sin\alpha - G\cos\alpha + N_1 = 0 \\ F_1 = fN_1 = N_1\tan\varphi_m\end{cases}$$

解得

$$Q_1=G\frac{\tan\alpha-f}{1+f\tan\alpha}=G\tan(\alpha-\varphi_m)$$

(2) 物体开始上滑的极限状态。此时物体有向上滑动的趋势，摩擦力应沿斜面向下，其受力情况如图3-19(c)所示，由平衡方程及摩擦定律可得

$$\begin{cases}\sum X=0, & Q_2\cos\alpha-G\sin\alpha+F_2=0\\ \sum Y=0, & -Q_2\sin\alpha-G\cos\alpha+N_2=0\\ F_2=fN_2=N_2\tan\varphi_m\end{cases}$$

解得

$$Q_2=G\tan(\alpha+\varphi_m)$$

于是，要维持物体平衡，力 $\boldsymbol{Q}$ 的值应满足

$$G\tan(\alpha-\varphi_m)\leqslant Q\leqslant G\tan(\alpha+\varphi_m)$$

思　考　题

1. 图3-20所示力 $\boldsymbol{F}$ 和力偶($\boldsymbol{F}'$,$\boldsymbol{F}''$)对轮的作用有何不同(设轮的半径均为 r，且 $F''=F/2$)？

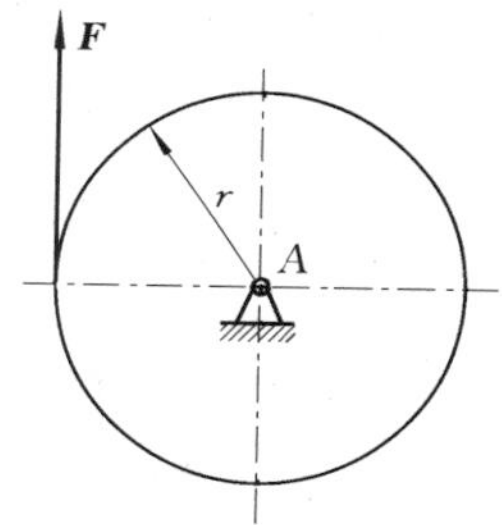

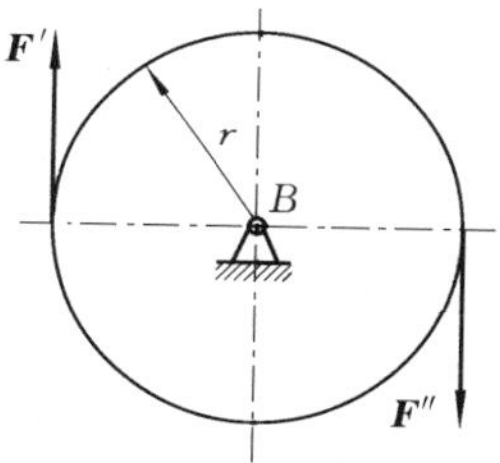

图 3-20

2. 设一平面任意力系向一点简化得到一合力。如另选适当的点为简化中心，问力系能否简化为一力偶？为什么？

3. 力系如图3-21所示，且 $F_1=F_2=F_3=F_4$。问力系向点 A 和点 B 简化的结果是什么？二者是否等效？

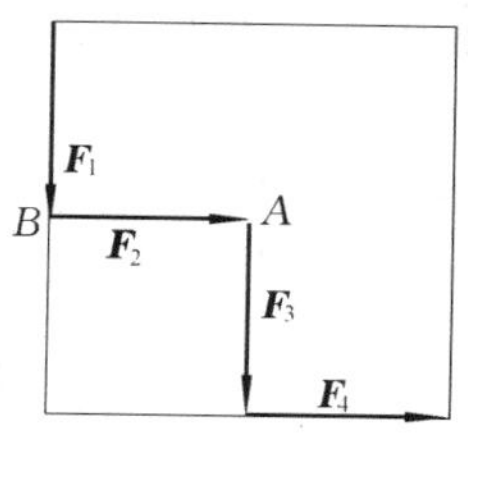

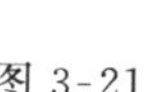

图 3-21

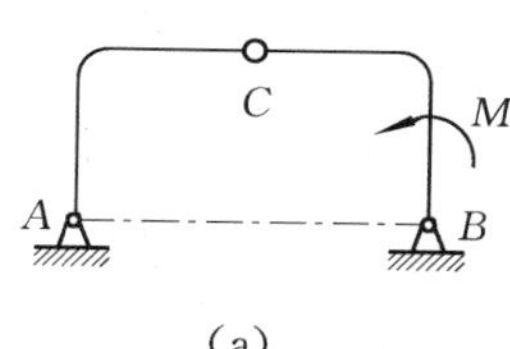

图 3-22

4. 应从哪些方面去理解平面任意力系只有3个独立的平衡方程？为什么说任何第4个方程只是前3个方程的线性组合？

5. 如图3-22所示三铰拱，在构件 CB 上分别作用一力偶 M(图(a))或力 $\boldsymbol{F}$(图(b))。当求铰链 A,B,C 的约束反力时，能否将力偶 M 或力 $\boldsymbol{F}$ 分别移到构件 AC 上？为什么？

6. 怎样判断静定和静不定问题？图3-23所示的6种情形中哪些是静定问题，哪些是静不定问题？为什么？

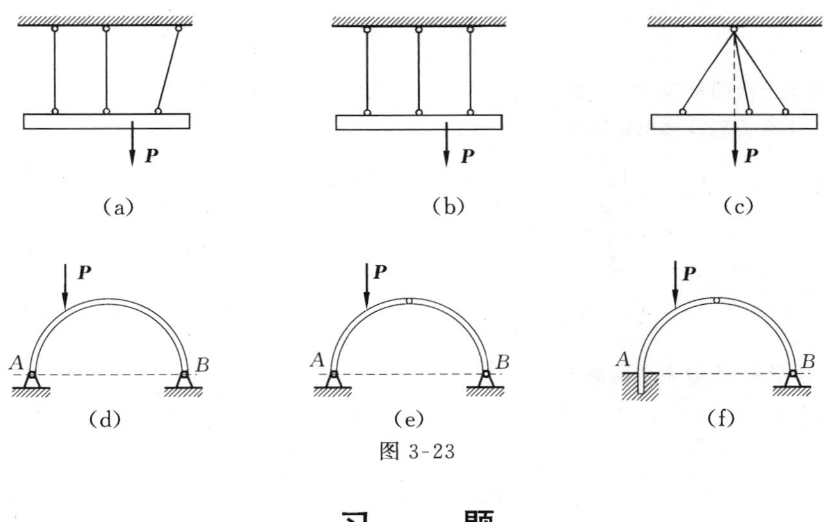

图 3-23

习　　题

1. 将图 3-24 所示平面任意力系向点 O 简化，并求力系合力的大小及其与原点 O 的距离 d。已知 $P_1=150\text{N}$，$P_2=200\text{N}$，$P_3=300\text{N}$，组成力偶的力 $F=200\text{N}$，力偶臂等于 8cm。

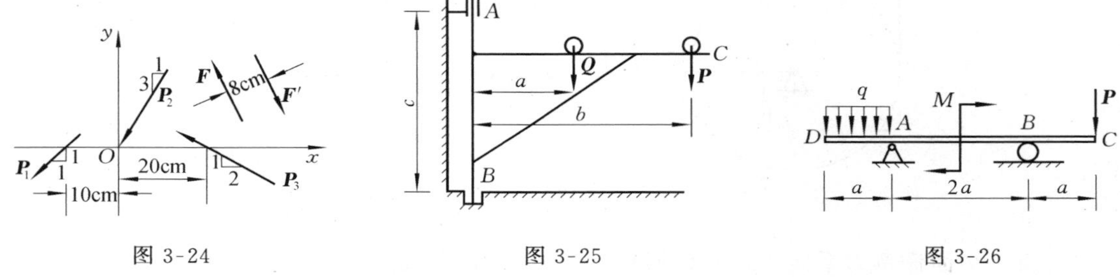

图 3-24　　图 3-25　　图 3-26

2. 如图 3-25 所示，起重机的支柱 AB 由点 B 的止推轴承和点 A 的轴承铅直固定。起重机上有载荷 $\boldsymbol{P}$ 和 $\boldsymbol{Q}$ 作用，它们与支柱的距离分别为 a 和 b。如 A，B 两点间的距离为 c，求轴承 A 和 B 两处的支座反力。

3. 水平梁的支承和载荷如图 3-26 所示。已知力 $\boldsymbol{P}$、力偶矩为 M 的力偶和集度为 q 的均布载荷，求支座 A，B 处的约束反力。

4. 均质杆 AB 重 W，长 l。杆的 A 端用铰链支承，另一端 B 用绳拉住，绳绕过定滑轮 C 挂一重为 Q 的物体，如图 3-27 所示。设 A，C 两点在同一铅直线上，且 $AB=AC$。问 α 角等于多少，杆能保持平衡？

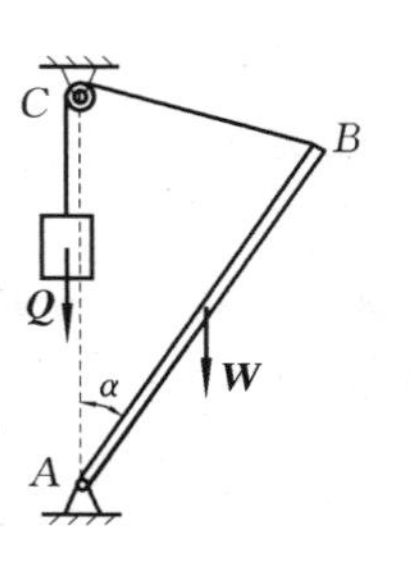

图 3-27

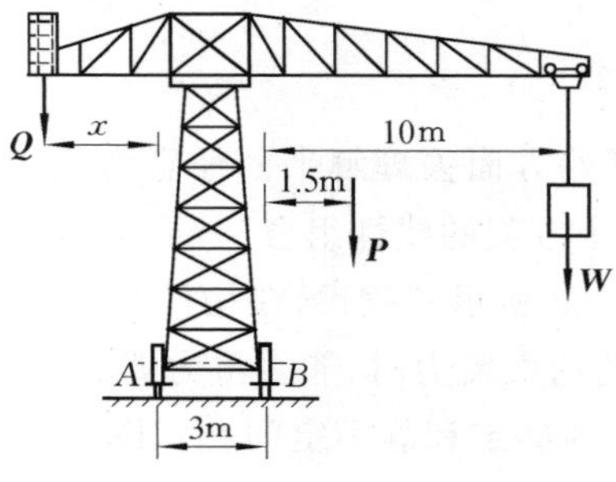

图 3-28

5. 如图 3-28 所示，行动式起重机(不计平衡锤的重量)重为 $P=500\text{kN}$，其重心在离右轨 1.5m 处。起重机的起重量为 $W=250\text{kN}$，突臂伸出离右轨 10m。欲使跑车满载或空载时起重机均不致翻倒，求平衡锤的最小重量 Q 以及平衡锤到左轨的最大距离 x（跑车本身重量略去不计）。

6. 挂物架由 3 根各重 W 的相同均质杆 AC，BC，CD 彼此固结而成。A 处用铰链固定在墙上，B 处靠在光滑的铅直墙上，D 处挂着重 P 的物体 E，如图 3-29 所示。设 α 为已知，求 A，B 两处的支座反力。

7. 水平梁 AB 由铰链 A 和杆 BC 所支持，如图 3-30 所示。在梁上 D 处用销子安装半径为 $r=10\text{cm}$ 的滑轮。有一跨过滑轮的绳子，其一端水平地于墙上，另一端悬挂有重 $W=1800\text{N}$ 的重物。如 $AD=20\text{cm}$，$BD=40\text{cm}$，$\alpha=45°$，且不计梁、杆、滑轮和绳的重量，试求铰链 A 和杆 BC 对梁的反力。

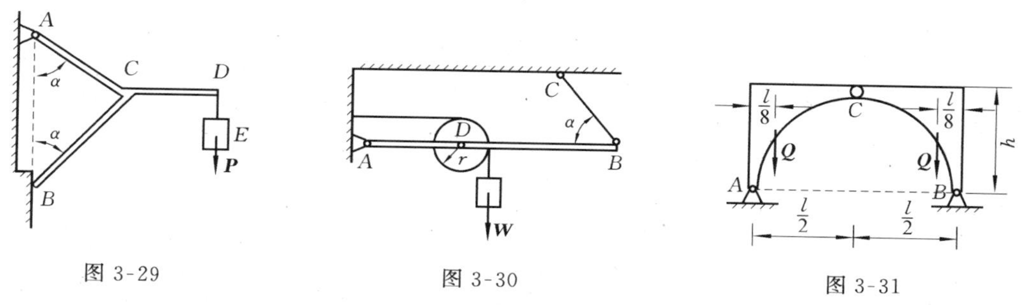

图 3-29　　图 3-30　　图 3-31

8. 如图 3-31 所示，三铰拱由两半拱和 3 个铰链 A，B，C 构成，已知每半拱 $Q=300\text{kN}$，$l=32\text{m}$，$h=10\text{m}$。求支座 A、B 的约束反力。

9. 一梁的左端为固定端，右端为自由端，载荷沿梁长三角形分布，如图 3-32 所示。已知 q_0(N/m)及 l，求固定端的约束反力。

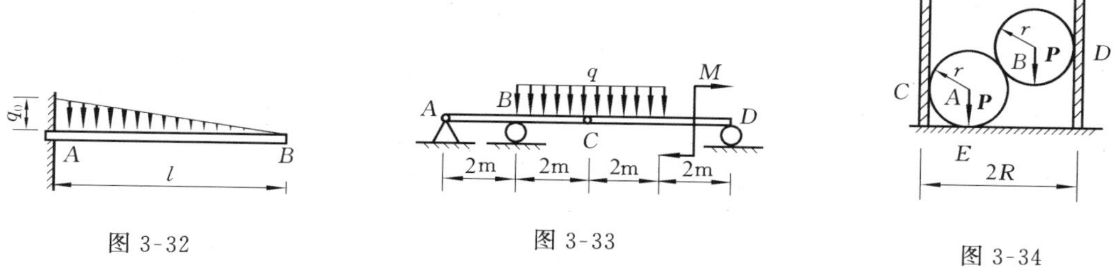

图 3-32　　图 3-33　　图 3-34

10. 由 AC 和 CD 构成的组合梁通过铰链 C 连接，它的支承和受力如图 3-33 所示。已知均布载荷集度 $q=10\text{kN/m}$，力偶矩 $m=40\text{kN}\cdot\text{m}$，不计梁重。求支座 A，B，D 的约束反力和铰链 C 处所受的力。

11. 如图 3-34 所示，无底的圆柱形空筒放在光滑的固定面上，内放两个重球。设每个球重为 P，半径为 r，圆筒半径为 R ($R<2r$)。若不计各接触面的摩擦，不计圆筒厚度，求圆筒不致翻倒的最小重量 $Q_{\min}$。

12. 构架 ABC 由 AB，AC 和 DF 三杆组成，如图 3-35 所示。杆 DF 上的销子 E 可在杆 AC 的槽内滑动，求在水平杆 DF 的一端作用铅直力 $\boldsymbol{P}$ 时杆 AB 上的点 A，D 和 B 所受的力。

13. 曲柄活塞机构的活塞上受力 $F=400\text{N}$。如不计所有构件的重量，问在曲柄上应加多

大的力偶矩 M 方能使机构在图 3-36 所示位置平衡？

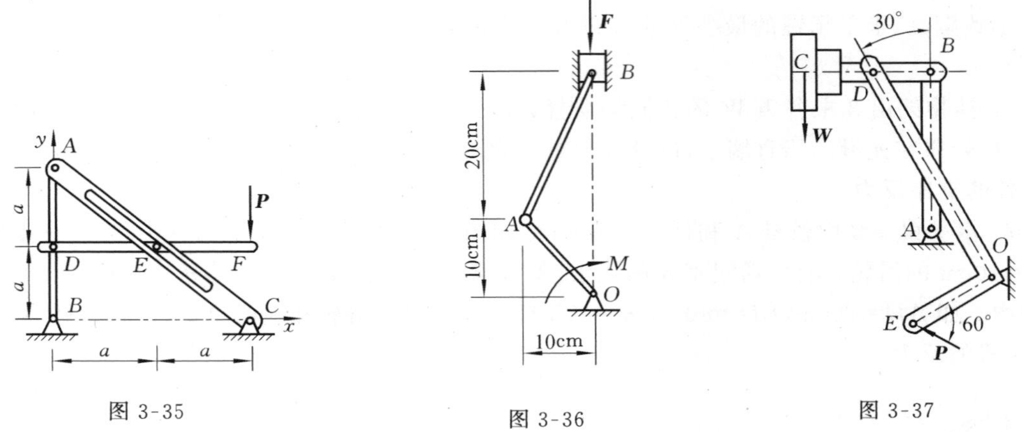

图 3-35　　图 3-36　　图 3-37

14. 图 3-37 所示为铸工造型机的翻台机构，由翻台 CDB、曲杆 EOD 和连杆 AB 组成。已知：$BD=30\text{cm}$，$CD=OE=40\text{cm}$，$OD=100\text{cm}$，$OD\perp OE$；翻台重 $W=500\text{N}$，重心在点 C；曲杆 EOD 和连杆 AB 的自重略去不计；在图示位置，杆 AB 铅直且 $AB\perp BC$。问保持平衡时力 $\boldsymbol{P}$ 应为多大？并求连杆 AB 和铰链 D、O 处所受的力。

15. $Q=1200\text{N}$ 的重物，由 AB、BC 和 CE 三杆所组成的构架和滑轮 E 支持，如图 3-38 所示。已知 $AD=DB=2\text{m}$，$CD=DE=1.5\text{m}$，不计杆和滑轮重量。求支承 A 和 B 处的约束反力，以及杆 BC 的内力 $\boldsymbol{S}$。

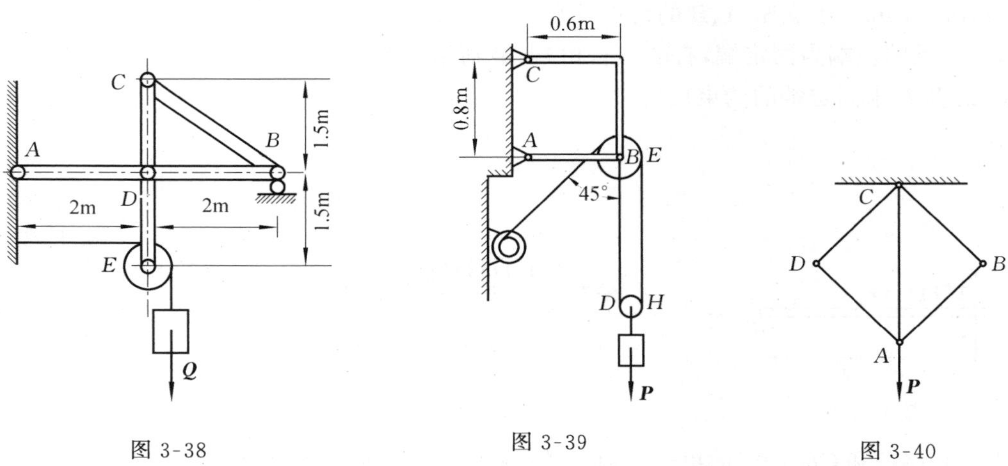

图 3-38　　图 3-39　　图 3-40

16. 重为 $P=980\text{N}$ 的重物悬挂在滑轮支架系统上，如图 3-39 所示。AB 为直杆，BC 为 L 形曲杆，杆 AB 水平。A、C、B 为光滑销钉，杆 AB，BC 和滑轮 E 通过销钉 B 连接，小滑轮 H 的直径等于大滑轮 E 的直径的一半，绳 DB 与销钉 B 相连。求销钉 B 作用在杆 AB、杆 BC 及滑轮 E 上的约束反力。

17. 杆 AB，BC，CD，DA 和 AC 在 A，B，C，D 处用平面铰链连接，如图 3-40 所示，各杆自重不计。在点 A 沿 CA 方向作用一力 $\boldsymbol{P}$，试求各杆所受之力。

18. 构架由 ABC，CD 和 DBE 三杆用平面铰链连接而成，A 端为固定端，如图 3-41 所示。设 $P=100\text{N}$，尺寸 $l=1\text{m}$，各杆重量不计。试求：

(1) A 端的约束反力；

(2) 销子 B 对 DBE 杆的约束反力；

(3) 杆 CD 的内力。

19. 一梁由固定铰链支座 A 以及 BE,CE,DE 三杆支承，如图 3-42 所示。已知载荷集度 q 和尺寸 a,求 A 端的约束反力及各杆所受的力。

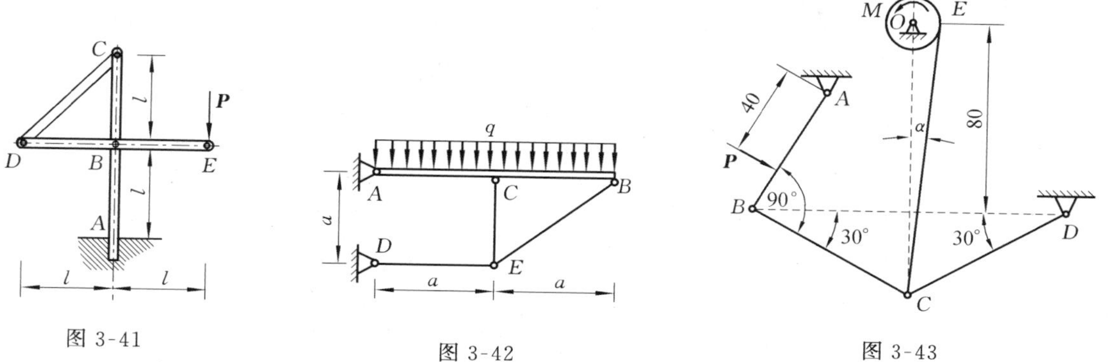

图 3-41　　图 3-42　　图 3-43

20. 如图 3-43 所示，轧碎机的活动颚板 AB 长 60cm。设机构工作时石块施于板的合力作用距离 A 点 40cm,其垂直分力 $P=1000$N。杆 BC,CD 各长 60cm,OE 长 10cm。略去各杆重量，试根据平衡条件计算在图示位置时电机作用力矩 M 的大小(图中尺寸单位为 cm)。

21. AB,AC,AD,BC 四杆连接如图 3-44 所示。在水平杆 AB 上作用一铅垂向下的力 $\boldsymbol{P}$。证明：不论力 $\boldsymbol{P}$ 在 AB 上的作用点位置如何变化，竖直杆 AC 受到的力保持不变，且其大小等于 P。A,C,E 为光滑铰链，B,D 处为光滑接触，各杆重量不计。

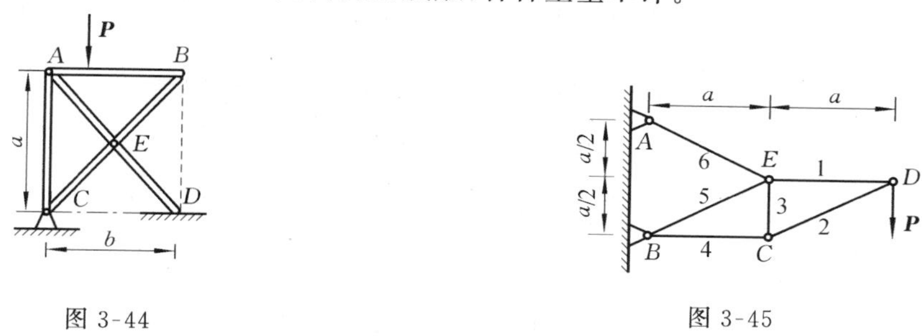

图 3-44　　图 3-45

22. 平面桁架的载荷如图 3-45 所示，求各杆的内力。

23. 平面桁架的支座和载荷如图 3-46 所示，求杆 1,2 和 3 的内力。

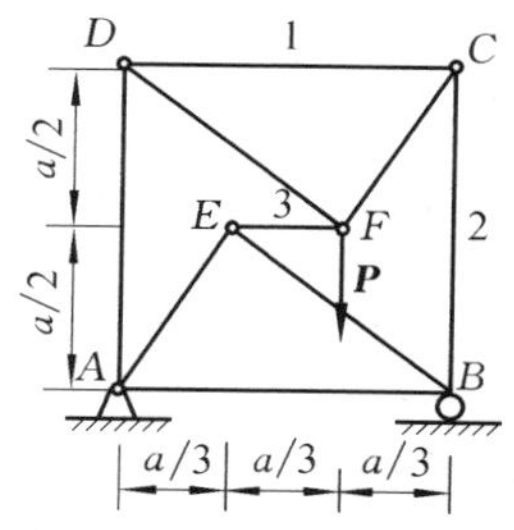

图 3-46

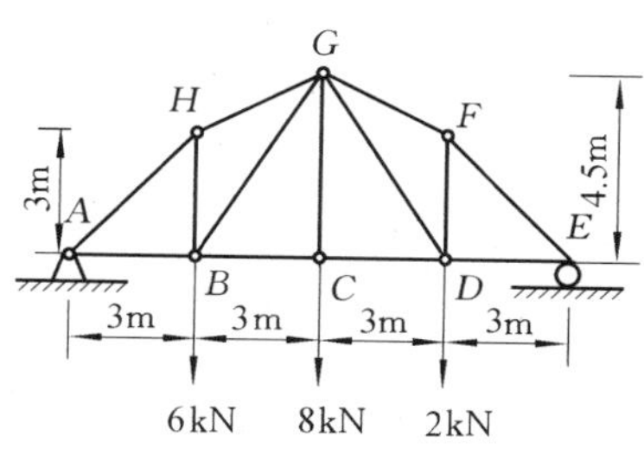

图 3-47

24. 计算图 3-47 所示桁架中 GF 和 GD 两杆所受的力。

第4章 空间力系

若力系中各力的作用线在空间任意分布，则称该力系为空间一般力系，简称空间力系。在工程实际应用中，受空间力系作用的物体是常见的。例如，图 4-1(a)所示的卷扬机轴的重力和施加于摇把上的力所组成的力系、图 4-1(b)所示的传动变速机构中齿轮啮合力所组成的力系等，都属于空间力系。

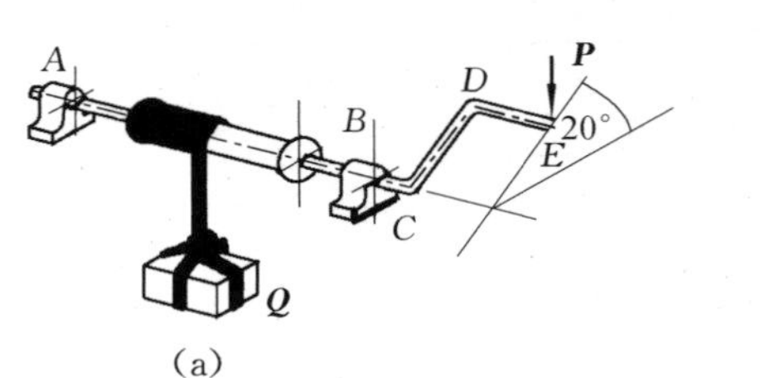

(a)

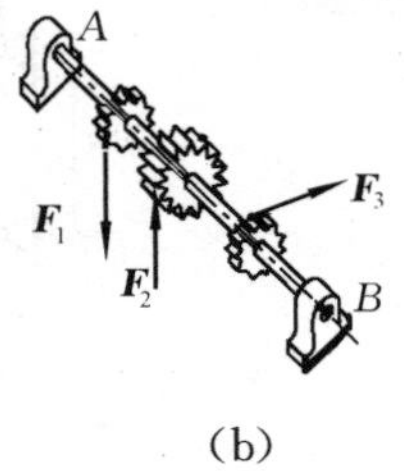

(b)

图 4-1

空间一般力系的简化方法和步骤与平面一般力系的简化相同。但是，空间力系与平面一般力系亦有差别。例如，平面力系中力对点之矩可以度量力系作用面内的转动效应，而空间力系则要求度量力使刚体绕某一轴的转动效应等等。正确理解和掌握空间力系与平面力系的区别及联系，对于学习本章的内容将是有意义的。

本章重点是平衡条件的应用，关键是力在坐标轴上的投影以及力对轴之矩的概念及计算。

4.1 力在空间直角坐标轴上的投影

在平面内，一力可分解为互相垂直的两个分力；在空间，可将一力分解为互相垂直的 3 个分力。具体作法如下：

已知力 $\boldsymbol{F}$ 与正交坐标系 $Oxyz$ 三轴间的夹角分别为 α,β,γ，如图 4-2 所示，则力在 3 个轴上的投影等于力 $\boldsymbol{F}$ 的大小乘以与各轴夹角的余弦，即

$$\begin{cases}X=F\cos\alpha\\Y=F\cos\beta\\Z=F\cos\gamma\end{cases}\tag{4-1}$$

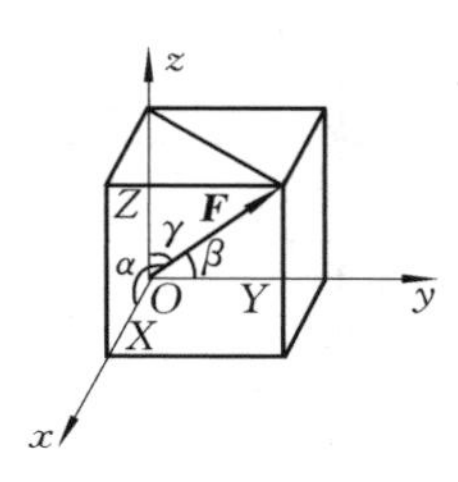

图 4-2

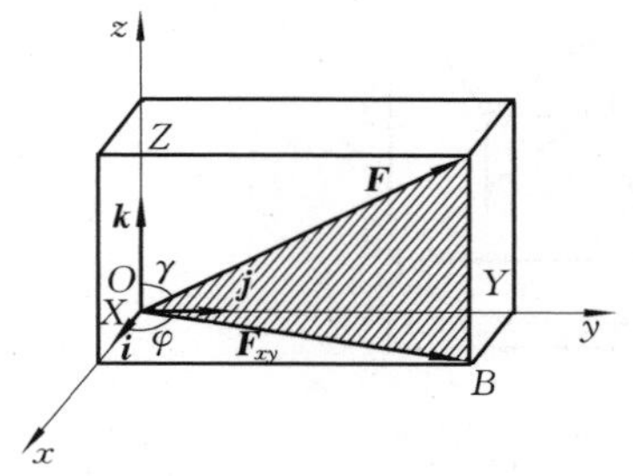

图 4-3

在有些实际问题中,没直接给出力与坐标轴间的夹角,此时可采用二次投影法。如图 4-3 所示,先将力投影到 xOy 坐标平面上,得到力 $\boldsymbol{F}_{xy}$,然后再将力 $\boldsymbol{F}_{xy}$ 投影到 x,y 轴上。故力在坐标轴上的投影式又可写成

$$\begin{cases} X=F\sin\gamma\cos\varphi \\ Y=F\sin\gamma\sin\varphi \\ Z=F\cos\gamma \end{cases} \tag{4-2}$$

具体计算时,究竟采取哪种方法求投影,要根据问题给出的条件来定,如果力与某投影轴之间夹角不易求出时,采用二次投影法。

应该注意:力在轴上的投影是代数量,而力在平面上的投影是矢量。这是因为 $\boldsymbol{F}_{xy}$ 的方向不能像在轴上的投影那样可简单地用正负号来表明,而必须用矢量来表示。

反之,若已知力 $\boldsymbol{F}$ 在坐标轴上的投影 X,Y,Z,则该力的大小及方向余弦为

$$\begin{cases} F=\sqrt{X^2+Y^2+Z^2} \\ \cos\alpha=\dfrac{X}{F}, \quad \cos\beta=\dfrac{Y}{F}, \quad \cos\gamma=\dfrac{Z}{F} \end{cases} \tag{4-3}$$

若以 $\boldsymbol{F}_x$,$\boldsymbol{F}_y$,$\boldsymbol{F}_z$ 表示力 F 沿直角坐标轴 x,y,z 的 3 个分力,$\boldsymbol{i}$,$\boldsymbol{j}$,$\boldsymbol{k}$ 分别表示沿 3 个坐标轴方向的单位矢量,如图 4-3 所示,则

$$\boldsymbol{F}=\boldsymbol{F}_x+\boldsymbol{F}_y+\boldsymbol{F}_z=X\boldsymbol{i}+Y\boldsymbol{j}+Z\boldsymbol{k}$$

由此,力 $\boldsymbol{F}$ 在坐标轴上的投影和力沿坐标轴的分量间的关系可表示为

$$\boldsymbol{F}_x=X\boldsymbol{i}, \quad \boldsymbol{F}_y=Y\boldsymbol{j}, \quad \boldsymbol{F}_z=Z\boldsymbol{k}$$

例 4.1 长方体上作用有 3 个力:$F_1=500\text{N}$, $F_2=1000\text{N}$, $F_3=1500\text{N}$,方向及尺寸如图 4-4 所示,求各力在坐标轴上的投影。

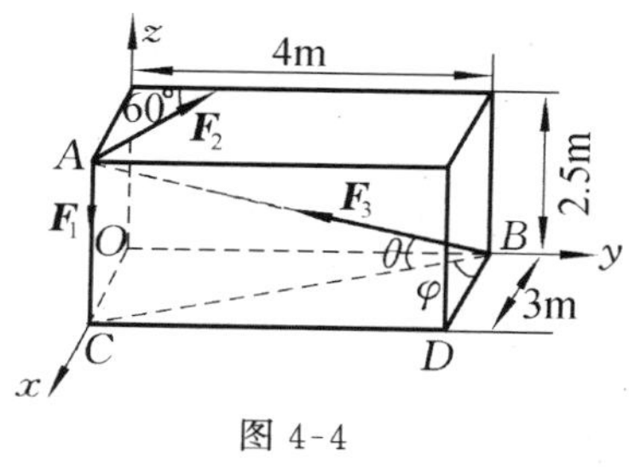

图 4-4

解 由于力 $\boldsymbol{F}_1$ 及 $\boldsymbol{F}_2$ 与坐标轴间的方向角都为已知,可应用直接投影法,力 $\boldsymbol{F}_3$ 与坐标轴间的方位角 φ 及仰角 θ 为已知,可用二次投影法,而

$$\sin\theta=\frac{AC}{AB}=\frac{2.5}{5.59}, \quad \cos\theta=\frac{BC}{AB}=\frac{5}{5.59}$$

$$\sin\varphi=\frac{CD}{CB}=\frac{4}{5}, \quad \cos\varphi=\frac{DB}{CB}=\frac{3}{5}$$

因此,各力在坐标轴上的投影分别为

$X_1=500\cos90°=0$, $Y_1=500\cos90°=0$, $Z_1=500\cos180°=-500(\text{N})$

$X_2=-1000\sin60°=-866(\text{N})$, $Y_2=1000\cos60°=500(\text{N})$, $Z_2=1000\cos90°=0$

$X_3=1500\cos\theta\cos\varphi=805(\text{N})$, $Y_3=-1500\cos\theta\sin\varphi=-1073(\text{N})$, $Z_3=1500\sin\theta=671(\text{N})$

4.2 力对轴之矩和力对点之矩

图 4-5

研究空间力系问题需要引入两个新的概念,即空间力对轴的矩和空间力对点的矩,本节先介绍这两个概念。

1. 空间力对轴的矩

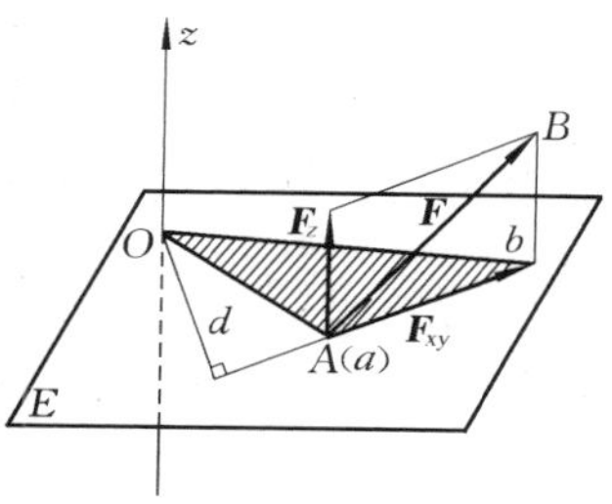

一般情况下,力 $\boldsymbol{F}$ 的作用线既不与轴平行,也不与轴相交,要计算该力对轴的矩,可将力 $\boldsymbol{F}$ 分解为平行于轴的分力 $\boldsymbol{F}_z$ 和垂直于轴的平面内的分力 $\boldsymbol{F}_{xy}$(图 4-5)。力 $\boldsymbol{F}_z$ 对 z 轴无转动效

图 4-6

应，只有作用在垂直于 z 轴的平面内的分力 $\boldsymbol{F}_{xy}$ 才有可能使刚体绕 z 轴转动。也就是说，空间力 $\boldsymbol{F}$ 使物体绕 z 轴的转动实际是用平面上力 $\boldsymbol{F}_{xy}$ 对点 O 的矩来度量的，所以空间力对轴的矩可以定义为：空间力对轴的矩等于该力在垂直与此轴平面上的投影对此轴与平面交点的力矩。力对轴之矩用记号 $m_z(\boldsymbol{F})$（或 m_z）表示，即

$$m_z(\boldsymbol{F}) = m_O(\boldsymbol{F}_{xy}) = \pm F_{xy}d = \pm 2\triangle aOb \tag{4-4}$$

式中，$\triangle aOb$ 为三角形 aOb 的面积。

力对轴的矩的单位为 N·m。类似平面上力对点的矩，空间力对轴的矩也是代数量，式(4-4)中的正、负号表示力矩的转向，可由右手螺旋法则确定，四指表示力使物体绕轴 z 的转向，若拇指与 z 同向，取正；反之为负。如图4-6所示。

注意：当 $F_{xy}=0$ 或 $d=0$，即力 $\boldsymbol{F}$ 与 z 轴平行或相交时，力对轴的矩为零。

由合力矩定理，设 $\boldsymbol{F}_{xy}$ 在平面 xOy 中的投影为 X，Y（图 4-7），有

$$m_z(\boldsymbol{F}) = m_O(\boldsymbol{F}_{xy}) = m_O(\boldsymbol{F}_x) + m_O(\boldsymbol{F}_y) = xY - yX$$

图 4-7

推广上述概念，力对任意轴的矩为

$$\begin{cases} m_x(\boldsymbol{F}) = yZ - zY \\ m_y(\boldsymbol{F}) = zX - xZ \\ m_z(\boldsymbol{F}) = xY - yX \end{cases} \tag{4-5}$$

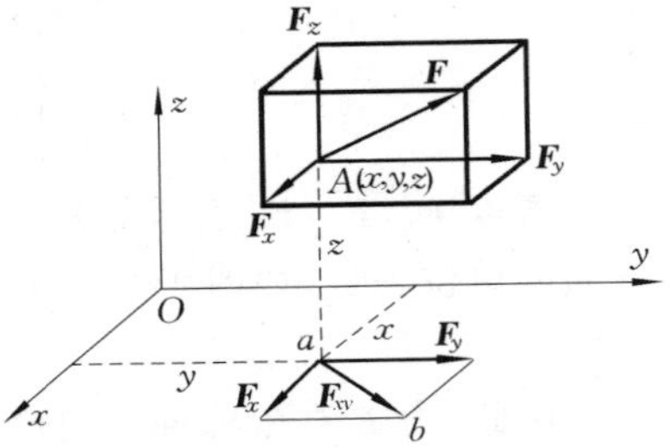

式(4-5)为力对轴的矩的解析式。

2. 空间力对点的矩

空间力使物体绕一点转动的效应用空间力对点的矩来描述。空间力对点之矩的大小与平面上力对点之矩的计算相同，等于力的大小与力的作用线到矩心距离的乘积。但是由于空间力系中各个力与矩心所构成的平面方位不同，所以空间力对点的矩，除了要表达力矩的大小、转向，还要表达力与矩心所组成平面的方向。这也是空间力对点之矩与平面上力对点之矩的主要差别。力矩的大小、转向及作用面方位形成空间力对点之矩的三要素。因此，描述空间力对点之矩就不能像描述平面上力对点之矩那样仅用代数量即可，而要用矢量表达，所以定义：空间力 $\boldsymbol{F}$ 对 O 点的矩是一个矢量，力矩矢等于矢径 $\boldsymbol{r}$ 与力矢 $\boldsymbol{F}$ 的矢量积（叉积），记为

$$\boldsymbol{m}_O(\boldsymbol{F}) = \boldsymbol{r} \times \boldsymbol{F}$$

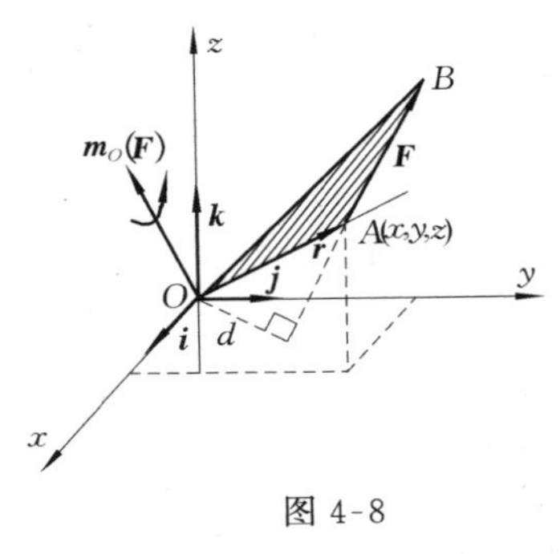

图 4-8

称为力矩矢，或简称矩矢。力矩矢的几何表达用有向线段加上螺旋符号，如图 4-8 所示。由于力矩矢量 $\boldsymbol{m}_O(\boldsymbol{F})$ 的大小和方向都与矩心 O 的位置有关，故力矩矢的始端必须在矩心，不可任意挪动，这种矢量称为定位矢量。

根据矢量积的定义，$\boldsymbol{m}_O(\boldsymbol{F})$ 应垂直于矢径 $\boldsymbol{r}$ 与力 $\boldsymbol{F}$ 所构成的平面，显然该平面就是力 $\boldsymbol{F}$ 与点 O 所构成的平面，也就是力矩作用面，即 $\boldsymbol{m}_O(\boldsymbol{F})$ 的方位与力矩作用面的法线方位一致，$\boldsymbol{m}_O(\boldsymbol{F})$ 的指向由右手螺旋法则确定，$\boldsymbol{m}_O(\boldsymbol{F})$ 的大小为

$$|\boldsymbol{m}_O(\boldsymbol{F})| = Fd = 2\triangle OAB$$

式中，$\triangle OAB$ 为三角形 OAB 的面积。

3. 力对点之矩与力对通过该点的轴之矩的关系

取矩心 O 为坐标原点，建立直角坐标系 $Oxyz$，以 x，y，z 和 X，Y，Z 分别表示矢径 $\boldsymbol{r}$ 和力

矢 $\boldsymbol{F}$ 在各坐标轴上的投影，则 $\boldsymbol{r}$ 和 $\boldsymbol{F}$ 可表示为

$$\boldsymbol{r} = x\boldsymbol{i} + y\boldsymbol{j} + z\boldsymbol{k}, \quad \boldsymbol{F} = X\boldsymbol{i} + Y\boldsymbol{j} + Z\boldsymbol{k}$$

根据矢积运算规则有

$$\boldsymbol{m}_O(\boldsymbol{F}) = \boldsymbol{r} \times \boldsymbol{F} = \begin{vmatrix} \boldsymbol{i} & \boldsymbol{j} & \boldsymbol{k} \\ x & y & z \\ X & Y & Z \end{vmatrix} = (yZ - zY)\boldsymbol{i} + (zX - xZ)\boldsymbol{j} + (xY - yX)\boldsymbol{k} \tag{4-6}$$

对比式(4-5)，知

$$\boldsymbol{m}_O(\boldsymbol{F}) = m_x(\boldsymbol{F})\boldsymbol{i} + m_y(\boldsymbol{F})\boldsymbol{j} + m_z(\boldsymbol{F})\boldsymbol{k} \tag{4-7}$$

可见，$m_x(\boldsymbol{F})$，$m_y(\boldsymbol{F})$ 和 $m_z(\boldsymbol{F})$ 既是力 $\boldsymbol{F}$ 对过 O 点的三个坐标轴的矩，也是矩矢 $\boldsymbol{m}_O(\boldsymbol{F})$ 在三坐标轴上的投影。由此可以得出结论：力对点的矩矢在过该点坐标轴上的投影就等于力对该轴之矩。这是空间任意力系简化的依据之一。同时不难看出，力矩矢的数学运算与力矢的运算类似。可以利用已知的矩矢向坐标轴投影来求力对轴之矩；也可以由矩矢在坐标轴上的投影值算出矩矢的大小和方向。

4.3 空间任意力系的平衡方程

与推导平面任意力系的平衡方程相似，经过分析推导，可得空间任意力系的平衡方程为

$$\begin{cases} \sum X = 0, & \sum Y = 0, & \sum Z = 0 \\ \sum m_x = 0, & \sum m_y = 0, & \sum m_z = 0 \end{cases} \tag{4-8}$$

即空间任意力系平衡的充分与必要条件是：力系中所有各力在直角坐标系中每一个轴上投影的代数和等于零，且这些力对每一轴之矩的代数和也等于零。式(4-8)称为空间任意力系的平衡方程。这 6 个方程是彼此独立的，故求解空间任意力系平衡问题时可求解 6 个未知量。

在空间力系中，如果各力的作用线汇交于一点，并使坐标原点与该点重合，则式(4-8)中的 $\sum m_x \equiv \sum m_y \equiv \sum m_z \equiv 0$，即得空间汇交力系的平衡方程为

$$\begin{cases} \sum X = 0 \\ \sum Y = 0 \\ \sum Z = 0 \end{cases} \tag{4-9}$$

若各力的作用线平行，并使 z 轴与各力平行，则得空间平行力系的平衡方程为

$$\begin{cases} \sum Z = 0 \\ \sum m_x = 0 \\ \sum m_y = 0 \end{cases} \tag{4-10}$$

对于空间力偶系，式(4-8)中的 $\sum X \equiv \sum Y \equiv \sum Z \equiv 0$，则得空间力偶系的平衡方程为

$$\begin{cases} \sum m_x = 0 \\ \sum m_y = 0 \\ \sum m_z = 0 \end{cases} \tag{4-11}$$

例 4.2 重物 Q=10kN，挂在 D 点，如图 4-9(a)所示，A，B，C 三点用铰链固定。求支座 A，B，C 的

反力。

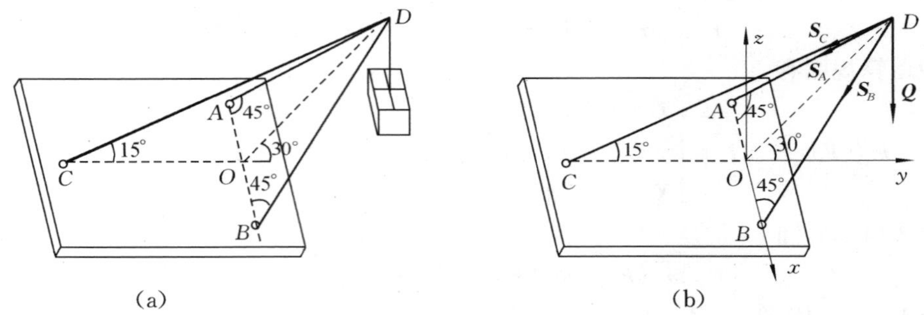

图 4-9

解 以 D 点为研究对象，作用在 D 点上的力有 $\boldsymbol{Q}, \boldsymbol{S}_A, \boldsymbol{S}_B, \boldsymbol{S}_C$，这些力组成以空间汇交力系。选坐标系 $Oxyz$，如图 4-9(b)所示，可列平衡方程如下：

$$\begin{cases} \sum X = 0, \quad -S_A\cos45° + S_B\cos45° = 0 & (1) \\ \sum Y = 0, \quad -S_A\sin45°\cos30° - S_B\sin45°\cos30° - S_C\cos15° = 0 & (2) \\ \sum Z = 0, \quad -(S_A + S_B)\sin45°\sin30° - S_C\sin15° - Q = 0 & (3) \end{cases}$$

由(1)知
$$S_A = S_B \tag{4}$$
联立(2)、(3)、(4)可得

$$S_C = 33.5\text{kN}, \quad S_A = S_B = -26.4\text{kN}$$

例 4.3 正方形板的边长为 a，由 6 根杆用球铰连接，支承如图 4-10(a)所示。板及杆的重量均略去不计。设在板面上施加一力偶矩为 m 的力偶，求各杆所受之力。

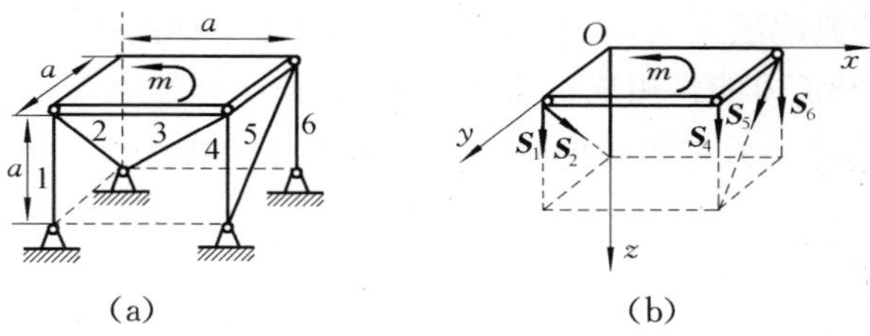

图 4-10

解 将板取作分离体，绘受力图，建立如图 4-10(b)所示的坐标系。由受力图知，此问题为空间一般力系的平衡问题。由式(4-8)列 6 个平衡方程，求解 6 个未知力。在列平衡方程时应注意，如能利用一个方程求解一个未知力，应优先考虑，以避免求解联立方程组。

$$\sum X = 0, \quad \frac{1}{\sqrt{3}}S_3 = 0, \quad S_3 = 0$$

$$\sum m_z = 0, \quad \frac{a}{\sqrt{2}}S_5 - m = 0, \quad S_5 = \frac{\sqrt{2}}{a}m$$

$$\sum Y = 0, \quad \frac{1}{\sqrt{2}}S_5 - \frac{1}{\sqrt{2}}S_2 = 0, \quad S_2 = S_5 = \frac{\sqrt{2}}{a}m$$

$$\sum Z = 0, \quad S_1 + \frac{1}{\sqrt{2}}S_2 + S_4 + \frac{1}{\sqrt{2}}S_5 + S_6 = 0 \tag{1}$$

$$\sum m_x = 0, \quad (S_1 + S_4)a + \frac{a}{\sqrt{2}}S_2 = 0 \tag{2}$$

$$\sum m_y = 0,\quad -(S_4 + S_6)a - \frac{a}{\sqrt{2}}S_5 = 0 \tag{3}$$

将 $\boldsymbol{S}_2$,$\boldsymbol{S}_5$之值代入式(1)、(2),(1)减去(2),得 $\boldsymbol{S}_6 = -\frac{m}{a}$;再将 $\boldsymbol{S}_5$,$\boldsymbol{S}_6$ 之值代入(3),得 $S_4 = 0$;由(2),得 $S_1 = -\frac{m}{a}$。

至此,各杆所受之力均已求出,其中负号表示杆受压力。

表 4-1　常用空间约束及其约束反力的表示

约束类型	简化符号	约束反力表示
球形铰链 	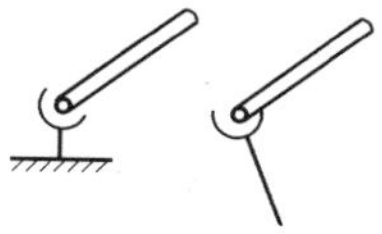	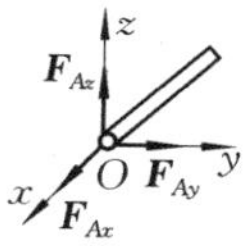 $\boldsymbol{F}_{Az}$, $\boldsymbol{F}_{Ay}$, $\boldsymbol{F}_{Ax}$, O, x, y, z
向心轴承 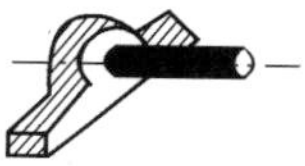	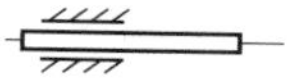	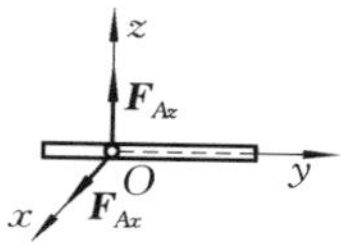 $\boldsymbol{F}_{Az}$, $\boldsymbol{F}_{Ax}$, O, x, y, z
向心推力轴承 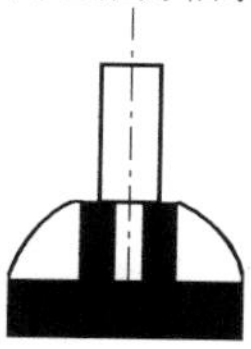	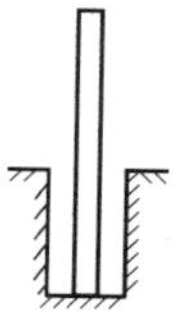	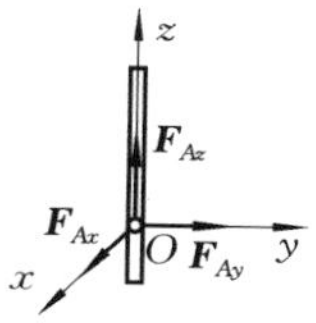 $\boldsymbol{F}_{Az}$, $\boldsymbol{F}_{Ax}$, $\boldsymbol{F}_{Ay}$, O, x, y, z
空间固定端 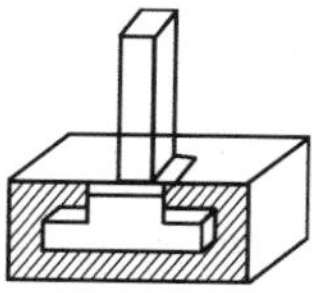	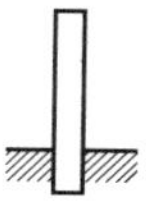	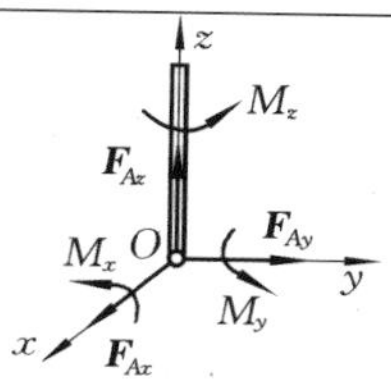 M_z, $\boldsymbol{F}_{Az}$, M_x, O, $\boldsymbol{F}_{Ay}$, M_y, $\boldsymbol{F}_{Ax}$, x, y, z

4.4　重心和形心

4.4.1　重心的概念

地球上的物体,都受到地球引力的作用,地球引力称为重力。如果将物体看成是由许多质点组成的,则各个质点所受重力的作用线汇交于地心,形成一个空间汇交力系。但通常遇到的物体是近地物体,其尺寸比地球小得多,所以在工程计算中,将物体中各质点所受的重力视为空间平行力系就已足够精确了。这种平行力系合力的大小就是物体的重量,重力的合力恒通过物体上一固定点,这一固定点称为物体的重心。

物体重心位置的确定在工程实际中具有十分重要的意义,因为它与物体的平衡、稳定、运动及内力分布密切相关。例如,飞机的重心必须位于确定的区域才能安全飞行,超前会增加起飞和着陆的困难,偏后又不能保证稳定飞行;对各种转动机械,其重心的位置也是很重要的,若重心偏离轴线，轻则引起振动，降低零部件的使用寿命，重则造成破坏。又如，起重机要保证在额定起吊重量范围的任何情况下都不会倾翻，所加的配重必须保证起重机的重心处于恰当的位置。

实践告诉我们，形状不变的物体，其重心在该物体内的相对位置不变，与该物体在空间的位置无关，即不论物体如何放置，其重力的作用线总是通过该物体的重心。

4.4.2 物体的重心坐标公式

若物体的总重量以 G 表示，设想把物体分成许多微元体，每个微元体的重量以 ΔG_i 表示，$i=1,2,\cdots,n$（图 4-11(a)），将各微元体的重量合起来，就得到物体的总重量 G，即

$$G = \sum \Delta G_i$$

简记为

$$G = \sum \Delta G \tag{4-12}$$

设以 x_C, y_C, z_C 表示重心 C 的坐标，以 x, y, z 表示微元体的坐标，对 y 轴用合力矩定理，则得

$$G x_C = \sum \Delta G x \quad 或 \quad x_C = \frac{\sum \Delta G x}{G}$$

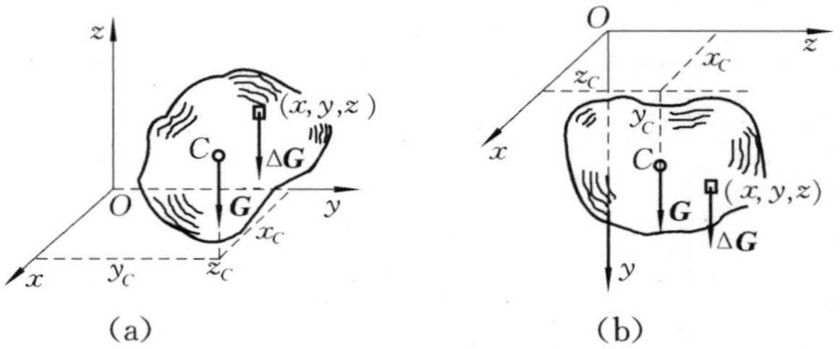

(a)　(b)

图 4-11

同理，对 x 轴用合力矩定理，则有 $y_C = \dfrac{\sum \Delta G y}{G}$。由于重力 $\boldsymbol{G}$ 与 z 轴平行，使用合力矩定理求 z_C 就有困难。但是只要注意到重心的特性，即重心在物体内占有确定的位置，与该物体在空间的位置无关，就可以把物体连同坐标轴一起绕 x 轴顺时针转 90°，如图 4-11(b)所示。再对 x 轴使用合力矩定理，则有 $z_C = \dfrac{\sum \Delta G z}{G}$。

将物体重心的 3 个公式合在一起，即有

$$\begin{cases} x_C = \dfrac{\sum \Delta G x}{G} \\ y_C = \dfrac{\sum \Delta G y}{G} \\ z_C = \dfrac{\sum \Delta G z}{G} \end{cases} \tag{4-13}$$

如果物体的质量是均匀连续的，且以 γ 表示单位体积的重量，以 ΔV 表示微元体的体积，以 V 表示物体的总体积，则因 $\Delta G=\gamma \Delta V$，式(4-12)可写为

$$G = \sum \gamma \Delta V = \gamma \sum \Delta V = \gamma V$$

或以积分表示

$$G = \int_V \gamma \mathrm{d}V = \gamma \int_V \mathrm{d}V = \gamma V$$

对于均匀连续的物体，式(4-13)也可用积分表示为

$$\begin{cases} x_C = \dfrac{\int_V x \mathrm{d}V}{V} \\ y_C = \dfrac{\int_V y \mathrm{d}V}{V} \\ z_C = \dfrac{\int_V z \mathrm{d}V}{V} \end{cases} \tag{4-14}$$

由上式可知，均匀连续物体的重心只取决于其形状和大小，而与重量无关。这样，仅由几何形状决定的重心称为形心。形心是物体的几何中心，它只取决于物体的形状和尺寸，与物体在空间的位置无关。

对于均匀连续的等厚薄壁物体，若 A 代表面积，则其形心公式为

$$\begin{cases} x_C = \dfrac{\int_A x \mathrm{d}A}{A} \\ y_C = \dfrac{\int_A y \mathrm{d}A}{A} \end{cases} \tag{4-15}$$

对于均匀连续的等截面细长杆件、绳索等物体，若 l 代表长度，则其形心公式为

$$x_C = \frac{\int_l x \mathrm{d}l}{l} \tag{4-16}$$

应该指出，应用以上各公式求重心时，考虑物体的对称性常常可以简化计算。例如，凡是具有对称面、对称轴或对称点的均质物体，其重心一定在对称面、对称轴或对称点上。

对于简单形状(如三角形、半圆、扇形等)的均质物体，其重心位置一般可用积分的方法求得，或查阅有关工程手册，表 4-2 中给出一些常见图形的形心，以供参阅。

工程中常见的均质物体的形状很多是(或近似地可看成是)由简单几何形状组合而成，这样的物体习惯上称为组合体。求其重心(或形心)的位置，一般有两种方法，即分割法和负面积法(或负体积法)。对于形状复杂的物体，如不能分成简单形体、又不能用积分法求得，其重心位置只能通过实验方法测定。

1. 分割法

把组合形体分割成若干个形状简单的物体，并算出被分出各部分的重量和各相应的重心位置，参照式(4-13)就可求出整体的重心。

例 4.4 如图 4-12 所示截面图形，已知尺寸 $H=60\text{mm}$，$B=40\text{mm}$，$d=6\text{mm}$，试求此截面图形的形心。

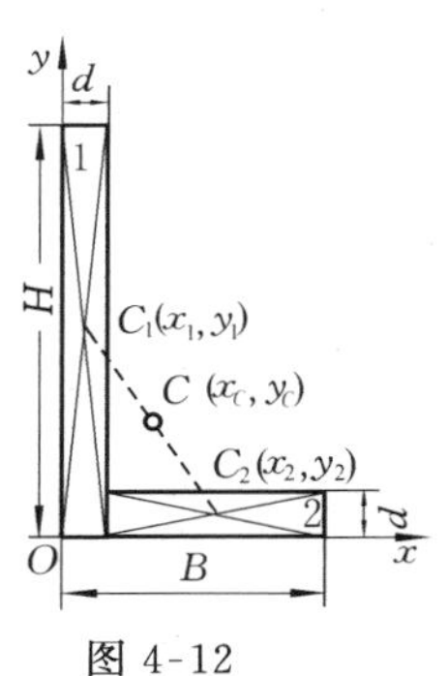

图 4-12

解 可将截面图形看成是由两个矩形图形组成，每个矩形的形心可由两对对角线的交点得出。在矩形 1 中，

$$A_1 = Hd, \quad x_1 = d/2, \quad y_1 = H/2$$

在矩形 2 中，

$$A_2=(B-d)\,d,\quad x_2=d+(B-d)/2,\quad y_2=d/2$$

然后利用式(4-15),可求得整个截面的形心为

$$x_C=\frac{A_1x_1+A_2x_2}{A_1+A_2}=\frac{Hd\,\dfrac{d}{2}+(B-d)d\left(d+\dfrac{B-d}{2}\right)}{Hd+(B-d)d}=\frac{Hd+B^2-d^2}{2(H+B-d)}$$

$$y_C=\frac{A_1y_1+A_2y_2}{A_1+A_2}=\frac{Hd\,\dfrac{H}{2}+(B-d)d\,\dfrac{d}{2}}{Hd+(B-d)d}=\frac{H^2+Bd-d^2}{2(H+B-d)}$$

将 H,B,d 之值代入二式求得:$x_C=10.23\text{mm}$,$y_C=20.23\text{mm}$。

表 4-2　简单图形的形心表

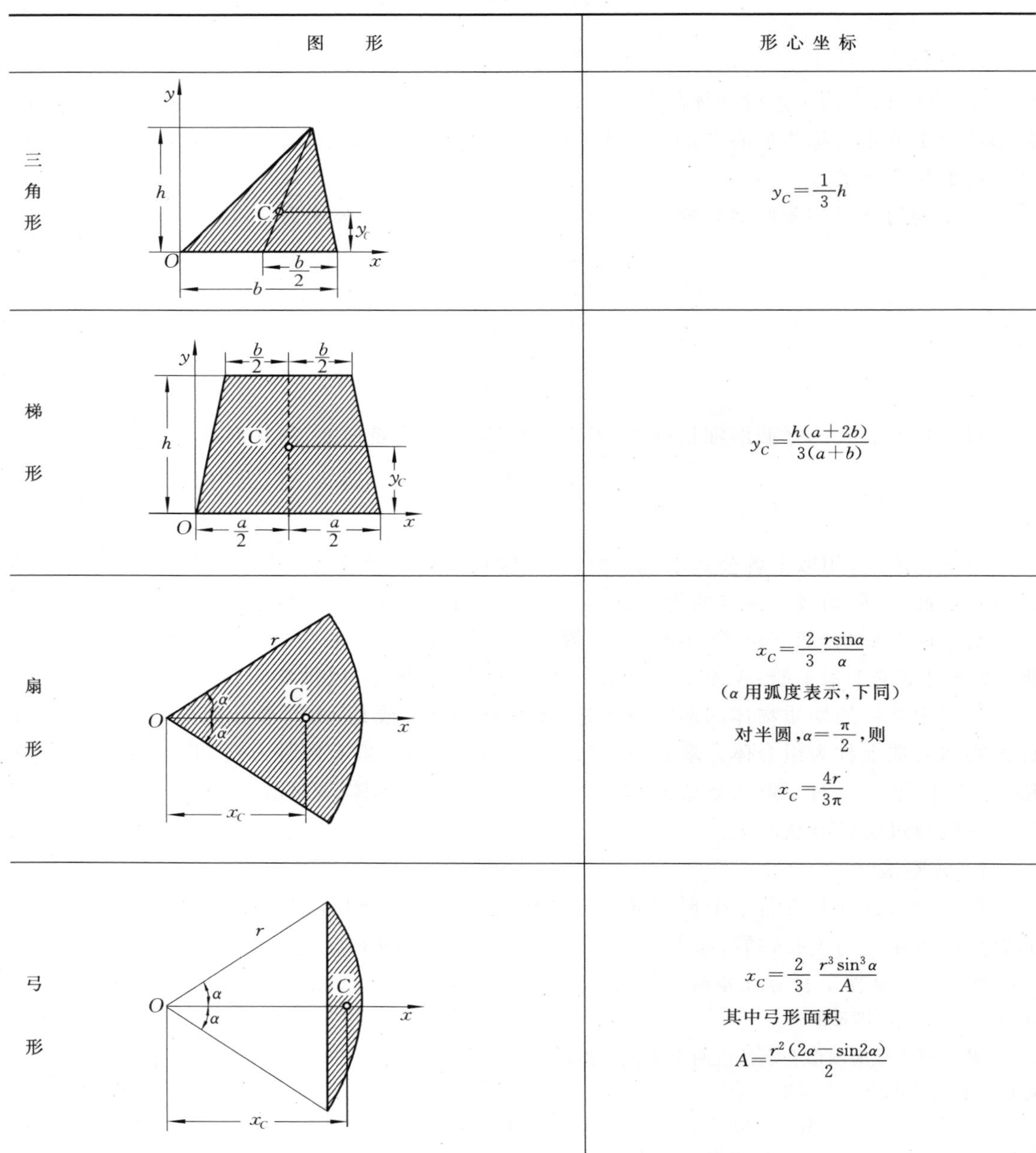

图　　形	形心坐标
三角形	$y_C=\frac{1}{3}h$
梯形	$y_C=\frac{h(a+2b)}{3(a+b)}$
扇形	$x_C=\frac{2}{3}\frac{r\sin\alpha}{\alpha}$ (α 用弧度表示,下同) 对半圆,$\alpha=\frac{\pi}{2}$,则 $x_C=\frac{4r}{3\pi}$
弓形	$x_C=\frac{2}{3}\frac{r^3\sin^3\alpha}{A}$ 其中弓形面积 $A=\frac{r^2(2\alpha-\sin2\alpha)}{2}$

图　形		形心坐标
圆弧	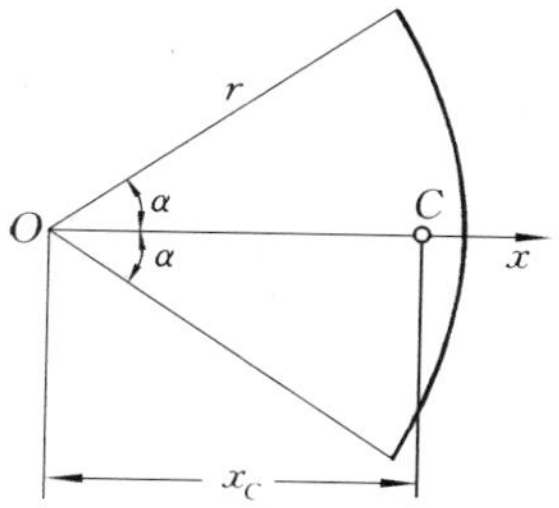	$x_C=\frac{r\sin\alpha}{\alpha}$ 对于半圆弧 $\alpha=\frac{\pi}{2}$，则 $x_C=\frac{2r}{\pi}$
部分圆环（扇面）	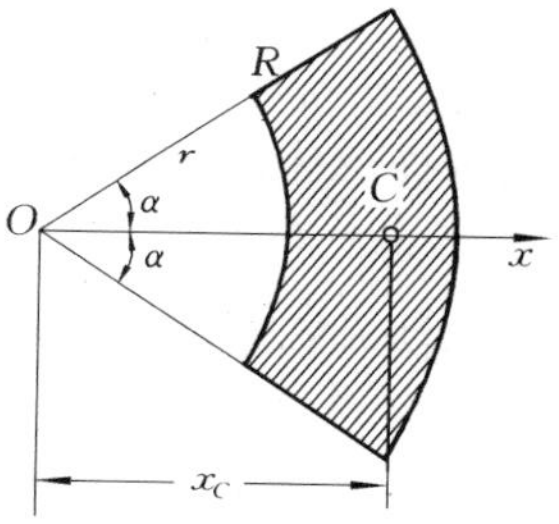	$x_C=\frac{2(R^3-r^2)\sin\alpha}{3(R^3-r^2)\alpha}$
抛物线面	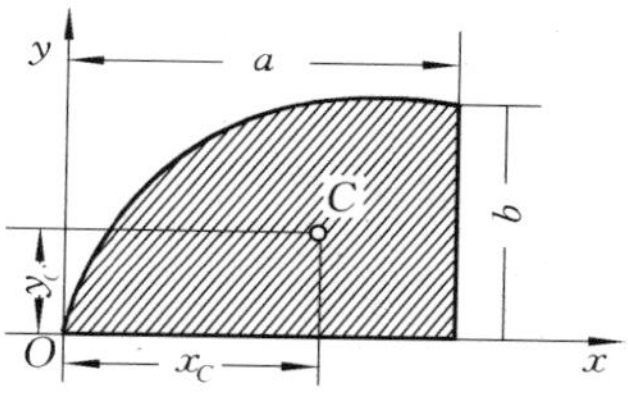	$x_C=\frac{5}{8}a$ $y_C=\frac{2}{5}b$
抛物线面	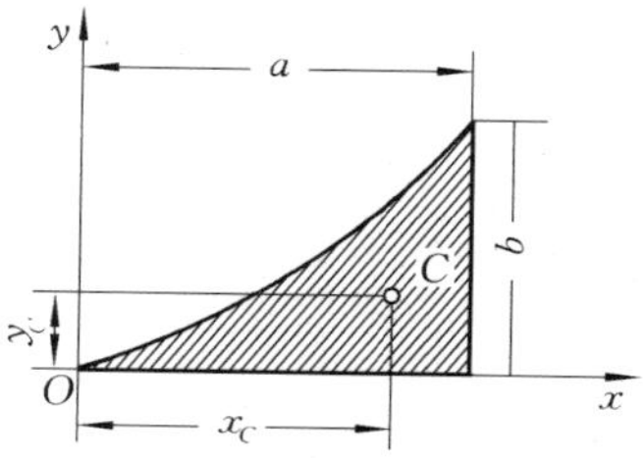	$x_C=\frac{3}{4}a$ $y_C=\frac{3}{10}b$
半圆球体	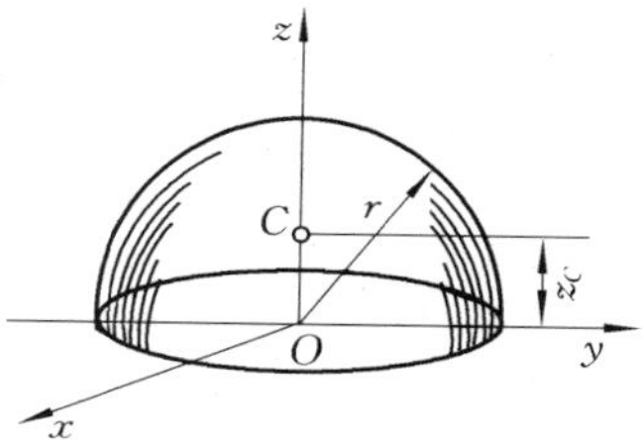	$z_C=\frac{3}{8}r$

续表

	图　　形	形心坐标
正圆锥体	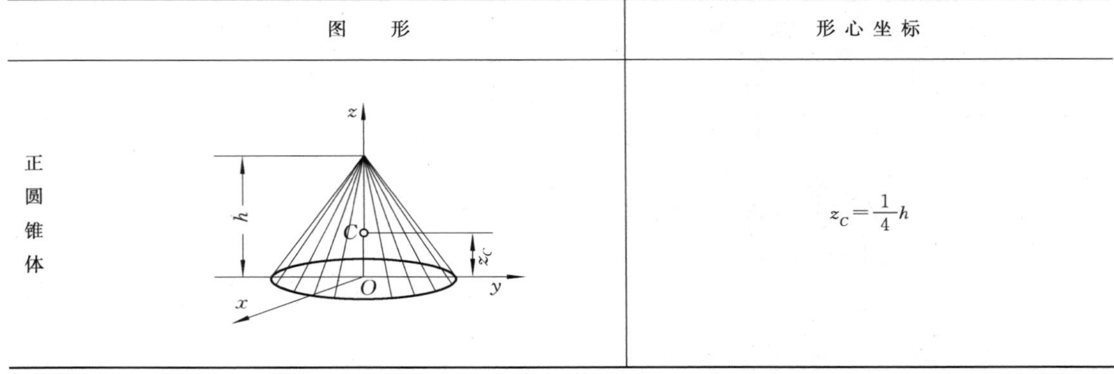	$z_C=\frac{1}{4}h$

2. 负面积法(负体积法)

若在物体或薄板内有挖空部分,则仍可将这类物体视为组合形体,应用与分割法相同的公式来求其重心,只是挖空部分的体积或面积应以负值代入算式。

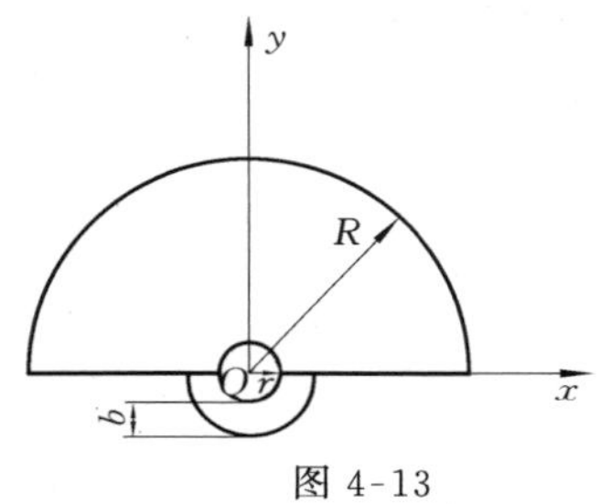

图 4-13

例 4.5　试求图 4-13 所示振动沉桩器中的偏心块的重心。已知 $R=10\text{cm},r=1.7\text{cm},b=1.3\text{cm}$。

解　将偏心块看成是由三部分组成,即半径为 R 的半圆 S_1、半径为 $(r+b)$ 的半圆 S_2 和半径为 r 的小圆 S_3。因 S_3 是挖空的部分,所以面积应取负值。今使坐标原点与圆心重合,且偏心块的对称轴为 y 轴,则有 $x_C=0$。设 y_1,y_2,y_3 分别是 S_1,S_2,S_3 的重心坐标,由表 4-2 可查得半圆 S_1 的重心坐标为

$$y_1=\frac{4R}{3\pi}=\frac{40}{3\pi}$$

半圆 S_2 的重心坐标为

$$y_2=\frac{4(r+b)}{3\pi}=-\frac{4}{\pi}$$

而挖空部分的小圆 S_3 的重心坐标为

$$y_3=0$$

于是偏心块重心的坐标为

$$y_C=\frac{y_1S_1+y_2S_2+y_3S_3}{S_1+S_2+S_3}$$

把各数据代入,并注意到 S_3 的面积为负值,得

$$y_C=3.99\text{cm}$$

思　考　题

1. 设有一力 $\boldsymbol{F}$,试问在什么情况下有如下结果:

(1) $X=0,m_x(\boldsymbol{F})=0$;

(2) $X=0,m_x(\boldsymbol{F})\neq 0$;

(3) $X\neq 0,m_x(\boldsymbol{F})\neq 0$。

2. 分析下列空间力系的独立平衡方程的数目:

(1) 各力的作用线的交点都在同一直线上;

（2）各力作用线都平行于一固定面；

（3）力系可分解为方向不同的两个平行力系；

（4）力系可分解为一个平面力系和一个方向平行于此平面的平行力系。

3. 如果均质物体有一个对称面，则重心必定在此对称面上；如果有一根对称轴，则重心必定在此对称轴上，为什么？

4. 一均质等截面直杆的重心在哪里？若把它弯成半圆形，重心的位置是否改变？如将直杆三等分，然后折成"△"形或"["形，问二者重心的位置是否相同？为什么？

习　　题

1. 作用在手柄上的力 $F=100\mathrm{N}$，作用线位置及手柄尺寸如图 4-14 所示。

（1）求力 $\boldsymbol{F}$ 对 x 轴的矩；

（2）求力 $\boldsymbol{F}$ 对原点的矩。

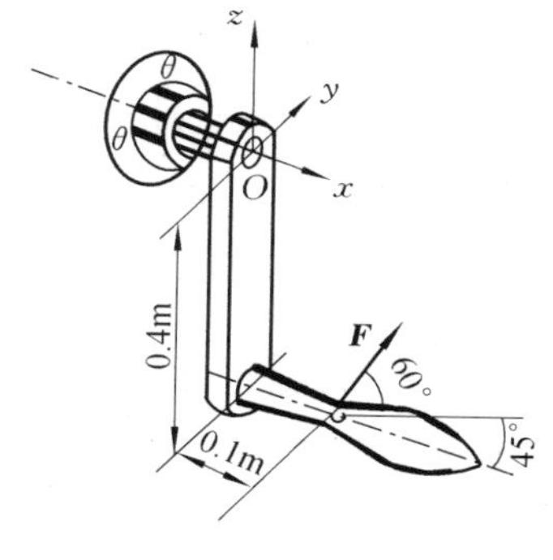

图 4-14

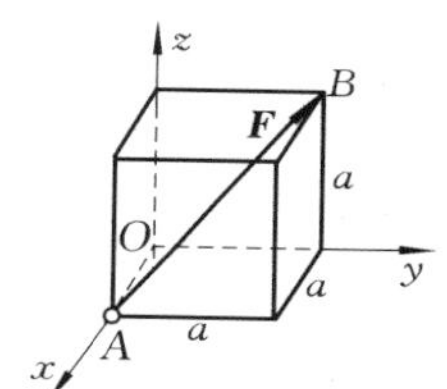

图 4-15

2. 正立方体的边长为 a，在顶点 A 沿对角线 AB 作用一力 $\boldsymbol{F}$，如图 4-15 所示，大小已知。求：

（1）力 $\boldsymbol{F}$ 对坐标轴 x, y, z 的矩；

（2）力 $\boldsymbol{F}$ 对坐标原点 O 的矩。

3. 图 4-16 所示空间力系：$P=100\mathrm{N}$，$Q=100\mathrm{N}$，$m=20\mathrm{N}\cdot\mathrm{m}$。物体尺寸单位为 mm。试求此力系的简化结果。

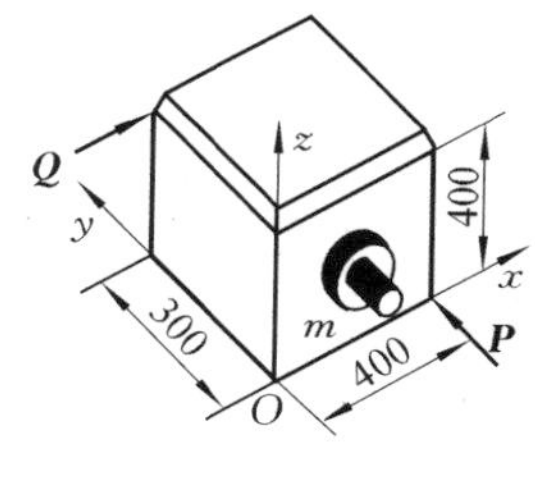

图 4-16

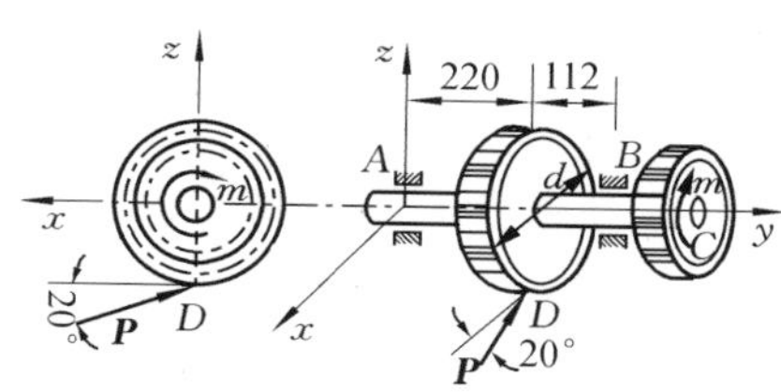

图 4-17

4. 如图 4-17 所示，某传动轴以 A，B 两轴承支承，中间的圆柱直齿轮的节圆直径 $d=173\mathrm{mm}$，压力角 $\alpha=20^{\circ}$，在右端的法兰盘上作用一力偶矩 $m=1030\mathrm{N}\cdot\mathrm{m}$。如轮轴自重和摩擦不计，求传动轴匀速转动时 A，B 两轴承的反力。

5. 如图 4-18 所示，某传动轴装有二皮带轮，其半径分别为 $r_1=200\mathrm{mm}$，$r_2=250\mathrm{mm}$，轮 I 的皮带水平，其张力 $T_1=2t_1=5\mathrm{kN}$；轮 II 的皮带和铅垂线的夹角 $\beta=30^{\circ}$，其张力 $T_2=2t_2$。

求传动轴作匀速转动时的张力 $\boldsymbol{T}_2$，$\boldsymbol{t}_2$ 和轴承反力(图中尺寸单位为 mm)。

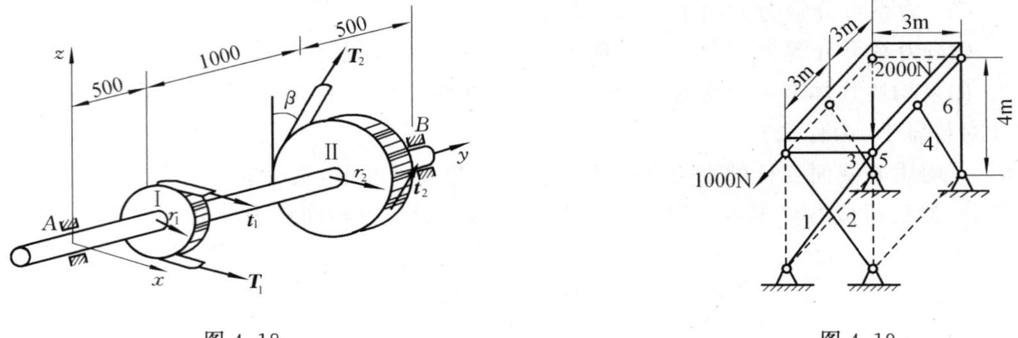

图 4-18　　图 4-19

6. 试求图 4-19 所示矩形板的支承系统中支承杆 1～6 所受的力。板重不计。

7. 求工字钢截面的几何中心，尺寸如图 4-20 所示。

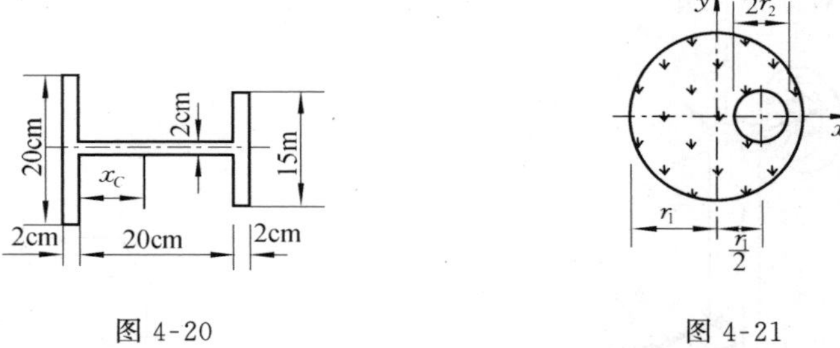

图 4-20　　图 4-21

8. 如图 4-21 所示，在半径为 r_1 的均质圆盘内有一半径为 r_2 的圆孔，两圆的中心相距 $r_1/2$，求此圆盘重心的位置。

第 2 篇

材料力学

第5章 材料力学的基本概念

5.1 材料力学的任务

在静力学中，通过力系的平衡条件，已经解决了构件外力的计算问题。然而，在外力作用下，如何保证构件正常地工作，还是一个有待解决的问题。

在工程实际应用中，为保证机械或工程结构的安全，要求每一构件都应有足够的能力担负起应承受的外力(亦称载荷)。这种承载能力主要由以下三方面来衡量：

(1) 构件应有足够的强度。例如，冲床的曲轴在工作冲压力作用下不应折断；煤气罐或氧气瓶在规定压力下不应爆破等。可见，强度(strength)是指构件在载荷作用下抵抗破坏的能力。

(2) 构件应有足够的刚度。例如，机床主轴在工作时，变形不能过大，否则会影响加工精度；齿轮轴的变形过大，会使轴上的齿轮啮合不良，从而引起齿轮的不均匀磨损。因而，刚度(stiffness)是指构件在载荷作用下抵抗变形的能力。

(3) 构件应有足够的稳定性。例如，内燃机中的挺杆、千斤顶中的螺杆等受压力作用的细长杆，当压力增大到一定数值时，若受到微小的干扰，杆就会由原来的直线状态突然变弯，从而失去承载能力。因此，稳定性(stability)是指构件保持其原有平衡状态的能力。

设计构件时，在满足强度、刚度和稳定性三方面要求的同时，还要尽量选用适当的材料和减少材料的消耗量，以达到节约资金的经济要求。

综上所述，材料力学的任务就是对构件进行强度、刚度和稳定性的分析及计算，在保证构件能正常、安全工作的前提下最经济地使用材料。

除了对传统的机器制造和工程结构需要进行上述的材料力学计算外，许多现代新兴工业，如材料工程、电子工程、生物工程、仪器仪表工业等，或是由于要求结构轻巧、受力合理，或是由于要探究其内在的运动机制，也日益需要引入力学分析及计算。总之，材料力学已为工程技术领域所广泛采用。

材料力学作为一门科学，从它诞生之日起就紧密地为工程应用服务。一般认为材料力学的创始人是意大利科学家伽利略。他在1638年发表的《两种新的科学》这部伟大著作中，最早尝试用力学解析的方法为建筑构件决定尺寸，而这些方法是根基于自然科学的普遍方法(试验观察、假设推理、实验验证)的。虽然在伽利略以前，在欧洲和中国都曾出现过许多杰出的建筑师，建造过许多辉煌的建筑物，可是进行过严密的力学分析是不多的。从伽利略开始，科学家们将力学分析深入到工程结构的许多方面中，建立了一整套直到今天还为工程界乐于采用的解析公式和计算方法，极大地促进了工程技术科学的发展。

5.2 变形固体的基本假设

在静力学中，构件的微小变形对静力分析是一个次要因素，可不加考虑，因而可把构件抽象为刚体。但在材料力学研究的问题中，构件的变形虽然很小，却是一个主要因素，必须加以考虑，因此，必须将这些构件视为变形体。

由于材料力学研究的内容以材料的宏观性质为基础，不考虑材料的微观与亚微观组织的特点，为了简化问题，可用下列基本假设作为理论分析的基础。

1. 材料均匀连续假设

即假设物体在其所占有的几何空间都是连续无隙的，力学性能是处处均匀相同的。由于引用了连续性假设，在数学分析时，物体的力学参量可表示为坐标的连续函数；由于引用了均匀性假设，由宏观试件试验得到的力学性能可以应用于同一材料的其他任意部位。

2. 材料各向同性假设

即假设材料在各个不同的方向都具有相同的力学性质。实际上各种材料的微观结构都是各向异性的，对当前常用的金属材料，若晶格的取向不同则性能也不同。由于金属是多晶体，晶格取向是随机排列的，宏观的力学性能总是表现为各向同性，因此，工程中使用的大多数材料，如铸钢、铸铜、铸铁、玻璃等，基本上符合各向同性假设；但也有一些材料，如木材、冷轧钢板、钢丝等，其力学性能是有方向性的，称为各向异性材料。

3. 小变形假设

即假设构件受力产生的变形相对其原始尺寸非常微小。这时在考虑与物体本身尺寸有关的几何关系时(如建立静力学平衡方程时)，可以忽略物体的变形，按原有几何关系考虑。此外，即使在计算物体变形时，由于变形比起物体本身尺寸小若干数量级，在分析相关的几何关系时也可以得到相应的简化。

5.3 内力、截面法和应力的概念

5.3.1 内力的概念

材料力学中的内力是指由外力作用引起的物体内部的相互作用力。实际上，物体不受外力作用时，为维持其整体性，其内部的原子、分子之间也都存在一定的相互作用力。但在材料力学中所指的内力是指有外力作用后这种作用力的改变量，因为物体的变形和破坏只取决于这种改变量。以后将这种因外力作用引起的内部作用力的改变量称为内力。在静力平衡状态下，内力可由外力决定。

5.3.2 截面法

根据材料的连续性假设，内力在构件内连续分布，为研究其分布规律，首先要研究构件横截面上分布内力的合力。为显示内力并确定其大小和方向，通常采用下述的截面法。

在图 5-1(a)所示的构件中，为求横截面 m-m 上的内力，可假想地用一个横截面在 m-m 处将其截开，将构件分为 A、B 两部分。任取其中一部分(如 A 部分)作为研究对象，弃去 B 部分。在 A 部分上作用的外力有 P_1,P_2,P_5，要使 A 部分保持平衡，则 B 部分必有力作用于 A 部分的 m-m 截面上，用以和作用在 A 部分上的外力平衡，如图 5-1(b)所示。根据作用力和反作用力定律，A 部分也有大小相等而方向相反的力作用于 B 部分。A,B 两部分之间的相互作用力，就是构件在 m-m 截面上的内力。根据连续性假设，内力在 m-m 截面上各点处都存在，故为分布力系。将这个分布力系向界面上的某点简化后所得到的主矢和主矩，就称为这个截面上的内力。根据 A 部分的平衡条件，可求得 m-m 截面上的内力值。

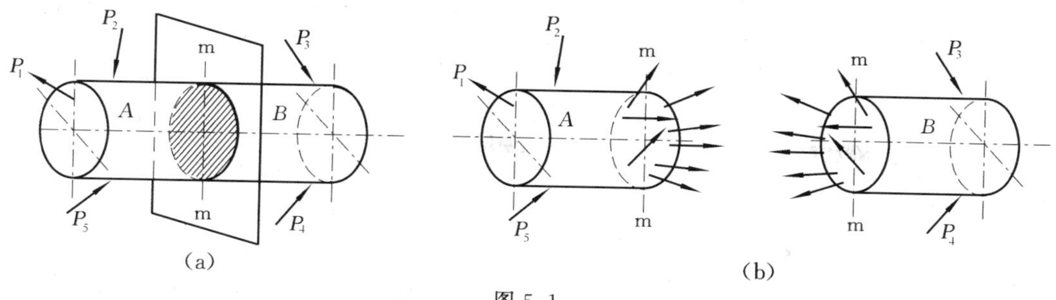

图 5-1

上述假设用截面把构件分成两部分以显示并确定内力的方法称为截面法。可将其归纳为以下 3 个步骤：

(1) 截开。假设用一个截面在需求内力处将构件截开为两部分。

(2) 代替。任取其中一部分为研究对象，弃去另一部分，将弃去部分对研究对象的作用以截面上的内力来代替。

(3) 平衡。根据研究对象的平衡条件确定内力的大小和方向。

例 5.1 已知构件受力如图 5-2 所示，求 1-1 和 2-2 截面上的内力。

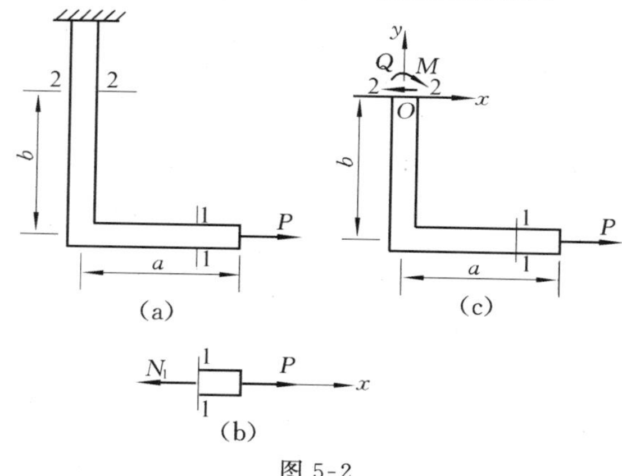

图 5-2

解 (1) 求 1-1 截面上的内力。在截面 1-1 处，假想地将构件分成两部分，保留右边部分作为研究对象，弃去部分对保留部分的作用以内力 N_1 代替，假设其方向如图 5.2(b)所示。由平衡条件，得

$$\sum X = 0,\quad P - N_1 = 0,\quad N_1 = P$$

(2) 求 2-2 截面上的内力。沿 2-2 截面假想地将构件分成两部分，取下半部分为研究对象，并以截面的形心为原点，选取坐标如图 5-2(c)所示。外力 P 将使 2-2 截面以下部分沿 x 轴方向位移，并绕 O 点转动，2-2 截面以上部分必然以内力 Q 及 M 作用于截面上，以保持下部的平衡。这里 Q 为通过 O 点的力，M 为对 O 点的力偶矩。由平衡条件，得

$$\sum X = 0,\quad P - Q = 0,\quad Q = P$$

$$\sum M_O = 0,\quad Pb - M = 0,\quad M = Pb$$

本例中，内力 N 和 M 是 2-2 截面上分布内力系向 O 点简化后的结果。

5.3.3 应力的概念

仅仅知道横截面上的内力值，并不能解决构件的强度问题，因为构件的强度不仅与截面上内力的大小有关，而且还取决于截面上内力分布的强弱程度。为此，引入应力的概念。

如图 5-3(a)所示，在截面 m-m 上任一点 K 的周围取一微小面积 ΔA，并设作用在该面积上的内力为 ΔP，则 ΔP 与 ΔA 比值，称为 ΔA 上的平均应力(mean stress)，并用 p_{m} 表示，即

$$p_{\mathrm{m}}=\frac{\Delta P}{\Delta A} \tag{5-1}$$

一般情况下，内力沿截面并非均匀分布，平均应力 p_{m} 之值及其方向将随所取面积 ΔA 的大小而异。为了更精确地描写内力的分布情况，应使 ΔA 趋于零，由此所得平均应力的极限值称为截面 m-m 上点 K 处的应力，并用 p 表示，即

$$p=\lim_{\Delta A\to 0}\frac{\Delta P}{\Delta A}=\frac{\mathrm{d}P}{\mathrm{d}A} \tag{5-2}$$

p 是个矢量，在一般情况下，既不与截面垂直，也不与截面相切。通常把总应力 p 分解成垂直于截面的分量 σ 和切于截面的分量 τ，如图 5-3(b)所示。σ 称为正应力(normal stress)，τ 称为剪应力(shear stress)。

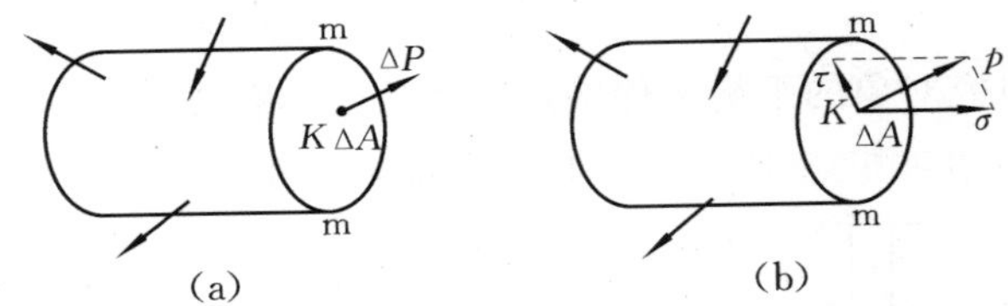

图 5-3

在国际单位制中，应力的单位是帕斯卡(Pascal)，简称为帕(Pa)，1 帕等于 1 牛顿/米^2 (1 Pa=1 N/m^2)。应力的常用单位为兆帕，记为 MPa(1 MPa=10^6 Pa)；还可用吉帕(1 GPa=10^9 Pa)为单位。

5.4 位移、变形和应变的概念

5.4.1 位移与变形

材料力学是研究变形体的，在构件受外力作用后，整个构件及构件的每个局部一般都要发生形状与尺寸的改变，即产生了变形。变形的大小是用位移和应变这两个量来度量的。

位移是指物体上各点在空间坐标上位置的改变量，而物体内各质点之间相对距离的改变称为变形。位移一般分为两类：一是物体像刚体一样运动所引起的位移称为刚性位移，这时物体内部各质点之间距离未发生改变；二是物体在外力作用下其内部各质点相对距离发生改变引起的位移。材料力学中主要研究由物体变形而引起的位移。

5.4.2 应变

一般情况下，受力构件各部分的变形是不同的，为了全面了解受力构件的变形情况，通常需要研究构件中任一点处的变形。为此，在该点附近取出一微小六面体，如图 5-4(a)所示。设六面体棱边 ab 的原长为 Δx，变形后 ab 的长度变为 $\Delta x+\Delta u$，Δu 称为 ab 的绝对变形(图 5-4(b))。由于 Δu 的大小与原长 Δx 的长短有关，不能完全表明 ab 的变形程度，所以常用 Δu 与 Δx 的比值

$$\varepsilon=\frac{\Delta u}{\Delta x} \tag{5-3}$$

表示线段 ab 每单位长度的伸缩量，称为相对变形或平均应变。当 Δx 趋近于零时，极限值

$$\varepsilon=\lim_{\Delta x\to 0}\frac{\Delta u}{\Delta x}=\frac{\mathrm{d}u}{\mathrm{d}x} \tag{5-4}$$

称为 C 点处沿 x 方向的正应变（normal strain）。在发生微小变形的物体中，ε 是一个极其微小的量。

当棱边长度发生改变时，相邻棱边之夹角一般也发生改变。单元体相邻棱边所夹直角的改变量（图 5-4(c)），称为剪应变（shear strain），并用 γ 表示。剪应变的单位为弧度（rad）。ε 和 γ 是度量构建内一点处变形的两个基本量，它们均为无量纲的量。

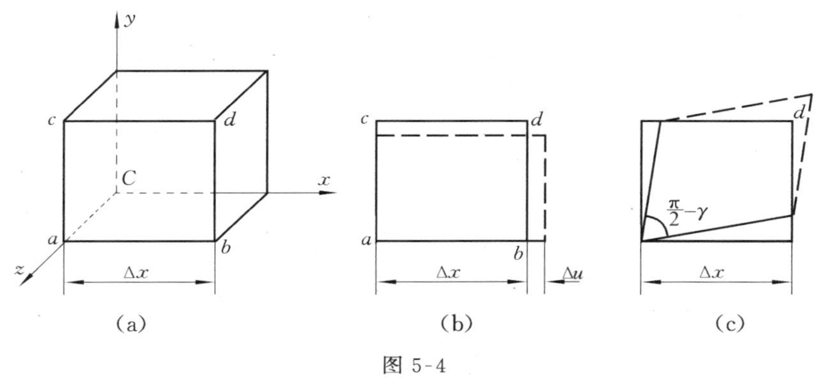

图 5-4

5.5 杆件变形的基本形式

实际构件有各种不同的形状。材料力学主要研究长度远大于横截面尺寸的构件——杆件，或简称杆。杆件的轴线是杆件各横截面形心的连线。轴线为直线的杆称直杆；横截面大小和形状不变的直杆称等直杆；轴线为曲线的杆称曲杆。工程上很多常见的构件都可简化为杆件，如连杆、传动轴、立柱、丝杆、吊钩等。某些构件如齿轮的轮齿、曲轴的轴颈等，并不是典型的杆件，但在近似计算或定性分析中也简化为杆。所以杆是工程中最基本的构件。作用在杆上的外力是多种多样的，因此，杆的变形也是各种各样的，不过这些变形的基本形式主要有如下 4 种：

(1) 轴向拉伸或压缩。在一对方向相反、作用线与杆轴线重合的外力作用下，杆件将发生长度的改变（伸长或缩短），这种变形形式称为轴向拉伸（图 5-5(a)）或轴向压缩（图 5-5(b)）。

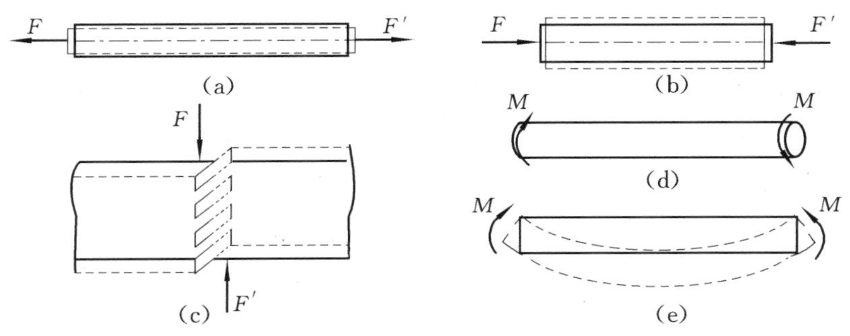

图 5-5

(2) 剪切。在一对相距很近、方向相反的横向外力作用下，杆件的横截面将沿外力方向发生错动，这种变形形式称为剪切(图 5-5(c))。

(3) 扭转。在一对方向相反、位于垂直杆轴线的两平面内的外力偶作用下，杆的任意两横截面将发生相对转动(图 5-5(d))，这种变形形式称为扭转。

(4) 弯曲。在一对方向相反、位于杆的纵向平面内的外力偶作用下，杆件将在纵向平面内发生弯曲，即杆件的轴线由直线变为曲线(图 5-5(e))，这种变形形式称为弯曲。

工程实际应用中的杆件可能同时承受不同形式的外力，变形情况可能比较复杂，但不论怎样复杂，其变形均是由基本变形组成的。以后各章将就上述各基本变形形式及同时存在两种或两种以上基本变形的组合情况，分别加以讨论。

第6章 轴向拉伸与压缩

在实际工程中，有很多构件是会产生轴向拉伸或压缩变形的。例如，桁架中的杆件、起重机的钢缆、汽缸的螺栓以及千斤顶的螺杆等，都是受拉伸或压缩的。

若将上述这些受拉或受压构件加以简化，可以概括出其典型的受力简图，如图 6-1 所示。这些构件的受力及变形特点是，等截面直杆受与杆轴线重合的外力作用，杆产生沿轴线方向的伸长或缩短。

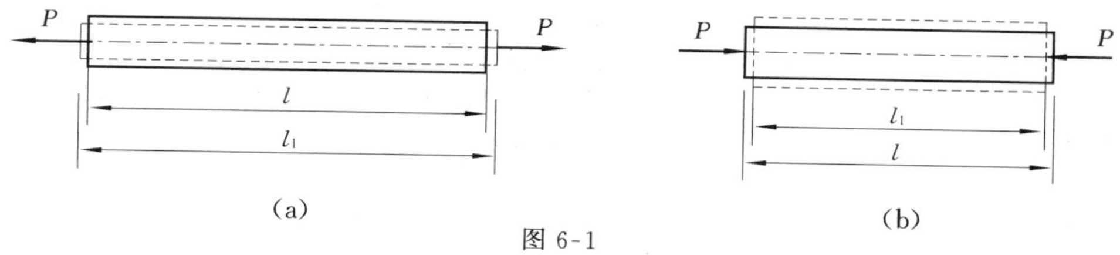

图 6-1

6.1 拉伸与压缩时的内力、应力

计算拉(压)杆的强度，必须首先研究杆件横截面上的内力，然后分析横截面上的应力。

6.1.1 横截面上的内力

根据材料的连续性假设，内力在构件内连续分布，为研究其分布规律，首先要研究构件横截面上分布内力的合力。为显示内力并确定其大小和方向，通常采用截面法。

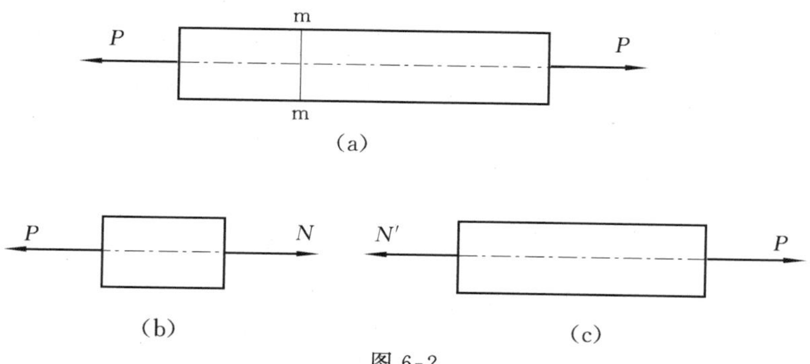

图 6-2

设有一根如图 6-2(a)所示的拉杆，为求某一横截面 m-m 上的内力，可假设用一个横截面在 m-m 处把杆截开，分为左右两段，任取其中一段，如取左段为研究对象，弃去右段，并将其对左段的作用用内力 N 代替(图 6-2(b))。因为构件整体是平衡的，所以它的任何一部分也平衡。利用平衡条件，即可得到截面上内力的大小和方向。例如，在左段杆上，根据二力平衡条件，内力 N 必然与杆的轴线相重合，其方向与外力 P 相反，并由平衡方程

$$\sum X = 0, \quad N - P = 0$$

可得

$$N=P$$

同理，如果选取右段为研究对象，则左段对右段的作用可以用力 N' 来代替(图 6-2(c))，N 与 N' 是左右两部分在横截面上的作用力与反作用力，两者大小相等，方向相反。

由以上的分析结果可知，对于轴向拉伸或压缩的杆件，其横截面上内力的方向皆垂直于截面，且必通过截面形心，这样的内力称为轴力(axial force)。习惯上，把拉伸时的轴力规定为正，压缩时的轴力规定为负。一般在计算时，都将截面上的轴力假设为拉力，这样，只根据计算结果的正负号，即可确定轴力是拉力还是压力。轴力的单位为牛顿(N)或千牛(kN)。

必须指出的是，在静力学中，力的正负符号是根据力在坐标中的投影方向来规定的；而在材料力学中，则是根据构件的变形来规定内力的符号。这是材料力学与静力学在研究方法上的一个区别，在今后作各种计算时，应特别加以注意。

上述直杆在其轴线内只受到两个外力的作用，如果作用有两个以上的外力，求杆的任一横截面的内力仍可用截面法。下面用例题说明具体的计算方法。

例 6.1 试求图 6-3(a)所示直杆的轴力。已知 $P_1=20\text{kN}$，$P_2=50\text{kN}$。

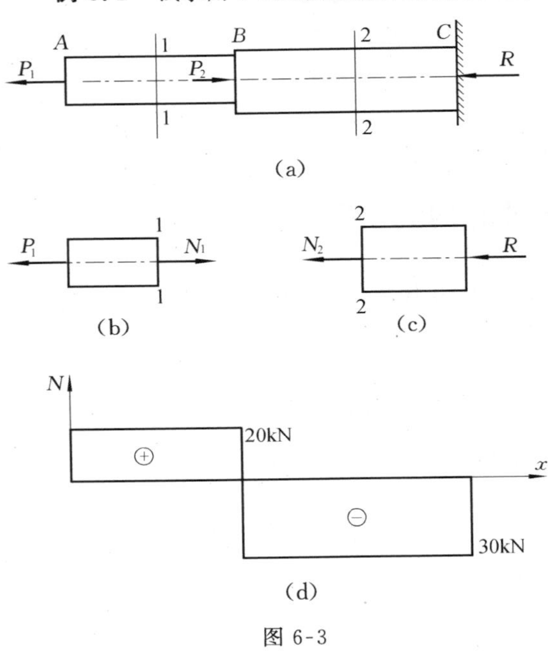

图 6-3

解 (1) 求支反力 R。取杆轴为 x 轴，以杆为研究对象，其受力如图 6-3(a)所示，由平衡条件

$$\sum X=0,\quad -P_1+P_2-R=0$$

得

$$R=P_2-P_1=50-20=30(\text{kN})$$

(2) 计算轴力。根据外力的变化情况，AB 和 BC 段的轴力不同。

AB 段：假想用 1-1 截面将杆截开，取左段为研究对象，设其轴力为拉力，如图6-3(b)所示，由平衡条件：

$$\sum X=0,\quad N_1-P_1=0$$

求得 AB 段的轴力为

$$N_1=P_1=20\text{kN}\ (\text{拉})$$

BC 段：假想用 2-2 截面将杆截开，一般取受力简单的一段为研究对象，即研究右段，受力如图 6-3(c)所示，图中轴力 N_2 设为拉力。由平衡条件：

$$\sum X=0,\quad -N_2-R=0$$

求得 BC 段的轴力为

$$N_2=-R=-30\,\text{kN}\ (\text{压})$$

N_2 的计算结果为负值，说明 N_2 的实际方向与所设的相反，即应为压力。

此例说明，当杆承受多个轴向外力时，在不同的杆段内，轴力是不同的。为了清楚地表明轴力沿杆轴线的变化情况，可沿杆轴线方向取一坐标表示横截面的位置，以垂直于杆轴的另一坐标表示轴力。这样，轴力沿杆轴的变化情况即可用图线表示。这种表示轴力沿轴线方向变化的图线称为轴力图(axial force diagram)。例 6.1 的轴力图如图 6-3(d)所示。

6.1.2 横截面上的应力

计算出轴力后，还不能判断杆件会不会被拉断或压坏，就是说还不能断定杆的强度是否满足要求。例如，材料相同而横截面积不同的两直杆，若受同样大小的轴向拉力作用，则两杆的轴力相同。当轴向拉力逐渐加大时，横截面积小的杆必定先被拉断。这说明构件的强度不仅与轴力大小有关，而且还与横截面面积有关，即需要用横截面上的应力来度量构件的强度。

显然，在拉(压)杆横截面上，与轴力 N 相对应的只能是正应力。根据连续性假设，横截面上到处存在着内力。若以 A 表示横截面面积，则微面积 dA 上的内力元素 σdA 组成一个垂直与横截面的平行力系，其合力就是轴力 N，于是得到静力关系

$$N=\int_A \sigma\,dA \tag{a}$$

因为还不知道 σ 在横截面上的分布规律，由式(a)并不能确定 N 与 σ 之间的关系。内力、应力是不能直接观察到的，但是构件在受力后引起内力、应力的同时，还要发生变形，而变形是可以通过实验观察的，因此可从研究杆件的变形出发来确定应力 σ 的分布规律。

取一等宽直杆，先在它的侧面画上两条垂直于杆轴的横向线 ab 与 cd。然后，在杆的两端施加一对轴向拉力 P，使杆发生拉伸变形(图 6-4(a))。此时可以观察到，两横向线分别平移到了 $a'b'$ 和 $c'd'$，但仍然垂直于杆轴线。根据这一变形现象和材料均匀连续的假设，我们可以假设，变形前为平面的横截面，变形后仍为平面。如果我们把杆设想为由无数纵向纤维组成，则由平面假设可以推断：自杆的表面到内部所有纵向纤维的伸长都相等，因此各纵向纤维的受力也相等，所以杆件横截面上各点处应力都相等，即横截面上均匀分布，σ 为常量(图 6-4(b))，于是由式(a)，得

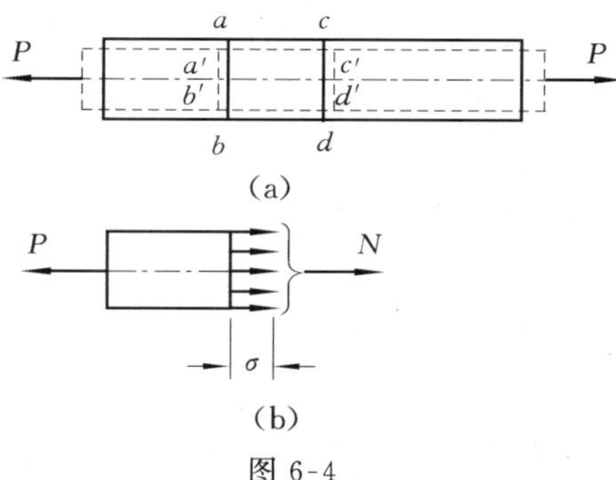

图 6-4

$$N=\sigma\int_A dA=\sigma A$$

$$\sigma=\frac{N}{A} \tag{6-1}$$

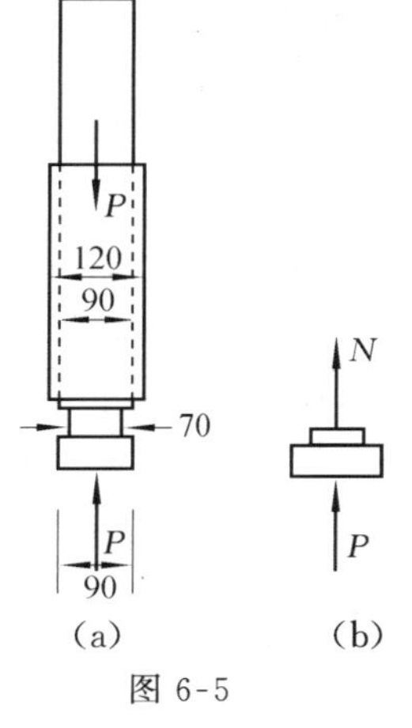

图 6-5

这就是拉杆横截面上正应力 σ 的计算公式。式(6-1)同样适用于轴向压缩的情况。和轴力 N 的符号规定一样，规定拉应力为正，压应力为负。

实际上，在载荷作用点附近的截面，不同的加载方式对应力分布是有影响的。但是，实验表明，加载方式的不同，只对加载点附近截面上的应力分布有影响，其影响范围不超过杆的横向尺寸，这一结论称为圣文南原理。根据该原理，在拉压杆中，离加载点稍远的横截面上的应力分布就是均匀的。

例 6.2 图 6-5(a)为轧钢机的压下螺旋，其尺寸如图所示，设压下螺旋所受的最大压力 $P=800\,\text{kN}$，试求其最大正应力。

解 (1) 计算轴力。最大应力将产生于最小截面处，故用截面法在最小直径处截开，取下半部为研究对象(图 6-5(b))，由平衡方程得

$$N=-P=-800\,\text{kN}\ (压)$$

(2) 计算最小横截面积。

$$A_{\min}=\frac{\pi d_{\min}^2}{4}=\frac{\pi\times 70^2\times 10^{-6}}{4}=3.84\times 10^{-3}(\text{m}^2)$$

(3) 计算最大正应力。由式(6-1)，得

$$|\sigma_{\max}|=\left|\frac{N}{A_{\min}}\right|=\frac{800\times 10^3}{3.85\times 10^{-3}}=208(\text{MPa})\quad (压)$$

6.2 拉伸与压缩时的强度计算

6.2.1 许用应力

为了保证构件在外力作用下，能安全可靠地工作，必须使它的工作应力比其所用材料的极限应力(材料所能承受的最大应力)小若干倍。为此，就要对各种不同材料制成的构件确定其允许承受的最大应力值，这个应力值称为许用应力(allowable stress)，以[σ]表示。

$$[\sigma]=\frac{\sigma_u}{n} \tag{6-2}$$

其中，σ_u 为材料的极限应力(ultimate stress)，由材料的力学性能试验测定，这将在 6.4 节中介绍；$n>1$，称为安全因数(safety factor)，它与确定载荷的准确度、计算应力的精确度、材料性质的均匀程度以及构件破坏后造成事故的严重程度等因素有关，具体数值可查有关规范或设计手册。

6.2.2 强度条件

在确定了许用应力后，就可以对构件进行强度计算了，对于轴向拉伸或压缩的杆件，应满足的条件是

$$\sigma_{max}=\left(\frac{N}{A}\right)_{max}\leqslant[\sigma] \tag{6-3}$$

这就是轴向拉伸与压缩杆的强度条件。根据强度条件可以解决如下 3 种类型的强度问题：

(1) 强度校核。已知构件的横截面面积 A，许用应力[σ]和所承受的载荷，检验其是否满足强度条件，从而判断构件是否具有足够的强度。

(2) 截面设计。已知载荷和许用应力[σ]，根据强度条件选择构件横截面的尺寸。

(3) 确定许用载荷。已知构件的横截面面积 A 和材料的许用应力[σ]，根据强度条件则可确定杆件所能承受的最大轴向力，进而确定构件所能承受的最大载荷。

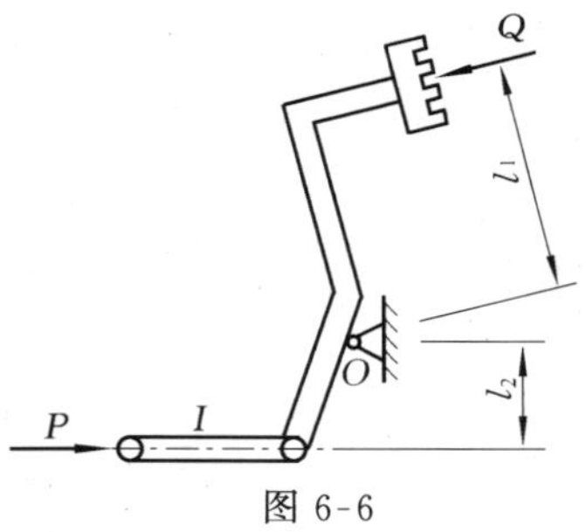

图 6-6

下面举例说明强度计算的方法。

例 6.3 汽车离合器踏板如图 6-6 所示。已知踏板受到压力 $Q=400\,\text{N}$，拉杆 I 的直径 $D=9\,\text{mm}$，$l_1=330\,\text{mm}$，$l_2=56\,\text{mm}$，拉杆的许用应力 $[\sigma]=50\,\text{MPa}$，试校核拉杆 I 的强度。

解 (1) 外力分析。以拉杆为研究对象，由平衡条件得

$$\sum m_O=0,\quad Ql_1-Pl_2=0$$

$$P=\frac{Ql_1}{l_2}=\frac{400\times330\times10^{-3}}{56\times10^{-3}}=2357\,(\text{N})$$

(2) 计算轴力。应用截面法可求得轴力：

$$N=P=2357\,(\text{N})$$

(3) 强度计算。

$$\sigma=\frac{N}{A}=\frac{2357}{\frac{\pi}{4}\times9^2\times10^{-6}}=37\,(\text{MPa})<[\sigma]$$

所以拉杆 I 满足强度条件。

例 6.4 悬臂吊的结构和尺寸如图 6-7(a)所示。A，C 视为固定铰链。已知电葫芦自重 $G=5\text{kN}$，起重

量 $Q=15\text{kN}$，拉杆 BC 采用 A3 圆钢制成，其许用应用$[\sigma]=140\text{MPa}$，横梁自重不计，试设计拉杆的直径 d。

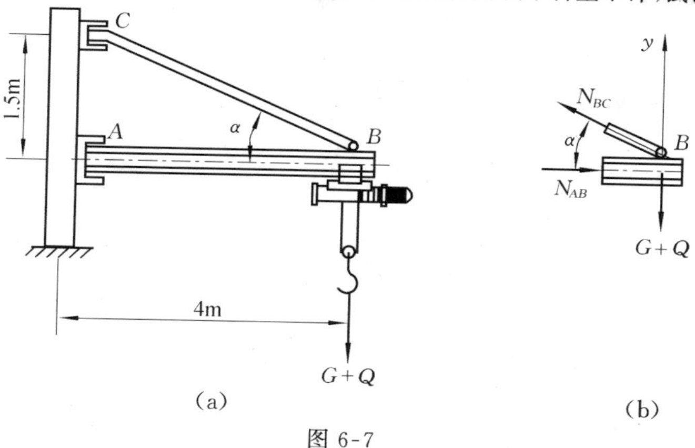

图 6-7

解 (1) 当电葫芦运行到 B 处时，杆 BC 所受拉力最大，取 B 点为研究对象，受力如图 6-7(b)所示，由平衡条件，有

$$\sum Y=0,\quad N_{BC}\sin\alpha-(G+Q)=0$$

则

$$N_{BC}=\frac{G+Q}{\sin\alpha}=\frac{5+15}{\frac{1.5}{\sqrt{4^2+1.5^2}}}=57(\text{kN})$$

(2) 强度计算。

$$\sigma=\frac{N_{BC}}{A}=\frac{4N_{BC}}{\pi d^2}\leqslant[\sigma]$$

得

$$d\geqslant\sqrt{\frac{4N_{BC}}{\pi[\sigma]}}=\sqrt{\frac{4\times57\times10^3}{\pi\times140\times10^6}}=0.028(\text{m})=22.8(\text{mm})$$

例 6.5 图 6-8(a)所示为一起重用吊环，其侧臂 AC 和 AB 均为横截面为矩形的锻钢杆，截面尺寸为 $h=120\text{mm}$，$b=36\text{mm}$，许用应力$[\sigma]=80\text{MPa}$，试按侧臂的强度确定最大起重量 P。

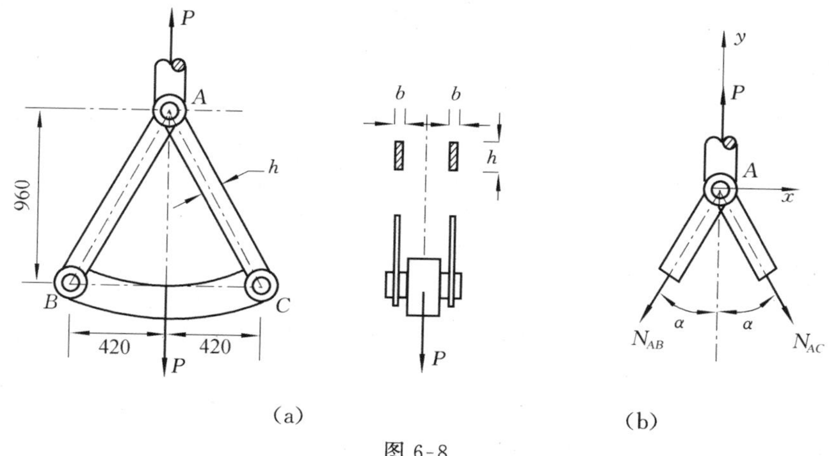

图 6-8

解 (1) 计算轴力。取节点 A 为研究对象，受力如图 6-8(b)所示，根据平衡条件：

$$\sum X=0,\quad N_{AB}\sin\alpha-N_{AC}\sin\alpha=0,\quad N_{AB}=N_{AC}=N$$

$$\sum Y=0,\quad P-2N\cos\alpha=0$$

其中 $\cos\alpha=\frac{960}{\sqrt{960^2+420^2}}=0.9162$。所以

$$N=\frac{P}{2\cos\alpha}=\frac{P}{2\times0.9162}=0.546P$$

(2) 强度计算。

$$\sigma=\frac{N}{A}=\frac{0.546P}{2bh}\leqslant[\sigma]$$

$$P\leqslant\frac{2bh[\sigma]}{0.546}=\frac{2\times120\times36\times10^{-6}\times80\times10^{6}}{0.546}=1266(\text{kN})$$

6.3 拉伸与压缩时的变形计算

6.3.1 轴向变形和线应变

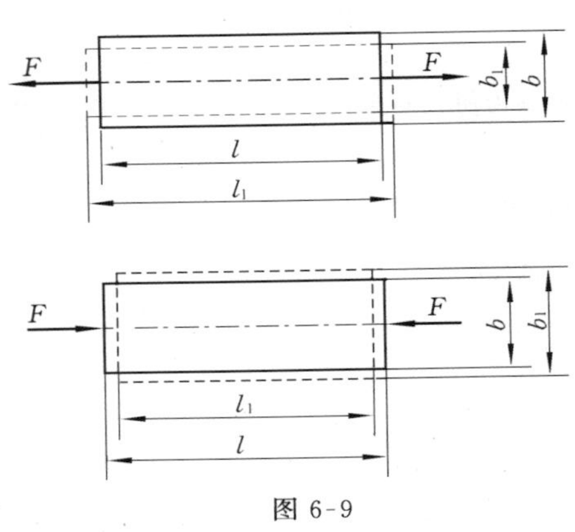

图 6-9

轴向拉伸或压缩时，直杆的主要变形是轴向尺寸的改变，同时其横向尺寸也要发生变化，如图 6-9 所示。设直杆原长 l，变形后长 l_1，则其轴向尺寸的改变为

$$\Delta l=l_1-l$$

Δl 称为轴向变形，显然，拉伸时为正，压缩时为负。

将 Δl 除以 l 得杆件轴线方向的线应变

$$\varepsilon=\frac{\Delta l}{l} \tag{6-4}$$

线应变 ε 是一个无量纲的量，其符号与 Δl 相同，即拉为正，压为负。

6.3.2 胡克定律

下一节将了解，当杆件横截面上的正应力小于比例极限时，杆件的正应力与线应变成正比，其表达式为

$$\sigma=E\varepsilon \tag{6-5}$$

式(6-5)称为拉伸或压缩时的胡克定律。比例常数 E 称为材料的弹性模量(modulus of elasticity)，可由实验确定，其单位与应力 σ 相同，常用 GPa 表示。

利用式(6-1)和式(6-4)，可得到胡克定律的另一表达式为

$$\Delta l=\frac{Nl}{EA} \tag{6-6}$$

由式(6-6)看出，对长度相同，受力相等的直杆，EA 愈大，则变形 Δl 愈小，所以 EA 称为截面的抗拉刚度。

6.3.3 横向变形系数(泊松比)

在拉伸或压缩时，杆件不仅有纵向变形，还有横向变形(图 6-9)，用 ε' 表示横向应变，则

$$\varepsilon'=\frac{b_1-b}{b}=\frac{\Delta b}{b}$$

实验指出，当应力不超过比例极限时，纵向应变与横向应变存在下列关系：

$$\varepsilon'=-\mu\varepsilon \tag{6-7}$$

其中，负号表示纵向应变与横向应变异号，即轴向伸长时，横向缩短；轴向缩短时，横向伸长。μ 称为横向变形系数或泊松比，是一个无量纲的量，也是材料的弹性常数，其值可由实验测定。

例 6.6 已知如图 6-10 所示阶梯杆的 $A_1=8\text{cm}^2$，$A_2=4\text{cm}^2$，$E=200\text{GPa}$，求此杆的总伸长。

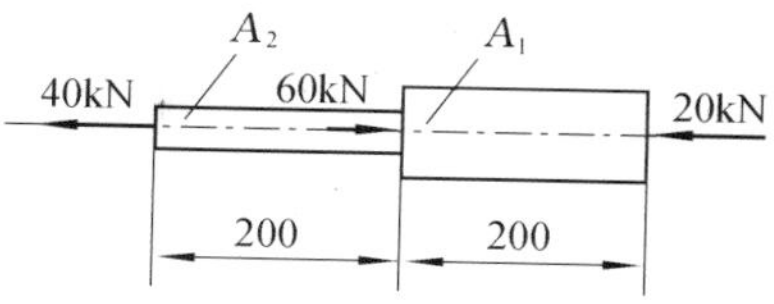

图 6-10

解 (1) 计算轴力。应用截面法容易求出粗、细两段的轴力分别为

$$N_1=-20\text{kN}\ (\text{压}),\quad N_2=40\text{kN}\ (\text{拉})$$

(2) 计算各段变形。由式(6-6)，得

$$\Delta l_1=\frac{N_1 l_1}{EA_1}=\frac{-20\times 10^3\times 200\times 10^{-3}}{200\times 10^9\times 8\times 10^{-4}}=-2.5\times 10^{-5}(\text{m})\quad(\text{缩短})$$

$$\Delta l_2=\frac{N_2 l_2}{EA_2}=\frac{40\times 10^3\times 200\times 10^{-3}}{200\times 10^9\times 4\times 10^{-4}}=1\times 10^{-4}(\text{m})\quad(\text{伸长})$$

(3) 计算杆的总变形。

$$\Delta l=\Delta l_1+\Delta l_2=-2.5\times 10^{-5}+1\times 10^{-4}=0.75\times 10^{-4}(\text{m})=0.075(\text{mm})\quad(\text{伸长})$$

6.4 材料在拉伸与压缩时的力学性能

对受到轴向拉伸或压缩的杆件进行强度和变形计算时，需要涉及反映材料力学性能的某些数据，如极限应力 σ_u、弹性模量 E 以及横向变形系数 μ 等。这些都是由材料的拉伸和压缩试验来测定的。通过试验可以了解材料在外力作用下，在强度和变形方面表现出来的性能，即材料的力学性能。

低碳钢和铸铁是工程中广泛使用的两种材料，而且它们的力学性能也较典型。本节重点介绍这两种材料在常温、静载下的力学性能。常温是指室温，静载是指加力缓慢、平稳。

6.4.1 低碳钢拉伸时的力学性能

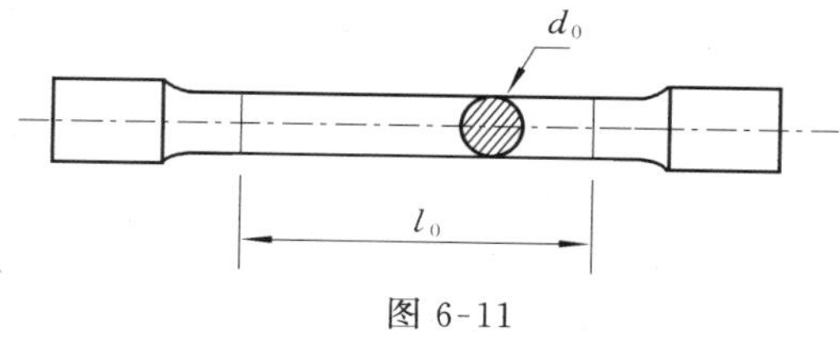

图 6-11

因材料的某些性质与试件的尺寸和形状有关，为了使不同材料的试验结果能相互比较，应将试验材料按国家标准(GB228—87)制成标准试件(图 6-11)。试件直径 d_0、有效长度 l_0 称为标距，按规定取 $l_0=10d_0$ 或 $l_0=5d_0$。

将试件安装在试验机上，开动机器缓慢加载，直至试件拉断为止。试验机可将试验过程中的拉力 P 和对应伸长量 Δl 自动地绘成 P-Δl 曲线，称为拉伸曲线(tension test curve)(图 6-12)。

为了消除尺寸的影响，获得反映材料性质的曲线，将纵坐标 P 和横坐标 Δl 分别除以试件原始截面面积 A_0 和标距 l_0，得到材料拉伸时的应力-应变曲线，即 σ-ε 曲线(图 6-13)。

由 σ-ε 曲线可见，低碳钢在拉伸过程中大致可分为 4 个阶段。

1. 弹性阶段

这一阶段又可分为斜直线 Oa 和微弯曲线 ab 两段，斜直线 Oa 段说明，应力 σ 与应变 ε 成正比，比例常数为弹性模量 E，即材料符合胡克定律，Oa 段最高点 a 所对应的应力 σ_p 称为比例极限，它是应力与应变保持线性关系的最大应力。A3 钢的 $\sigma_p\approx 200\text{MPa}$。

超过比例极限后，从 a 点到 b 点，σ 与 ε 的关系不再是直线，但变形仍然是弹性的，即解除

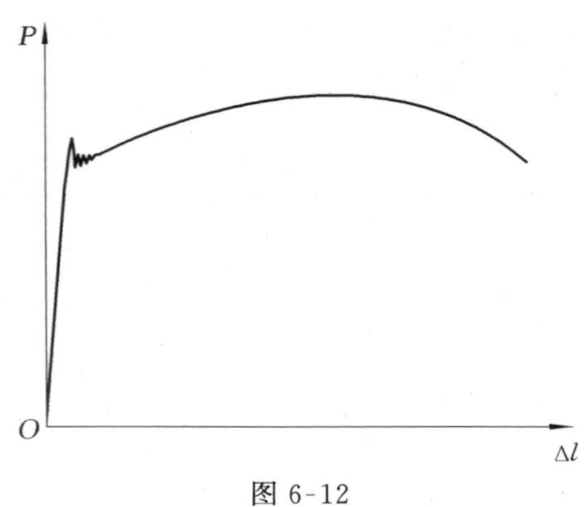

图 6-12

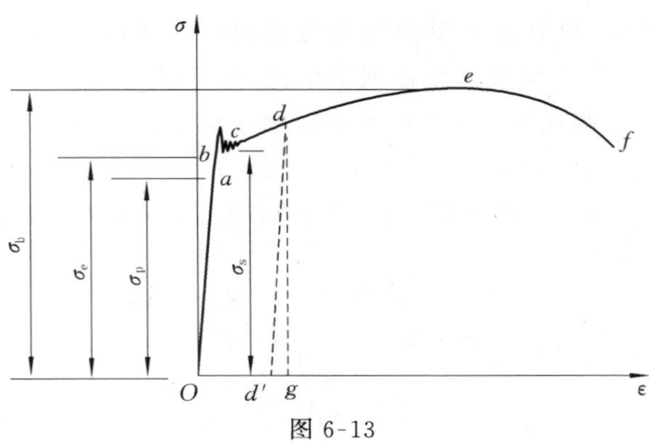

图 6-13

载荷后变形能完全消失。b 点对应的应力 σ_e 称为弹性极限(elastic limit),它是材料只产生弹性变形的最大应力。弹性极限与比例极限虽然含义不同,但数值非常接近,所以在工程上对此二者并不严格区分。

2. 屈服阶段

当应力超过 b 点的 σ_e 后,几乎不再增加,而应变却非常明显地增加,在 σ-ε 曲线上形成一段接近水平线的锯齿形线段 bc。这种应力变化不大而应变显著增加的现象称为屈服或流动。屈服阶段的最低应力 σ_s 称为屈服极限(yield limit)。A3 钢的 $\sigma_s \approx 240\text{MPa}$。

在屈服阶段,材料几乎失去了抵抗变形的能力。若试件表面光滑,则当应力达到屈服极限时,在其表面就会出现许多与轴线约成 45°的条纹,这种条纹称为滑移线。它是由于材料内部晶格间发生滑移引起的。一般以为,晶格间的滑移是产生塑性变形的根本原因。塑性变形是指解除载荷后不能消失的变形。构件产生塑性变形时将影响其正常工作,所以屈服极限 σ_s 是衡量材料强度的重要指标。

3. 强化阶段

过了屈服阶段,曲线又继续上升,即材料又恢复了抵抗变形的能力。这种现象称为材料的强化,这个阶段相当于 σ-ε 曲线中的 ce 段。强化阶段的最高点 e 对应的应力 σ_b 是材料能承受的最大应力,称为强度极限(ultimate tensile strength)。它是衡量材料强度的另一个重要指标。A3 钢的 $\sigma_b \approx 400\text{MPa}$。

在强化阶段的某点 d,若逐渐解除载荷,应力和应变的关系将沿着大致与 Oa 平行的斜直线 dd' 回到 d' 点(图 6.13),$d'g$ 是已消除的弹性应变,而塑性应变 Od' 则遗留下来。此时,若再加载,应力与应变的关系则大致沿斜直线 $d'd$ 变化,到达 d 后,仍沿曲线 def 变化。由此可见,在常温下把材料冷拉到强化阶段,卸载后再加载,可使材料的比例极限提高而塑性降低,这种现象称为冷作硬化。工程上常利用冷作硬化来提高钢筋、钢缆绳等构件在弹性阶段的承载能力。

4. 局部变形阶段

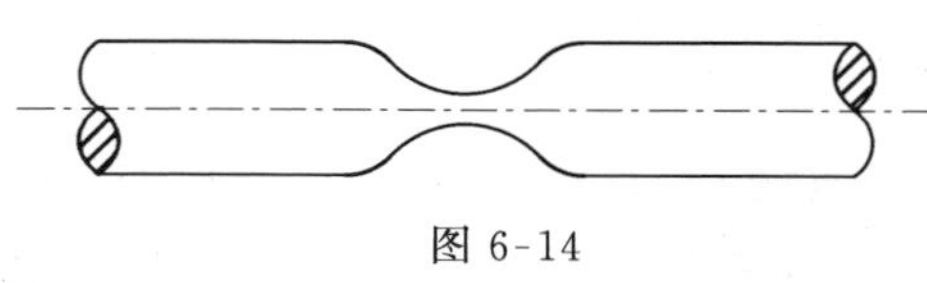
图 6-14

应力达到 σ_b 后,试件在局部范围内明显变细,出现"颈缩"现象(图 6-14),由于局部的截面收缩,使试件继续变形的拉力逐渐缩小,因此,用横截面原始面积 A_0 去除拉力所得的应力随之下降,降到 f 点,试件被拉断。

试件拉断后,弹性变形消失,而塑性变形则遗留在试件上。塑性变形的大小可用来衡量材

料的塑性。常用的塑性指标有伸长率 δ 和截面收缩率 ψ，它们的表达式为

$$\delta=\frac{l_1-l_0}{l_0}\times 100\% \tag{6-8}$$

$$\psi=\frac{A_0-A_1}{A_0}\times 100\% \tag{6-9}$$

上述两式中，l_0 为试件标距的原长；A_0 是试件横截面的原始面积；l_1 和 A_1 分别是试件拉断后标距的长度和断口处的最小横截面面积。

δ 和 ψ 的数值愈高，说明材料的塑性愈好。一般称 $\delta\geqslant 5\%$ 的材料为塑性材料(plastic material)，如碳素钢、低合金钢和青铜等；$\delta<5\%$ 的材料为脆性材料(brittle material)，如铸铁、混凝土和石料等。A3 钢的 $\delta\approx 20\%\sim 30\%$，$\psi\approx 60\%$。

有些塑性材料，如某些高碳钢和合金钢、强铝和青铜等，它们的 σ-ε 图与低碳钢相比，相似之处是都存在弹性阶段，拉断时有较大的塑性变形，而不同之处是没有明显的屈服阶段。对于没有明显屈服阶段的塑性材料，按规定，取试件产生 0.2% 的塑性应变时所对应的应力 $\sigma_{0.2}$ 作为屈服极限，称为名义屈服极限。

6.4.2 铸铁拉伸时的力学性能

图 6-15 所示是铸铁拉伸时的 σ-ε 曲线，它是一微弯曲线，在较小的拉应力下就被拉断，无明显的塑性变形，是典型的脆性材料。由于铸铁拉伸时没有屈服现象，强度极限 σ_b 是衡量其强度的唯一指标，而且数值较低，约为 120～150 MPa，因而不宜作为受拉构件的材料。

因为铸铁的 σ-ε 图无明显的直线段，严格说来，胡克定律不再成立，但由于其断裂后的变形很小，在工程实际使用的应力范围之内，可用一条割线来代替曲线，如图 6-15 中的虚线。这样胡克定律就可近似地应用。

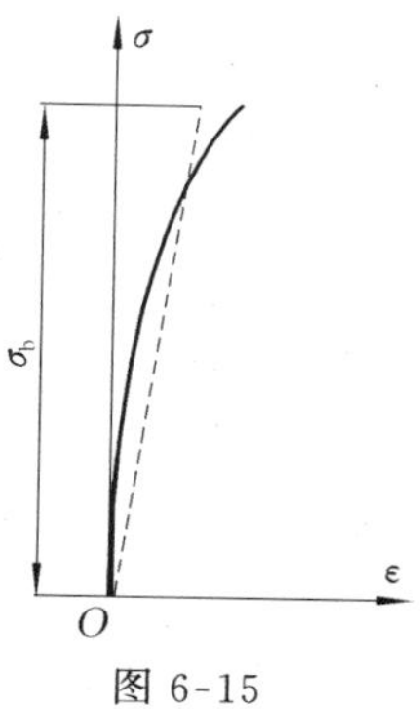

图 6-15

6.4.3 材料在压缩时的力学性能

压缩试验用的试件常采用圆柱形短试件，其高度与直径之比为 3∶2。

图 6-16 所示是低碳钢压缩时的 σ-ε 曲线。可以看出，压缩曲线与拉伸曲线(图中虚线)在弹性阶段和屈服阶段基本重合，即拉伸和压缩时的弹性模量 E、比例极限 σ_p 和屈服极限 σ_s 大致相同。故在实用上可认为低碳钢是拉、压强度相同的材料。在进入强化后，试件越压越扁，可以产生很大的塑性变形而不断裂，因而不存在压缩时的强度极限。

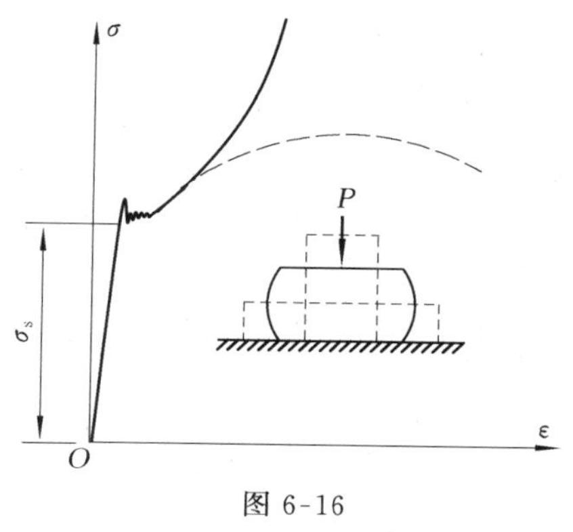

图 6-16

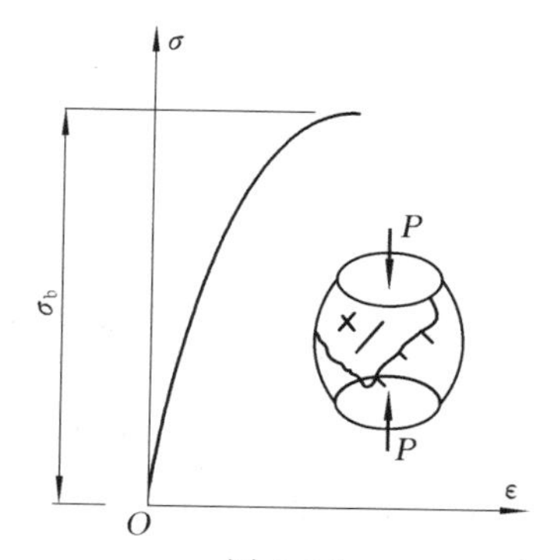

图 6-17

图 6-17 所示是铸铁压缩时的 σ-ε 曲线，与拉伸时的 σ-ε 曲线相比，其强度极限约为拉伸时强度极限的 2～5 倍。铸铁压缩时还有一定的塑性变形，其破坏形式为沿与轴线约成 45°的斜面断裂。其他脆性材料，如混凝土、石料等，其抗压强度也远高于抗拉强度。因而脆性材料宜于用来制作承受压力的构件。

6.5 应力集中的概念

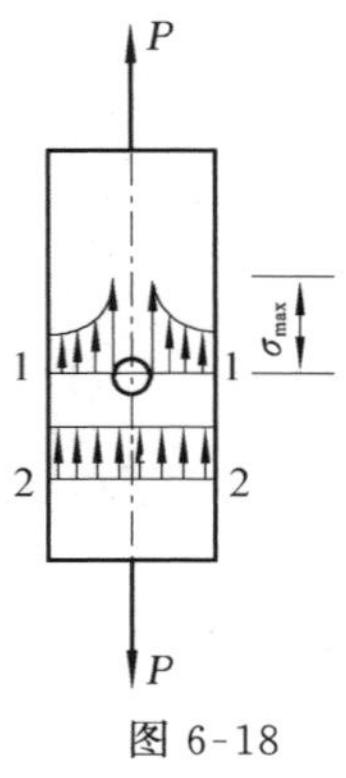

图 6-18

前面已导出受拉(压)杆横截面上正应力是均匀分布的结论，对于截面尺寸无急剧变化的杆件，这个结论是正确的。然而在工程中由于实际需要，某些构件常有切口、螺纹、开孔、开槽等。在这些截面突变处，横截面上的应力不再均匀分布。

例如，带圆孔的板条受轴向拉力 P 作用，其应力分布情况如图6-18 所示。在离孔一定距离的 2-2 截面上，应力均匀分布；而在通过孔的 1-1 截面上，应力急剧增大。这种由于截面尺寸突然改变而引起局部区域内应力剧增的现象称为应力集中(stress concentration)。在 1-1 截面上，孔边最大应力 σ_{max} 与同一截面上的平均应力 σ 之比，用 K 表示。

$$K=\frac{\sigma_{max}}{\sigma} \tag{6-10}$$

K 称为理论应力集中系数，它反映了应力集中的程度，是一个大于 1 的系数。试验表明，截面尺寸改变越剧烈，应力集中系数就越大。因此构件上应尽量避免带尖角的孔或槽，阶梯杆的截面突变处要用圆弧过渡。

在静载作用下，不同的材料对应力集中的敏感程度是不同的。低碳钢等塑性材料的良好塑性性能具有缓和应力集中的作用，当应力集中处的最大应力 σ_{max} 达到屈服极限时，该处产生塑性变形，其他大部分材料仍处于弹性范围，因而限制了局部处塑性变形的发展，使最大应力也不再升高。因此，这时并不引起整个构件的破坏，只有当载荷继续增加，其他部位的应力逐渐升高，直至整个截面全部屈服，才会使构件破坏。所以通常对这样的塑性材料，可不考虑应力集中的影响。脆性材料由于无屈服阶段，当应力集中处的 σ_{max} 达到强度极限时，该处首先开裂，所以对应力集中十分敏感。因此，对脆性材料和高强度钢等塑性较低的材料，须考虑应力集中的影响。但对于铸铁等材料，本身存在引起应力集中的宏观缺陷，其影响已在试验结果中体现，因此，由构件外形变化而引起的应力集中可以不必考虑。

6.6 拉伸与压缩时的静不定问题

6.6.1 静不定问题及其解法

在前面研究的问题中，约束反力和轴力都能通过静力平衡方程求出，这类问题称为静定问题。但在工程实际中还会遇到另一类问题，即约束反力和轴力不能通过静力平衡方程解出。例如图 6-19(a)所示的结构，AB 为刚性梁，其左端铰接于 A，在 B，C 处与两垂直杆 CD 和 BE 连接。设两杆的弹性模量和横截面面积分别为 E_1，E_2 和 A_1，A_2，在 B 端作用一载荷 P，横梁自重不计，求拉杆 CD 和 BE 的轴力。

取刚性梁 AB 为研究对象，其受力如图 6-19(b)所示。这是一个平面力系，可列出 3 个平衡方程，而未知量却有 4 个，故不能求解。这类仅用平衡方程不能求解的问题称为静不定或超静定问题，未知力个数与独立的平衡方程数之差称为静不定次数。

显然，要求解静不定问题，除用平衡方程外，还必须建立与静不定次数相同数目的补充方程。

我们知道，杆件受力后要变形，而在一个静不定系统中，各杆的变形是不能任意的，应与其所受的约束相适应，各杆变形之间必须互相协调，保持一定的几何关系；另一方面，杆件的变形与其内力有关，故可找到变形与内力之间的物理关系，从而建立补充方程。

根据上述思路，我们来解图 6-19(a)所示的静不定问题。

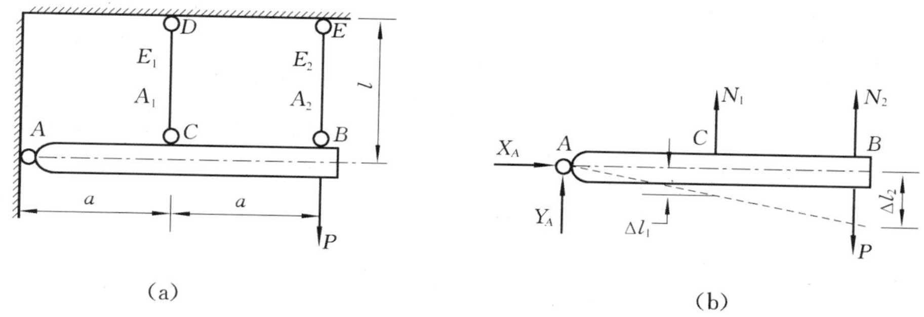

图 6-19

1. 静力关系，列平衡方程

画出 AB 的受力图，如图 6-19(b)所示，列平衡方程：

$$\sum m_A = 0, \quad aN_1 + 2aN_2 - 2aP = 0$$

$$N_1 + 2N_2 - 2P = 0 \tag{a}$$

2. 几何关系，列变形协调条件

由于 AB 为刚性梁，故在力 P 作用下，保持为一直线，仅倾斜了一个角度(图 6-19(b))，设两杆的变形为 Δl_1 和 Δl_2，则 $\dfrac{\Delta l_1}{a} = \dfrac{\Delta l_2}{2a}$，即

$$2\Delta l_1 = \Delta l_2 \tag{b}$$

3. 物理关系，列补充方程

当应力不超过比例极限时，两杆的伸长与内力间的关系可由胡克定律式(6-6)，得

$$\Delta l_1 = \frac{N_1 l}{E_1 A_1}, \quad \Delta l_2 = \frac{N_2 l}{E_2 A_2}$$

代入式(b)，得补充方程为

$$2\,\frac{N_1 l}{E_1 A_1} = \frac{N_2 l}{E_2 A_2} \tag{c}$$

最后联立(a)、(c)两式求解，得

$$N_1 = \frac{2P}{1 + 4\dfrac{E_2 A_2}{E_1 A_1}}, \quad N_2 = \frac{4P}{4 + \dfrac{E_1 A_1}{E_2 A_2}}$$

当 $E_1 = E_2$，$A_1 = A_2$ 时，

$$N_1 = \frac{2}{5}P, \quad N_2 = \frac{4}{5}P$$

所得结果表明，在静不定问题中，杆件的轴力不仅与外力有关，而且还与杆件的抗拉刚度有关。而在静定问题中，它们仅与外力有关。这是静不定问题与静定问题的一个区别。求解

静不定问题时应注意，在进行受力分析的同时，应考虑各杆的几何变形，各杆的受力与变形要相对应，即拉力对应于拉伸变形，压力对应于压缩变形。

综上所述，求解静不定问题必须考虑三方面的关系：一是静力平衡关系；二是变形几何关系；三是变形与受力间的物理关系。利用这三方面的关系列出有关方程，即可解出需求的约束反力和杆的内力。解出各杆内力后，即可按 6.2 节所述方法进行强度计算。

6.6.2 温度应力

热胀冷缩是金属材料所具有的特性。在静定结构中，杆件可以自由变形，温度变化所产生的伸缩，不会在杆件内引起应力。但在静不定结构中，杆件的伸缩受到部分或全部约束，温度的变化将引起应力。这种由于温度变化而引起的应力称为温度应力。因此，温度应力问题也是静不定问题，其解法与前述相同。

例 6.7 阶梯形钢杆在温度 $T=15℃$ 时两端固定(图 6-20(a))，当温度升高到 55℃时求杆内最大应力。已知 $E=200\text{GPa}$，材料的线膨胀系数 $\alpha=125\times10^{-7}/℃$，$A_1=2\,\text{cm}^2$，$A_2=1\,\text{cm}^2$。

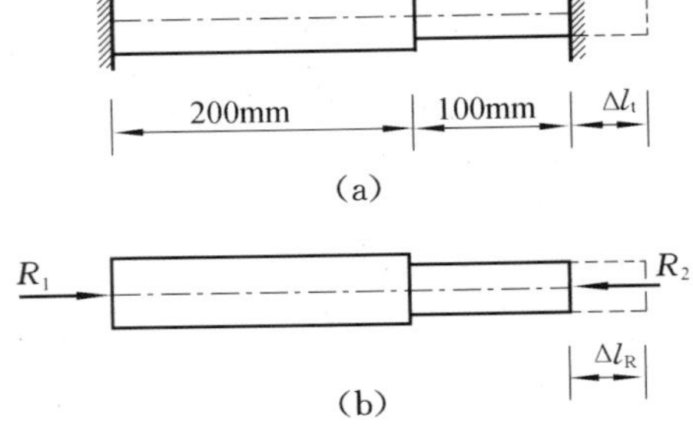

图 6-20

解 (1) 静力关系，列平衡方程。因杆的两端固定，不能自由伸长，故当温度升高时，固定端必产生约束反力 R_1 与 R_2 以制止其伸长，由平衡条件：

$$\sum X=0,\quad R_1-R_2=0 \tag{a}$$

因式(a)包含两个未知力，不能求解，故为一次静不定问题。

(2) 几何关系，列变形协调条件。杆两端固定，与之相适应的变形协调条件是杆的长度不发生变化，故由于温度升高引起的伸长量 Δl_t 应与约束反力引起的压缩变形 Δl_R 相等，即

$$\Delta l_t=\Delta l_R \tag{b}$$

(3) 物理关系，列补充方程。物理学告诉我们，若材料的线膨胀系数为 α，温差为 ΔT 时，则由于温度改变而引起长度的自由变形量为 $\Delta l_t=\alpha\Delta Tl$，所以本例的物理关系为

$$\Delta l_t=\alpha\Delta Tl,\quad \Delta l_R=\frac{R_1l_1}{EA_1}+\frac{R_2l_2}{EA_2}$$

代入式(b)，得补充方程：

$$\alpha\Delta Tl=\frac{R_1l_1}{EA_1}+\frac{R_2l_2}{EA_2} \tag{c}$$

最后联立(a)、(c)两式，求解得到

$$\begin{aligned}R_1&=R_2=\frac{\alpha\Delta TlEA_1A_2}{l_1A_2+l_2A_1}\\&=\frac{125\times10^{-7}\times(55-15)\times(200+100)\times10^{-3}\times200\times10^{9}\times2\times10^{-4}\times1\times10^{-4}}{200\times10^{-3}\times1\times10^{-4}+100\times10^{-3}\times2\times10^{-4}}\\&=15000\,(\text{N})=15\,(\text{kN})\end{aligned}$$

应用截面法，可求得 1,2 两杆横截面上的轴力为 $N_1=N_2=15\text{kN}$。据此，可求得相应的正应力为

$$\sigma_1=\frac{N_1}{A_1}=\frac{15\times10^3}{2\times10^{-4}}=75\times10^6\,(\text{N/m}^2)=75(\text{MPa})$$

$$\sigma_2=\frac{N_2}{A_2}=\frac{15\times10^3}{1\times10^{-4}}=150\times10^6\,(\text{N/m}^2)=150(\text{MPa})$$

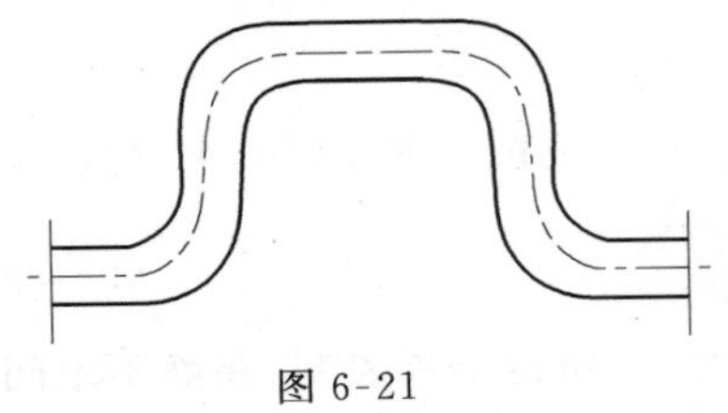

图 6-21

由此例可看出，当温度改变量 ΔT 较大时，温度应力的数值也将较大。在工程实际应用中为了避免过高的温度应力，常在铁道钢轨各段之间留伸缩缝，在厂矿中输送高压蒸气的

管道中设伸缩节(图 6-21),以削弱对构件胀缩的约束,降低温度应力。

6.6.3 装配应力

构件制成后,其尺寸的微小误差有时是难免的。对于静定结构,这种误差仅使结构的几何形状发生微小改变,而不会引起应力。但在静不定结构中,则使构件在承受载荷之前就产生较大应力。例如图 6-22(a)所示的杆系结构,杆 2 比规定长度短了 Δ,在强行装配后,各杆位置如图中虚线所示。可见杆 2 伸长,则有拉应力;1,3 杆缩短,则产生压应力。这种由于构件制造误差而强行装配后引起的应力称为装配应力,它也是一种静不定问题,其解法仍与前述相同。

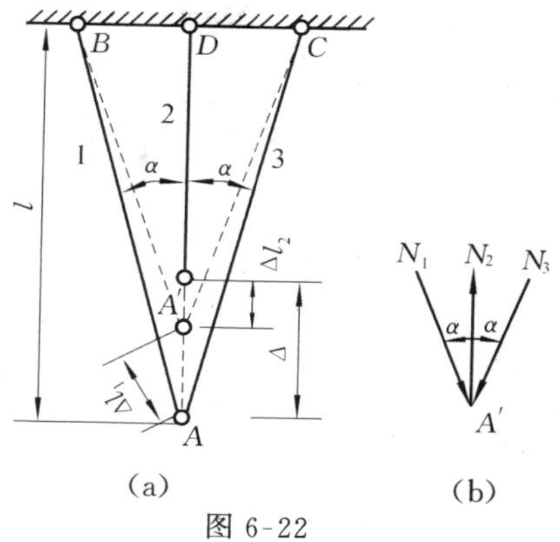

图 6-22

为简单计算,设图 6-22(a)所示杆系结构中,各杆的材料相同,弹性模量为 E,横截面面积皆为 A,求各杆的应力。

1. 静力关系,列平衡方程

以节点 A 为研究对象,受力如图 6-22(b)所示,据平衡条件:

$$\sum X=0,\quad N_1\sin\alpha-N_3\sin\alpha=0$$

$$\sum Y=0,\quad -N_1\cos\alpha+N_2-N_3\cos\alpha=0$$

简化后得

$$N_1=N_3 \tag{a}$$

$$N_2=2N_1\cos\alpha \tag{b}$$

式(a)、(b)包含 3 个未知数,故是静不定问题。

2. 几何关系,列变形协调条件

3 杆装配后交于 A'点,由于为小变形,可用垂线代圆弧的方法确定 1,3 两杆的变形。由变形图可知,变形协调条件为

$$\Delta=\Delta l_2+\frac{\Delta l_1}{\cos\alpha} \tag{c}$$

3. 物理关系,列补充方程

当应力不超过比例极限时,有

$$\Delta l_1=\frac{N_1 l/\cos\alpha}{EA}\qquad \Delta l_2=\frac{N_2 l}{EA}$$

注意,因 Δ 远小于 l,为简化计算,用 l 代替杆 2 的长度 $l-\Delta$。将 Δl_1 与 Δl_2 的表达式代入式(c),得补充方程

$$\Delta=\frac{N_2 l}{EA}+\frac{N_1 l}{EA\cos^2\alpha} \tag{d}$$

联立(a)、(b)、(d)三式求解,得

$$N_1=N_3=\frac{\Delta EA\cos^2\alpha}{l(2\cos^3\alpha+1)},\quad N_2=\frac{2\Delta EA\cos^3\alpha}{l(2\cos^3\alpha+1)}$$

据此,用公式 $\sigma=N/A$ 不难求得各杆的装配应力。

装配应力是结构未承受载荷前已具有的应力。在工程实际应用中,如果装配应力与构件

工作应力相叠加则会使构件内的应力更高,因此,应避免装配应力的存在。但有时也可利用装配应力以达到某些预期要求,如机械工业中的紧配合就是对装配应力的应用。

6.7 连接件的实用计算

工程中常用连接件将构件相互连接。例如,铆钉连接(图 6-23(a))、销钉连接(图 6-24(a))、键连接(图 6.25(a))等。连接件的受力及变形特点是,作用在构件两侧的分布力的合力大小相等、方向相反,作用线垂直于轴线且相距很近,两力间的横截面发生相对错动。构件的这种变形称为剪切变形。

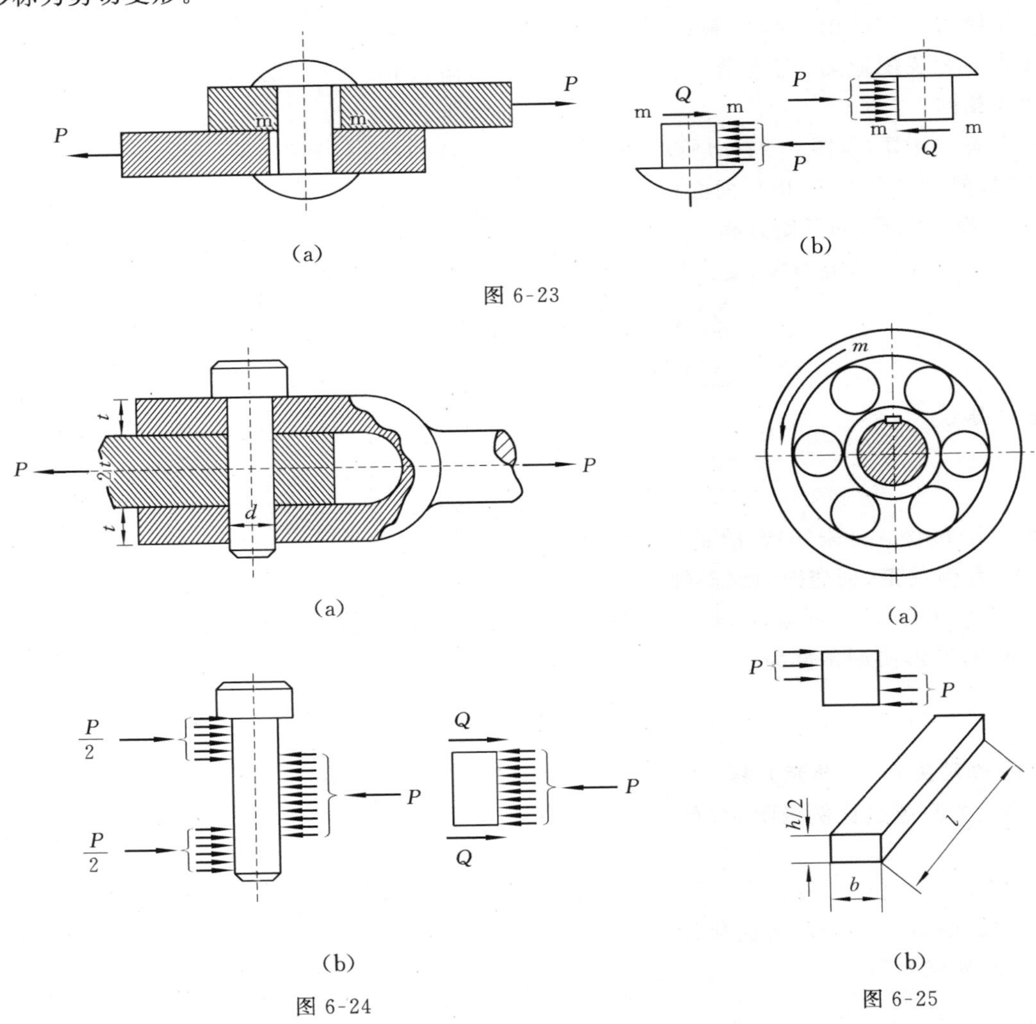

连接件在外力作用下,发生剪切变形的同时往往伴随有挤压。所谓挤压就是在受力面上所产生的局部受压现象。因此,连接件的破坏形式可能有两种:一是沿两力间横截面错开,称为剪切破坏;二是在连接件与被连接件的接触面上相互挤压而产生显著的局部塑性变形,称为挤压破坏。所以需对连接件进行剪切和挤压的强度计算。由于连接件一般并非细长杆件,其内部应力的性质和分布规律比较复杂,要进行精确的理论分析是困难的,因此,在工程应用中常对这类构件采用实用计算的方法。

6.7.1 剪切的实用计算

下面以图 6-23(a)所示的铆钉为例来说明剪切的实用计算方法。由于铆钉起着连接两块钢板的作用，当两钢板受拉时，铆钉上、下两段受到大小相等、方向相反的一对力作用，铆钉可能沿二力间的横截面 m-m 剪切破坏(图 6-23(b))，m-m 截面称为剪切面。为了分析剪切面上的内力，假设沿 m-m 截面将铆钉截开为上、下两部分。根据其中一部分的静力平衡条件，可得剪切面上的剪切力 $Q=P$。由于剪切面上的应力分布情况复杂，在工程计算中，假设切应力在剪切面上均匀分布，于是有

$$\tau=\frac{Q}{A} \tag{6-11}$$

式中，A 为剪切面面积。因为剪切面上的实际应力并非均匀分布，所以由式(6-11)求出的并不是剪切面上的真实应力，因而通常称之为“名义切应力”，并以此作为工作应力。

为了保证受剪构件安全可靠地工作，要求工作切应力小于某一许用值，即满足剪切实用计算的强度条件：

$$\tau=\frac{Q}{A}\leqslant[\tau] \tag{6-12}$$

剪切许用应力$[\tau]$可用试验的方法得到，即使试件受力尽可能与构件的实际受力情况类似，测得试件破坏时的载荷，然后由式(6-11)求得名义剪切强度极限 τ_b，再除以安全系数。

不同材料、不同构件的剪切许用应力$[\tau]$的值可从有关设计手册中查到。

6.7.2 挤压的实用计算

如前所述，连接件除了可能产生剪切破坏以外，还可能发生挤压破坏。例如，铆钉连接中，因铆钉与铆钉孔之间存在挤压，就可能使铆钉或钢板的铆钉孔产生显著的塑性变形，使之不能保持圆形，导致连接松动，使构件丧失正常工作能力。所以对连接件还应进行挤压强度计算。实际挤压应力是较复杂的，工程中亦采用实用计算的方法。假设挤压应力在挤压面上均匀分布，并用 σ_{jy}表示，于是有

$$\sigma_{jy}=\frac{P_{jy}}{A_{jy}} \tag{6-13}$$

式中，P_{jy}为挤压力，A_{jy}为有效挤压面积。

所谓有效挤压面积为实际挤压面在垂直于挤压力 P_{jy}方向上的投影面积。所以，对于铆钉、销钉等连接件，用直径平面作为有效挤压面进行计算；而对于平键(图 6-25(a))等连接件，其接触面即为有效挤压面。

为保证构件正常工作，使连接件不因挤压而失效，必须满足挤压实用计算的强度条件：

$$\sigma_{jy}=\frac{P_{jy}}{A_{jy}}\leqslant[\sigma_{jy}] \tag{6-14}$$

式中，$[\sigma_{jy}]$为许用挤压应力。不同材料、不同连接件的$[\sigma_{jy}]$值可从有关设计手册中查到。

例 6.8 如图 6-24(a)所示，拖车挂钩靠销钉来连接，拖车的拖力 $P=15\,\text{kN}$，试设计销钉的直径 d。已知挂钩部分的钢板厚度 $t=8\,\text{mm}$，销钉的材料为 20 号钢，其许用切应力$[\tau]=60\,\text{MPa}$，许用挤压应力$[\sigma_{jy}]=100\,\text{MPa}$。

解 (1) 剪切强度计算。由图 6-24(b)所示销钉受力情况知，销钉有两个剪切面，运用截面法将销钉沿剪切面截开，根据静力平衡条件可得剪切面上的剪力为 $Q=P/2$。由剪切强度条件：

$$\tau=\frac{Q}{A}=\frac{\frac{P}{2}}{\frac{\pi d^2}{4}}=\frac{2P}{\pi d^2}\leqslant[\tau]$$

有

$$d\geqslant\sqrt{\frac{2P}{\pi[\tau]}}=\sqrt{\frac{2\times15\times10^3}{\pi\times60\times10^6}}=0.013(\mathrm{m})$$

(2) 挤压强度计算。挤压力 $P_{\mathrm{jy}}=P$,有效挤压面积 $A_{\mathrm{jy}}=2td$。根据挤压强度条件:

$$\sigma_{\mathrm{jy}}=\frac{P_{\mathrm{jy}}}{A_{\mathrm{jy}}}=\frac{P}{2td}\leqslant[\sigma_{\mathrm{jy}}]$$

有

$$d\geqslant\frac{P}{2t[\sigma_{\mathrm{jy}}]}=\frac{15\times10^3}{2\times8\times10^{-3}\times100\times10^6}=0.009(\mathrm{m})$$

综合考虑剪切和挤压强度,确定销钉直径为 $d=0.013\,\mathrm{m}=13\,\mathrm{mm}$。

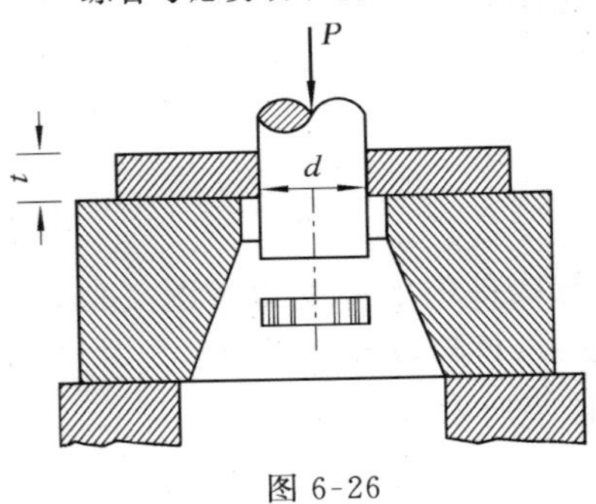

图 6-26

以上所述皆为保证构件剪切强度的问题。在实际工程中,有时会遇到相反的情况,就是利用剪切破坏,如冲床冲模时使工件发生剪切破坏而得到所需的形状(图 6-26)。对这类问题所要求的破坏条件为

$$\tau=\frac{Q}{A}\geqslant\tau_{\mathrm{b}}\tag{6-15}$$

式中:τ_{b} 为名义剪切强度极限。

例 6.9 如图 6-26 所示,钢板厚度 $t=5\,\mathrm{mm}$,剪切强度极限 $\tau_{\mathrm{b}}=320\,\mathrm{MPa}$,若用直径 $d=15\,\mathrm{mm}$ 的冲头在钢板上冲孔,求冲床所需的冲压力。

解 冲孔的过程就是发生剪切破坏的过程,可用式(6-15)求出所需的冲压力。剪切面面积是直径为 d、高为 t 的圆柱面面积 $A=\pi dt$,分布于此圆柱面上的剪力为 $Q=P$。故由式(6-15),得

$$\tau=\frac{Q}{A}=\frac{P}{\pi dt}\geqslant\tau_{\mathrm{b}}$$

所以,

$$P\geqslant\tau_{\mathrm{b}}\pi dt=320\times10^6\times\pi\times15\times10^{-3}\times5\times10^{-3}=75.4(\mathrm{kN})$$

思　考　题

1. 一杆如图 6-27 所示,用截面法求轴力时,可否将截面恰恰截在力作用点 C 上?为什么?

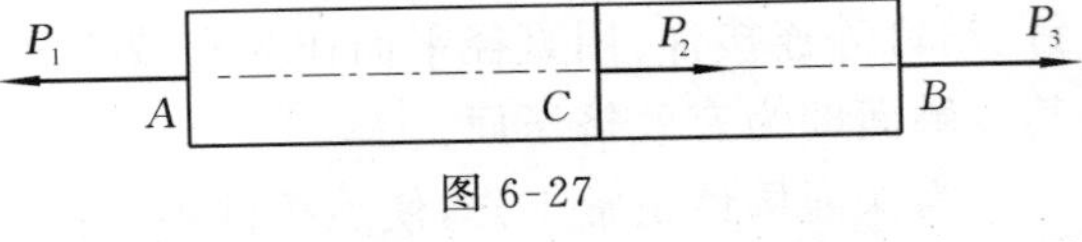

图 6-27

2. 设两根材料不同、截面面积不同的拉杆,受相同的轴向拉力,问它们的内力、应力以及应变是否相同?

3. 轴力和截面面积相等而截面形状和材料不同的拉杆的应力是否相等?

4. 钢的弹性模量 $E=200\,\mathrm{GPa}$,铝的弹性模量 $E=71\,\mathrm{GPa}$,试比较在同一应力作用下,哪种材料的应变大?

5. 已知 A3 钢的比例极限 $\sigma_{\mathrm{p}}=200\,\mathrm{MPa}$,弹性模量 $E=200\,\mathrm{GPa}$,现有一 A3 钢的试件,其应变已被拉到 $\varepsilon=0.002$,是否由此可知其应力为

$$\sigma = E\varepsilon = 200\times10^9\times0.002 = 400(\text{MPa})$$

6. 在低碳钢的应力应变曲线上，试件断裂时的应力反而比缩颈时的应力低，为什么？

习　题

1. 求图 6-28 所示阶梯状直杆横截面 I-I、II-II 和 III-III 上的轴力，并作轴力图。如果截面面积 $A_1=200\,\text{mm}^2$，$A_2=300\,\text{mm}^2$，$A_3=400\,\text{mm}^2$，求各横截面上的应力。

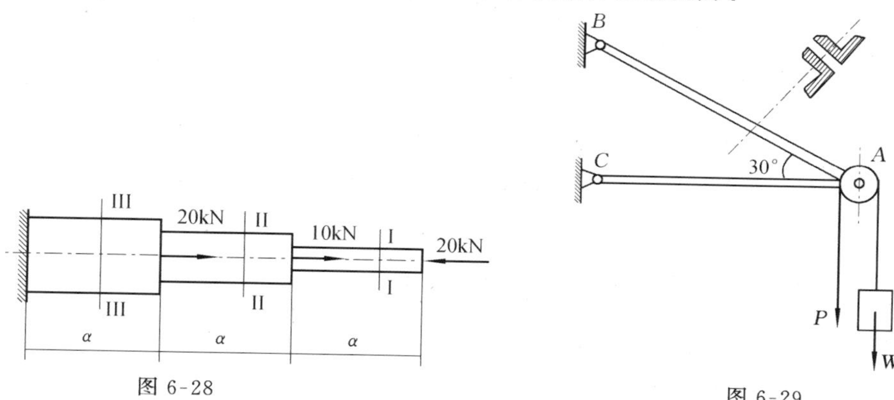

图 6-28　　图 6-29

2. 简易起重设备的计算简图如图 6-29 所示，已知斜杆 AB 由两根 63×40×4 的不等边角钢组成。若钢的许用应力$[\sigma]=170\text{MPa}$，问该起重设备在起吊重量 $W=15$ kN 的重物时斜杆 AB 是否满足强度条件？

3. 如图 6-30 所示，刚性梁 ACB 由圆杆 CD 悬挂在 C 点，B 端作用集中载荷 $P=25$kN，已知 CD 杆的直径 $d=20$ mm，许用应力$[\sigma]=160$ MPa，试校核 CD 杆的强度，并求：

(1) 结构的许可载荷$[P]$；

(2) 若 $P=50$ kN，设计 CD 杆的直径 d。

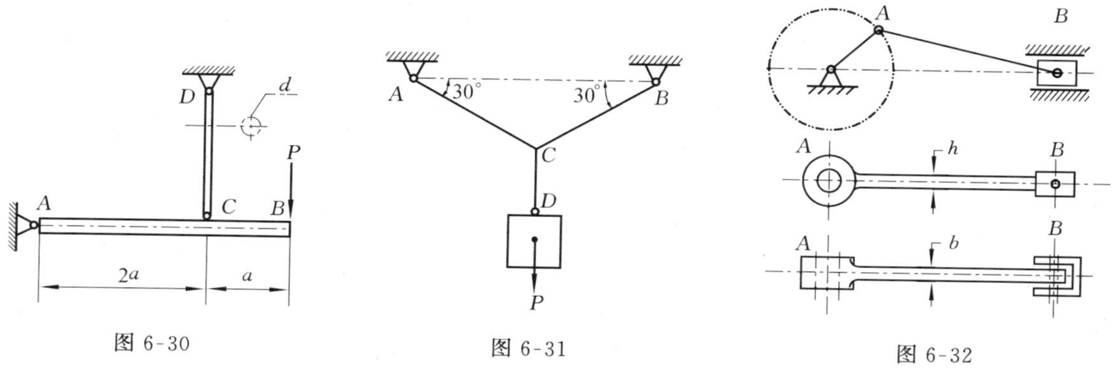

图 6-30　　图 6-31　　图 6-32

4. 如图 6-31 所示，重物 P 由铝丝 CD 悬挂在钢丝 AB 的中点，已知铝丝直径 $d_1=2$ mm，许用应力$[\sigma]_{铝}=100$ MPa；钢丝直径 $d_2=1$ mm，许用应力$[\sigma]_{钢}=240$ MPa，且 $\alpha=30°$。试求许可载荷$[P]$。

5. 冷镦机的曲柄滑块机构如图 6-32 所示。镦压工件时，连杆接近水平位置，承受的镦压力 $P=1100$ kN。连杆是矩形截面，高度 h 与宽度 b 之比 $h/b=1.4$，材料为 45 号钢，许用应力$[\sigma]=58$ MPa，试确定截面尺寸 h 及 b。

6. 如图 6-33 所示，卧式铣床的油缸内径 $D=186\,\text{mm}$，活塞杆的直径 $d=65\,\text{mm}$，材料为 20Cr 并经过热处理，其许用应力$[\sigma]_{杆}=130\,\text{MPa}$。缸体由 6 个 M20 的螺栓与缸盖相联，M20 螺栓的内径 $d_1=17.3\,\text{mm}$，材料为 35 号钢，经热处理后$[\sigma]_{螺}=110\,\text{MPa}$，试按活塞杆和螺栓的强度确定最大油压 p。

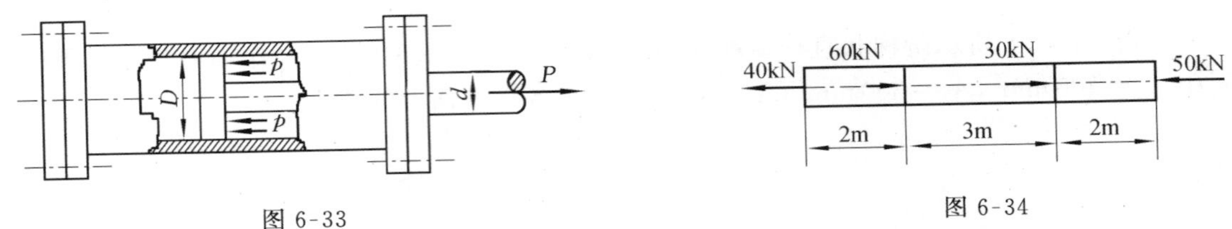

图 6-33

图 6-34

7. 求图 6-34 所示杆的变形。已知杆的横截面面积 $A=5\,\text{cm}^2$，$E=200\,\text{GPa}$。

8. 实心圆杆 AB 和 AC 在 A 点处铰接，如图 6-35 所示。在 A 点处作用铅垂向下的力 $P=35\,\text{kN}$。已知 AB 和 AC 杆的直径分别为 $d_1=12\,\text{mm}$ 和 $d_2=15\,\text{mm}$，钢的弹性模量 $E=210\,\text{GPa}$。试求 A 点铅垂方向的位移。

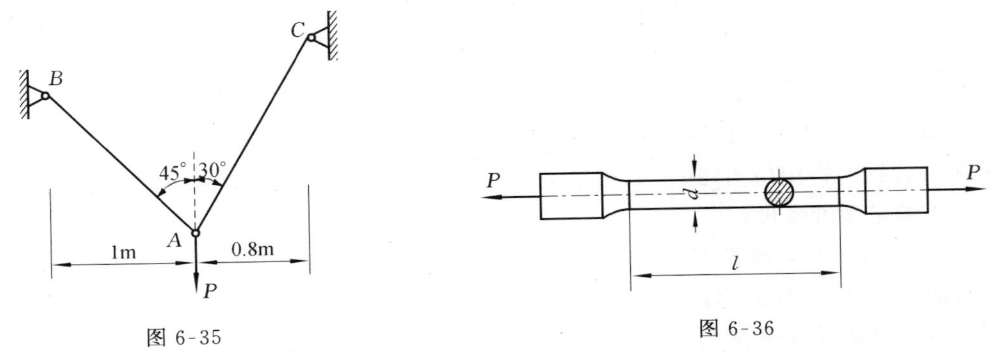

图 6-35

图 6-36

9. 如图 6-36 所示，一钢试件的 $E=200\,\text{GPa}$，比例极限 $\sigma_p=200\,\text{MPa}$，直径 $d=10\,\text{mm}$，在标距 $l=100\,\text{mm}$ 之内用放大 500 倍的引伸仪测量变形。试求：当引伸仪上读数为伸长 2.5 cm 时，试件沿轴线方向的线应变 ε、横截面上的应力 σ 及所受拉力 P。

10. 变截面杆如图 6-37 所示。已知 $A_1=8\,\text{cm}^2$，$A_2=4\,\text{cm}^2$，$E=200\,\text{GPa}$，试求杆件总伸长。

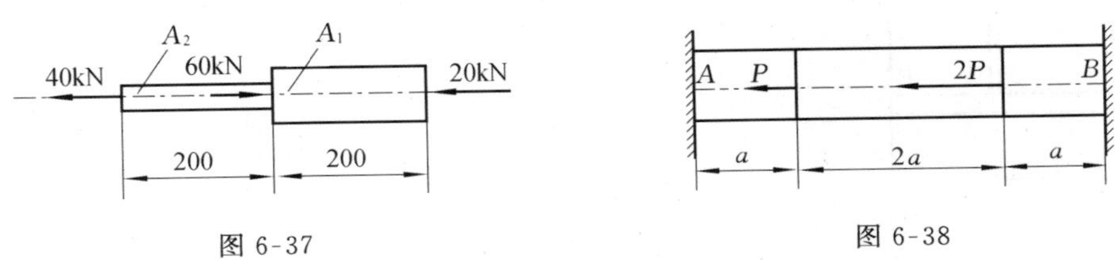

图 6-37

图 6-38

11. 绘制图 6-38 所示等直杆的轴力图。

12. 图 6-39 所示刚性梁受均布载荷的作用，梁在 A 端铰支，在 B 点和 C 点由两钢杆 BD 和 CE 支承。已知钢杆 CE 和 BD 的横截面面积 $A_1=400\,\text{mm}^2$，$A_2=200\,\text{mm}^2$，钢的许用应力 $[\sigma]=160\,\text{MPa}$，试校核钢杆的强度。

13. 图 6-40 所示结构的 3 根杆件用同一种材料制成。已知 3 根杆的横截面面积分别为 $A_1=200\,\text{mm}^2$，$A_2=300\,\text{mm}^2$，$A_3=400\,\text{mm}^2$，载荷 $P=40\,\text{kN}$。试求各杆横截面上的应力。

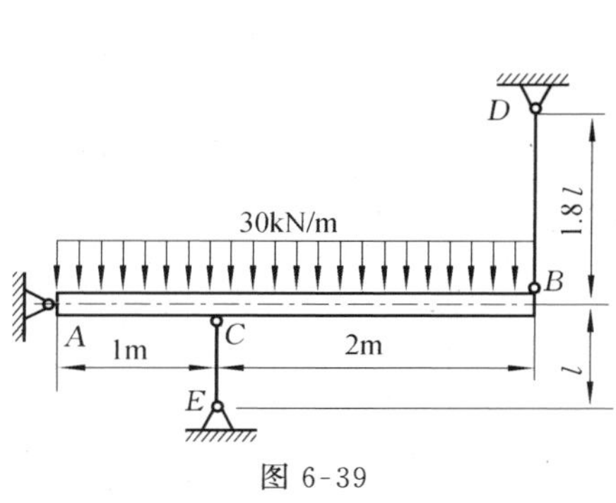

图 6-39

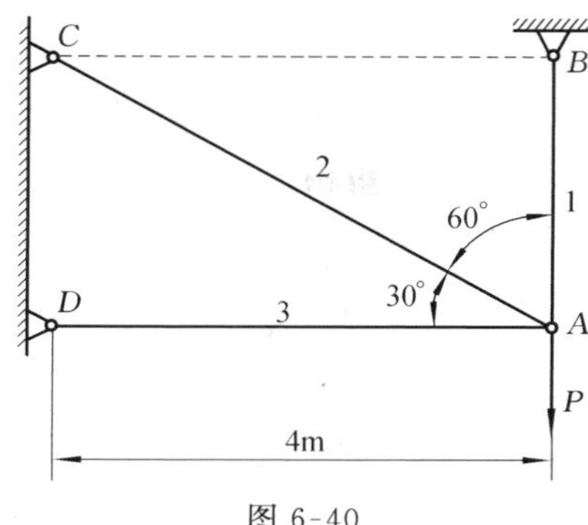

图 6-40

14. 刚性梁由 3 根钢杆支承，如图 6-41 所示。材料的弹性模量 $E=210\,\text{GPa}$，钢杆的横截面面积均为 $200\,\text{mm}^2$。试求下述情况下各杆横截面上的应力：

（1）中间一根杆的长度较另两杆短 $\delta=5\times10^{-4}l$，$P=0$ 时而强行安装；

（2）$\delta=0$，$P=30$ kN；

（3）$\delta=5\times10^{-4}l$，$P=30$ kN。

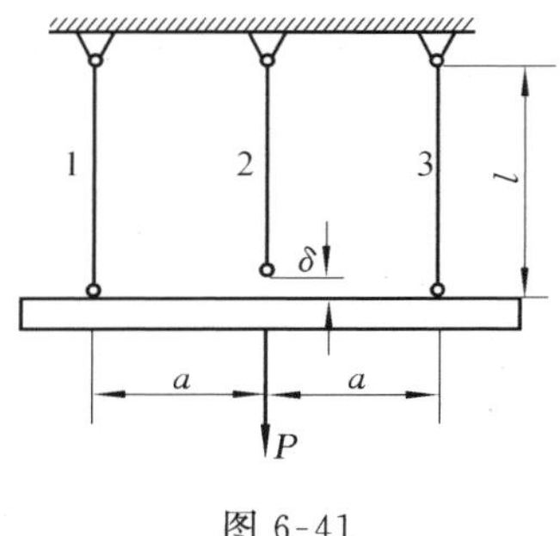

图 6-41

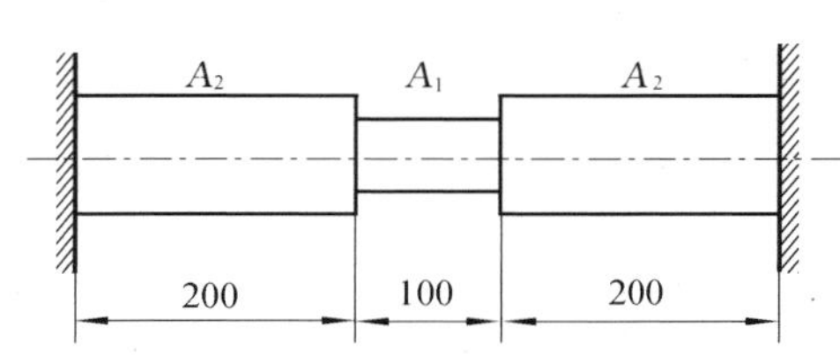

图 6-42

15. 钢杆如图 6-42 所示。已知横截面面积分别为 $A_1=100\,\text{mm}^2$，$A_2=200\,\text{mm}^2$，钢的弹性模量 $E=210\,\text{GPa}$，$\alpha=125\times10^{-7}/℃$。试求当温度升高 30℃时杆内的最大应力。

16. 图 6-43 所示结构中，横梁可视为刚体。杆 1 和杆 2 的横截面面积均为 AB 杆横截面面积的一半，它们的材料均相同。在力 P 作用的同时，杆 1 和杆 2 温度又升高 ΔT，AB 杆温度不变，此时横梁与 AB 杆相接触，试求杆 1 和杆 2 的内力。

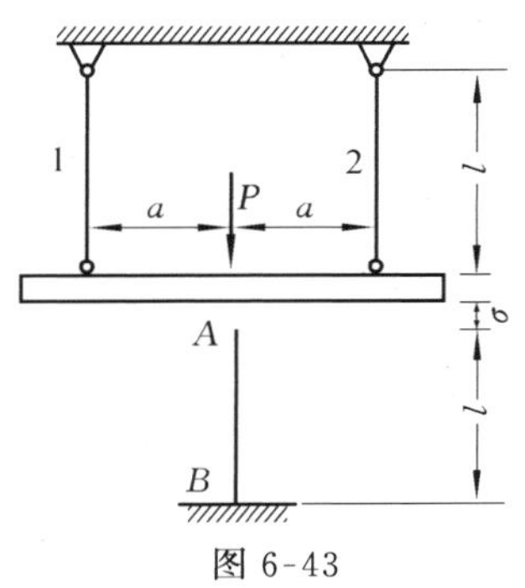

图 6-43

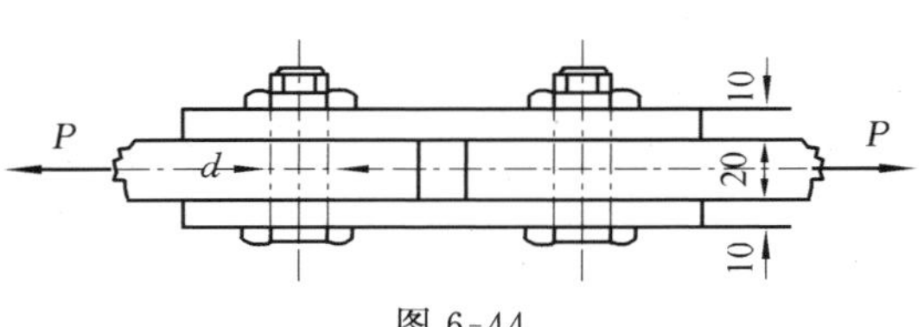

图 6-44

17. 图 6-44 所示螺栓接头受到 $P=40\,\text{kN}$ 的拉力作用，螺栓许用切应力$[\tau]=130\,\text{MPa}$，许用挤压应力$[\sigma_{jy}]=300\,\text{MPa}$。试按强度条件计算螺栓所需的直径。

18. 试校核图 6-45 所示连接销钉的剪切强度。已知 $P=100\,\mathrm{kN}$，销钉直径 $d=30\,\mathrm{mm}$，材料的许用切应力$[\tau]=60\,\mathrm{MPa}$。若强度不够，应改用多大直径的销钉？

19. 试校核图 6-46 所示拉杆头部的剪切强度和挤压强度。已知 $D=32\,\mathrm{mm}$，$d=20\,\mathrm{mm}$，$h=12\,\mathrm{mm}$，杆的许用切应力$[\tau]=100\,\mathrm{MPa}$，许用挤压应力$[\sigma_{jy}]=240\,\mathrm{MPa}$，$P=50\,\mathrm{kN}$。

20. 在厚度 $t=5\,\mathrm{mm}$ 的钢板上，冲出一个形状如图 6-47 所示的孔，钢板剪切时的极限切应力 $\tau_b=300\,\mathrm{MPa}$，求冲床所需的冲力 P。

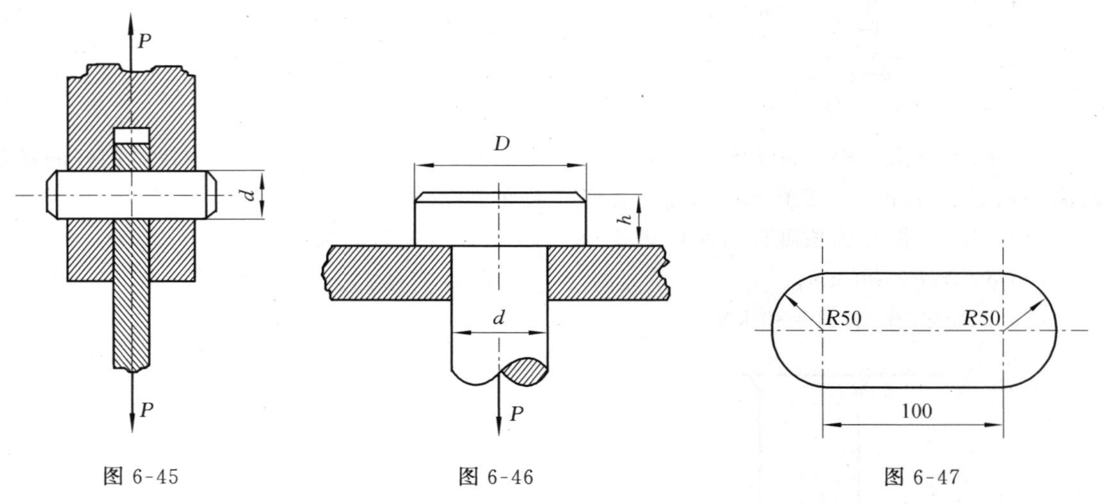

图 6-45　　图 6-46　　图 6-47

第7章 扭 转

在实际工程中,有许多构件的主要变形为扭转。例如图 7-1 所示的汽车转向轴 AB,要使汽车转弯时,驾驶员的两手在方向盘上各施加一个大小相等、方向相反、作用线平行的力 P,它们形成一个力偶。对垂直于方向盘的轴来说,A 端即受到这个力偶的作用,B 端则受到来自转向器的反力偶的作用。在这对力偶作用下,转向轴 AB 产生扭转变形。又如图 7-2 所示的汽车主传动轴、图 7-3 所示的行车行走机构中的传动轴等,均为受扭构件。这类构件的受力及变形特点是:在垂直于杆轴线的若干平面内受到转向不同的外力偶作用,杆各横截面绕杆轴线发生相对转动。以扭转为主要变形的杆件称为轴(axis)。

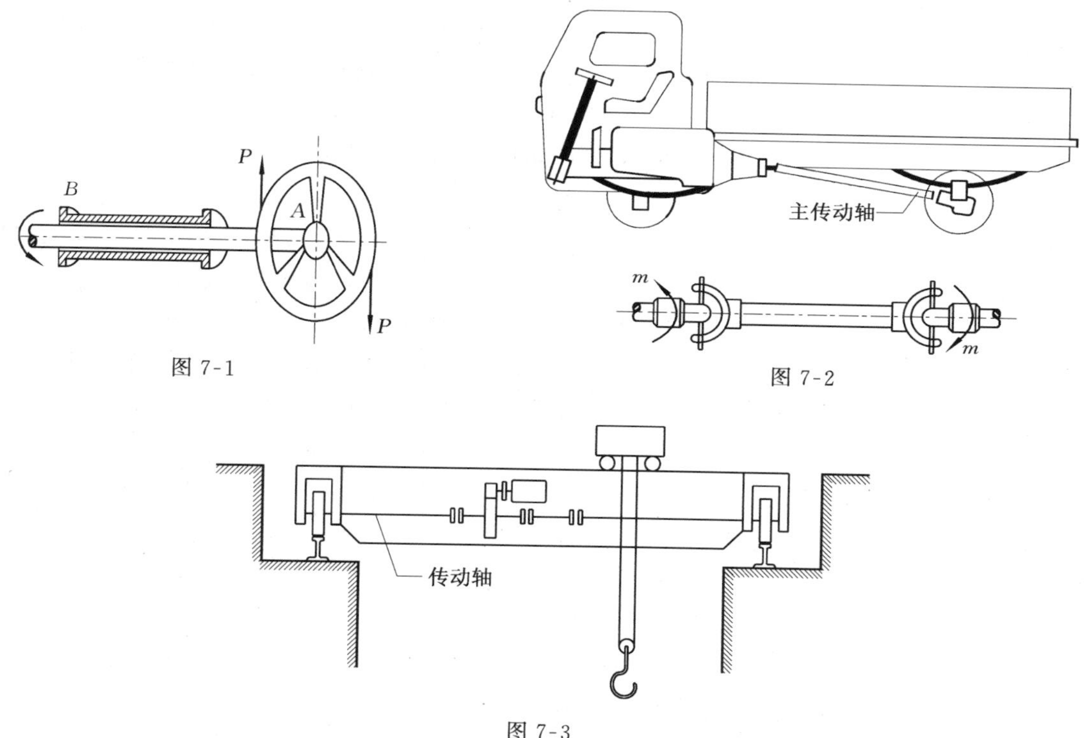

图 7-1

图 7-2

图 7-3

受扭杆件的截面形状多为圆形或圆环形,因此本章主要讨论圆轴扭转时的强度计算和刚度计算。

7.1 外力偶矩、扭矩与扭矩图

7.1.1 外力偶矩

作用在轴上的外力偶矩(externally applied torque)可以通过将外力向轴线简化得到,但是对于传递功率的轴,则需要根据功率、转速求得外力偶矩。

若已知某轴的转速为 n(转/分,记为 r/min),传递的功率为 N_{p}(千瓦,记为 kW),则可按下述方法求得外力偶矩。

由功率的定义可知，功率是力偶在单位时间内所做的功，它等于外力偶矩 m 与角速度 ω 的乘积，即 $N_p = m\omega$，而 $\omega = 2\pi n/60$，1 kW=1000 Nm/s，因此有 $N_p \times 1000 = m \times 2\pi n/60$，故

$$m(\mathrm{N \cdot m}) = 9549 \frac{N_p(\mathrm{kW})}{n(\mathrm{r/min})} \tag{7-1(a)}$$

当功率 N_p 为马力（记为 PS*）时，外力偶矩 m 的计算公式为

$$m(\mathrm{N \cdot m}) = 7024 \frac{N_p(\mathrm{PS})}{n(\mathrm{r/min})} \tag{7-1(b)}$$

7.1.2 扭矩与扭矩图

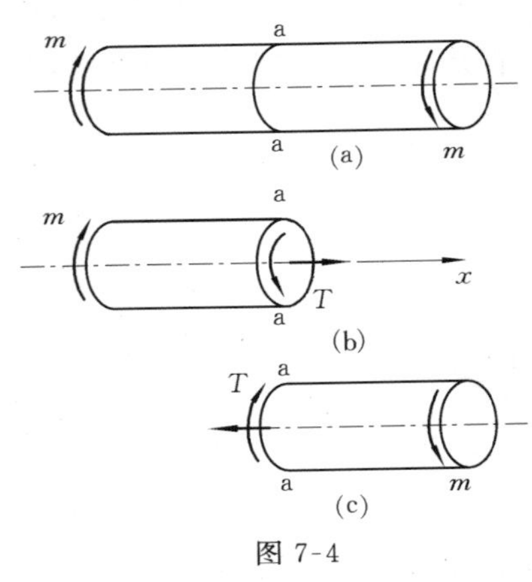

图 7-4

为了进行强度、刚度计算，必须计算横截面上的内力。计算受扭杆件的内力仍采用截面法。如图 7-4(a)所示，求圆轴 a-a 截面上的内力。首先，假设沿 a-a 截面将轴截开，保留左段为研究对象（图 7-4(b)）。由于整个轴平衡，所以左段也应平衡，这就要求 a-a 截面上的分布内力系合成为一个力偶，与外加力偶平衡。横截面上的这个内力偶矩(internal torque)称为扭矩(torque)，用符号 T 表示。根据平衡条件：

$$\sum m_x = 0, \quad T = m$$

如取右段为研究对象，如图 7-4(c)所示，仍可得 $T=m$，但扭矩的转向不同。为了使左右两段求得的同一截面上的扭矩不仅大小相等，而且符号也相同，可按右手螺旋法则来决定扭矩的符号。即右手的四指表示沿扭矩的转向转动，若大拇指的指向与该扭矩所作用截面的外法线方向一致，则扭矩为正，反之为负。根据这一规则，无论取左段还是取右段为研究对象，a-a 截面上的扭矩均为正值。

当轴上作用有两个以上的外力偶时，其各段横截面上的扭矩一般是不相等的，这时需分段应用截面法求出。为了清楚地表示扭矩随横截面位置的改变而变化的情况，通常可取平行于轴线的坐标轴表示横截面位置，与轴线垂直的坐标表示扭矩的大小，从而得到扭矩随截面位置变化的图线，称为扭矩图。

画扭矩图的方法和过程与画轴力图相似，下面举例说明。

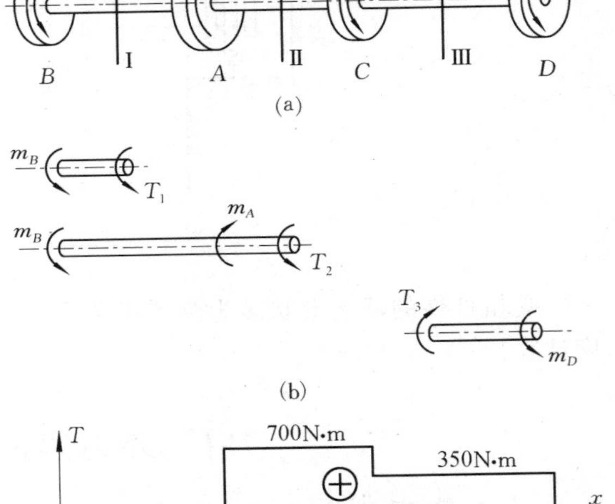

图 7-5

例 7.1 传动轴如图 7-5(a)所示，已知轴的转速 n=300 r/min，主动轮输入的功率 N_{pA}=36.7 kW，从动轮 B,C,D 输出的功率分别为 N_{pB}=14.7 kW，$N_{pC}=N_{pD}$= 11 kW。画出轴的扭矩图。

解 (1) 计算外力矩。由式(7-1(a))，可得

* 米制马力，1PS=735.499W。

$$m_A = 9549\,\frac{N_{pA}}{n} = 9549 \times \frac{36.7}{300} = 1168\,(\mathrm{N \cdot m})$$

$$m_B = 9549\,\frac{N_{pB}}{n} = 9549 \times \frac{14.7}{300} = 468\,(\mathrm{N \cdot m})$$

$$m_C = m_D = 9549\,\frac{N_{pC}}{n} = 9549 \times \frac{11}{300} = 350\,(\mathrm{N \cdot m})$$

(2) 计算扭矩。由受力情况,可知轴在 BA、AC、CD 三段内有不同的扭矩,需分段求出(图 7-5(b))。

BA 段:沿 I-I 截面将轴截开,取左段为研究对象,截面上的扭矩以 T_1 表示。一般将截面上的扭矩假设为正向。根据平衡条件,有 $T_1 = -m_B = -468\,\mathrm{N \cdot m}$。负号说明,扭矩 T_1 的转向与原假设的转向相反。

AC 段:沿 II-II 截面将轴截开,研究左半段,则

$$T_2 = m_A - m_B = 1168 - 468 = 700\,(\mathrm{N \cdot m})$$

CD 段:沿 III-III 截面将轴截开,研究右半段,则 $T_3 = m_D = 350\,(\mathrm{N \cdot m})$。

(3) 画扭矩图。以平行于杆轴的横坐标表示截面位置,纵坐标表示扭矩的大小,并且向上为正。根据求出的各段扭矩值,可画出传动轴的扭矩图,并标上扭矩的数值和符号,如图7-5(c)所示。

根据上题中各扭矩的计算结果,可得出计算扭矩的一般规律:轴的任一横截面上的扭矩(假设为正向),在数值上等于该截面左侧(或右侧)所有外力偶矩的代数和;与扭矩反向的外力偶矩引起正的扭矩,与扭矩同向的外力偶矩引起负的扭矩。

7.2 薄壁圆筒的扭转

7.2.1 薄壁圆筒的扭转

为了分析圆轴扭转变形的情况,首先对薄壁圆筒受扭转的情况进行研究。

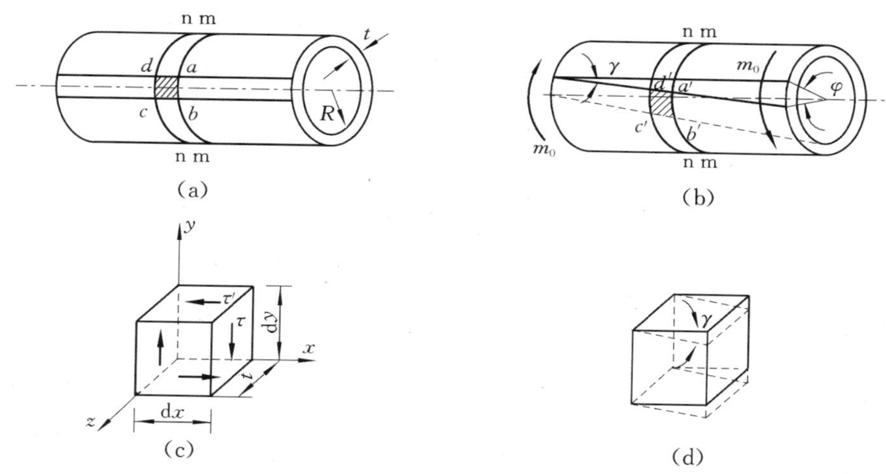

图 7-6

取一等厚薄壁圆筒($t < R/10$),在其表面画出圆周线和纵向线,形成矩形网格,如图 7-6(a)所示。在圆筒两端的横截面上加一对大小相等、转向相反的力偶,其矩为 m_0,使圆筒产生扭转变形,如图7-6(b)所示。这时可以观察到下列现象:

(1) 各圆周线的形状、大小及圆周线之间的距离不变,但相邻圆周线发生相对转动,两端截面有相对扭转角 φ。

(2) 各纵向线倾斜了同一角度 γ,矩形变成了斜平行四边形。

分析上述现象，由现象(1)我们知道，横截面上无正应力，而截面 m-m 相对截面 n-n 有相对转动，使矩形 $abcd$ 的左右两边发生相对错动，因而横截面上有切应力存在。由于是薄壁，故可认为切应力沿壁厚不变。根据现象(2)，由于倾斜角 γ 处处相等，即圆周上各点变形情况相同，故切应力沿环向保持不变。

综上所述，薄壁圆筒扭转时，横截面上的切应力均匀分布，其方向与横截面半径垂直。

7.2.2 切应力互等定理

用相邻两横截面和两纵截面在薄壁筒中取一微小六面体(单元体)，它的 3 个方向的尺寸分别为 $\mathrm{d}x$，$\mathrm{d}y$ 和 t (图 7-6(c))。由于单元体的左右两侧面是薄壁筒横截面的一部分，因而只有切应力，由静力平衡条件知，左右两侧的切应力的合力应等值、反向，从而构成一力偶，单元体要平衡，则上下两面必然有两等值、反向的力组成一反向的力偶。由平衡方程：

$$\sum m = 0\,,\quad (\tau \mathrm{d}yt)\mathrm{d}x - (\tau' \mathrm{d}xt)\mathrm{d}y = 0$$

所以，

$$\tau = \tau' \tag{7-2}$$

式(7-2)表明，在单元体互相垂直的两个截面上，切应力必然成对出现，且数值相等；两者都垂直于两截面的交线，方向则共同指向或背离这一交线。这就是切应力互等定理。

图 7-6(c)所示单元体各面上只有切应力没有正应力的情况称为纯剪切。

7.2.3 剪切胡克定律

薄壁圆筒扭转变形时，各纵向线倾斜同一微小角度 γ，即取出的单元体在变形前后，直角就改变了 γ(图 7-6(d))。角变形 γ 沿圆周与半径垂直，它是衡量剪切变形的一个量，称为切应变。

通过薄壁圆筒扭转实验，可得到材料在纯剪切时的切应力与切应变间的关系曲线。实验表明，当切应力不超过材料的剪切比例极限 τ_{p} 时，切应力与切应变成正比，即

$$\tau = G\gamma \tag{7-3}$$

这就是材料的剪切胡克定律。比例常数 G 称为材料的剪切弹性模量(shear modulus)，单位与 τ 相同，常用单位为吉帕(GPa)。

弹性模量 E、剪切弹性模量 G 与横向变形系数 μ 是材料的 3 个弹性常数，其值均可由实验测定。对于各向同性材料，3 个常数只有两个是独立的，它们之间满足下列关系：

$$G = \frac{E}{2(1+\mu)} \tag{7-4}$$

7.3 圆轴扭转时的应力与变形

7.3.1 圆轴扭转时的应力

在工程中常用实心圆轴或具有相当厚度的空心圆轴，它们在扭转变形时，不能再认为其横截面上的切应力是均匀分布的。研究圆轴的扭转问题的关键在于找出横截面上切应力的分布规律。要得到这一规律，须从几何、物理和静力学三方面的关系来考虑。首先由圆轴的变形找出横截面上应变的变化规律，也就是研究圆轴变形的几何关系；再由应变规律找出应力的分布规律，即建立应力和应变间的物理关系；最后，根据扭矩和应力之间的静力关系，导出应力的计算公式。

1. 几何关系

与研究薄壁圆筒类似，先在轴的表面画上一些矩形网格(图 7-7(a))，再在轴的两端横截面上施加矩为 m_0 的力偶，使轴发生扭转变形(图 7-7(b))。可以观察到：圆轴扭转时的变形现象与薄壁圆筒扭转时的现象相似。

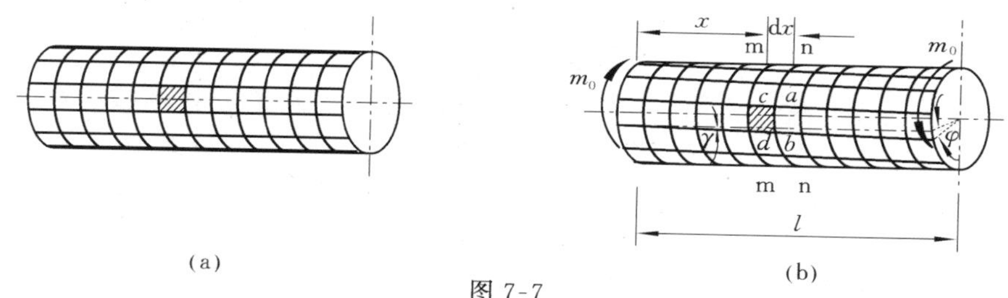

(a)　　　　(b)

图 7-7

根据观察到的表面变形现象，我们可以设想：圆轴是由许多套在一起的薄壁圆筒组成的，扭转时各圆筒转过的角度相同，因此筒与筒之间没有力作用。于是，可以作出如下假设：圆轴扭转变形后，横截面仍保持平面，且其形状和大小以及两相邻横截面间的距离保持不变；半径仍保持为直线，即横截面刚性地绕轴线作相对转动。这一假设称为平面假设(plane assumption)。

应用截面法，从图 7-7(b)中截取长为 dx 的微段轴来研究(图 7-8(a))。根据平面假设，n-n截面相对 m-m 截面刚性地转动了一个角度 $d\varphi$，半径 Oa 转到 Oa' 位置，于是单元体 $abcd$ 的 ab 边相对 cd 边发生微小错动，引起切应变 γ，半径转过的弧长为 $\gamma dx = R d\varphi$，所以圆轴表面上的切应变为

$$\gamma = R\frac{d\varphi}{dx}$$

而在轴内半径为 ρ，厚 $d\rho$ 的薄壁筒表面上(图7-8(b))，切应变 γ_ρ 则为

$$\gamma_\rho = \rho\frac{d\varphi}{dx} \tag{7-5}$$

式中，$\frac{d\varphi}{dx}$为相对扭转角 φ 沿轴线 x 的变化率，对同一截面它是一个常数。所以式(7-5)即为切应变的分布规律：横截面上任一点的切应变 γ_ρ 与该点到圆心的距离 ρ 成正比。

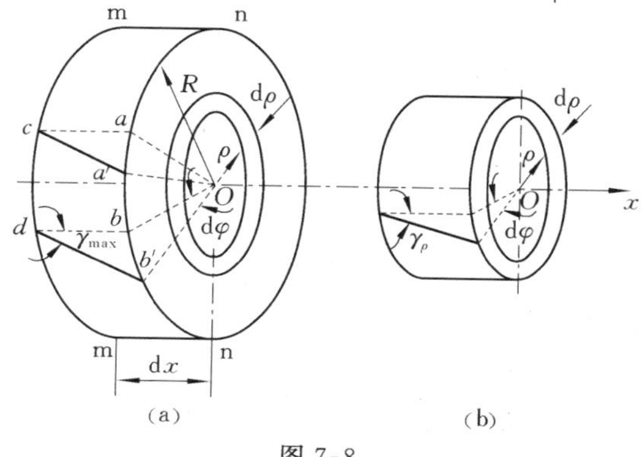

(a)　　　　(b)

图 7-8

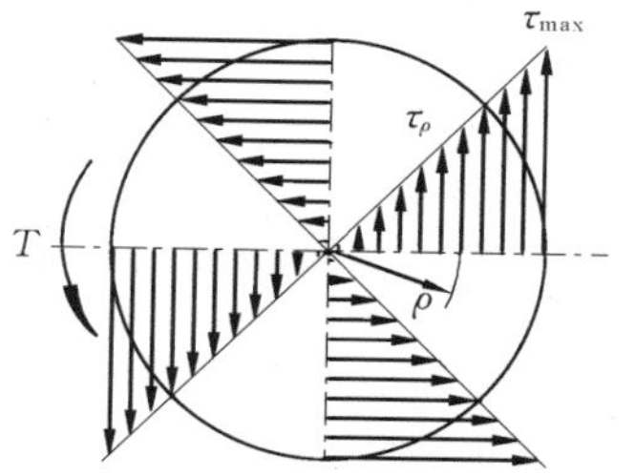

图 7-9

2. 物理关系

根据剪切胡克定律式(7-3)，

$$\tau_\rho = G\gamma_\rho = G\rho\frac{d\varphi}{dx} \tag{7-6}$$

式(7-6)说明，横截面任一点的切应力 τ_ρ 与该点到圆心的距离成正比。即切应力沿横截面半径方向按线性规律分布，且与半径垂直，其方向应与扭矩 T 相对应，如图 7-9 所示。

3. 静力关系

由于式(7-6)中 $\frac{d\varphi}{dx}$ 未知，故无法用它计算任一点的切应力，还必须利用切应力与扭矩之间的静力学关系来解决。

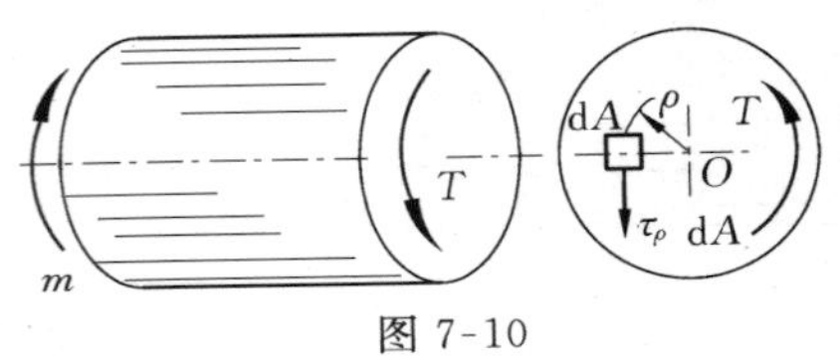

图 7-10

设 dA 为横截面上距中心 ρ 处的微面积，则 $\tau_\rho dA\rho$ 为作用在微面积上的力($\tau_\rho dA$)对截面中心之矩(图 7.10)，整个截面上的扭矩则为

$$T=\int_A \tau_\rho dA\rho$$

将式(7-6)代入上式，有

$$T=\int_A G\frac{d\varphi}{dx}\rho^2 dA$$

考虑到因子 $G\frac{d\varphi}{dx}$ 为常量，则可得到

$$T=G\frac{d\varphi}{dx}\int_A \rho^2 dA \tag{7-7}$$

以 I_p 表示式(7-7)中的积分，即

$$I_p=\int_A \rho^2 dA \tag{7-8}$$

I_p 称为横截面对其中心的极惯性矩。I_p 只与截面的几何形状和尺寸有关，其量纲为长度的四次方。

将式(7-7)代入式(7-6)，便得到计算圆轴扭转时横截面上任一点的切应力公式：

$$\tau_\rho=\frac{T\rho}{I_p} \tag{7-9}$$

显然，当 $\rho=R$ 时，切应力最大，即在横截面的周边上各点处切应力为最大值，有

$$\tau_{max}=\frac{TR}{I_p}=\frac{T}{W_p} \tag{7-10}$$

式中，

$$W_p=\frac{I_p}{R} \tag{7-11}$$

称为抗扭截面模量。

7.3.2 I_p 及 W_p 的计算

根据式(7-8)及式(7-11)的定义，可以求得圆形和圆环形截面的极惯性矩 I_p 和抗扭截面模量 W_p 的值。如图 7-11 所示，取圆环形微面积作为积分微元 dA，即 $dA=2\pi\rho d\rho$，于是，对于直径为 D 的圆截面，有

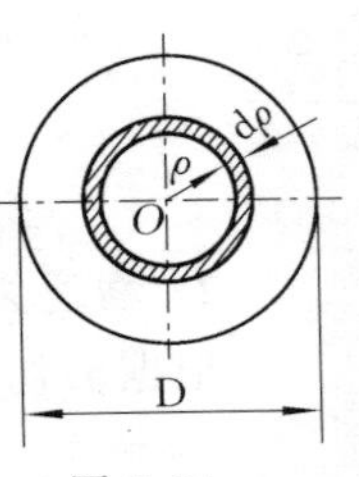

图 7-11

$$I_p=\int_A \rho^2 dA=\int_0^{\frac{D}{2}} 2\pi\rho^3 d\rho=\frac{\pi D^4}{32} \tag{7-12}$$

$$W_p=\frac{I_p}{D/2}=\frac{\pi D^3}{16} \tag{7-13}$$

对于外径为 D、内径为 d 的圆环形截面，不难求得

$$I_p=\frac{\pi D^4}{32}(1-\alpha^4) \tag{7-14}$$

$$W_p=\frac{\pi D^3}{16}(1-\alpha^4) \tag{7-15}$$

其中，$\alpha=d/D$。

7.3.3 圆轴扭转时的变形

圆轴的扭转变形是由两横截面间的相对扭转角 φ 来度量的。由式(7-7)可得到相距为 $\mathrm{d}x$ 的两横截面间的相对扭转角为 $\mathrm{d}\varphi=\frac{T\mathrm{d}x}{GI_p}$。对长为 l 的一段轴，其两端截面间的相对扭转角则为

$$\varphi=\int_l \mathrm{d}\varphi=\int_l \frac{T}{GI_p}\mathrm{d}x \tag{7-16}$$

对于同一材料的等截面圆轴，当扭矩 T 为常数时，相对扭转角 φ 可由下式计算：

$$\varphi=\frac{Tl}{GI_p} \tag{7-17}$$

由式(7-17)知，当 T,l 一定时，GI_p 越大，相对扭转角 φ 越小，即 GI_p 反映了圆轴抵抗扭转变形的能力，故称其为圆轴的抗扭刚度。

当轴上作用有多个外力矩，其扭矩图呈阶梯形变化的等截面轴或阶梯轴，需求两端横截面间的相对扭转角时，必须分段应用式(7-17)，然后求各段相对扭转角的代数和，即得所需结果。

圆轴扭转时的应力和变形公式(7-9)、式(7-17)是在平面假设的基础上得出的，因此，上述公式只适用于平面假设成立的等截面圆轴，对于截面尺寸沿轴线变化缓慢的圆轴也近似适用。对于非圆截面杆，由于扭转时其横截面发生翘曲，平面假设不再成立，所以圆轴扭转时的应力及变形公式不再适用。非圆截面杆的扭转问题属于弹性力学的研究范围，本书不作讨论。由于在推导公式时利用了剪切胡克定律，所以还要求轴在弹性范围内工作。

综上所述，式 (7-9)、式(7-17)只适用于 $\tau\leqslant\tau_p$ 时的等截面圆轴。

例 7.2 若例 7.1 中的传动轴的材料为 45 号钢，$G=80\text{GPa}$，轴的直径 $d=50\text{mm}$，轴的各段长度 $l_{BA}=l_{AC}=l_{CD}=1.5\text{m}$。试求轴内最大切应力 $\tau_{\max}$ 和两端截面的相对扭转角 φ_{BD}。

解 (1) 计算 $\tau_{\max}$。由例 7.1 计算可知 $T_{\max}=700\text{Nm}$，则由式(7-10)，有

$$\tau_{\max}=\frac{T_{\max}}{W_p}=\frac{16T_{\max}}{\pi d^3}=\frac{16\times700}{\pi\times50^3\times10^{-9}}=29(\text{MPa})$$

(2) 计算 φ_{BD}。由于轴上各段扭矩不同，应分段应用式(7-17)求各段相对扭转角，然后求其代数和。

$$\begin{aligned}\varphi_{BD}&=\varphi_{BA}+\varphi_{AC}+\varphi_{CD}\\&=\frac{1}{GI_p}(T_{BA}l_{BA}+T_{AC}l_{AC}+T_{CD}l_{CD})=\frac{32l_{BA}}{G\pi d^4}(T_{BA}+T_{AC}+T_{CD})\\&=\frac{32\times1.5}{80\times10^9\times\pi\times50^4\times10^{-12}}\times(-468+700+350)=0.018(\text{rad})\end{aligned}$$

7.4 圆轴扭转时的强度和刚度计算

7.4.1 强度条件

为了保证圆轴扭转时能安全可靠地工作，必须使轴内的最大切应力不超过某一规定值，即应满足下列强度条件：

$$\tau_{max}=\frac{T_{max}}{W_p}\leqslant[\tau] \tag{7-18}$$

式中，$[\tau]=\tau_u/n$，为轴的许用切应力；τ_u 是材料的极限切应力，由材料的扭转试验测定；塑性材料的极限切应力为屈服极限 τ_s，脆性材料的极限切应力为强度极限 τ_b；n 为安全系数，由轴的实际工作情况决定。

与拉、压强度问题相似，利用强度条件式(7-18)，可解决强度校核、截面设计和确定许用载荷等三类扭转强度问题。

计算强度时，应首先根据扭矩图、截面尺寸以及材料性质判断出可能的危险截面，再确定危险点。若保证危险截面上的危险点满足强度条件，则整个杆件便是安全的。

例 7.3 变速箱中一实心圆轴如图 7-4(a)所示，直径 $d=32$ mm，传递功率 $N_p=5$kW，转速 $n=200$r/min，材料为 45 号钢，$[\tau]=40$MPa。试校核轴的强度。

解 (1) 计算外力矩。由式(7-1(a))，得

$$m=9549\frac{N_p}{n}=9549\times\frac{5}{200}=239(\text{N}\cdot\text{m})$$

(2) 计算扭矩。由截面法，轴任一横截面上的扭矩均为

$$T=m=239\text{N}\cdot\text{m}$$

(3) 强度计算。由强度条件式(7-18)，得

$$\tau_{max}=\frac{T}{W_p}=\frac{16T}{\pi d^3}=\frac{16\times239}{\pi\times32^3\times10^{-9}}=37(\text{MPa})<[\tau]$$

即轴满足强度条件。

例 7.4 实心轴和空心轴通过牙嵌式离合器连接在一起(图 7-12)。两轴长度相等，材料相同，已知轴的转速 $n=100$ r/min，传递的功率 $N_p=7.5$ kW，材料的许用应力$[\tau]=40$ MPa。试选择实心轴直径 d 及内外径比值为 0.65 的空心轴外径 D，并在强度相同的情况下比较空心轴与实心轴的重量。

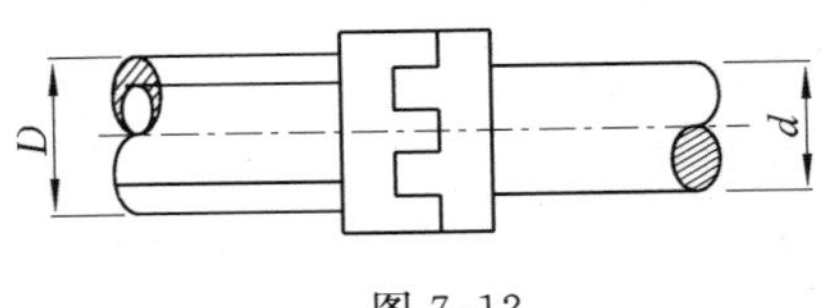

图 7-12

解 (1) 计算外力矩。

$$m=9549\frac{N_p}{n}=9549\times\frac{7.5}{100}=716(\text{N}\cdot\text{m})$$

(2) 计算扭矩。任一截面扭矩均为

$$T=m=716\text{ N}\cdot\text{m}$$

(3) 实心轴强度计算。

$$\tau_{max}=\frac{T}{W_p}=\frac{16T}{\pi d^3}\leqslant[\tau]$$

得

$$d\geqslant\sqrt[3]{\frac{16T}{\pi[\tau]}}=\left(\frac{16\times716}{\pi\times40\times10^6}\right)^{\frac{1}{3}}=45\times10^{-3}(\text{m})=45(\text{mm})$$

(4) 空心轴强度计算。

$$\tau_{max}=\frac{T}{W_p}=\frac{16T}{\pi D^3(1-\alpha^4)}\leqslant[\tau]$$

得

$$D\geqslant\sqrt[3]{\frac{16}{\pi(1-\alpha^4)[\tau]}}=\sqrt[3]{\frac{16\times716}{\pi(1-0.65^4)\times40\times10^6}}=48\times10^{-3}(\text{m})=48(\text{mm})$$

(5) 比较空心轴与实心轴重量。由于两轴长度相等、材料相同，所以其重量之比就等于面积之比，即

$$\frac{A_{空}}{A_{实}}=\frac{\pi D^2(1-\alpha^2)/4}{\pi d^2/4}=\frac{D^2(1-\alpha^2)}{d^2}=\frac{48^2\times(1-0.65^2)}{45^2}=0.657$$

这一结果表明，空心轴比实心轴轻，因此空心轴比实心轴节省材料，即采用空心轴比采用实心轴合理。这是因

为横截面上的切应力沿半径线性分布，截面中心附近的应力很小，材料没有充分发挥作用。若把轴心附近的材料向边缘移置，使其成为空心轴，就会增大截面的 I_p 和 W_p，以提高轴的强度。反过来说，在 W_p 相等的情况下，空心轴的截面积必然小于实心轴的截面积，故空心轴重量较轻。但并不是所有的轴都设计成空心轴为好，如车床的光轴，纺织、化工机械中的长传动轴等细长轴，由于加工困难，都不宜设计成空心轴。

7.4.2 刚度条件

在工作时一般不允许轴产生过大的扭转变形，否则会影响机器的精度或产生扭转振动。因此，在很多情形下，轴除了应满足强度条件外，还需要将最大的单位长度相对扭转角限制在规定的范围内，即应满足下列刚度条件：

$$\theta_{max}=\left(\frac{d\varphi}{dx}\right)_{max}=\left(\frac{T}{GI_p}\right)_{max}\leqslant[\theta] \tag{7-19}$$

式中，$[\theta]$称为单位长度许用相对扭转角。在实际工程中，$[\theta]$常用的单位是度/米(°/m)，为了使 θ_{max} 的单位与$[\theta]$一致，式(7-19)又可写为

$$\theta_{max}=\left(\frac{T}{GI_p}\right)_{max}\times\frac{180}{\pi}\leqslant[\theta] \tag{7-20}$$

$[\theta]$的数值可根据机器的要求和轴的工作条件从有关设计手册中查出。通常，对于精密机器、仪器中的轴，$[\theta]=0.25°/m\sim0.5°/m$；对于一般传动轴，$[\theta]=0.5°/m\sim1°/m$；对于精度要求不高的轴，$[\theta]=2°/m\sim4°/m$。利用刚度条件也可以求解三类问题，即刚度校核、截面设计和确定许用载荷。

进行刚度计算时，若轴上各段扭矩不等、或截面大小不一、或材料不同时，应综合考虑上述因素，判断 θ_{max} 可能发生的部位，然后进行刚度计算。

例 7.5 已知一传动轴受力如图 7-13(a)所示，若材料为 45 号钢，$G=80GPa$，$[\tau]=60MPa$，$[\theta]=1°/m$，试设计轴的直径。

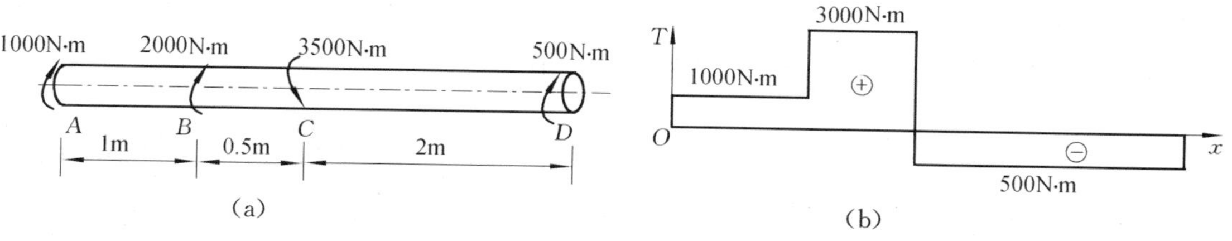

图 7-13

解 (1) 计算扭矩。由于轴上的外力偶矩多于两个，应分段应用截面法或根据求扭矩的一般规律求出各段扭矩，作出扭矩图(图 7-13(b))。

(2) 强度计算。轴为等直圆轴，危险截面应在 BC 段，由强度条件：

$$\tau_{max}=\frac{T_{max}}{W_p}=\frac{16T_{max}}{\pi d^3}\leqslant[\tau]$$

得

$$d\geqslant\sqrt[3]{\frac{16T_{max}}{\pi[\tau]}}=\left(\frac{16\times3000}{\pi\times60\times10^6}\right)^{\frac{1}{3}}=0.063(m)=63(mm)$$

(3) 刚度计算。由刚度条件：

$$\theta_{max}=\frac{T_{max}}{GI_p}\times\frac{180}{\pi}=\frac{32T_{max}}{G\pi d^4}\times\frac{180}{\pi}\leqslant[\theta]$$

得

$$d \geqslant \sqrt[4]{\frac{32T_{\max}\times 180}{G\pi^2[\theta]}} = \left(\frac{32\times 3000\times 180}{80\times 10^9\times \pi^2\times 1}\right)^{\frac{1}{4}} = 0.068(\mathrm{m}) = 68(\mathrm{mm})$$

根据以上计算结果，为了同时满足强度和刚度条件，取轴的直径 $d=68\mathrm{mm}$。

思 考 题

1. 圆轴扭转切应力在截面上是怎样分布的？公式 $\tau_\rho=\dfrac{T\rho}{I_p}$ 的应用条件是什么？

2. 一空心圆轴的外径为 D，内径为 d，问其极惯性矩 I_p 和抗扭截面模量 W_p 是否可按下式计算：

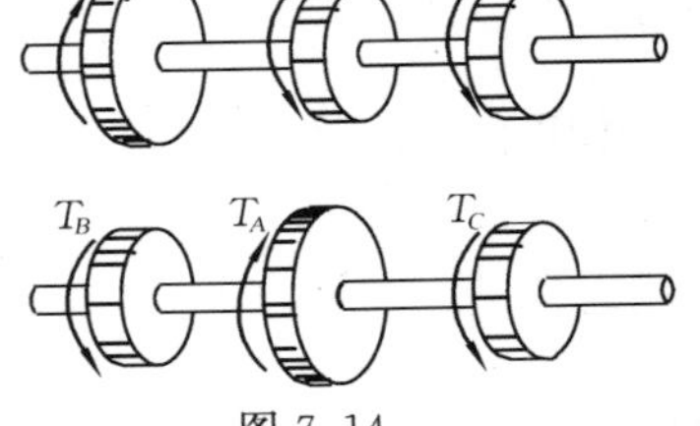

图 7-14

$$I_p = I_{p外} - I_{p内} = \frac{\pi D^4}{32} - \frac{\pi d^4}{32}$$

$$W_p = W_{p外} - W_{p内} = \frac{\pi D^3}{16} - \frac{\pi d^3}{16}$$

为什么？

3. 如图 7-14 所示的两种传动轴，试问哪一种轮的布置对提高轴的承载力有利？

4. 剪切实用计算中的[τ]和扭转强度计算中的[τ]是否相同？为什么？

5. 两根圆轴的直径相同，长度相同，一根为钢，另一根为铜，问在相同扭矩作用下，两根轴的最大切应力、强度、扭转角、刚度是否一样？

6. 有两根长度及重量都相同且由同一材料制成的轴，其中一轴是空心的，内外径之比 $\alpha=d/D=0.8$，另一轴是实心的，直径为 D。试问：

(1) 在相同许用应力情况下，空心轴和实心轴所能承受的扭矩哪个大？求出扭矩比；

(2) 哪根轴的刚度大？求出刚度比。

7. 为什么减速箱传动轴的直径从输入到输出是由细变粗的？

习 题

1. 如图 7-15 所示，T 为圆截面上的扭矩，试画出截面上与 T 对应的切应力分布图。

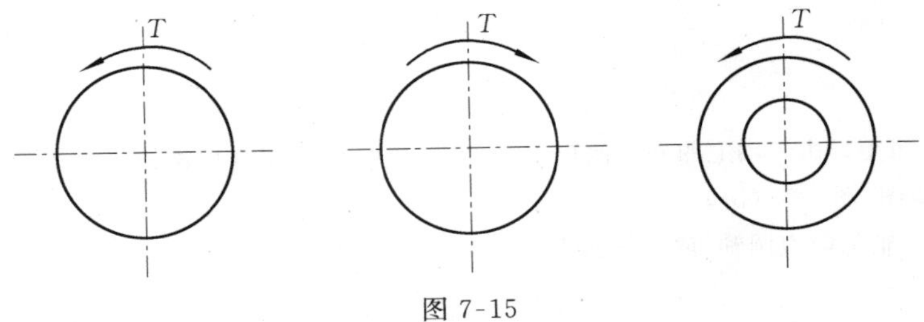

图 7-15

2. 如图 7-16 所示，一传动轴的转速 $n=200\mathrm{r/min}$，轴上装有 5 个轮子，主动轮 2 输入的功率为 60kW，从动轮 1,3,4,5 依次分别输出 18kW,12kW,22kW 和 8kW 的功率。试作该轴的扭矩图。

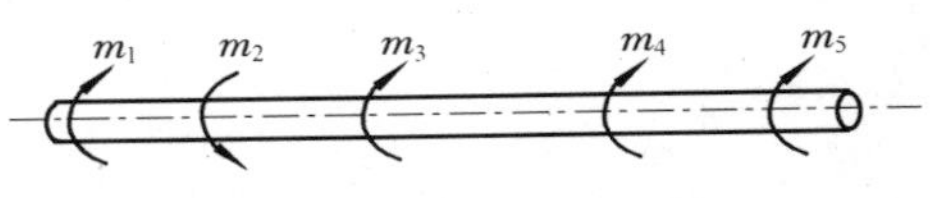

图 7.16

3. 机床变速箱第 II 轴如图 7-17 所示，轴所传递的功率为 $N_p=5.5\,kW$，转速 $n=200\,r/min$，材料为 45 号钢，$[\tau]=40\,MPa$，试按强度条件初步设计轴的直径。

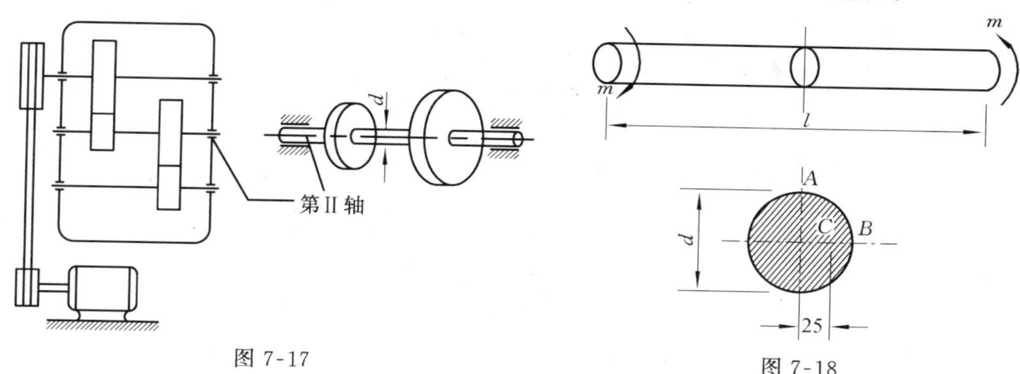

图 7-17

图 7-18

4. 如图 7-18 所示，实心轴的直径 $d=100\,mm$，$l=1m$，其两端所受外力偶矩 $m=14\,kN\cdot m$，材料的剪切弹性模量 $G=80\,GPa$。求：

(1) 最大切应力及两端截面间的相对扭转角；

(2) 图示截面 A,B,C 三点处切应力的大小和方向。

5. 全长为 l，两端直径分别为 d_1,d_2 的圆锥形杆，在其两端各受一矩为 m 的集中力偶作用，如图 7-19 所示。试求杆的总扭转角。

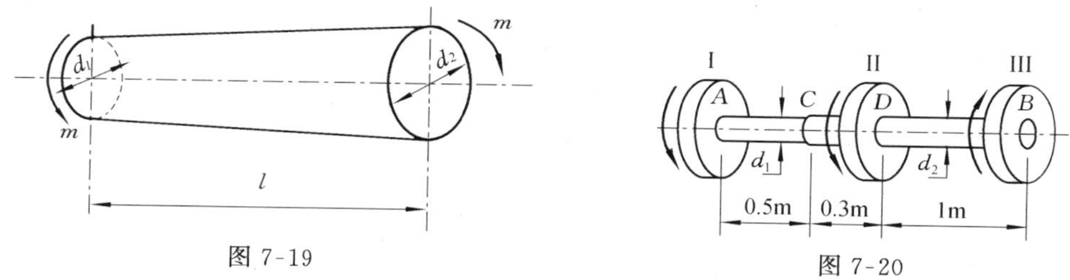

图 7-19

图 7-20

6. 直径 $d=25mm$ 的钢圆杆，受轴向拉力 60kN 作用时，在标距为 200mm 的长度内伸长了 0.113mm，当它受到一对矩为 $0.2kN\cdot m$ 的外力偶矩作用而扭转时，在标距为 200mm 的长度内扭转了 0.732°。试求钢材的弹性常数 E，G 和 μ 值。

7. 阶梯形圆轴直径分别为 $d_1=4cm$，$d_2=7cm$，轴上装有 3 个皮带轮，如图 7-20 所示。已知由轮 III 输入的功率 $N_{p3}=30\,kW$，轮 I 输出的功率 $N_{p1}=13\,kW$，轴作匀速转动，转速 $n=200\,r/min$，材料的剪切许用应力 $[\tau]=60\,MPa$，$G=80\,GPa$，许用扭转角 $[\theta]=2°/m$。试校核轴的强度和刚度。

8. 吊车梁的行走机构如图 7-21 所示。已知电机的功率 $N_p=3.7kW$，平均分配在两轮轴 CD 上，经减速后轮轴的转速 $n=32.6\,r/min$。轴为 45 号钢，$[\tau]=40\,MPa$，$G=80\,GPa$，$[\theta]=1°/m$。试选择传动轴 CD 的直径。

9. 如图 7-22 所示，传动轴的转速为 $n=500\,r/min$，主动轮 A 的输入功率 $N_A=500$ 马力，从动轮 B，C 分别输出功率 $N_B=200$ 马力，$N_C=300$ 马力。已知 $[\tau]=70MPa$，$[\theta]=1°/m$，$G=80GPa$。试求：

(1) 确定 AB 段直径 d_1 和 BC 段直径 d_2；

(2) 若 AB 和 BC 两段选用同一直径，确定直径 d；

(3) 主动轮和从动轮如何安排才比较合理。

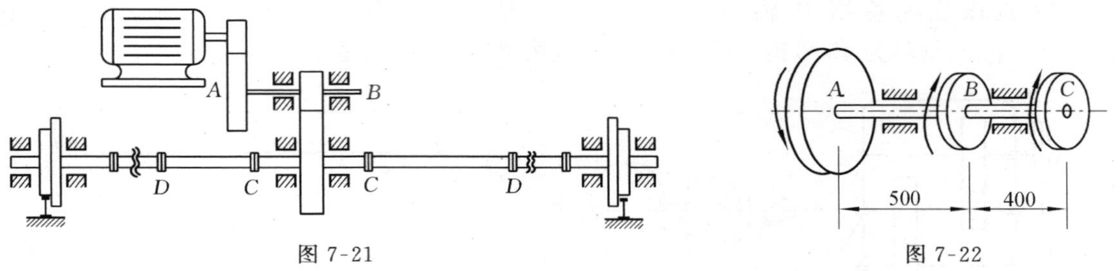

图 7-21　　　　图 7-22

10. 有一外径为 100 mm、内径为 80 mm 的空心圆轴与一直径 $d=80$ mm 的实心圆轴用键相连接，如图 7-23 所示。在 A 轮处由电机带动，输入功率 $N_{p1}=150$ kW，在 B，C 轮处分别负载 $N_{p2}=75$ kW，$N_{p3}=75$ kW。若已知轴的转速为 $n=300$ r/min，许用切应力$[\tau]=40$ MPa，键的尺寸为 10 mm×10 mm×30 mm，其许用切应力$[\tau]=100$ MPa 和$[\sigma_{jy}]=280$ MPa。

(1) 作扭矩图；

(2) 校核空心轴及实心轴的强度(不计键槽影响)；

(3) 求所需键数 k。

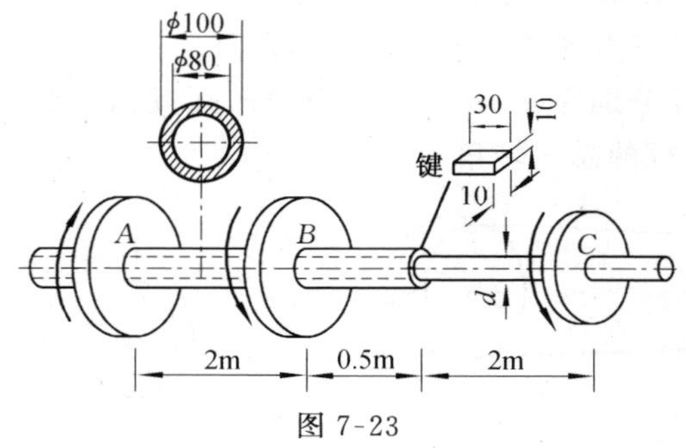

图 7-23

第8章 弯曲内力

8.1 平面弯曲的概念及实例

在工程实际应用中，常常遇到承受弯曲变形的杆件。例如，桥式吊车的大梁(图 8-1(a))，受到风压作用的烟囱(图 8-1(b))，水平放置在两个鞍座上的化工容器(图 8-1(c))等。这类杆件的受力及变形特点是：作用在杆件上的载荷和支反力都垂直于杆件的轴线(通常称为横向力)；杆的轴线由变形前的直线变为曲线，这种变形称为弯曲变形。凡是以弯曲变形为主要变形的杆件，习惯上称为梁。

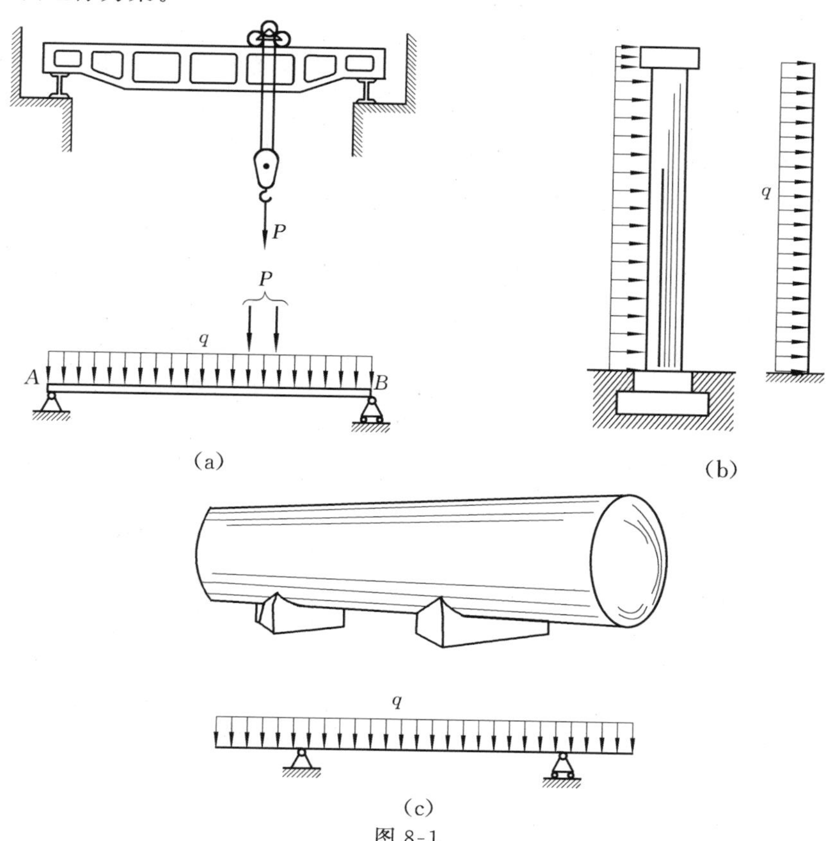

图 8-1

另有一些杆件，如图 8-2 所示的电机轴，除弯曲变形外还承受扭转变形，对于这类杆件，当我们研究其弯曲变形时，仍可将它作为梁来处理。

很多受弯杆件的横截面都有一垂直对称轴，如图 8-3(a)中的点划线，因而杆件有一个包含该对称轴和杆轴线的纵向对称面(图 8-3(b)中的阴影面)。当所有的外力作用在这个纵向对称面内时，杆件的轴线也将变成这个对称面内的一条平面曲线。这种变形称为平面弯曲(plane bending)，它是弯曲问题中最常见、最基本的情况。

本章讨论弯曲内力，后面将分别讨论弯曲应力和弯曲变形问题，它们都将限于平面弯曲。

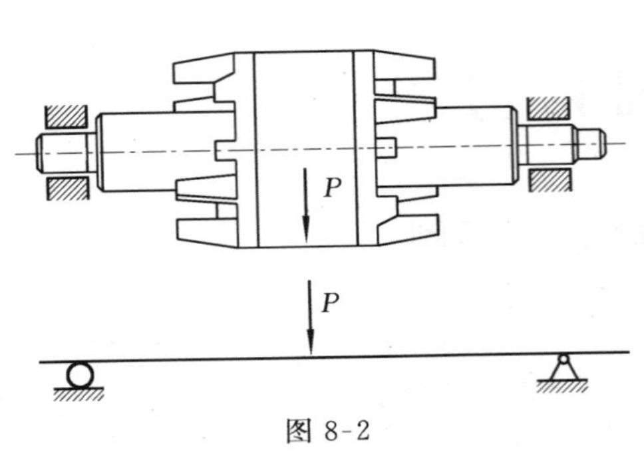

图 8-2

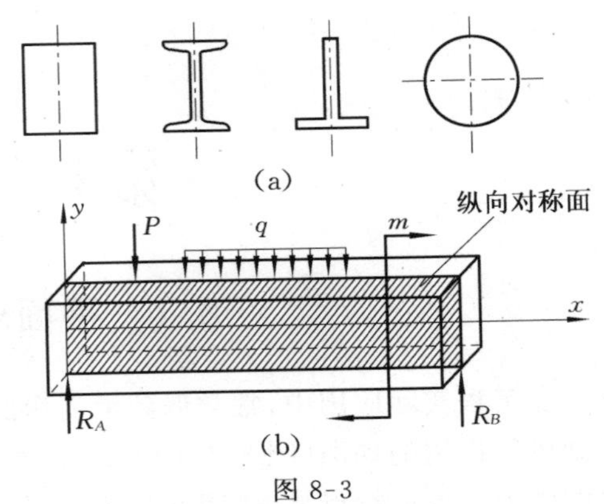

图 8-3

8.2 梁的计算简图

在实际工程中梁的支承条件和梁上作用的载荷是比较复杂的，为了便于分析和计算，必须抓住其主要因素，忽略次要因素，对梁进行必要的简化，得出计算简图。

首先对梁进行简化。通常用梁的轴线代替实际梁，例如，图 8-1(a)所示的桥式吊车梁，在计算时就用轴线 AB 来代替。

其次对载荷进行简化，按载荷作用的情况，可简化为以下 3 种类型：

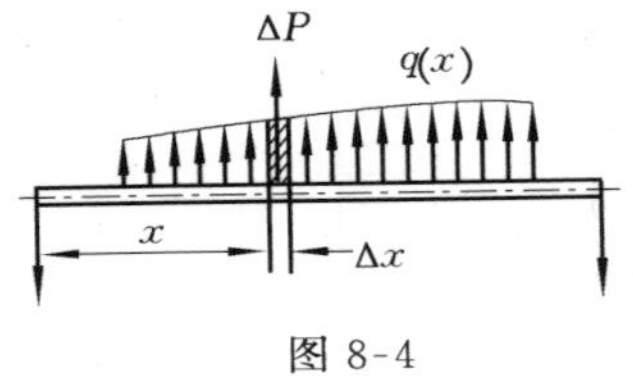

图 8-4

(1) 分布载荷。载荷连续分布于梁上，则可将其简化为分布载荷(distributed force)。均匀分布的载荷简称均布载荷，例如吊车大梁的自重(图 8-1(a))。分布载荷的大小可用载荷集度 $q(x)$来表示。设梁段 Δx 上分布载荷的合力为 ΔP，如图 8-4 所示，则

$$q(x)=\lim_{\Delta x\to 0}\frac{\Delta P}{\Delta x}$$

其单位为 N/m 或 kN/m。

(2) 集中力。图 8-5(a)所示为一个装有斜齿轮传动轴的示意图，作用于斜齿轮上的啮合力可分解为切向力 P_t、径向力 P_r 和轴向力 P_x。若只讨论 P_r 对轴的作用时，由于齿轮对轴的作用力的接触长度与轴的长度相比很小，因此可将作用力简化为集中力(图 8-5(b))。集中力(concentrated force)的单位为 N 或 kN。

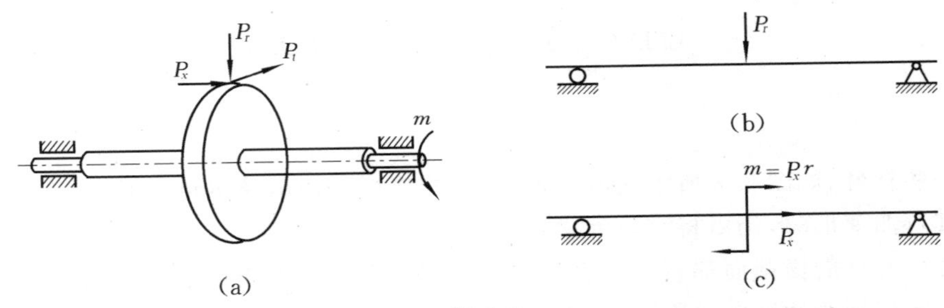

图 8-5

(3) 集中力偶。对图 8-5(a)所示的齿轮轴，若只讨论 P_x 对轴的作用，可将 P_x 平移到轴线上，得到一个轴向力 P_x 和一个集中力偶矩 $m=P_x r$(图 8-5(c))。其中 r 为齿轮啮合点到圆轴轴线间的距离，m 为集中力偶。集中力偶的单位为 N·m 或 kN·m。

前面曾提到，作用在梁上的外力包括载荷和支座反力。为了分析支座反力，必须对梁的约束进行简化。通常可简化为如下 3 种理想的形式：

(1) 可动铰支座。如果梁在支承点不能沿垂直于支承面方向移动，但可沿支承面移动及绕支承点转动，此约束可简化为可动铰支座。它的约束反力只有沿垂直方向上的力 R_A（图 8-6(a)）。

(2) 固定铰支座。梁在支承点既不能沿垂直于支承面的方向移动，又不能沿支承面移动，只能绕支承点转动，此约束可简化为固定铰支座。其约束反力为垂直方向上的力 R_A 和水平方向上的力 H_A（图 8-6(b)）。

(3) 固定端。梁在支承点既不能移动又不能转动，此约束简化为固定端。其约束反力为垂直方向上的力 R_A、水平方向上的力 H_A 以及约束反力偶 m_A（图 8-6(c)）。

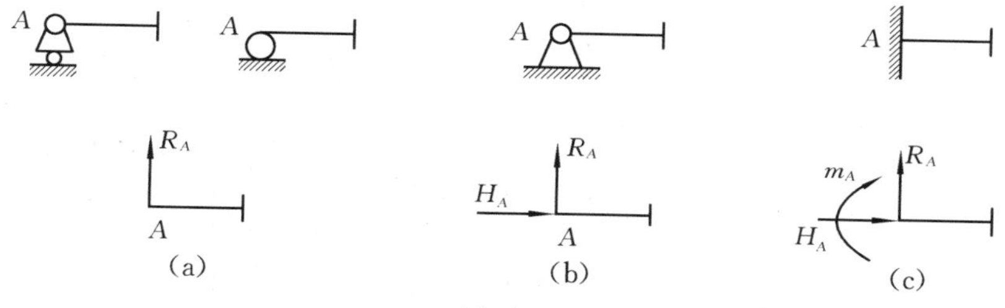

图 8-6

平面弯曲时，所有作用于纵向面内的外力为平面力系，因而可建立 3 个独立的平衡方程。若梁上未知反力只有 3 个，则可通过静力平衡方程求解，这样的梁称为静定梁，通常有如下 3 种形式：

(1) 简支梁。梁的一端为固定铰支座，另一端为可动铰支座，称为简支梁(simply supported beam)，如图8-7(a)所示。梁在两支座之间的部分称为跨，跨的长度称为跨度。

(2) 外伸梁。梁由一个固定铰支座和一个可动铰支座支承，但梁的一端或两端由伸出支座之外，称为外伸梁，如图 8-7(b)所示。

(3) 悬臂梁。梁的一端固定，一端自由，称为悬臂梁(cantilever beam)，如图 8-7(c)所示。

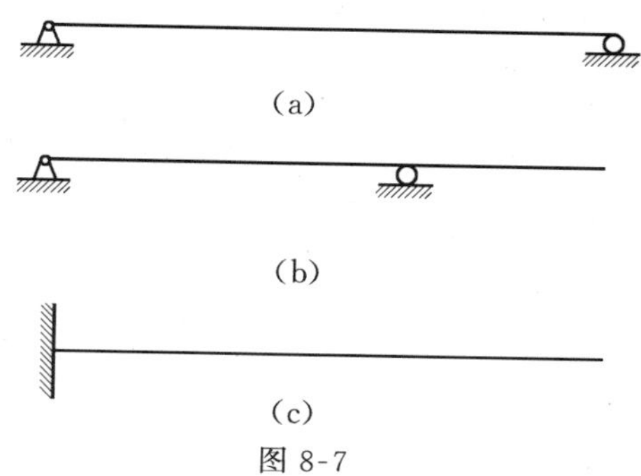

图 8-7

8.3　弯曲内力——剪力和弯矩

为了对梁进行强度和刚度计算，首先应确定梁在外力作用下任一横截面上的内力。求内力的方法仍为截面法。

现以简支梁为例，说明横截面上内力的计算方法与步骤。如图 8-8(a)所示的简支梁承受集中力 P_1，P_2 的作用，求 m-m 截面上的内力。首先由静力平衡方程确定支反力 R_A，R_B，然后由截面法求 m-m 截面上的内力。在 m-m 截面处用一假想的截面将梁切开，分成左右两段。在切开的横截面上，应加上两段间相互作用的内力 Q 和 M。它们是大小相等、方向(或转向)相反的两对内力(图 8-8(b)、(c))。由于梁上的外力均垂直于轴线，因此，m-m 截面上的轴向力为零。

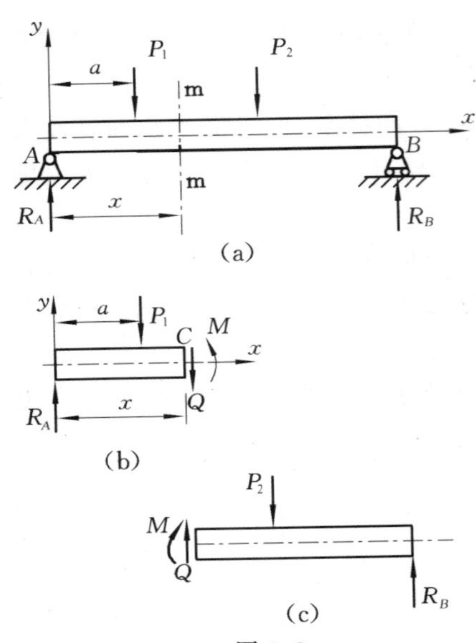

图 8-8

现以左段梁为研究对象，在该段梁上作用有内力 Q 和 M，外力 R_A，P_1（图 8-8(b)）。这些内力和外力在 y 轴上的投影的代数和应为零，即 $\sum Y = 0$，由此得

$$R_A - P_1 - Q = 0, \quad Q = R_A - P_1 \tag{1}$$

所有作用在左段梁上的内力和外力对 m-m 截面的形心取矩，其代数和也应为零，即 $\sum m_C = 0$，由此得

$$M + P_1(x-a) - R_A x = 0$$

$$M = R_A x - P_1(x-a) \tag{2}$$

由(1)、(2)两式可求得横截面 m-m 上的内力 Q 和 M。内力 Q 与横截面相切，称为剪力(shear force)；内力 M 位于梁的纵向对称面内，称为弯矩(bending moment)。

同样也可以右段梁为研究对象(图 8-8(c))，由平衡方程求得 m-m 截面上的剪力和弯矩，显然在数值上与左段梁求得的结果相同，但方向(或转向)却相反，因为它们是作用与反作用的关系。

为了使截面左右两段梁为研究对象时，所求得截面的剪力和弯矩，不但在数值上相等，而且符号也相同，需要对剪力和弯矩作一个符号规定。符号规则可与梁的变形相联系来规定。可假设在横截面 m-m 处截取微段梁 dx(图 8-9)，规定：若剪切变形与图 8-9(a)所示的变形相同，即梁发生左侧截面向上、右侧截面向下的相对错动时，剪力为正，反之为负(图 8-9(b))；若弯曲变形与图 8-9(c)所示的变形相同，即梁发生凹向上的变形时，弯矩为正，反之为负(图 8-9(d))。

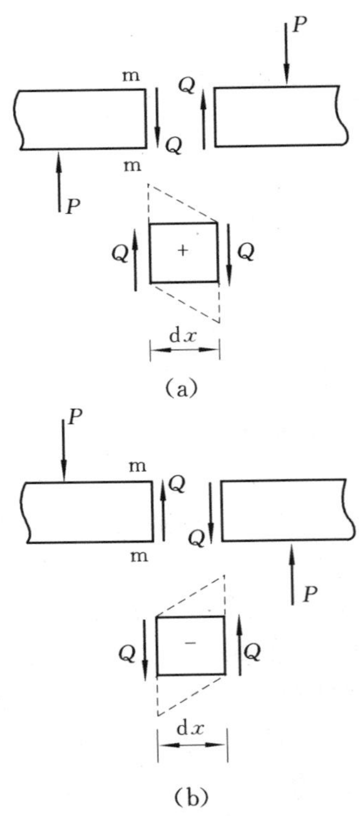

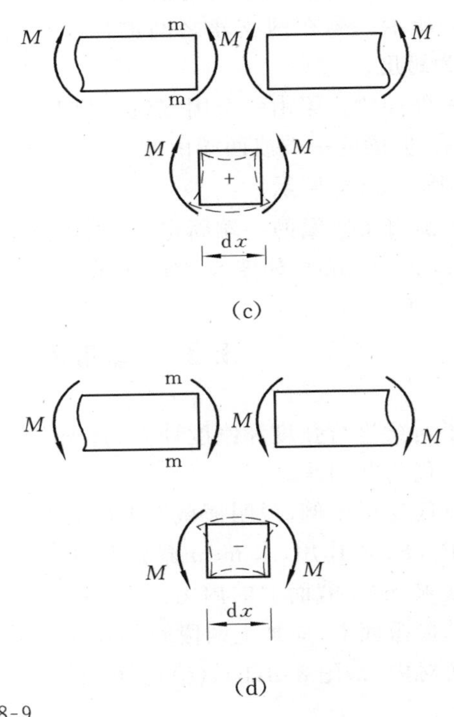

图 8-9

根据上述规定，判断剪力和弯矩的正负，不仅要看其实际方向，而且要看作用面。截面上的剪力和弯矩一般应假设为正方向，这样由静力平衡方程所得到的正负值即与内力实际的正负值相一致。

例 8.1 简支梁 AB 受力如图 8-10(a)所示。试求 C 和 D 两截面上的剪力和弯矩。

解 (1) 求支反力(图 8-10(a))。由平衡方程：

$$\sum m_B = 0,\quad R_A\times6-4\times4.5-6\times3\times1.5=0$$

$$\sum m_A = 0,\quad -R_B\times6+4\times1.5+6\times3\times4.5=0$$

得

$$R_A=7.5\text{kN},\quad R_B=14.5\text{kN}$$

支反力方向如图 8-10(a)所示。

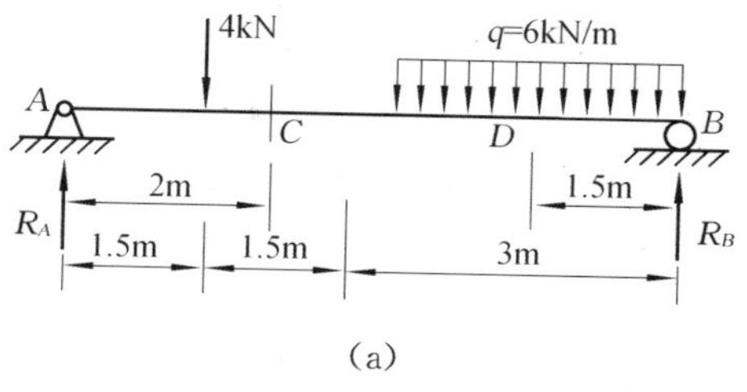

(a)

再由平衡方程：

$$\sum Y = 0,\quad 7.5-4-6\times3+14.5=0$$

可知支反力计算正确。

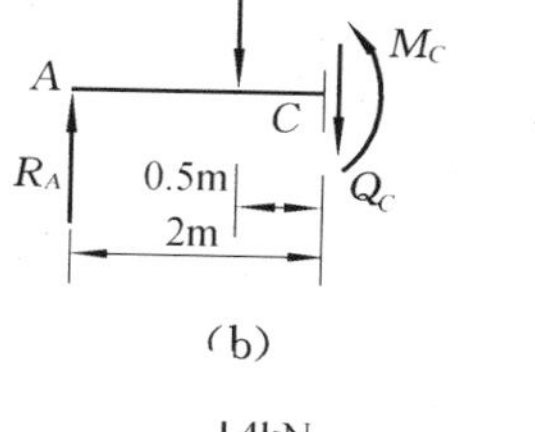

(b)

(2) 求 C 截面上的剪力 Q_C 和弯矩 M_C。在 C 截面处将梁截开，以左段梁为研究对象，假设剪力 Q_C 和弯矩 M_C 沿正方向(图8.10(b))。由平衡方程，得

$$\sum Y = 0,\quad Q_C=7.5-4=3.5(\text{kN})$$

$$\sum m_C = 0,\quad M_C=7.5\times2-4\times0.5=13(\text{kN}\cdot\text{m})$$

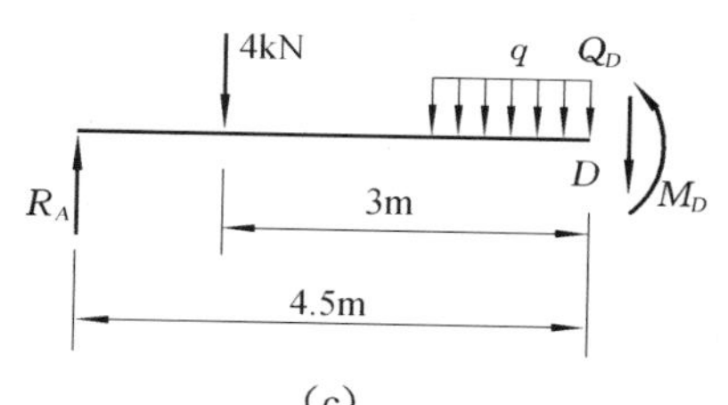

(c)

(3) 求 D 截面上的剪力 Q_D 和弯矩 M_D。同样地，将 D 截面截开，以左段梁为研究对象(图8-10(c))，由平衡方程可得到 D 截面上的剪力 Q_D 和弯矩 M_D 为

$$Q_D=7.5-4-6\times1.5=-5.5(\text{kN})$$

$$M_D=7.5\times4.5-4\times3-6\times1.5\times0.75=15(\text{kN}\cdot\text{m})$$

在求 D 截面的剪力与弯矩时，由于 D 截面右侧梁段上外力较少，计算比较方便，因此可取右段梁为研究对象(图 8-10(d))，由平衡方程，得

$$Q_D=6\times1.5-14.5=-5.5(\text{kN})$$

$$M_D=14.5\times1.5-6\times1.5\times0.75=15(\text{kN}\cdot\text{m})$$

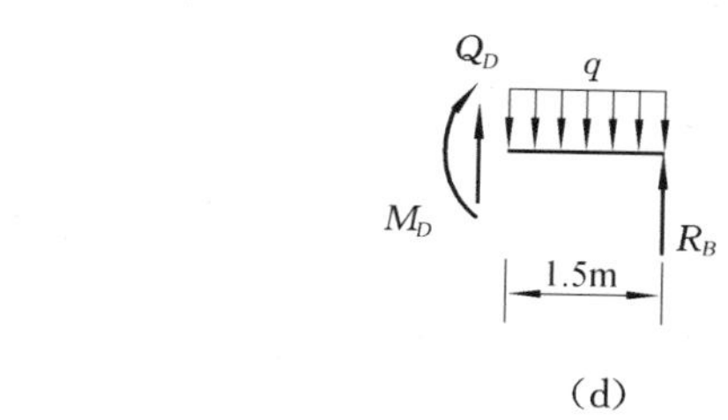

(d)

图 8-10

剪力 Q_D 为负，说明剪力的实际方向与假设的方向相反，该截面的剪力是负剪力；弯矩 M_D 为正，说明该截面的弯矩是正弯矩。

从上面对剪力和弯矩的计算可得到直接计算梁的横截面上剪力和弯矩的规律：

(1) 横截面上的剪力在数值上等于该截面的左边或右边梁上所有外力在与轴线垂直方向投影的代数和。截面左边梁上向上的外力或右边梁上向下的外力引起正的剪力；反之，引起负的剪力。

(2) 横截面上的弯矩在数值上等于该截面的左边或右边梁上所有外力对截面形心取矩的代数和。截面左边梁上外力对截面形心之矩为顺时针方向，或右边梁上外力对截面形心之矩为逆时针方向的力矩，引起正的弯矩；反之，引起负的弯矩。

下面举例说明应用直接法计算截面上的剪力和弯矩的方法。

例 8.2 外伸梁如图 8-11 所示，求 C 截面上的剪力和弯矩。

解 (1) 求支反力。利用载荷和垂直方向约束的对称性，可求得梁的支反力为 $R_A=R_B=2qa$，方向如图

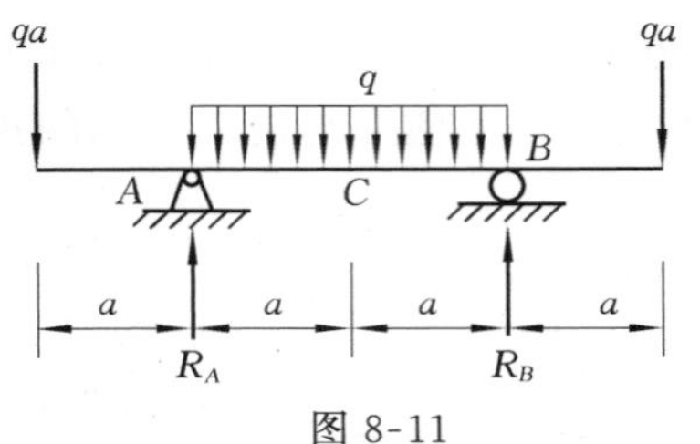

图 8-11

8-11 所示。

(2) 求 C 截面上的剪力 Q_C 和弯矩 M_C。由于 C 截面左边梁上的外力有向下作用的力 qa 及分布载荷 q 和向上的支反力 $2qa$，故 C 截面上的内力值为

$$Q_C=-qa-qa+2qa=0$$

$$M_C=-qa\times 2a-qa\times\frac{a}{2}+2qa\times a=-\frac{qa^2}{2}$$

8.4 剪力图和弯矩图

在一般受力情况下，梁各截面上的剪力和弯矩是不相同的。对于梁的强度计算而言，最大剪力、最大弯矩所在的截面都是危险截面。要确定危险截面的位置，必须知道剪力、弯矩沿梁轴的变化情况。为此，可用横坐标 x 表示横截面沿梁轴线的位置，则剪力 Q 和弯矩 M 可表示为坐标 x 的函数，即

$$Q=Q(x),\quad M=M(x)$$

它们分别称为剪力方程和弯矩方程。

为了清楚地表明梁各截面上剪力和弯矩沿梁轴线的变化，与绘制轴力图和扭矩图一样，可用图线来表示。作图时，取平行于梁轴线的直线为横坐标 x 轴，坐标 x 表示各截面的位置；以纵坐标表示相应截面上的剪力、弯矩的大小及正负。这种表示梁各截面上剪力和弯矩的图线称为剪力图（shear force diagram）和弯矩图（bending moment diagram）。

下面举例说明如何建立剪力方程和弯矩方程，以及绘制剪力图和弯矩图的方法。

例 8.3 简支梁 AB 受力情况如图 8-12(a)所示。试写出该梁的剪力方程和弯矩方程，并作剪力图和弯矩图。

解 (1) 求支反力。根据载荷及垂直方向约束的对称性，可求得梁的支反力 $R_A=R_B=\frac{ql}{2}$，方向如图 8-12(a)所示。

(2) 建立剪力方程和弯矩方程。以梁的左端点 A 为 x 的坐标原点，取坐标为 x 的任一横截面的左段梁为研究对象(图 8-12(b))。由平衡方程：

$$\sum Y=0,\quad \frac{ql}{2}-qx-Q(x)=0$$

$$\sum m_C=0,\quad M(x)-\frac{ql}{2}x+qx\cdot\frac{x}{2}=0$$

得剪力方程和弯矩方程为

$$Q(x)=\frac{ql}{2}-qx\quad(0<x<l)\qquad\text{(a)}$$

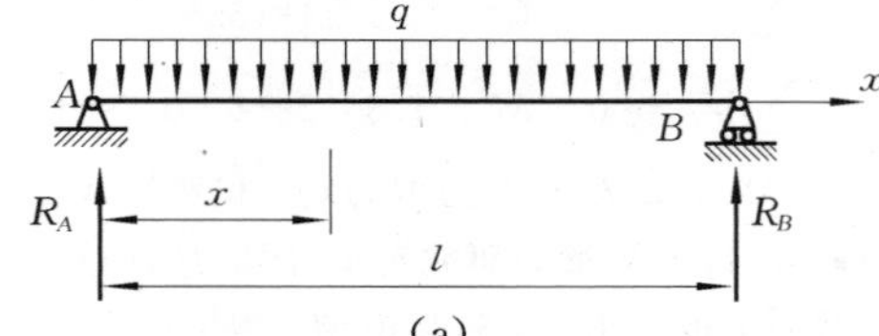

(a)

(b)

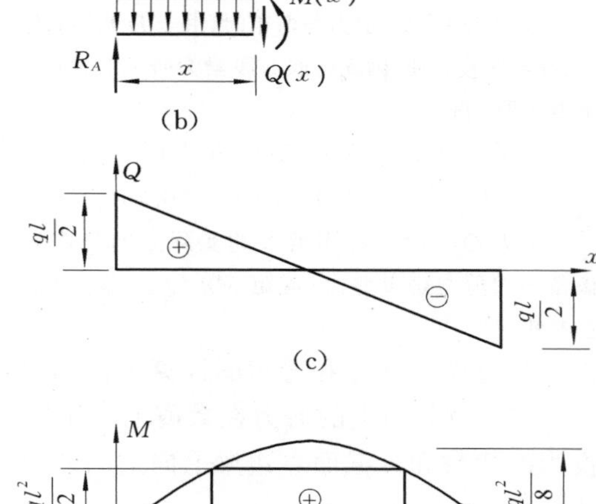

(c)

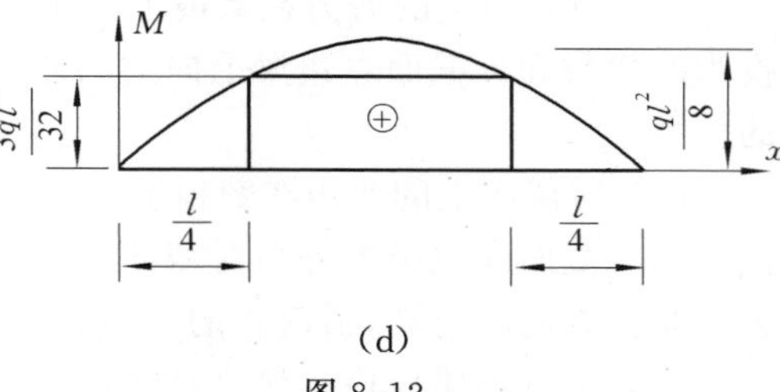

(d)

图 8-12

$$M(x)=\frac{ql}{2}x-\frac{q}{2}x^2 \quad (0\leqslant x\leqslant l) \tag{b}$$

(3) 绘制剪力图、弯矩图。根据式(a)，$Q(x)$为x的一次函数，所以剪力图为一斜直线。只需算出任意两个截面的剪力值，如端点A，B两截面的剪力，即可作出剪力图(图8-12(c))。

根据式(b)，$M(x)$为x的二次函数，所以弯矩图为抛物线，需要算出多个截面的弯矩值，才能作出曲线。例如，计算下列5个截面的弯矩值：

$$x=0,\quad x=l\text{时},\quad M=0$$

$$x=\frac{l}{4},\ x=\frac{3l}{4}\text{时},\quad M=\frac{3ql^2}{32}$$

$$x=\frac{l}{2}\text{时},\quad M=\frac{ql^2}{8}$$

由此可作出弯矩图(8-12(d))。

由剪力图知，靠近A，B两支座的横截面上剪力的绝对值最大，其值为$|Q|_{\max}=\frac{ql}{2}$；由弯矩图知，在梁的中点横截面上弯矩最大，其值为$|M|_{\max}=\frac{ql^2}{8}$。

例8.3采用以某一段梁为研究对象，由平衡方程推得剪力方程和弯矩方程。也可采用上节中介绍的两条规律，根据截面某一边梁上的外力，直接建立梁的剪力方程和弯矩方程。

例8.4 悬臂梁AB在自由端B处受集中载荷P作用，如图8-13(a)所示，试作剪力图和弯矩图。

解 对于悬臂梁，可以不计算支反力。在本例中，可将坐标原点取在梁的左端点，取坐标为x的任一横截面的右段梁为研究对象。这样，在建立剪力和弯矩方程时，与支反力的大小就无关了。

(1) 建立剪力方程和弯矩方程。根据x截面右边梁上的外力，按照直接法，可得该截面上的剪力方程和弯矩方程如下：

$$Q(x)=P \quad (0<x<l) \tag{a}$$

$$M(x)=-P(l-x) \quad (0\leqslant x\leqslant l) \tag{b}$$

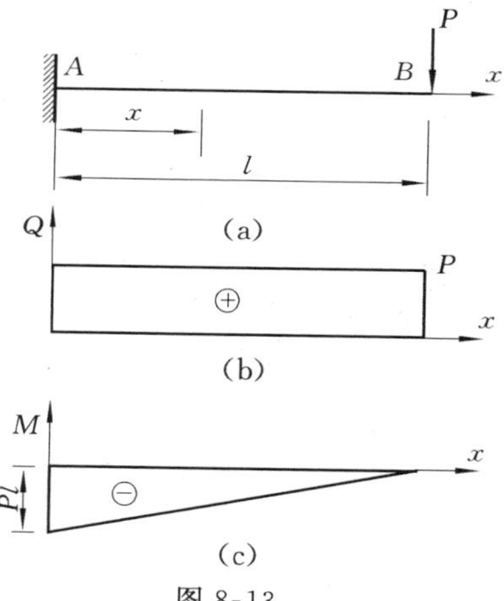

图8-13

(2) 绘制剪力图和弯矩图。根据式(a)，$Q(x)$为常数，所以剪力图为平行于x轴的直线。只需算出任意截面上的剪力值，如端点B截面上的剪力值，即可作出剪力图(图8-13(b))。根据式(b)，$M(x)$为x的一次函数，所以弯矩图为斜直线。只需算出任意两个截面的弯矩值，如梁的右端和左端(稍右)两截面上的弯矩值：$x=0$时，$M=-Pl$；$x=l$时，$M=0$，即可作出弯矩图(图8-13(c))。

例8.5 简支梁AB承受集中载荷P的作用，如图8-14(a)所示，试作剪力图和弯矩图。

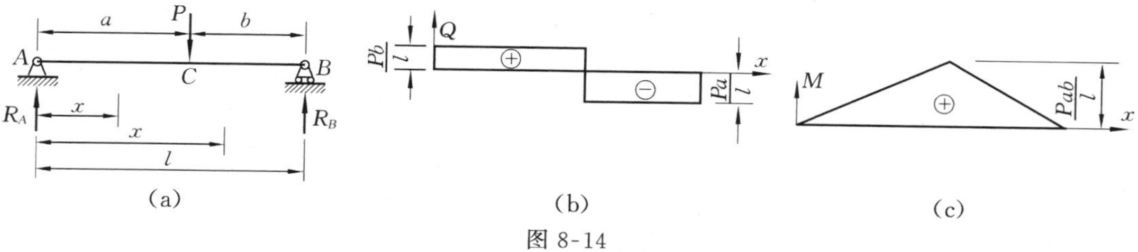

图8-14

解 (1) 求支反力。由平衡方程：

$$\sum m_A=0,\quad R_Bl-Pa=0$$

$$\sum m_B=0,\quad R_Al-Pb=0$$

得 $R_A=\frac{b}{l}P$，$R_B=\frac{a}{l}P$，方向如图 8-14(a)所示。

(2) 建立剪力方程和弯矩方程。以梁左端点 A 为坐标原点。取坐标为 x 的任一横截面，由图可见，在 AC 段内任一横截面的左边梁上的外力只有支反力 R_A，而在 CB 段内任一截面的左边梁上的外力有支反力 R_A 和载荷 P 两个力，所以在这两段梁上，剪力方程和弯矩方程是各不相同的，必须分段建立方程。

AC 段：$Q_1(x)=R_A=\frac{b}{l}P \qquad (0<x<a)$ (a)

$M_1(x)=R_Ax=\frac{b}{l}Px \quad (0\leqslant x\leqslant a)$ (b)

CB 段：$Q_2(x)=R_A-P=-\frac{a}{l}P \qquad (a<x<l)$ (c)

$M_2(x)=R_Ax-P(x-a)=\frac{a}{l}P(l-x) \quad (a\leqslant x\leqslant l)$ (d)

(3) 绘制剪力图和弯矩图。

根据(a)、(c)两式，$Q_1(x)$ 和 $Q_2(x)$ 分别为常数，故剪力图为两条平行于 x 轴的直线(图 8-14(b))。

根据(b)、(d)两式，$M_1(x)$ 和 $M_2(x)$ 均为 x 的一次函数，故弯矩图为两条斜直线(图 8-14(c))。

由剪力图和弯矩图可知，在 $a>b$ 的情况下，绝对值最大的剪力在 CB 段上，其值为 $|Q|_{\max}=\frac{a}{l}P$；最大弯矩在集中力作用处，其值为 $M_{\max}=\frac{ab}{l}P$。

例 8.6 简支梁 AB 在 C 点处承受集中力偶 m 的作用，如图 8-15(a)所示，试作剪力图和弯矩图。

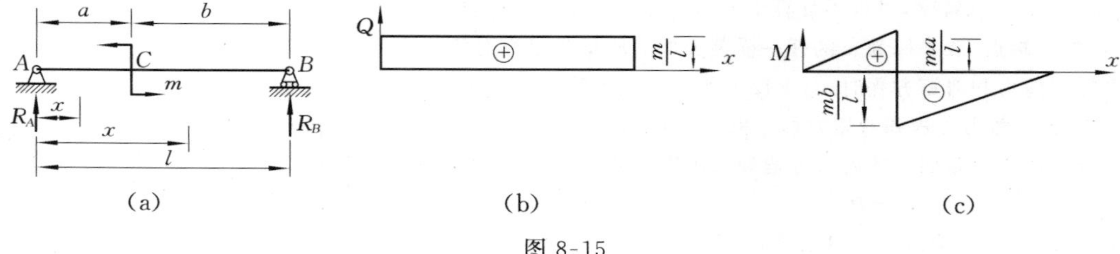

图 8-15

解 (1) 求支反力。由平衡方程可求得 A,B 两支座处的支反力分别为

$$R_A=\frac{m}{l},\quad R_B=\frac{m}{l}$$

方向如图 8-15(a)所示。支反力 R_B 为负值，表示其方向与图中假设的方向相反。

(2) 建立剪力方程和弯矩方程。由于梁上 C 截面处作用有集中力偶，则该截面两侧梁的内力方程是不相同的，故需分段建立剪力和弯矩方程。将坐标原点取在梁的左端点 A 处，根据截面右边梁段上的外力，建立剪力和弯矩方程为

AC 段：$Q_1(x)=-R_B=\frac{m}{l} \qquad (0<x\leqslant a)$ (a)

$M_1(x)=R_B(l-x)+m=\frac{m}{l}x \quad (0\leqslant x<a)$ (b)

CB 段：$Q_2(x)=-R_B=\frac{m}{l} \qquad (a\leqslant x<l)$ (c)

$M_2(x)=R_B(l-x)=-\frac{m}{l}(l-x) \quad (a<x\leqslant l)$ (d)

(3) 绘制剪力图和弯矩图。根据(a)、(c)两式可知，$Q_1(x)$ 和 $Q_2(x)$ 均为常数而且相等，因此，AB 梁的剪力图为一条平行于 x 轴的直线(图 8-15(b))。

根据(b)、(d)两式可知，$M_1(x)$ 和 $M_2(x)$ 均为 x 的一次函数，故弯矩图为两条斜直线(图8-15(c))。

由剪力图和弯矩图可知，当 $a<b$ 的情况下，绝对值最大的弯矩发生在集中力偶作用处的右边截面上，其

值为

$$|M|_{\max}=\frac{b}{l}m$$

例 8.7 外伸梁如图 8-16(a)所示，试作剪力图和弯矩图。

解 (1) 求支反力。由平衡方程，可求得 A，B 两支座处的支反力分别为

$$R_A=14\text{kN},\quad R_B=20\text{kN}$$

方向如图 8-16(a)所示。

(2) 建立剪力方程和弯矩方程。该梁在图示外力作用下，应分为 AC，CB，BD 三段分别建立剪力和弯矩方程。将坐标原点取在梁的左端点 A 处，三段内的剪力方程和弯矩方程分别为

AC 段：$Q_1(x)=R_A=14\text{kN}\quad(0<x<0.4\text{m})$ (a)

$M_1(x)=R_Ax=14x\text{kN}\cdot\text{m}\quad(0\leqslant x\leqslant 0.4\text{m})$ (b)

CB 段：$Q_2(x)=R_A-P=-16\text{kN}\quad(0.4\text{m}<x<0.8\text{m})$ (c)

$M_2(x)=R_Ax-P(x-0.4)=(-16x+12)\text{kN}\cdot\text{m}\quad(0.4m\leqslant x\leqslant 0.8\text{m})$ (d)

BD 段：$Q_3(x)=q(1.2-x)=10(1.2-x)\text{kN}\quad(0.8\text{m}<x\leqslant 1.2\text{m})$ (e)

$M_3(x)=-\frac{q}{2}(1.2-x)^2=-5(1.2-x)^2\text{kN}\cdot\text{m}\quad(0.8\text{m}\leqslant x\leqslant 1.2\text{m})$ (f)

(3) 绘制剪力图和弯矩图。根据式(a)、(c)、(e)作剪力图(图 8-16(b))；根据式(b)、(d)、(f)作弯矩图(图 8-16(c))。

由剪力图和弯矩图可知，绝对值最大的剪力发生在 CB 段，其值为 $|Q|_{\max}=16\text{kN}$；最大弯矩发生在 C 截面处，其值为 $M_{\max}=5.6\text{kN}\cdot\text{m}$。

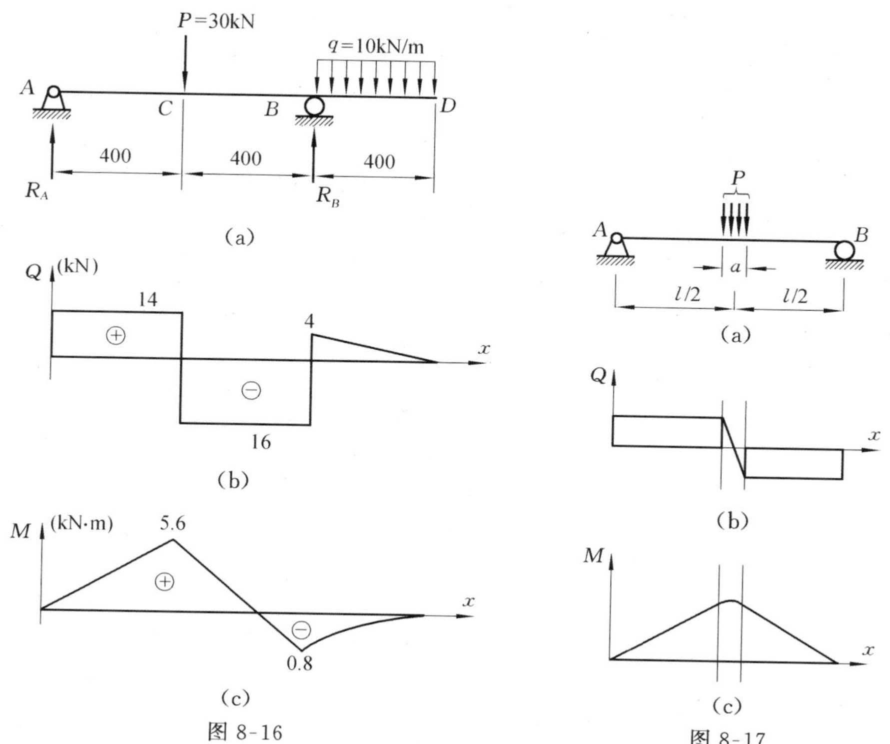

图 8-16

图 8-17

由以上各例可知，剪力图和弯矩图有如下规律：

(1) 在集中力作用处，剪力图有突变，突变值等于集中力的值，突变方向(从左向右看)与集中力引起梁段上的剪力符号一致，即引起正剪力的集中力向上突变，反之则向下突变；弯矩

图在此则有一折角。

(2) 在集中力偶作用处，弯矩图有突变，突变值等于集中力偶的值，突变方向(从左向右看)与集中力偶引起梁段上的弯矩符号一致，即引起正弯矩的集中力偶向上突变，反之则向下突变；剪力图在此没有变化。

事实上，所谓的集中力和集中力偶是不存在的，这是因为作用在梁上的集中力都是作用在一个有限长度 a 上的分布力(图 8-17(a))，与其对应的剪力图(图 8-17(b))并未发生突变，弯矩图(图 8-17(c))也没有折角。同理，也可解释集中力偶作用的情况。

8.5 载荷集度、剪力和弯矩间的微分关系

在例 8.3 中，将剪力 $Q(x)$ 的方程对 x 取一阶导数，得到分布载荷集度 q；若将弯矩 $M(x)$ 的方程对 x 取一阶导数，则得到剪力方程。由该例得到的分布载荷集度、剪力和弯矩之间的这种微分关系不是个别现象，而是具有普遍性。掌握了这种关系，对于检查所绘制的剪力图和弯矩图是否正确很有帮助，而且还可以利用这种微分关系直接绘制剪力图和弯矩图。下面来推证这种关系。

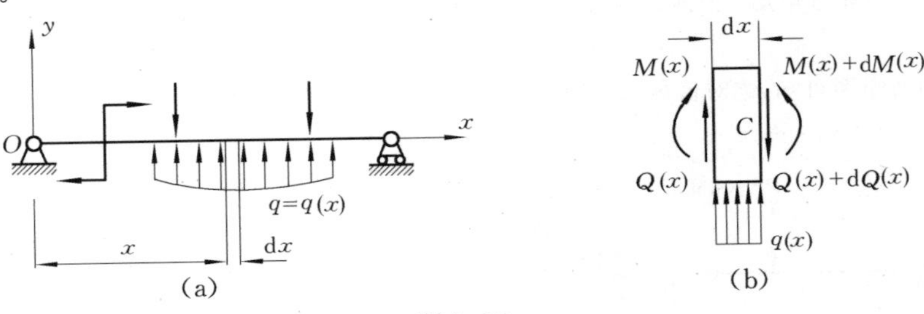

图 8-18

设一直梁承受任意载荷的作用，如图 8-18(a)所示。从该梁上截取一长度为 dx 的微段，该微段两侧截面上的内力分别为 $Q(x)$，$M(x)$，$Q(x)+dQ(x)$ 和 $M(x)+dM(x)$，假设均为正向；作用在微段上的分布载荷可认为是均匀分布的，假设向上的 q 为正，如图 8-18(b)所示。该微段的平衡方程为

$$\sum Y=0, \quad Q(x)+q(x)dx-[Q(x)+dQ(x)]=0 \tag{a}$$

$$\sum m_C=0, \quad M(x)+Q(x)dx+q(x)dx\frac{dx}{2}-[M(x)+dM(x)]=0 \tag{b}$$

由式(a)可得

$$\frac{dQ(x)}{dx}=q(x) \tag{8-1}$$

由式(b)，略去高阶微量后，得

$$\frac{dM(x)}{dx}=Q(x) \tag{8-2}$$

由式(8-1)和式(8-2)，得

$$\frac{d^2M(x)}{dx^2}=q(x) \tag{8-3}$$

式(8-1)、式(8-2)、式(8-3)即为分布载荷集度 $q(x)$、剪力 $Q(x)$ 和弯矩 $M(x)$ 之间的微分关系。需要注意的是，上述关系是在图 8-18(a)所示的坐标系中推导出来的，若改变坐标取

向，则上述关系中的正负号将发生变化。

根据 $q(x)$，$Q(x)$ 和 $M(x)$ 之间的微分关系，可得到载荷图、剪力图和弯矩图之间的一些规律如下：

（1）当梁上某段内的 $q=0$ 时，剪力为常数，弯矩为 x 的一次函数。因此，该段梁上的剪力图为平行于轴线的直线，弯矩图为斜直线。若 $Q>0$，弯矩图的斜率为正，为向右上升的斜直线；若 $Q<0$，弯矩图的斜率为负，为向右下降的斜直线。

（2）当梁上某段内 $q=$常数，剪力为 x 的一次函数，弯矩为 x 的二次函数。因此，在该段梁上的剪力图为斜直线，弯矩图为抛物线。若均布载荷 q 向上，剪力图的斜率为正，为向右上升的斜直线，弯矩图的斜率逐渐增加，为凹向上的曲线；若均布载荷 q 向下，剪力图为向右下降的斜直线，弯矩图为凹向下的曲线。在剪力 $Q=0$ 的截面上，弯矩图的斜率为零，此处的弯矩为极值。

利用上述关系可以检查例 8.3～例 8.7所得到的剪力图、弯矩图的正确性，读者可自行验证。利用这种关系，可以不必建立剪力方程和弯矩方程，直接绘制剪力图和弯矩图。其方法是：首先根据梁上载荷和约束情况将梁分成几段，再由各段内载荷的分布情况确定剪力图和弯矩图的形状，并算出特殊截面上的内力大小，然后作出全梁的剪力图和弯矩图。下面举例说明。

例 8.8 外伸梁受力情况如图 8-19(a)所示，试用微分关系作剪力图和弯矩图。

解 （1）求支反力。由平衡方程，可求得 C，B 两支座处的支反力为

$$R_C=2qa,\quad R_B=qa$$

方向如图 8-19(a)所示。

（2）绘制剪力图。根据该梁的受力情况可知，应分成 AC 和 CB 两段作图。作图时应从梁的左端点 A 开始。AC 段内无均布载荷作用，即 $q=0$，剪力图为平行于 x 轴的直线，由截面法算得 $Q_{C左}=-qa$。由于 C 支座处有向上的反力 $R_C=2qa$，所以该处剪力图发生突变，则 C 截面右侧的剪力为

$$Q_{C右}=Q_{C左}+R_C=-qa+2qa=qa$$

CB 段内，受均布载荷作用且 q 的方向向下，故剪力图为向右下降的斜直线，$Q_B=-R_B=-qa$。将各特殊截面 A，C，B 的剪力值标在坐标上，以直线连接，即可得到全梁的剪力图(8-19(b))。

（3）绘制弯矩图。仍需将梁分成 AC，CB 两段作弯矩图，作图时还应从 A 点开始。AC 段内无均布载荷作用，且 $Q<0$，故为向右下降的斜直线。由截面法求得 $M_A=0$，$M_{C左}=-qa^2$，将 A，C 截面上的弯矩值标在坐标上，用直线连接，即可得到 AC 段的弯矩图。支座 C 处有集中力偶的作用，弯矩图在此发生突变，因此有

$$M_{C右}=M_{C左}+qa^2=0$$

CB 段内有向下的均布载荷作用，弯矩图为向下凹的曲线，并且 D 点($Q_D=0$)为该曲线的极值点，该点的弯矩值为

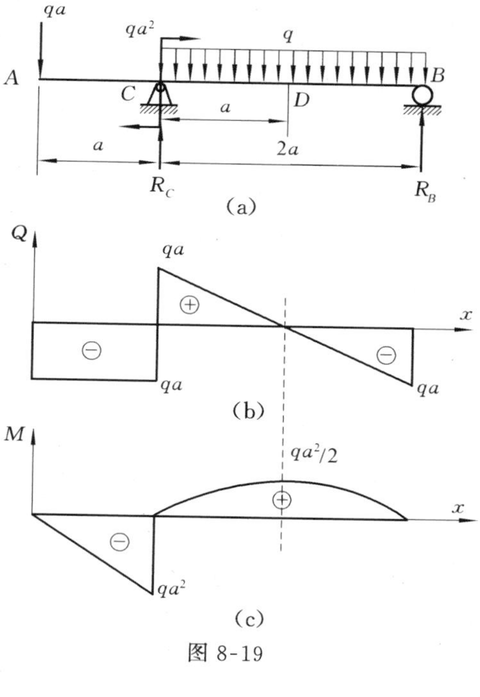

(a)

(b)

(c)

图 8-19

$$M_D=R_Ba-\frac{1}{2}qa^2=\frac{1}{2}qa^2$$

B 截面的弯矩 $M_B=0$，将 C，D，B 三截面的弯矩值标在坐标上，连接各点画出抛物线，即得 CB 段的弯矩图。全梁的弯矩图如图 8-19(c)所示。

（4）确定 $|Q|_{\max}$ 和 $|M|_{\max}$。由剪力图和弯矩图可知，梁上最大剪力和最大弯矩值为

$$|Q|_{max}=qa,\quad |M|_{max}=qa^2$$

*8.6 用叠加法作弯矩图

悬臂梁承受均布载荷 q 和集中力 $P=ql/3$ 的作用，如图 8-20(a)所示。在计算支反力和弯矩时，由于梁变形微小，其跨度的改变可以忽略不计，故可按其原始尺寸进行计算，所得结果均与梁上载荷成线性关系。例如，在距梁左端为 x 的任一截面上的弯矩为

$$M(x)=Px-\frac{1}{2}qx^2$$

梁右端点 B 处的支反力为

$$R_B=-P+ql,\quad m_B=-Pl+\frac{ql^2}{2}$$

上面各式中的第一项是集中力 P 引起的，第二项是均布载荷 q 引起的。由此可得出下面的结论：梁上同时作用几个载荷时，梁的支反力或弯矩值分别等于每个载荷单独作用时所引起的支反力或弯矩值的代数和。这是一个普遍的原理，称为叠加原理。该原理在工程力学中应用很广，将在后面的内容中多次得到应用。

现在介绍利用叠加原理绘制弯矩图的方法。例如图8-20(a)所示的悬臂梁，可视为是集中力 P(图 8-20(b))和均布载荷 q(图 8-20(c))两种载荷的叠加，分别作出 P 和 q 单独作用下的 M 图(图 8-20(d)、(e))。由于两图的弯矩具有不同的符号，因此，在叠加时可把它们放在 x 轴的同一侧，如图 8-20(f)所示。两图重叠的部分，正负值相抵消，剩余部分，注明正负号，即得所求的弯矩图。如将基线改为水平线，即得通常形式的弯矩图(图8-20(g))。

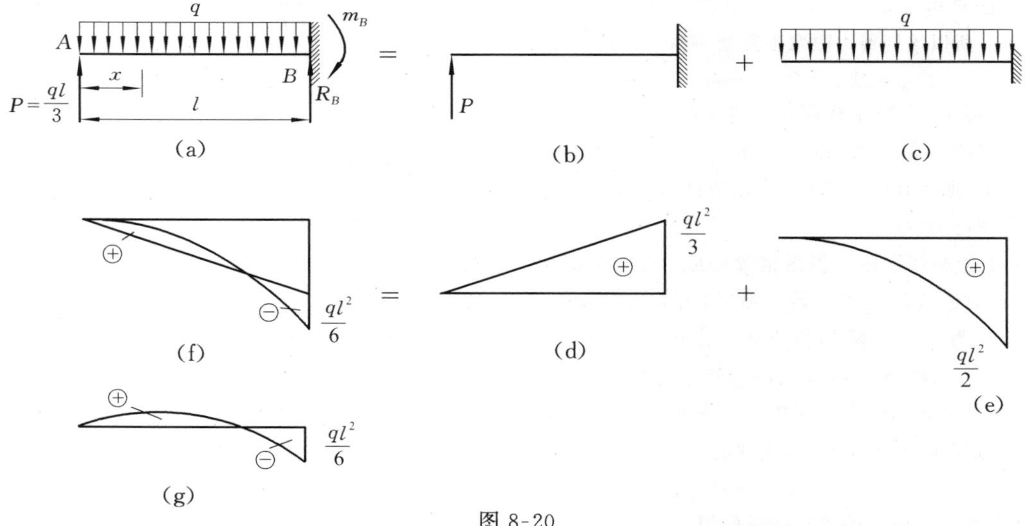

图 8-20

思 考 题

1. 根据自己的实践经验，举出一些承受弯曲变形的构件，并画出其计算简图。

2. 内力(剪力、弯矩)的符号规定与静力学中的符号规定有何区别？假设有一简支梁如图 8-21(a)所示，问：

(1) 梁上所设 Q_C, M_C 的符号是正还是负？

(2) 为求 Q_C, M_C 值，在列平衡方程 $\sum Y=0, \sum M_C=0$ 时，Q_C 和 M_C 分别用什么符号？

(3) 由平衡方程算得，$Q_C=-5\text{kN}, M_C=10\text{kN}\cdot\text{m}$，结果中的正负号说明什么？

(4) Q_C, M_C 的方向和转向最后该怎样？按内力符号规定，其符号如何？

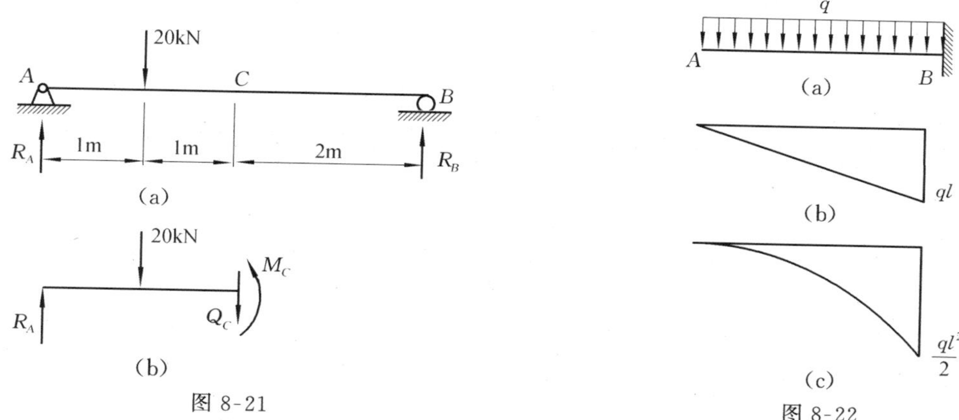

图 8-21

图 8-22

3. 悬臂梁的剪力图和弯矩图分别如图 8-22(b)、(c)所示。试问：

(1) A 点的剪力 $Q_A=0$，弯矩图在 A 点的斜率应该怎样？其弯矩值是否为极值？

(2) 弯矩图上的极值是否就是最大弯矩值？

习　　题

1. 试求如图 8-23 所示各梁中 1-1、2-2、3-3 截面的剪力和弯矩(设所求截面无限接近于 A, B 或 C 截面)。

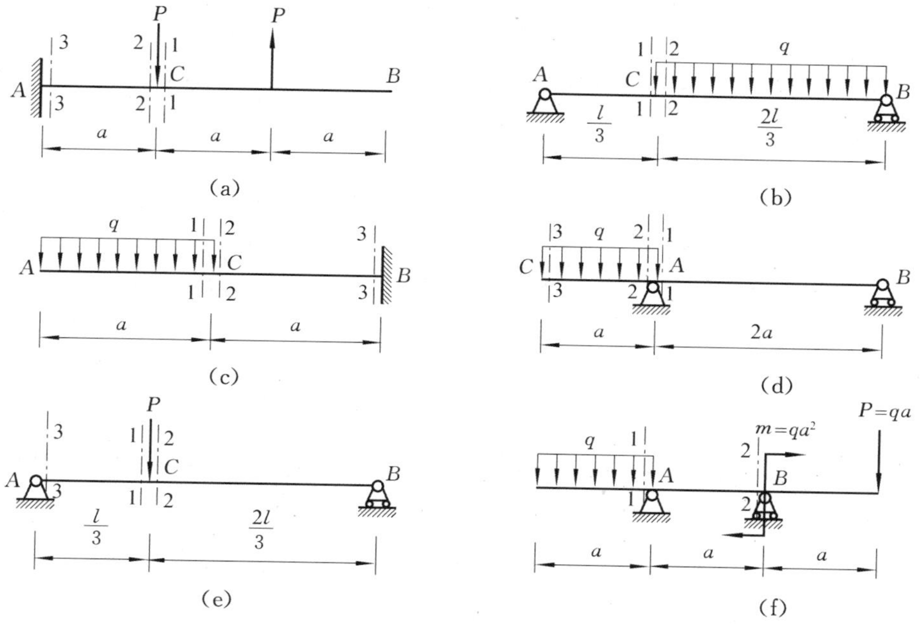

图 8-23

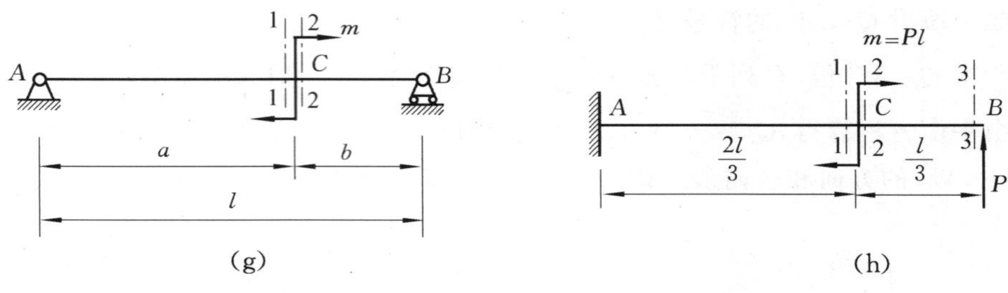

图 8-23 （续）

2. 试列出图 8-24 所示各梁的剪力方程，弯矩方程，并作出剪力图和弯矩图及确定 $|Q|_{\max}$，$|M|_{\max}$的值。

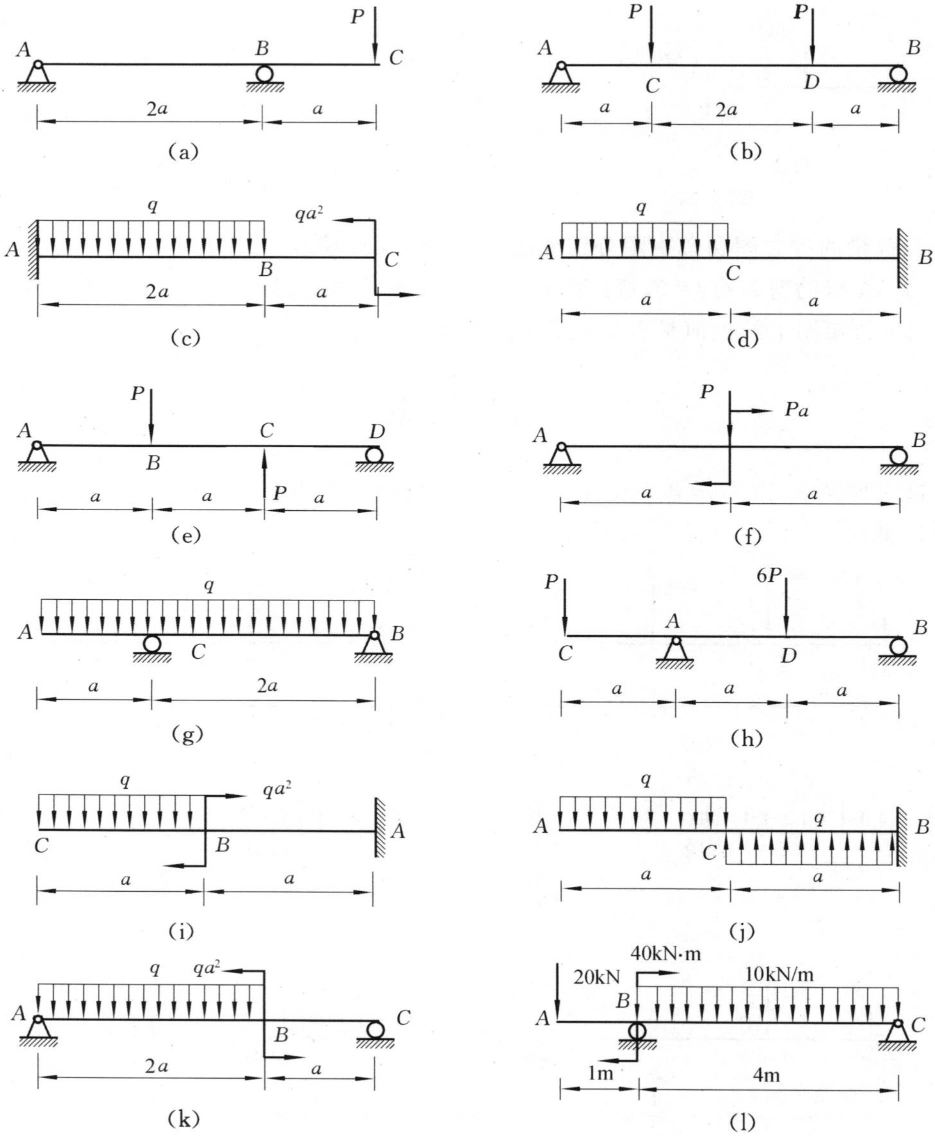

(a) (b) (c) (d) (e) (f) (g) (h) (i) (j) (k) (l)

图 8-24

3. 如图 8-25 所示，试用载荷集度、剪力和弯矩之间的微分关系作剪力图和弯矩图，并确定$|Q|_{\max}$和$|M|_{\max}$的值。

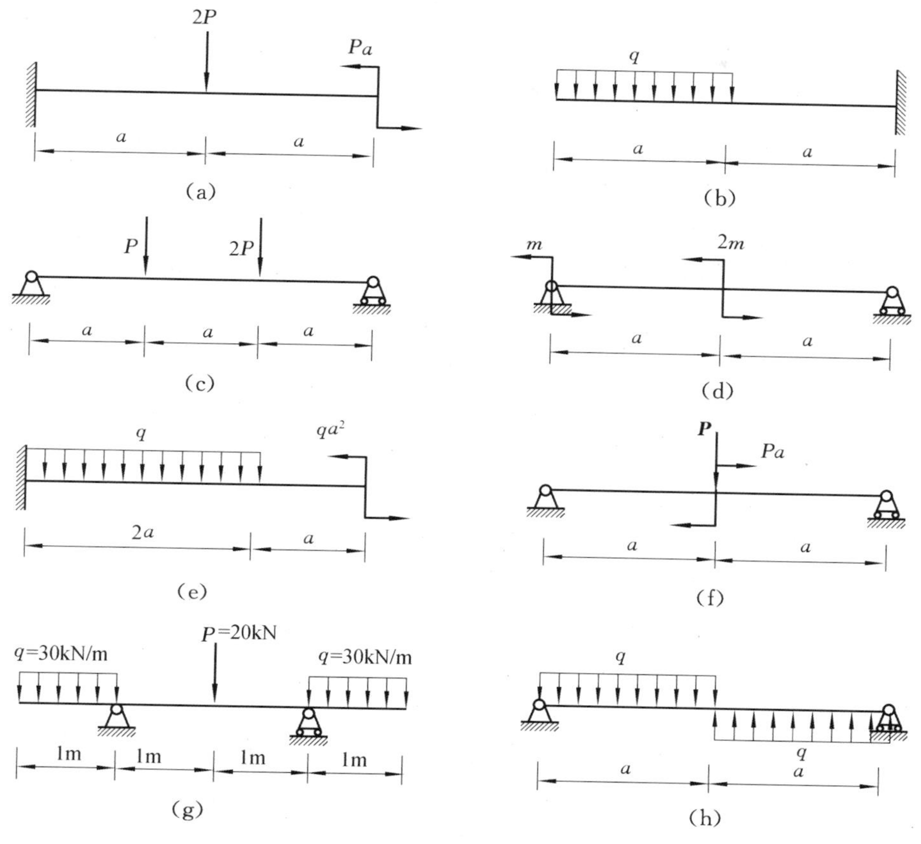

图 8-25

4. 如图 8-26 所示，室外立式塔设备的风力载荷可简化为两段均布力，下段风力为 p_1 (kN/m^2)，上段风力为 p_2(kN/m^2)，塔的直径为 d。若 p_1，p_2，h_1，h_2 和 d 均已知，试作剪力图和弯矩图，并确定$|Q|_{\max}$，$|M|_{\max}$的值。（提示：风力等于风压乘以塔身的迎风面积，迎风面积即为塔在垂直于风力方向上的投影面积。）

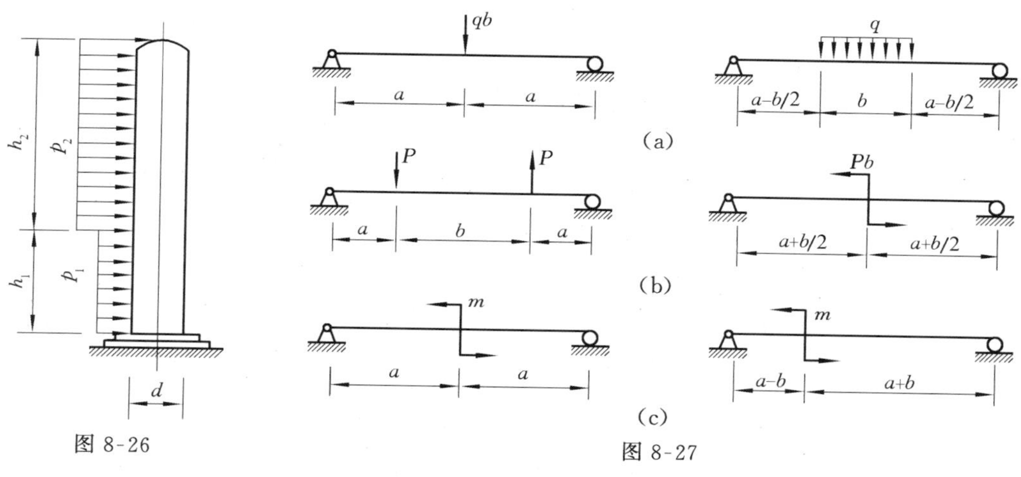

图 8-26

图 8-27

5. 若图 8-27(a)中的合力用分布载荷代替,图(b)中一对相反的集中力用一力偶代替,图(c)中力偶在梁上的位置发生改变。试分析剪力图和弯矩图有无变化,以及对$|Q|_{\max}$,$|M|_{\max}$值将产生什么影响。

6. 利用载荷集度、剪力和弯矩之间的微分关系,检查如图 8-28 所示各梁的剪力图和弯矩图,并改正图中的错误。

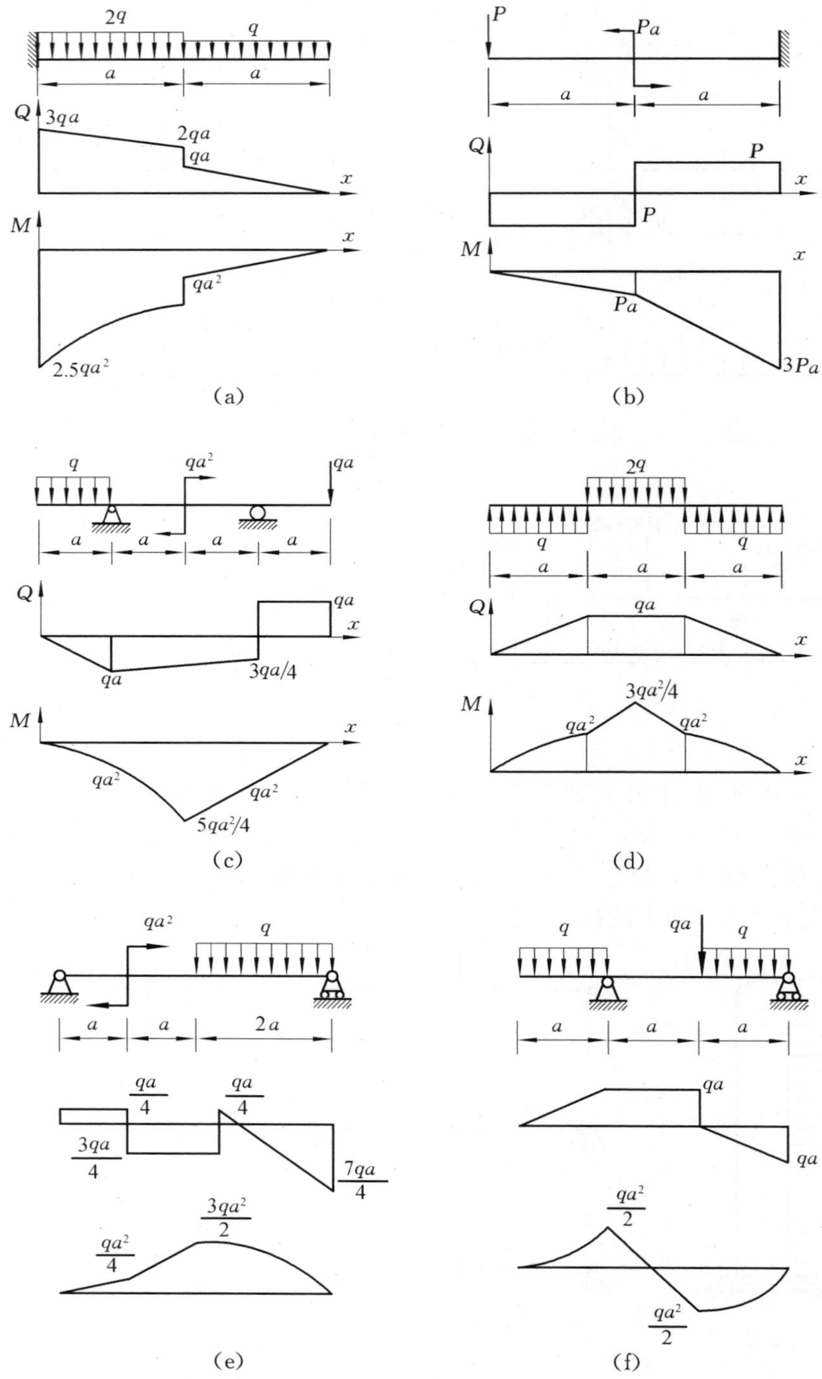

图 8-28

7. 如图 8-29 所示带有中间铰 C 的三支点梁承受载荷 q 的作用，试作该梁的剪力图和弯矩图。（提示：在中间铰 C 处拆开）

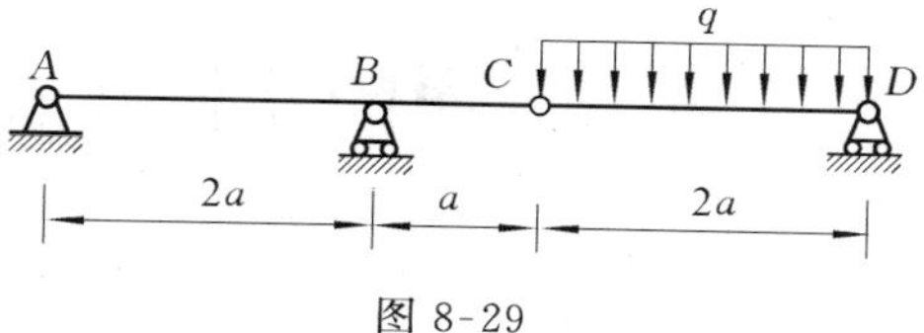

图 8-29

8. 利用弯曲内力的知识，说明为何将图 8-30 所示的标准双杠的尺寸设计成 $a=l/4$。

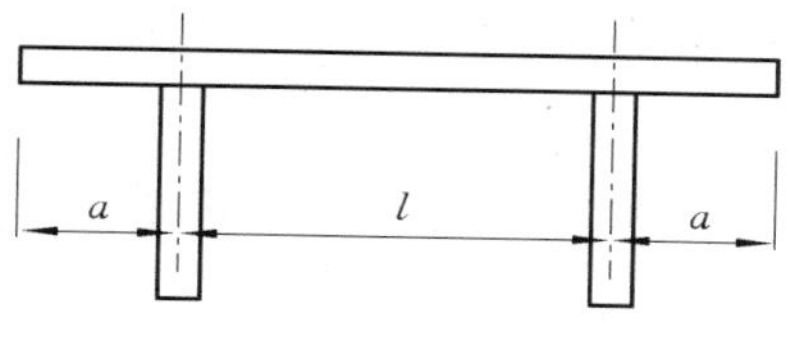

图 8-30

9. 试用叠加法作图 8-31 所示各梁的弯矩图。

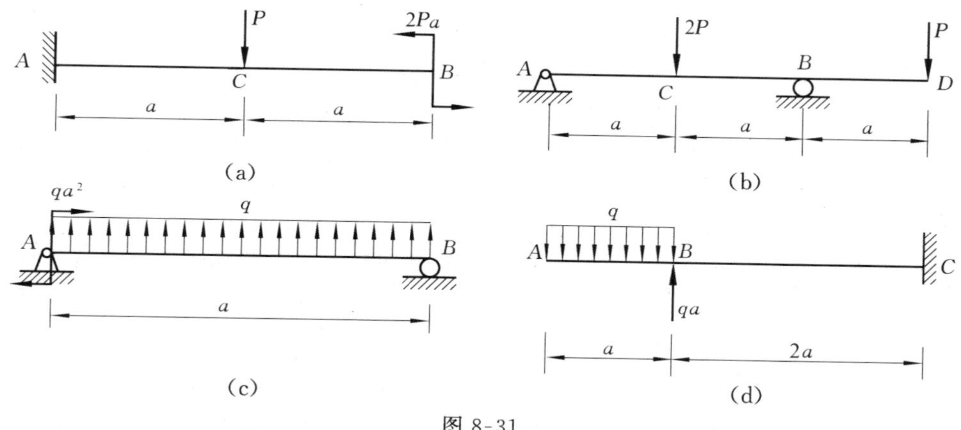

图 8-31

第9章 截面的几何性质

计算在外力作用下构件的应力和变形时，必然要涉及到构件横截面的形状和几何尺寸。例如，轴向拉伸或压缩杆件的应力和变形计算中要用到杆的横截面面积 A；扭转时，要用到横截面的极惯性矩 I_p。A，I_p 等从不同角度反映了截面的几何特性，因此，称它们为截面的几何性质。本章将集中介绍材料力学中常见的一些截面的几何性质。

9.1 静矩和形心

9.1.1 静矩

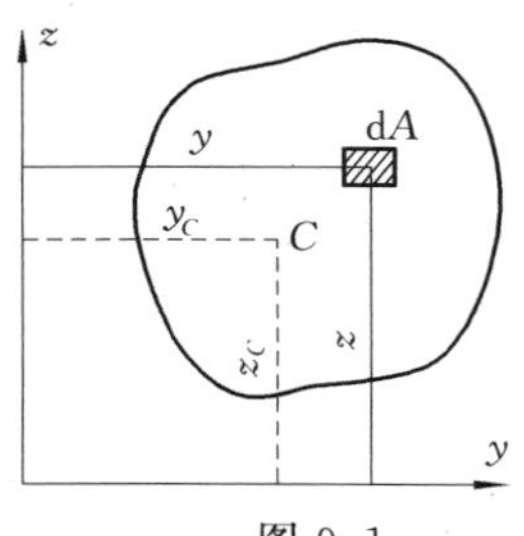

图 9-1

设任一截面图形如图 9-1 所示，其面积为 A。在坐标(y,z)处取一微面积 dA，zdA 和 ydA 分别称为微面积 dA 对 y 轴和 z 轴的静矩(static moment)，则定义

$$\begin{cases} S_y = \int_A z\,dA \\ S_z = \int_A y\,dA \end{cases} \tag{9-1}$$

分别为截面对 y 轴和 z 轴的静矩。静矩与坐标轴的选取有关，同一截面对不同轴的静矩各不相同。它可能为正值或负值，也可能为零。静矩的量纲为长度的三次方。

9.1.2 截面的形心

截面的形心就是截面图形的几何中心。对于均质等厚度薄板，形心和重心重合，因而可借助于静力学中求重心坐标的公式求截面的形心。设图 9-1 所示的均质等厚薄板重心为 C，则其坐标为

$$\begin{cases} y_C = \dfrac{\int_A y\,dA}{A} = \dfrac{S_z}{A} \\ z_C = \dfrac{\int_A z\,dA}{A} = \dfrac{S_y}{A} \end{cases} \tag{9-2}$$

式(9-2)也是确定截面形心的坐标公式。

式(9-2)表明，若已知截面对 z 轴与 y 轴的静矩及其面积时，即可确定截面形心坐标(y_C, z_C)。式(9-2)也可改写为

$$\begin{cases} S_z = Ay_C \\ S_y = Az_C \end{cases} \tag{9-3}$$

也就是说，若已知截面面积 A 及其形心坐标(y_C, z_C)时，即可按式(9-3)计算截面对 z 轴与 y 轴的静矩。由式(9-3)可知，若 $S_z=0$ 或 $S_y=0$，则有 $y_C=0$ 或 $z_C=0$，即截面对某轴的静矩为零，则该轴必通过截面的形心；反之，若某轴通过截面的形心，则截面对该轴的静矩为零。

在实际工程中，有些构件的横截面形状比较复杂，但可以视为几个简单几何图形的组合。

如常见的T形截面、工字形截面等，这类截面称为组合截面。由静矩的定义可推得，组合截面对某轴的静矩等于该截面各组成部分的面积对同一轴的静矩的代数和，即

$$S_z = \sum_{i=1}^{n} A_i y_i, \quad S_y = \sum_{i=1}^{n} A_i z_i$$

据此，由式(9-2)可得组合截面的形心坐标公式为

$$\left\{\begin{aligned} y_C &= \frac{S_z}{A} = \frac{\sum_{i=1}^{n} A_i y_i}{\sum_{i=1}^{n} A_i} \\ z_C &= \frac{S_y}{A} = \frac{\sum_{i=1}^{n} A_i z_i}{\sum_{i=1}^{n} A_i} \end{aligned}\right. \tag{9-4}$$

式中 A_i 和 (y_i, z_i) 分别为任一组成部分的面积及其形心坐标，n 为组成组合截面的简单图形的个数。

例 9.1 试求图 9-2 所示 T 形截面的形心位置。

解 (1) 选参考轴 y-z，其中 z 为对称轴。

(2) 将图形分为 I、II 两部分。

(3) 求形心。由式(9-4)，得

$$y_C = 0$$

$$z_C = \frac{\sum A_i z_i}{\sum A_i} = \frac{A_1 z_1 + A_2 z_2}{A_1 + A_2} = \frac{20 \times 100 \times 150 + 20 \times 140 \times 70}{20 \times 100 + 20 \times 140} = 103.3(\text{mm})$$

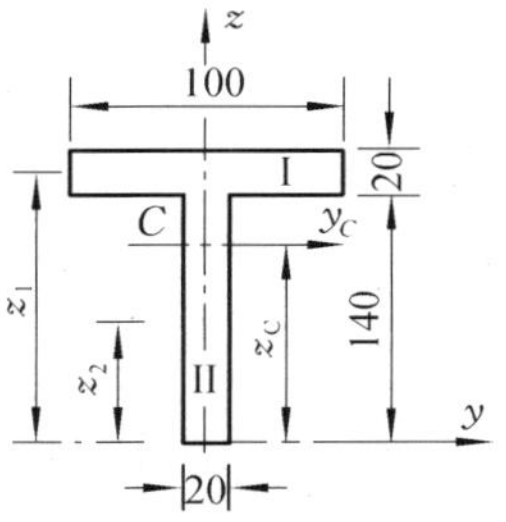

图 9-2

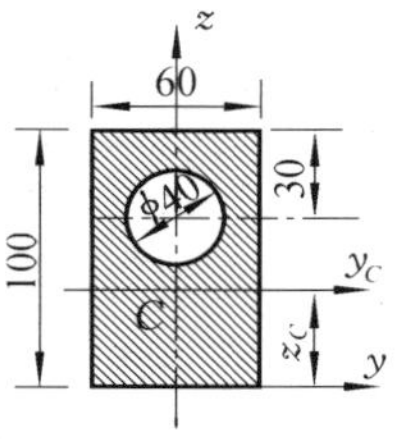

图 9-3

例 9.2 截面图形的尺寸如图 9-3 所示，试求其形心位置。

解 (1) 取参考轴 y-z 如图所示。

(2) 截面图形可看成是由矩形截面减去圆形截面所组成。

(3) 求形心。由式(9-4)，得

$$y_C = 0$$

$$z_C = \frac{\sum A_i z_i}{\sum A_i} = \frac{60 \times 100 \times 50 - \pi \times 20^2 \times (100 - 30)}{60 \times 100 - \pi \times 20^2} = 44.7(\text{mm})$$

由上述两例可知，确定组合截面形心位置时首先要取参考轴，否则不能描述形心位置。然后把组合截面图形分成几个简单图形的组合，根据式(9-4)计算组合截面形心坐标。

9.2 惯性矩和惯性半径

9.2.1 惯性矩

设任一截面图形如图 9-4 所示，其面积为 A。在坐标为(y,z)处取一微面积 $\mathrm{d}A$，设其距坐标原点 O 的距离为 ρ，$z^2\mathrm{d}A$，$y^2\mathrm{d}A$ 和 $\rho^2\mathrm{d}A$ 分别称为微面积 $\mathrm{d}A$ 对 y，z 轴的惯性矩和对原点 O 的极惯性矩，则定义

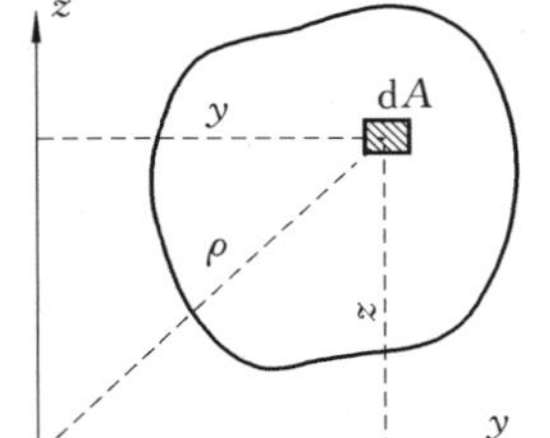

图 9-4

$$\begin{cases} I_y = \int_A z^2 \mathrm{d}A \\ I_z = \int_A y^2 \mathrm{d}A \end{cases} \tag{9-5}$$

分别为截面对 y，z 轴的惯性矩(moment of inertia)；

$$I_{\mathrm{p}} = \int_A \rho^2 \mathrm{d}A \tag{9-6}$$

为截面对原点 O 的极惯性矩。

由图 9-4 可知 $\rho^2 = y^2 + z^2$，因此

$$I_{\mathrm{p}} = \int_A \rho^2 \mathrm{d}A = \int_A (y^2 + z^2)\mathrm{d}A = \int_A y^2 \mathrm{d}A + \int_A z^2 \mathrm{d}A = I_z + I_y \tag{9-7}$$

即截面对任意一对正交轴的惯性矩之和等于该截面对此两轴交点的极惯性矩。

由上述定义可知，惯性矩与坐标轴的选取有关，同一截面对于不同轴的惯性矩各不相同。惯性矩的数值恒为正值，其量纲为长度的四次方。

例 9.3 图 9-5 所示为一矩形截面，试求截面对通过其形心 C 的 y 轴和 z 轴的惯性矩。

解 先求截面对 y 轴的惯性矩。取平行于 y 轴的微面积 $\mathrm{d}A = b\mathrm{d}z$，则

$$I_y = \int_A z^2 \mathrm{d}A = \int_{-\frac{h}{2}}^{\frac{h}{2}} bz^2 \mathrm{d}z = \frac{bh^3}{12}$$

用同样的方法可以求得截面对 z 轴的惯性矩为 $I_z = \dfrac{hb^3}{12}$。

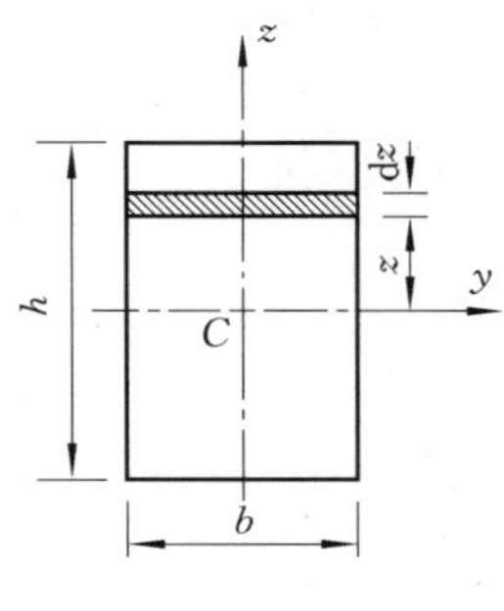

图 9-5

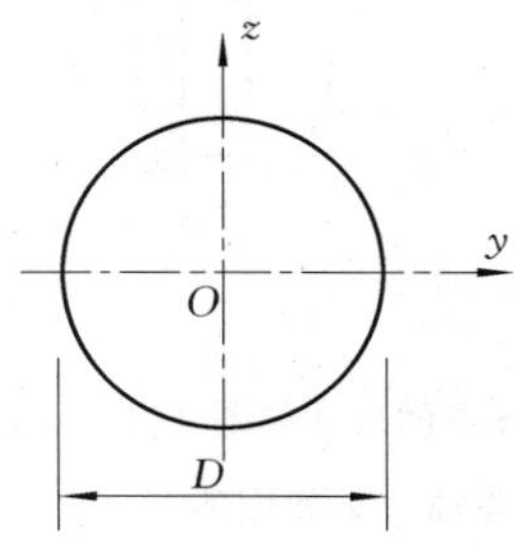

图 9-6

例 9.4 试求图 9-6 所示圆截面对其形心轴的惯性矩。

解 因为截面对称，y，z 为对称轴，所以 $I_y = I_z$。由式(9-6)和式(9-7)，有

$$I_y = I_z = \frac{1}{2} I_{\mathrm{p}} = \frac{\pi d^4}{64}$$

9.2.2 惯性半径

在材料力学中，有时将惯性矩表示为截面面积 A 与某一长度平方的乘积，即

$$I_y=Ai_y^2, \quad I_z=Ai_z^2$$

式中，i_y 与 i_z 分别称为截面对 y 轴和 z 轴的惯性半径(radius of inertia)。当已知截面面积和惯性矩时，惯性半径即可按下式求出：

$$\begin{cases} i_y=\sqrt{\dfrac{I_y}{A}} \\ i_z=\sqrt{\dfrac{I_z}{A}} \end{cases} \tag{9-8}$$

例 9.5 求图 9-5 和图 9-6 所示的矩形截面和圆截面对 y,z 轴的惯性半径。

解 由例 9.3 的结果，矩形截面对 y,z 轴的惯性半径分别为

$$i_y=\sqrt{\frac{I_y}{A}}=\sqrt{\frac{bh^3/12}{bh}}=\frac{h}{\sqrt{12}}, \quad i_z=\sqrt{\frac{I_z}{A}}=\sqrt{\frac{hb^3/12}{bh}}=\frac{b}{\sqrt{12}}$$

由例 9.4 的结果，圆形截面对 y,z 轴的惯性半径为

$$i_y=i_z=\sqrt{\frac{I_y}{A}}=\sqrt{\frac{\pi d^4/64}{\pi d^2/4}}=\frac{d}{4}$$

9.3 主轴的概念

在图 9-4 中，$yz\mathrm{d}A$ 称为微面积 $\mathrm{d}A$ 对 y,z 轴的惯性积(product of inertia)，则定义

$$I_{yz}=\int_A yz\,\mathrm{d}A \tag{9-9}$$

为截面对 y,z 轴的惯性积，不难看出惯性积 I_{yz} 之值可正、可负，也可为零，视所选取的正交坐标系的位置而定。

使截面的惯性积为零的一对正交坐标轴称为主惯性轴，简称为主轴。截面对主轴的惯性矩称为主惯性矩。如果主惯性轴的交点与截面形心重合，则称其为形心主惯性轴，简称形心主轴。截面对形心主轴的惯性矩称为形心主惯性矩，它是杆弯曲变形问题中的重要几何性质。

对于具有对称轴的截面(图 9.5、图 9.6)，由惯性积的定义不难证明，截面对于对称轴的惯性积均等于零。显然，图中所示的 y,z 轴是这些截面的形心主轴。实际上，只要截面有一根对称轴，截面对包含此轴在内的一对正交坐标轴 y,z 的惯性积就恒等于零。这是因为在对称轴的两侧，处于对称位置的微面积 $yz\mathrm{d}A$ 数值相等，正负号相反(图 9-7)，于是整个截面的惯性积必等于零。

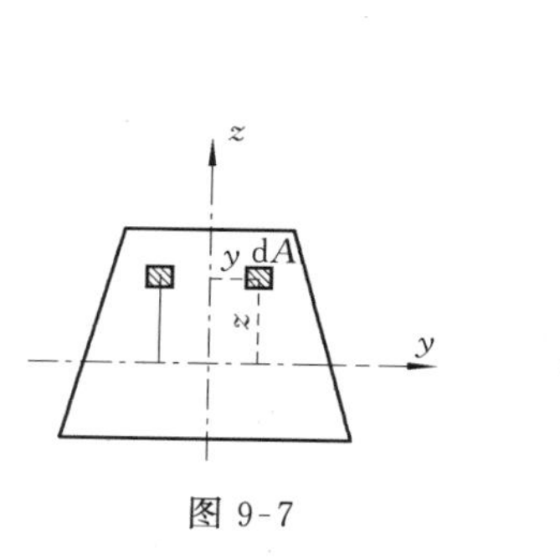

图 9-7

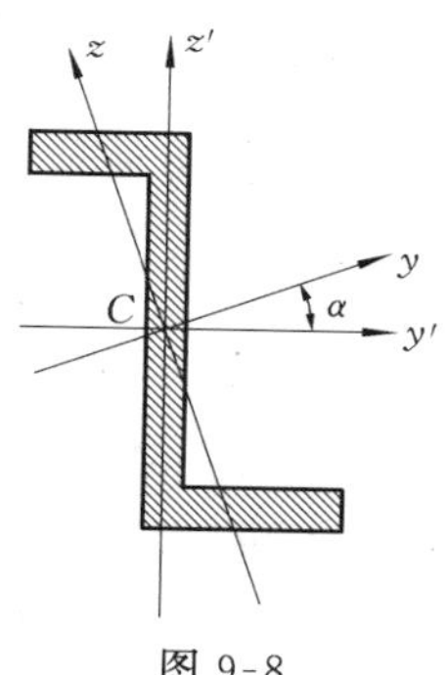

图 9-8

对于无对称轴的截面，可以证明，通过任意一点，必定存在一对正交轴 y,z，使截面的惯性

积 $I_{yz}=0$。例如图 9-8 所示的截面,形心轴 y',z'不是形心主轴,因为 $I_{y'z'}<0$,但只要将 y',z' 同步旋轴某一 α 角至 y,z,可使 $I_{yz}=0$,则 y,z 轴即为该截面的一对形心主轴。

9.4 平行移轴公式

同一截面对于两平行轴的惯性矩是不相同的,但当其中一根轴为截面的形心轴时,它们之间就存在着比较简单的关系。

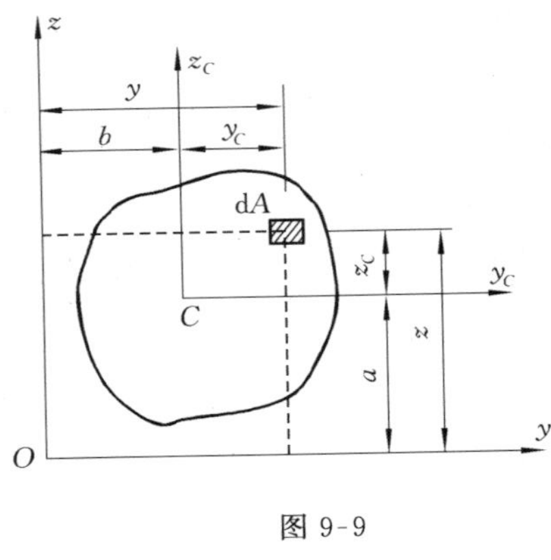

图 9-9

设任一截面图形(图 9-9)的面积为 A,形心为 C 点,已知其对形心轴 y_C,z_C 的惯性矩为 I_{y_C},I_{z_C}。现求截面对与形心轴平行的 y,z 轴的惯性矩。

由图 9-9 可知 $y=y_C+b,z=z_C+a$,因此截面对 y,z 轴的惯性矩应为

$$I_y=\int_A z^2\mathrm{d}A=\int_A(z_C+a)^2\mathrm{d}A$$
$$=\int_A z_C^2\mathrm{d}A+2a\int_A z_C\mathrm{d}A+a^2\int_A\mathrm{d}A$$
$$I_z=\int_A y^2\mathrm{d}A=\int_A(y_C+b)^2\mathrm{d}A$$
$$=\int_A y_C^2\mathrm{d}A+2b\int_A y_C\mathrm{d}A+b^2\int_A\mathrm{d}A$$

在以上两式中,$\int_A z_C\mathrm{d}A$ 和$\int_A y_C\mathrm{d}A$ 分别是截面对形轴 y_C 和 z_C 的静矩,其值应等于零,而 $\int_A\mathrm{d}A=A$。根据定义

$$\int_A z_C^2\mathrm{d}A=I_{y_C},\quad \int_A y_C^2\mathrm{d}A=I_{z_C}$$

所以

$$\begin{cases}I_y=I_{y_C}+a^2A\\ I_z=I_{z_C}+b^2A\end{cases}\tag{9-10}$$

这就是惯性矩的平行移轴公式。它表明,截面对某轴的惯性矩等于它对平行于该轴的形心轴的惯性矩和两轴间距离的平方与截面面积的乘积之和。

由平行移轴公式(9-10)可知,在一组相互平行的轴中,截面对各轴的惯性矩中以对形心轴的惯性矩为最小。

利用平行移轴公式,可方便地计算组合截面对其形心轴的惯性矩,即

$$\begin{cases}I_y=\sum I_{y_i}=\sum(I_{y_{Ci}}+a_i^2A_i)\\ I_z=\sum I_{zi}=\sum(I_{z_{Ci}}+b_i^2A_i)\end{cases}\tag{9-11}$$

式中,$I_{y_{Ci}},I_{z_{Ci}}$ 分别表示每个简单图形对自身形心轴的惯性矩;a_i,b_i 分别表示每个简单图形的形心轴与组合截面形心轴 y,z 的距离;A_i 表示各简单图形的面积。

例 9.6 求图 9-2 所示的 T 形截面对其形心轴 y_C 的惯性矩 I_{y_C}。

解 (1) 确定形心位置。由例 9.1 的结果,$z_C=103.3\text{mm}$。

(2) 求 I_{y_C}。由式(9-11),得

$$I_{y_C}=\sum I_{y_i}=\sum(I_{y_{C_i}}+a_i^2A_i)$$

$$=\frac{100\times20^3}{12}+(150-103.3)^2\times100\times20+\frac{20\times140^3}{12}+(103.3-70)^2\times20\times140=12.1\times10^6(\text{mm}^4)$$

例 9.7 求图 9-3 所示截面对其形心轴 y_C 的惯性矩 I_{y_C}。

解 (1) 确定形心位置。由例 9.3 的结果，$z_C=44.7\text{mm}$。

(2) 求 I_{y_C}。由式(9-11)，得

$$I_{y_C}=\sum I_{y_i}=\sum(I_{y_{C_i}}+a_i^2A_i)$$

$$=\frac{60\times100^3}{12}+(50-44.7)^2\times60\times100-\frac{\pi\times40^4}{64}-(70-44.7)^2\times\frac{\pi\times40^2}{4}=4.24\times10^6(\text{mm}^4)$$

思　考　题

1. 怎样确定组合截面的形心位置？如何简便地求图 9-10 所示管子截面的形心位置？

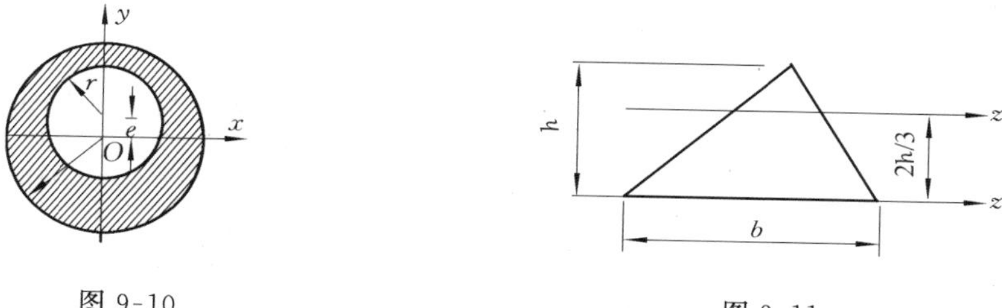

图 9-10　　　　图 9-11

2. 什么是截面的惯性矩与惯性积？在什么情况下，截面的惯性积为零？形心轴与形心主轴有何区别？

3. 在应用平行移轴公式时，有什么条件限制？如图 9-11 所示三角形截面，已知其对 z 轴的惯性矩为 $I_z=\dfrac{bh^3}{12}$，则根据平行移轴公式求得截面对 z_1 轴的惯性矩为

$$I_{z_1}=I_z+a^2A=\frac{bh^3}{12}+\frac{1}{2}bh\left(\frac{2}{3}h\right)^2=\frac{11}{36}bh^3$$

对吗？为什么？

4. 试叙述计算组合截面图形对其形心轴的惯性矩的步骤与方法。

习　　题

1. 试求如图 9-12 所示各图形对 y 轴的静矩，并求图形的形心坐标值 z_C。

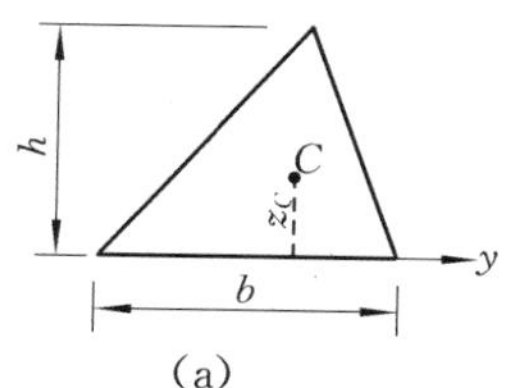

(a)

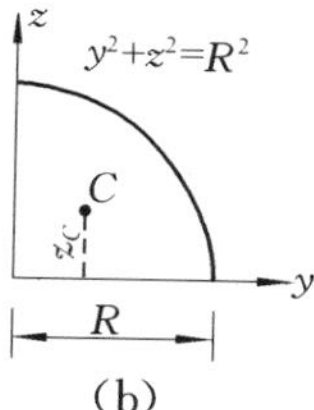

(b)

图 9-12

2. 试确定如图 9-13 所示各截面图形对水平形心轴 y 的惯性矩 I_y。

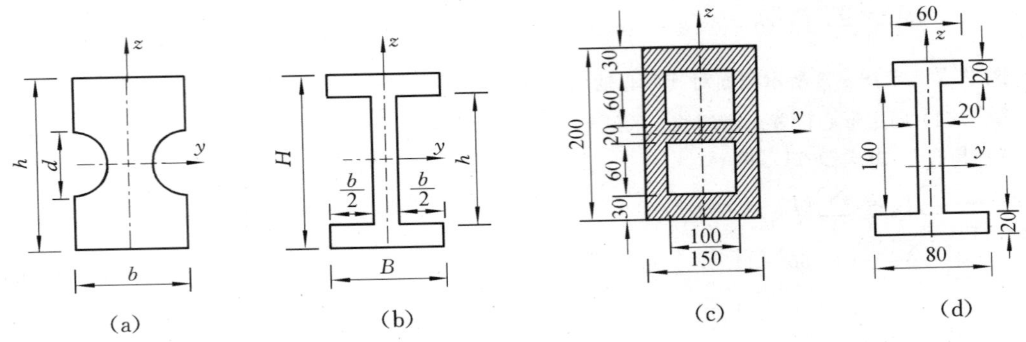

图 9-13

3. 试从型钢表中查出或计算出如图 9-14 所示各型钢的形心位置、截面面积和对形心轴的惯性矩。

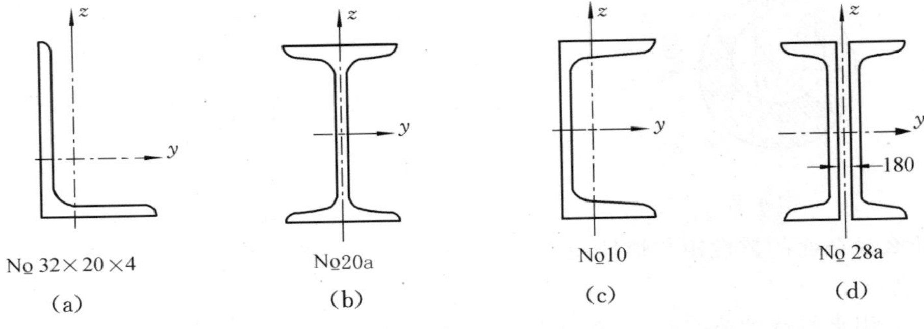

图 9-14

第10章 弯曲应力

由第8章可知,梁横截面上的内力有剪力和弯矩。实际上它们分别是截面上分布内力系的合力和合力矩。横截面上切向分布内力 $\tau\mathrm{d}A$ 合成为剪力 Q;法向分布内力 $\sigma\mathrm{d}A$ 合成为弯矩 M。一般情况下,梁横截面上既有剪力又有弯矩,也就是说既有正应力 σ 又有切应力 τ。为了便于研究,我们首先分析梁横截面上只有弯矩而无剪力的情况,这种弯曲称为纯弯曲。

10.1 纯弯曲时梁横截面上的正应力

设一简支梁如图10-1(a)所示,在梁的纵向对称面内,作用两个距梁两端各为 a 的集中载荷 P。该梁的剪力图、弯矩图如图10-1(b)、(c)所示。由剪力图、弯矩图可见:梁 CD 段内只有弯矩而无剪力,其变形为纯弯曲。现取 CD 段梁来研究,建立弯矩 M 与正应力 σ 之间的关系。

梁横截面上正应力公式的推导方法与圆轴扭转时切应力公式的推导方法相同,须从变形的几何关系、物理关系及静力学关系3个方面来考虑。

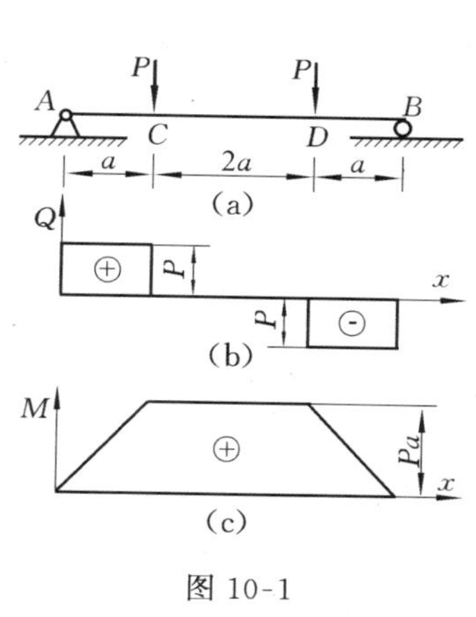

图 10-1

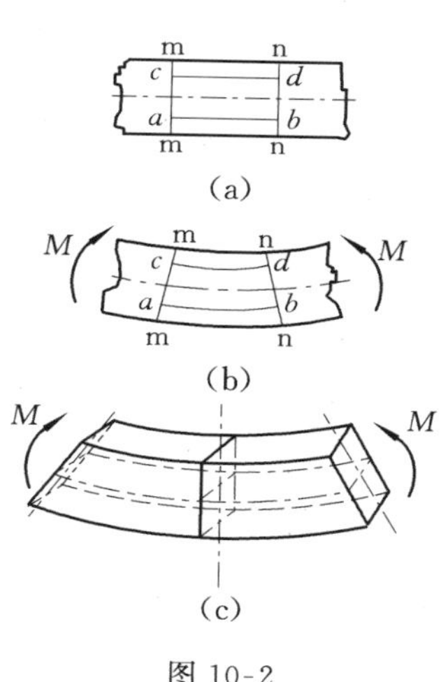

图 10-2

10.1.1 变形的几何关系

为了找出弯曲时梁的变形规律,应进行实验观察。现考察承受纯弯曲的梁,加载前先在梁的表面画上平行于轴线和垂直于轴线的直线,如图10-2(a)所示。施加一对力偶矩为 M 的集中力偶后,杆件发生弯曲变形,如图10-2(b)所示。由梁表面的变形可见:纵向线变成彼此平行的弧线,靠上面的纵向线缩短,靠下面的纵向线伸长;横向线仍然为直线,只是相对地转动了一个角度,仍与纵向线垂直。根据上述变形现象,可以作出如下假设:梁的横截面在变形后仍然保持为平面,并仍垂直于变形后的轴线,只是绕着截面内的某一轴转了一个角度。这一假设称为弯曲变形的平面假设。根据这一假设导出的应力和变形的计算公式已被实验结果所证实。弹性力学中对纯弯曲梁的计算结果也证明了横截面变形后仍保持平面的结论是正确的。

假想梁是由许多纵向纤维所组成，而且各纵向纤维之间无挤压，即在纵截面上无正应力作用。根据平面假设，梁弯曲时两相邻截面作相对转动，则靠下面的纵向线伸长，靠上面的纵向线缩短，其长度的改变沿着高度逐渐变化。因此，可以推断，纤维从伸长到缩短，中间必然存在着一层既不伸长又不缩短的纤维，称为中性层。中性层与横截面的交线称为中性轴（图10-2(c)）。梁弯曲时，横截面是绕中性轴转动的。对于平面弯曲，由于梁的变形对称于纵向对称面，由此可知，中性轴必垂直于纵向对称面。

现在根据变形的几何关系来寻找纵向纤维的线应变沿截面高度的变化规律。从梁中取出长为 dx 的微段，梁变形后，dx 微段的两端面相对地转过一角度 $d\theta$，该微段中性层的曲率半径为 ρ，如图 10-3(a)所示。设横截面的对称轴为 y，中性轴为 z（其位置尚未确定），如图10-3(b)所示。由图 10-3(a)可见，中性层变为弧面 O_1O_2，但长度不变，故其弧长 $dx=\rho d\theta$。距中性层为 y 处的纵向纤维 ab 变形后其弧长为$(\rho+y)d\theta$，故 ab 层纤维的纵向线应变为

$$\varepsilon=\frac{(\rho+y)d\theta-\rho d\theta}{\rho d\theta}=\frac{y}{\rho} \tag{a}$$

式中的 ρ 为常数。式(a)表明，纵向纤维的正应变与它到中性层的距离成正比。

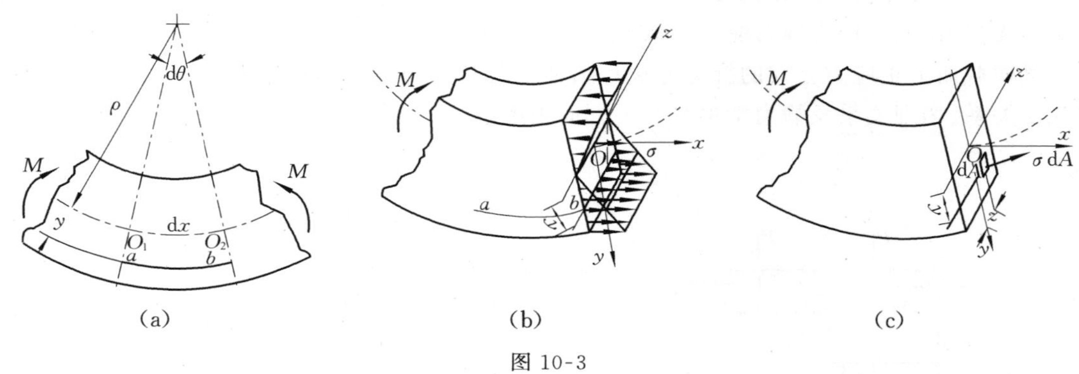

图 10-3

10.1.2 物理关系

前面假设梁是由许多纵向纤维组成的，而且各纵向纤维之间无挤压。当正应力没有超过材料的比例极限时，纵向纤维为轴向拉伸或压缩，由胡克定律得 $\sigma=E\varepsilon$，将式(a)代入，得

$$\sigma=E\frac{y}{\rho} \tag{b}$$

式(b)为梁横截面上正应力的分布规律。它表明：横截面上任一点处的正应力与该点到中性轴的距离 y 成正比；在距中性轴等远的各点处正应力相等；中性轴处正应力为零；距中性轴最远的截面边缘处，分别有最大拉应力或最大压应力，如图 10-3(b)所示。

10.1.3 静力学关系

根据以上的分析得到了正应力在横截面上的分布规律，但中性层的曲率半径和中性轴的位置尚未确定，因此还不能由式(b)得到正应力，需要再从静力学关系来考虑。

从纯弯曲梁中截开一个横截面来分析，如图 10-3(c)所示。从截面中取一微面积 dA，其上的法向内力素为 σdA，则横截面上各点法向内力素构成了一个空间平行力系。由于梁截面上的内力只有 M_z，根据内力与应力间的合成关系，得

$$N = \int_A \sigma \mathrm{d}A = 0 \tag{c}$$

$$M_y = \int_A z\sigma \mathrm{d}A = 0 \tag{d}$$

$$M_z = \int_A y\sigma \mathrm{d}A = M \tag{e}$$

将式(b) 代入式(c)，得

$$\int_A \sigma \mathrm{d}A = \frac{E}{\rho}\int_A y \mathrm{d}A = 0 \tag{f}$$

式中，积分$\int_A y\mathrm{d}A$为截面对z轴的静矩S_z；$\frac{E}{\rho}$不可能为零，要式(f)成立，必须是$S_z=0$。根据静矩的性质(见第9章)，只有当z轴过截面的形心时，静矩才会为零。由此得出：中性轴一定通过横截面的形心。

将式(b)代入式(d)，得

$$\int_A z\sigma \mathrm{d}A = \frac{E}{\rho}\int_A zy \mathrm{d}A = 0 \tag{g}$$

式中，积分$\int_A zy\mathrm{d}A$为截面对y,z轴的惯性积I_{yz}。由第9章可知，由于y轴为横截面的对称轴，则I_{yz}必为零。故式(g)自然满足。

将式(b)代入式(e)，得

$$\int_A y\sigma \mathrm{d}A = \frac{E}{\rho}\int_A y^2 \mathrm{d}A = M \tag{h}$$

式中，积分$\int_A y^2\mathrm{d}A$为截面对z轴(即中性轴)的惯性矩I_z。由式(h)可得

$$\frac{1}{\rho}=\frac{M}{EI_z} \tag{10-1}$$

式(10-1)为计算弯曲变形的基本公式。式中的$\frac{1}{\rho}$为弯曲变形后梁轴线的曲率，它与弯矩M成正比，与EI_z成反比。EI_z愈大，曲率$\frac{1}{\rho}$愈小，梁愈不容易变形，所以EI_z称为梁的抗弯刚度。

将式(10-1)代入式(b)，得

$$\sigma=\frac{My}{I_z} \tag{10-2}$$

式中，M为横截面上的弯矩；I_z为横截面对中性轴z的惯性矩；y为所求应力点到中性轴的距离；σ为横截面上的正应力。在式(10-2)中，一般将M和y的绝对值代入。应力的正负可以根据梁变形的情况直接判断：以中性层为界，梁变形凸出边的应力是拉应力，为正；凹边的应力是压应力，为负。

由式(10-2)可知，截面上最大正应力发生在离中性轴最远的边缘上。若以$y_{\max}$表示最远边缘上各点到中性轴的距离，则横截面上的最大正应力为$\sigma_{\max}=\frac{My_{\max}}{I_z}$，令

$$W_z=\frac{I_z}{y_{\max}} \tag{10-3}$$

则有

$$\sigma_{\max}=\frac{M}{W_z} \tag{10-4}$$

式中，W_z 称为抗弯截面模量(elastic section modulus)，它与截面的几何形状和尺寸相关，其量纲为长度的三次方，在国际单位制中为 mm^3 或 m^3。对于宽度为 b、高度为 h 的矩形截面，其抗弯截面模量 W_z 为

$$W_z=\frac{I_z}{y_{\max}}=\frac{bh^3/12}{h/2}=\frac{bh^2}{6}$$

下面讨论式(10-2)的应用范围。

(1) 式(10-2)是在纯弯曲条件下推导出来的。对于横力弯曲，即梁横截面上既有弯矩又有剪力的情况，梁的横截面上不仅有正应力而且还有切应力。由于有切应力的存在，梁的横截面将发生翘曲。另外，在与中性层平行的纵截面上还有由横向力引起的挤压应力。因此，梁在纯弯曲时作的平面假设不再成立，纵向纤维之间无挤压的假设也不再成立。但是，根据弹性力学的理论分析和实验表明：对于跨度与横截面高度之比大于 5 的梁，剪力的存在对由式(10-2)计算得到的正应力值影响很小。在实际工程中常用的梁，其 l/h 远大于 5，因此，式(10-2)可以推广应用于横力弯曲的情况，其精度是足够的。

(2) 式(10-2)是以矩形截面为例推导的，这只是为了叙述方便，在推导公式的过程中并没用到有关矩形的特殊性质，所以该公式完全适合于具有纵向对称轴的其他截面(如图 10-4 所示的工字形、圆形、T 字形等)梁。需要注意的是，对于不对称于中性轴 z 的截面梁，如 T 字形截面梁，弯曲时的最大拉应力和最大压应力是不相同的，如图 10-4(b)所示。其最大拉应力和最大压应力分别为

$$\sigma_{l\max}=\frac{My_1}{I_z},\quad \sigma_{y\max}=\frac{My_2}{I_z}$$

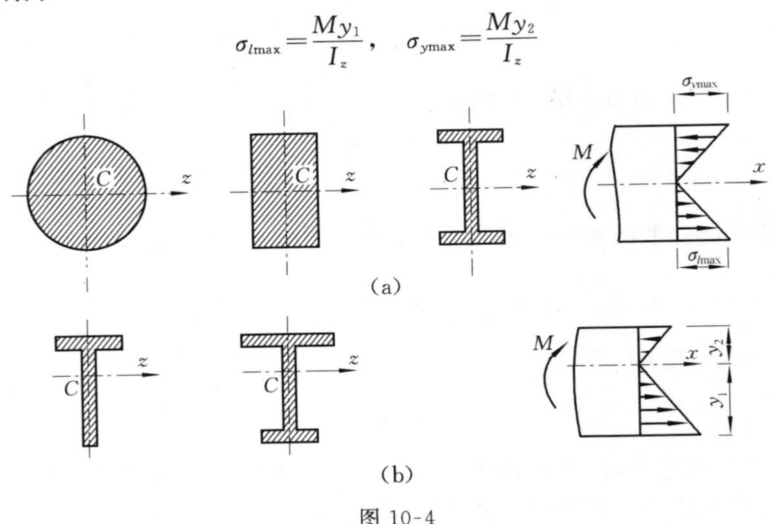

图 10-4

(3) 在式(10-2)的推导过程中应用了胡克定律，因此该公式只适合于线弹性材料，即材料服从胡克定律的情况。

(4) 式(10-2)是在平面弯曲的情况下推导出来的。前面已经讨论过，对于横截面具有一个纵向对称轴的梁，而且载荷和约束反力作用在纵向对称面内时，该梁发生平面弯曲。对于横截面无纵向对称轴的梁，外力作用面必须满足一定的条件，梁才可能发生平面弯曲。下面简单说明这一问题。

在推导式(10-2)的过程中，曾得到平衡方程(d)，现在来考察这一条件。由于该条件：

$$\int_A z\sigma \mathrm{d}A=\frac{E}{\rho}\int_A zy\,\mathrm{d}A=0$$

要得到满足，只能是 $I_{yz}=0$。这表明 y,z 为主惯性轴（见第九章），而且过截面的形心，即 y,z 为形心主惯性轴。这就是说，只有所有的外力均作用在形心主惯性平面内，梁才可能发生平面弯曲。

例 10.1 悬臂梁如图 10-5(a)所示，其上作用有集中力 $P=1.2\text{kN}$，集中力偶 $m=2.2\text{kN}\cdot\text{m}$。梁的横截面为№20 槽钢。求：

(1) 1-1 截面上 A,B 两点的正应力；

(2) 2-2 截面上 C 点的正应力。

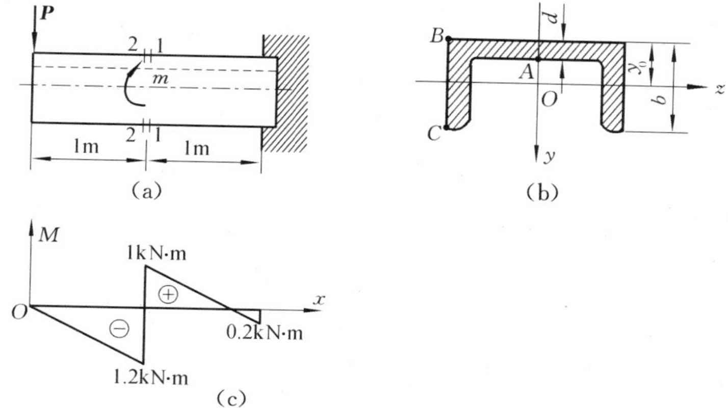

图 10-5

解 (1) 绘制梁的弯矩图。根据梁上受力情况可知，需分成两段作出梁的弯矩图，如图10-5(c)所示。由弯矩图知，1-1 截面上的弯矩值为 $M_1=1\ \text{kN}\cdot\text{m}$；2-2 截面上的弯矩值 $M_2=1.2\text{kN}\cdot\text{m}$。

(2) 确定中性轴的位置和惯性矩。由于槽钢有一纵向对称轴 y 而且外力作用在该纵向对称面内，故梁发生平面弯曲。中性轴过截面形心 O 且垂直于对称轴 y，如图 10-5(b)所示。由型钢表查得，№20 槽钢的截面尺寸、形心位置、惯性矩大小分别为：$d=9\ \text{mm}$，$b=75\ \text{mm}$，$y_0=19.5\ \text{mm}$，$I_z=143.6\text{cm}^4$。

(3) 计算正应力。对于 1-1 截面，A,B 两点距中性轴的距离分别为

$$y_A=y_0-d=19.5-9=10.5(\text{mm}),\quad y_B=y_0=19.5(\text{mm})$$

由式(10-2)可得 A,B 两点的正应力分别为

$$\sigma_A=\frac{M_1y_A}{I_z}=\frac{1000\times10.5\times10^{-3}}{143.6\times10^{-8}}=7.3\times10^6(\text{Pa})=7.3(\text{MPa})\quad(\text{压})$$

$$\sigma_B=\frac{M_1y_B}{I_z}=\frac{1000\times19.5\times10^{-3}}{143.6\times10^{-8}}=13.6\times10^6(\text{Pa})=13.6(\text{MPa})\quad(\text{压})$$

由于 1-1 截面上的弯矩为正，A,B 两点又位于中性轴 z 的上侧，故 A,B 两点的正应力均为压应力。

对于 2-2 截面，C 点距中性轴的距离为

$$y_C=b-y_0=75-19.5=55.5(\text{mm})$$

则 2-2 截面上 C 点处的正应力为

$$\sigma_C=\frac{M_2y_C}{I_z}=\frac{1200\times55.5\times10^{-3}}{143.6\times10^{-8}}=46.4(\text{MPa})\quad(\text{压})$$

由于 2-2 截面上的弯矩为负，C 点又在中性轴的下侧，故 C 点的正应力为压应力。

10.2 弯曲正应力的强度条件

工程中常见的梁多处于横力弯曲变形。在横力弯曲时，梁上的弯矩不是一个常数，而是随截面位置而变化的，弯矩绝对值最大的截面为危险截面。一般情况下，梁的最大正应力发生在

危险截面上距中性轴最远的上、下边缘处，其值为

$$\sigma_{max}=\frac{M_{max}y_{max}}{I_z} \quad 或 \quad \sigma_{max}=\frac{M_{max}}{W_z}$$

设材料的弯曲许用应力为[σ]，则弯曲正应力的强度条件为

$$\sigma_{max}=\frac{M_{max}}{W_z}\leqslant[\sigma] \tag{10-5}$$

对于抗拉、抗压强度相同的材料(如碳钢)，只要求绝对值最大的正应力不超过许用应力即可。而对于抗拉、抗压强度不同的材料(如铸铁)，则必须要求最大拉应力不超过许用拉应力，最大压应力不超过许用压应力。

有关许用弯曲应力的选取，一般可近似地选用简单拉、压时的许用应力值。实际上两者是有区别的：弯曲许用应力略高于拉、压许用应力，因为弯曲正应力在横截面上是线性分布的，当最大应力达到屈服极限时，在中性轴附近的应力还远小于极限值，仍有一定的承载能力。各种材料的许用应力值可查有关工程手册。

例 10.2 一钢轴受力如图 10-6(a)所示，材料的许用应力[σ]=100MPa，载荷 $P=30$kN。试校核该轴的强度

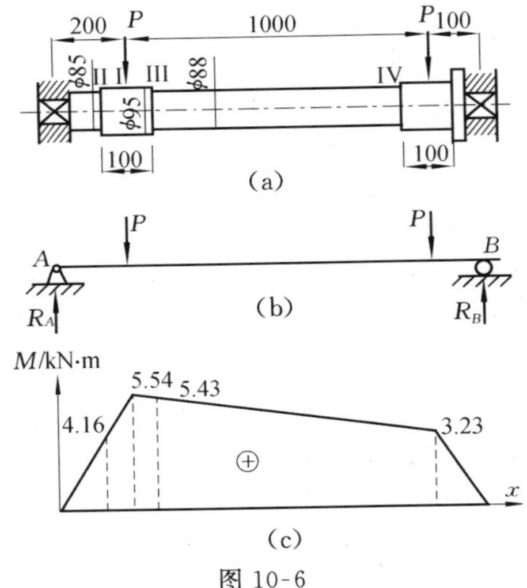

图 10-6

解 (1) 求支反力。轴的计算简图如图 10-6(b)所示。由静力平衡方程可求得支反力为

$$R_A=27.7\text{kN}, \quad R_B=32.3\text{kN}$$

方向如图 10-6(b)所示。

(2) 绘制弯矩图，判断危险截面。根据梁上受力情况，应该分成 3 段绘制弯矩图。由于梁上无均布载荷作用，故弯矩图为斜直线，全梁的弯矩图如图 10-6(c)所示。由弯矩图可见，最大弯矩发生在 I 截面处，其值为

$$M_{max}=M_1=5.54\text{kN}\cdot\text{m}$$

I 截面有可能是危险截面。另外还有 II、III 截面，它们的弯矩虽然比 I 截面小，然而这两个截面的直径也小一些，所以这两个面也可能是危险截面，其弯矩值分别为

$$M_2=R_A\times0.15=27.7\times0.15=4.16(\text{kN}\cdot\text{m})$$

$$M_3=27.7\times0.25-30\times0.05=5.43(\text{kN}\cdot\text{m})$$

(3) 强度校核。由上述分析可知，应对 I、II、III 3 个截面分别进行计算才能得到全梁上的最大应力值。为了计算各截面上的最大应力值，首先要计算各截面的抗弯截面模量。对于直径为 d 的圆截面，其抗弯截面模量 W_z 的计算公式为

$$W_z=\frac{I_z}{y_{max}}=\frac{\pi d^4/64}{d/2}=\frac{\pi d^3}{32}$$

由该公式可得

$$W_{zI}=\frac{\pi\times95^3\times10^{-9}}{32}=8.42\times10^{-5}(\text{m}^3)$$

$$W_{zII}=\frac{\pi\times85^3\times10^{-9}}{32}=6.03\times10^{-5}(\text{m}^3)$$

$$W_{zIII}=\frac{\pi\times88^3\times10^{-9}}{32}=6.69\times10^{-5}(\text{m}^3)$$

则 3 个截面上的最大正应力分别为

$$\sigma_I=\frac{M_1}{W_{zI}}=\frac{5.54\times10^3}{8.42\times10^{-5}}=65.8(\text{MPa})$$

$$\sigma_{II}=\frac{M_2}{W_{zII}}=\frac{4.16\times10^3}{6.03\times10^{-5}}=69(\text{MPa})$$

$$\sigma_{III}=\frac{M_3}{W_{zIII}}=\frac{5.43\times10^3}{6.69\times10^{-5}}=81.2(\text{MPa})$$

由计算得出，最大正应力发生在 III 截面处，其值为 81.2MPa<[σ]，故该梁强度足够。

例 10.3 T 字形截面铸铁梁，其截面尺寸和受力情况如图 10-7(a)所示。铸铁的许用拉应力$[\sigma]^+=30\text{MPa}$，许用压应力$[\sigma]^-=60\text{MPa}$。已知中性轴的位置 $y_1=52\text{mm}$，截面对 z 轴的惯性矩 $I_z=764\text{cm}^4$。试校核梁的强度。

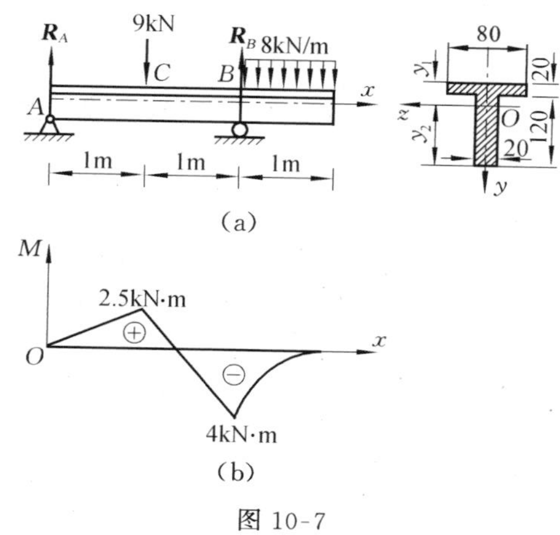

图 10-7

解 (1) 求支反力。由平衡方程可求得支反力为

$$R_A=2.5\text{kN},\quad R_B=14.5\text{kN}$$

方向如图 10-7(a)所示。

(2) 绘制弯矩图，判断危险截面。该外伸梁的弯矩图如图 10-7(b)所示。由图可知，B 截面上弯矩绝对值最大，该截面是危险截面。但由于梁为铸铁梁，其许用拉应力和许用压应力不同，而且梁的横截面又是不对称于 z 轴的 T 字形截面，故 C 截面也可能是危险截面。因而应对 B,C 两个截面进行计算。

(3) 强度计算。对于 B 截面，最大拉应力发生在截面的上边缘各点处，其值为

$$(\sigma_{\max}^+)_B=\frac{M_By_1}{I_z}=\frac{4000\times52\times10^{-3}}{764\times10^{-8}}=27.2(\text{MPa})$$

最大压应力发生在截面的下边缘各点处，其值为

$$(\sigma_{\max}^-)_B=\frac{M_By_2}{I_z}=\frac{4000\times(120+20-52)\times10^{-3}}{764\times10^{-8}}=46.1(\text{MPa})$$

对于 C 截面，由于该截面上的弯矩为正值，其最大拉应力发生在截面的下边缘各点处，其值为

$$(\sigma_{\max}^+)_C=\frac{M_Cy_z}{I_z}=\frac{2500\times(120+20-52)\times10^{-3}}{764\times10^{-8}}=28.8(\text{MPa})$$

由上面的计算可看出，该梁的最大拉应力发生在 C 截面的下边缘，最大压应力发生在 B 截面的下边缘。由于梁上的最大应力

$$\sigma_{\max}^+=(\sigma_{\max}^+)_C=28.8\text{MPa},\quad \sigma_{\max}^-=(\sigma_{\max}^-)_B=46.1\text{MPa}$$

都小于许用应力，故该梁强度足够。

由例 10.2、例 10.3 可以看出：梁的危险截面不一定是弯矩最大的截面，它还与梁的截面尺寸有关(例 10.2)；而且危险截面也不一定只有一个(例 10.3)。在强度计算中，必须根据具体情况进行分析，这一点十分重要。

例 10.4 一悬臂工字钢梁如图 10-8(a)所示，跨度 $l=1.2\text{m}$，在自由端作用一集中力 P，横截面为№18 工字钢。已知钢的许用应力$[\sigma]=160\text{MPa}$，不计梁的自重，试计算 P 的最大许可值。

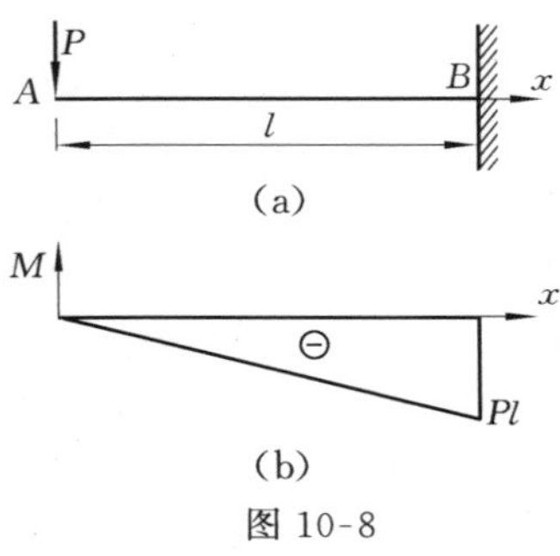

图 10-8

解 (1) 绘制弯矩图，判断危险截面。该梁的弯矩图如图 10-8(b)所示。由弯矩图可知，最大弯矩在 B 截面处，故 B 截面为危险截面。该梁为等截面工字形梁，而且材料的抗拉、抗压强度相同，故只需对 B 截面进行强度计算。

(2) 计算许可载荷。因为 $M_{\max}=Pl=1.2P$，由型钢表查得№18 工字钢的抗弯截面模量为 $W_z=185\text{cm}^3=185\times10^{-6}\text{m}^3$，由强度条件式(10-5)，得

$$1.2P\leqslant W_z[\sigma]=185\times10^{-6}\times160\times10^6$$

因此，P 的最大许可值为

$$[P]=\frac{185\times160}{1.2}=24.7\times10^3\text{N}=24.7(\text{kN})$$

例 10.5 一起重量为 50kN 的单梁吊车如图 10-9(a)所示，电葫芦的重量 $F=15\text{kN}$，不计梁的自重。梁的跨度 $l=10.5\text{m}$，由№45a 工字钢制成，材料的许用应力 $[\sigma]=140\text{MPa}$。试计算吊车能否起吊 70kN 的重物？若在工字钢的上、下两翼缘处加焊一块 $100\times10\text{mm}^2$ 的钢板(图 10-9(c))，钢板长 $a=7\text{m}$，在这种情况下，起吊重 70kN 的重物，梁的强度是否够？

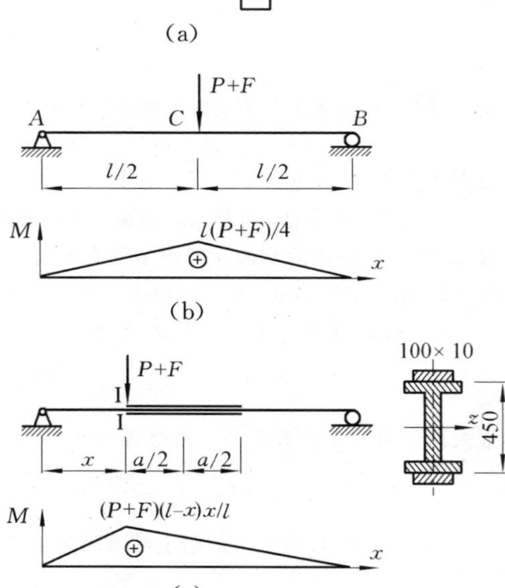

图 10-9

解 (1) 绘制弯矩图。当起吊重物的小车行至梁的中点处时，梁内的弯矩最大，其弯矩图如图 10-9(b)所示。最大弯矩值为

$$M_{\max}=\frac{1}{4}(P+F)l$$

(2) 未加钢板时梁的强度计算。由 C 截面处的强度条件，得

$$M_{\max}=\frac{1}{4}(P+F)l\leqslant W_z[\sigma]$$

由型钢表查得№45a 工字钢的抗弯截面模量为：$W_z=1430\text{cm}^3=1430\times10^{-6}\text{m}^3$。将 W_z 的值代入强度条件，可得该吊车所能起吊的最大重量为

$$\begin{aligned}[P]&=\frac{4W_z}{l}[\sigma]-F\\&=\frac{4\times1430\times10^{-6}\times140\times10^6}{10.5}-15\times10^3\\&=61.3(\text{kN})<70(\text{kN})\end{aligned}$$

因此，该吊车不能起吊 70kN 的重物。

(3) 加钢板后梁的强度计算。加钢板后，梁的截面形状已改变，须首先计算截面对中性轴的惯性矩。由型钢表查得№45a 工字钢对中性轴的惯性矩为 32 240cm^4，根据计算组合图形惯性矩的方法，有

$$I_z=32240+2\times\left(\frac{10\times1^3}{12}+10\times1\times23^2\right)=42822(\text{cm}^4)=4.282\times10^{-4}(\text{m}^4)$$

最大弯矩仍发生在 C 截面，其最大弯矩值为

$$M_{\max}=\frac{(P+F)l}{4}=\frac{(70+15)\times10^3\times10.5}{4}=223(\text{kN}\cdot\text{m})$$

该截面上、下边缘处的最大拉(压)应力为

$$\sigma_{\max}=\frac{M_{\max}y_{\max}}{I_z}=\frac{223\times10^3\times(225+10)\times10^{-3}}{4.282\times10^{-4}}=122.4(\text{MPa})<[\sigma]$$

计算表明，加钢板后梁中间截面是安全的。

另外，还应考虑梁未加固部分的强度是否够。为此，假定小车位于未加钢板边缘 I-I 截面处(图 10-9(c))，这

时，该截面上的弯矩为

$$M_1=\frac{(P+F)(l-x)}{l}\cdot x=\frac{(P+F)\left(\frac{l}{2}+\frac{a}{2}\right)}{l}\left(\frac{l}{2}-\frac{a}{2}\right)=\frac{85\times10^3\times17.5\times3.5}{10.5\times2\times2}=124(\mathrm{kN\cdot m})$$

截面的抗弯截面模量 $W_z=1430\mathrm{cm}^3=1430\times10^{-6}\mathrm{m}^3$，则最大应力为

$$\sigma_1=\frac{M_1}{W_z}=\frac{124\times10^3}{1430\times10^{-6}}=86.7(\mathrm{MPa})<[\sigma]$$

该截面强度够。由此可见，吊车梁安全。

根据上面的计算结果可以发现，加固钢板长度为7m，并未充分发挥梁的潜力。那么还可以对加固钢板的长度 a 进行计算，以达到既安全又经济的效果。为此，可由图 10-9(c)看出，只要I-I截面处的最大应力达到材料的许用应力值时，梁就充分发挥了它的潜力，保证全梁各截面均有足够的强度。有兴趣的读者可自行计算。

10.3 弯曲切应力简介

横力弯曲时，梁横截面上有剪力和弯矩，因此，横截面上既有切应力又有正应力。在工程实际应用中，一般情况下正应力是梁破坏的主要因素。但在某些情况下，横截面上的切应力也可能有相当高的数值。例如，跨度比较短而截面比较高的梁，或在支座附近承受较大集中力作用的梁，其支座附近截面上的剪力值很可观，因而还应校核切应力强度是否足够。

弯曲切应力的计算公式为

$$\tau=\frac{QS_z^*}{I_zb} \tag{10-6}$$

式中，τ——横截面上离中性轴 z 为 y 处的切应力；

Q——横截面上的剪力；

b——横截面上在所求切应力处的宽度；

I_z——横截面对中性轴 z 的惯性矩；

S_z^*——距中性轴 z 为 y 的横线至下边缘的部分面积(如图 10-10 中画阴影线的面积)对中性轴的静矩。

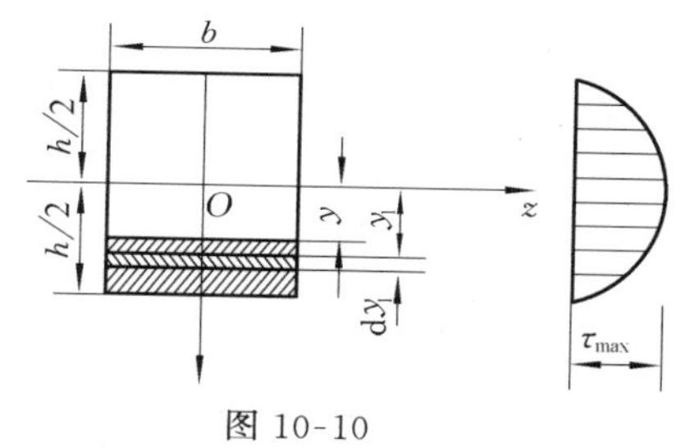

图 10-10

切应力沿截面高度的分布规律一般与截面的形状有关。切应力公式中，Q，I_z 为常数，若横截面的宽度 b 不变化(如矩形截面)，则横截面上切应力的变化规律主要取决于静矩 S_z^* 的变化规律。

对于图 10-10 所示的矩形截面，画阴影线部分的面积对中性轴的静矩 S_z^* 可以这样来计算：取一微面积 $b\mathrm{d}y_1$，由静矩的定义可得

$$S_z^*=\int_y^{\frac{h}{2}}y_1b\mathrm{d}y_1=\frac{b}{2}\left(\frac{h^2}{4}-y^2\right)$$

将 S_z^* 代入式(10-6)，则有

$$\tau=\frac{Q}{2I_z}\left(\frac{h^2}{4}-y^2\right) \tag{10-7}$$

式(10-7)表示，矩形截面梁的切应力沿其高度按二次抛物线规律变化(图 10-10)。当 $y=0$ 时，即在中性轴上的各点，切应力为最大，其值为

$$\tau_{\max}=\frac{Qh^2}{8I_z}=\frac{Qh^2}{8\times bh^3/12}=\frac{3Q}{2bh}=\frac{3Q}{2A}$$

可见，矩形截面的最大切应力为平均切应力的 1.5 倍。

对于其他形状的对称截面，仍可用式(10-6)计算而得到最大切应力 τ_{max} 的近似值。一般情况下，横截面上的最大切应力发生在中性轴上(特殊情况除外)。几种常见的典型截面的切应力分布规律及其最大值如表 10-1 所示。

表 10-1　常见典型截面的切应力分布规律及其最大值

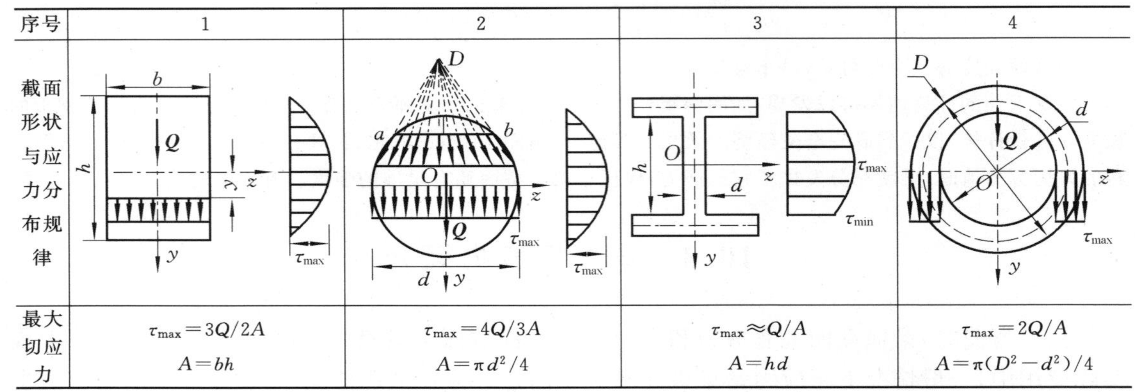

序号	1	2	3	4
截面形状与应力分布规律				
最大切应力	$\tau_{max}=3Q/2A$ $A=bh$	$\tau_{max}=4Q/3A$ $A=\pi d^2/4$	$\tau_{max}\approx Q/A$ $A=hd$	$\tau_{max}=2Q/A$ $A=\pi(D^2-d^2)/4$

弯曲切应力的强度条件为

$$\tau_{max}\leqslant[\tau] \tag{10-8}$$

许用切应力$[\tau]$可通过查有关设计手册得到。

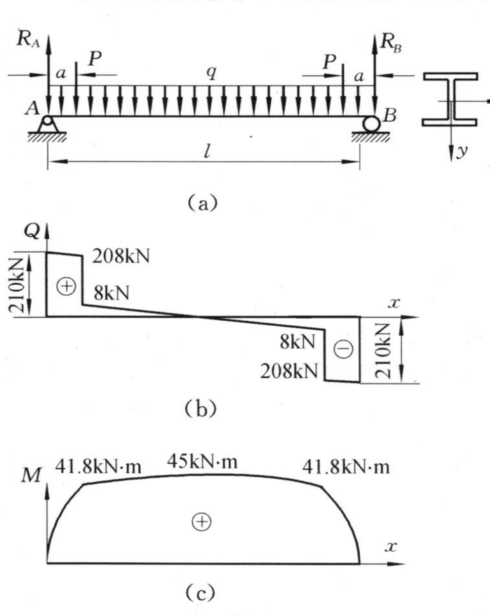

图 10-11

例 10.6　图 10-11(a)所示的工字形截面简支梁，$l=2\text{m}$，$a=0.2\text{m}$，梁的载荷集度 $q=10\text{kN/m}$，$P=200\text{kN}$。许用正应力$[\sigma]=160\text{MPa}$，许用切应力$[\tau]=100\text{MPa}$。试选择工字钢型号。

解　(1) 求支反力并绘制 Q 和 M 图。由对称条件可求得支反力为 $R_A=R_B=210\text{kN}$，其方向如图10-11(a)所示。

该梁的剪力图、弯矩图分别如图 10-11(b)、(c)所示。由图可知

$$Q_{max}=210\text{kN},\quad M_{max}=45\text{kNm}$$

(2) 根据正应力强度条件选择截面。由正应力强度条件(10-5)可得

$$W_z\geqslant\frac{M_{max}}{[\sigma]}=\frac{45\times10^3}{160\times10^6}=281.25\times10^{-6}(\text{m}^3)$$

查型钢表，选用№22a 工字钢，其 $W_z=309\text{cm}^3$。

(3) 校核梁的切应力。查型钢表，№22a 工字钢的 $I_z/S_z^*=18.9\text{cm}$(S_z^* 为中性轴一侧截面对中性轴的静矩)，腹板厚度 $d=7.5\text{mm}$，由式(10-6)可得最大切应力：

$$\tau_{max}=\frac{QS_z^*}{I_zd}=\frac{210\times10^3}{18.9\times10^{-2}\times7.5\times10^{-3}}=148(\text{MPa})>[\tau]$$

也可据表 10-1 中的公式算出近似的最大切应力为

$$\tau_{max}\approx\frac{Q}{hd}=\frac{210\times10^3}{(220-2\times12.3)\times10^{-3}\times7.5\times10^{-3}}=143.3(\text{MPa})>[\tau]$$

可见，切应力强度条件不满足，必须重新选择工字钢型号。

若选№25b 工字钢，查得 $I_z/S_z^*=21.27\text{cm}$，$d=10\text{mm}$，则最大切应力为

$$\tau_{max}=\frac{210\times10^3}{21.27\times10^{-2}\times10\times10^{-3}}=98.7(\text{MPa})<[\tau]$$

满足切应力强度条件。因此，选择№25b工字钢，既满足切应力强度条件又满足正应力强度条件，梁才能安全正常地工作。由本例可以看出，对于某些梁，切应力校核是必要的。

10.4 提高弯曲强度的主要措施

前面已指出，在横力弯曲中梁的强度主要是由弯曲正应力控制的。由梁的正应力强度条件 $\sigma_{max}=\dfrac{M_{max}}{W_z}\leqslant[\sigma]$ 可看出，提高梁的强度实质上就是尽可能地采取措施降低横截面上的正应力。也就是说，从设法降低最大弯矩和使截面尽可能增加其抗弯截面模量这两个方面着手，从而达到提高弯曲强度的目的。下面提出几个提高弯曲强度的主要措施。

10.4.1 选择合理的截面形状

截面的抗弯截面模量与截面的尺寸和形状有关，在面积相等的情况下，不同形状的截面，其抗弯截面模量的差异是很大的。例如，圆形、矩形和工字形三种不同形状的截面，在面积相等、材料相同（设许用应力为160MPa）的条件下，它们各自的抗弯模量 W、许用弯矩 $[M]$ 及比值 W/A 有较大差别，如表10-2所示。

表10-2 截面合理性的比较

截面形状	截面面积 /cm^2	截面尺寸 /cm	W /cm^3	$[M]$ /kN·m	W/A /cm
圆形（d，O，z，y）	35.5	$d=6.72$	29.8	4.77	0.84
矩形（b，h，O，z，y）	35.5	$b=4.21$ $h=8.43$	49.9	7.98	1.14
工字形（z，y）	35.5	№20a 工字钢	237	37.92	6.68

由最大弯曲正应力公式可知，抗弯截面模量 W 愈大，正应力愈小，故在相同的面积情况下，W 愈大截面愈合理。一般可用 W 与 A 的比值来衡量截面形状的合理程度。由表10-2可看出，矩形截面比圆形截面合理，工字形截面又比矩形截面合理。这是容易理解的，因为从正应力沿截面高度的分布规律来看，离中性轴愈近的地方，正应力愈小，处于这些位置的材料远未发挥其作用，若将这些材料移置到距中性轴较远处，就可以使它们得到充分利用。

例如，工字形截面（图10-12(a)），其大部分材料远离中性轴，充分发挥了抗弯能力，故它比矩形截面合理。对于矩形截面梁而言（图10-12(b)），在其他条件不变的情况下，竖放和横放的承载能力也是大不相同的。竖放时，比值$\frac{W}{A}=\frac{bh^2/6}{bh}/bh=0.167h$；横放时，比值$\frac{W}{A}=\frac{hb^2/6}{bh}/bh=0.167b$，若$h/b=2$，则横放时的承载能力只是竖放时的承载能力的一半。类似地分析可以得出，圆环截面比圆截面合理的结论(图10-12(c))。

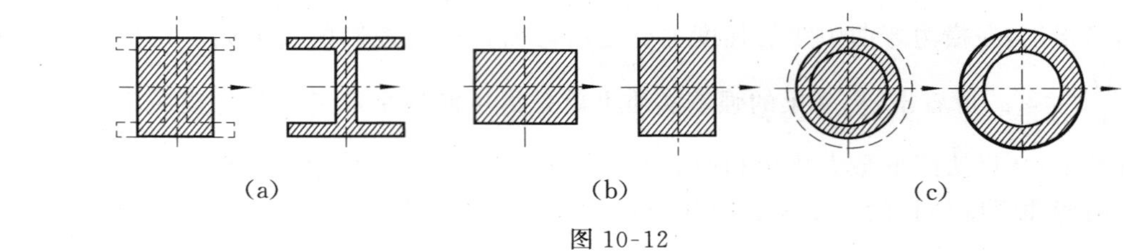

图10-12

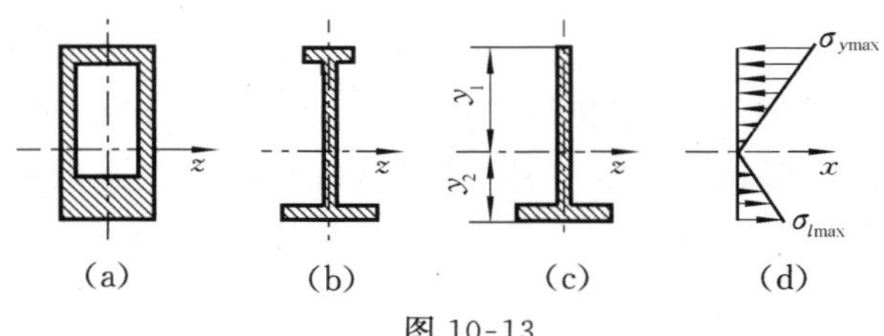

图10-13

另外，截面的合理形状还与材料性能相关。对于抗拉、压性能相同的材料，将截面设计成矩形、工字形等对称形状是合理的。然而，对于抗拉、压性能不同的材料(如大多数脆性材料)，采用非对称于中性轴的截面形状比较合适，如图10-13所示。最好使截面上、下边缘的最大拉应力与最大压应力分别等于许用拉应力与许用压应力，这样就能充分发挥材料的作用。对于图10-13所示的截面，中性轴到截面上、下边缘的距离y_1，y_2存在如下关系：

$$\frac{\sigma_{\max}^{-}}{\sigma_{\max}^{+}}=\frac{M_{\max}y_1/I_z}{M_{\max}y_2/I_z}=\frac{y_1}{y_2}=\frac{[\sigma]^{-}}{[\sigma]^{+}}$$

10.4.2 采用变截面梁

前面的讨论是针对梁的危险截面而言的，研究该截面形状的合理性对提高梁的弯曲强度相当重要。然而就全梁而言，还存在一个充分发挥材料作用的问题，因为沿梁的轴线弯矩M一般是变化的。等截面梁的尺寸是根据危险截面上最大弯矩值设计的，这样对弯矩较小的截面，其上的正应力均小于材料的许用应力，梁的材料强度未能充分利用。因此，为了减轻结构的自重和节省材料，常将梁截面设计成变截面，即梁截面的尺寸随弯矩的变化而变化，这种梁称为变截面梁。工程中不少构件都设计成变截面梁的形式，如阶梯轴(图10-14(a))、鱼腹式梁(图10-14(b))以及摇臂钻床的摇臂(图10-14(c))。

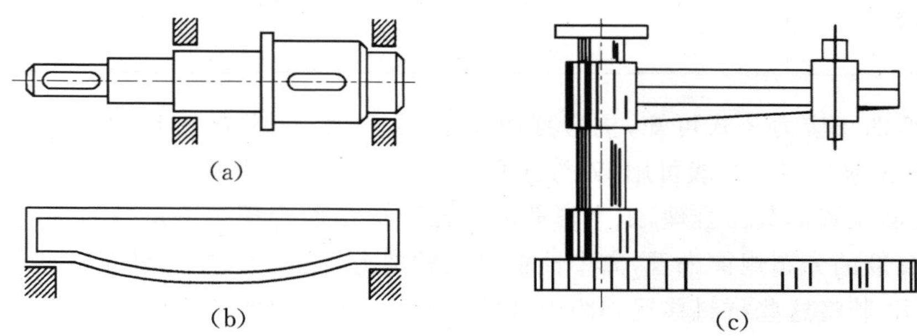

图10-14

如果将变截面梁设计成 $W(x)=M(x)/[\sigma]$，即梁的每一个横截面上的最大应力都等于许用应力，这种梁称为等强度梁(图 10-15(a)、(b))。然而，这种连续变化的梁在制造工艺方面存在一定困难，只能以近似的形状代替，如汽车的叠板弹簧就是等强度梁的一个实例(图 10-15(c)、(d))。

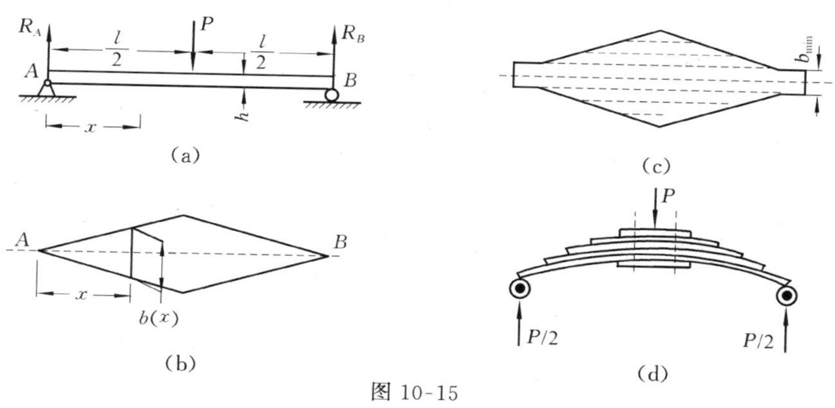

图 10-15

10.4.3 改善梁的受力情况

合理安排梁的约束和加载方式，尽量降低梁的最大弯矩值，是提高梁的弯曲强度的另一重要措施。例如图 10-16(a)所示的简支梁受均布载荷的作用，梁的最大弯矩为 $ql^2/8$，如果将梁两端的支座各向内移动 $0.2l$，如图 10-16(b)所示，则梁的最大弯矩值为 $ql^2/40$，仅为原来的 1/5。由此可见，合理安排梁的约束对提高梁的弯曲强度是十分有效的。

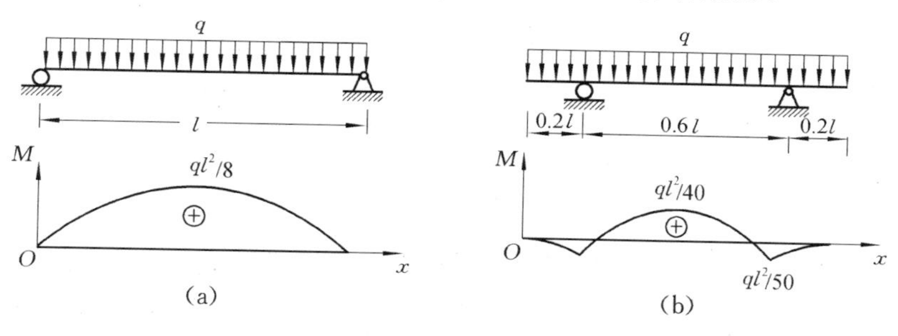

图 10-16

又如，图 10-17(a)所示的简支梁，如果合理安排加载方式，将集中力 P 改为均布载荷 $q=P/l$(图 10-17(b))或在梁的中部放置一长度为 $l/2$ 的辅助梁 CD(图 10-17(c))，都将降低梁的最大弯矩。由弯矩图可知，采用后两种措施后，梁的最大弯矩均只为原来最大弯矩值的一半。

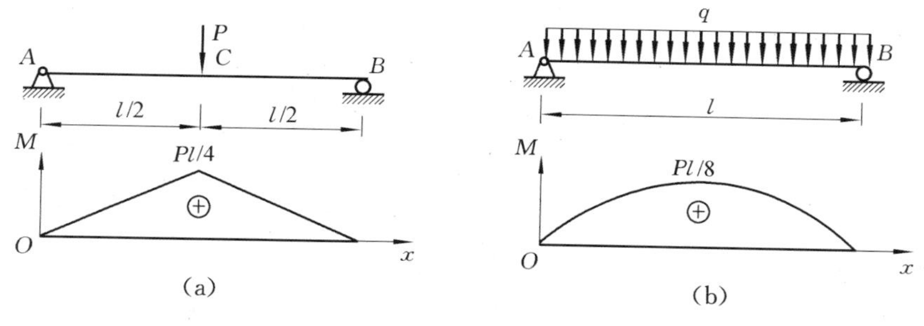

图 10-17

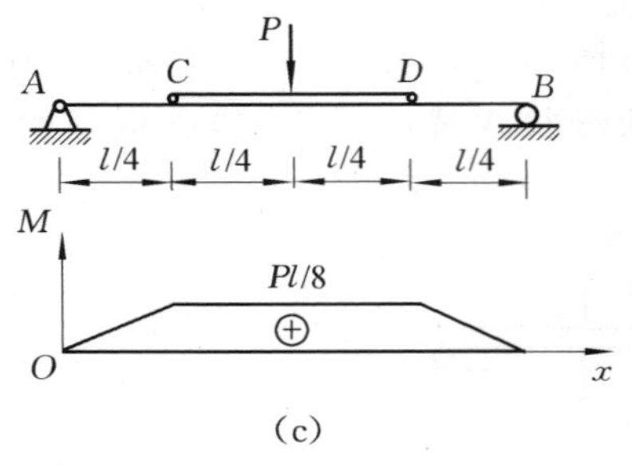

(c)

图 10-17 (续)

需要指出,上面提出的措施仅是从弯曲强度的角度考虑的,在实际设计中还应考虑诸多因素,如刚度及工艺要求等。

思 考 题

1. 试画出图 10-18 所示两梁各截面上弯矩的方向,指出哪些部分受拉,哪些部分受压,并绘制应力分布图。

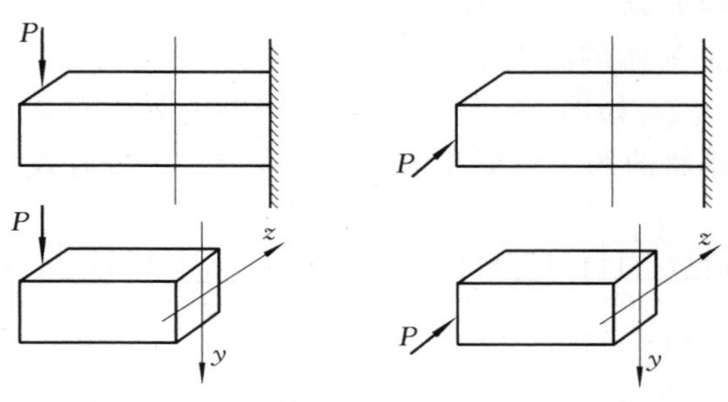

图 10-18

2. 如果矩形截面梁的高度或宽度分别增加一倍,梁的承载能力各增加几倍?

习 题

1. 厚度 $h=1.5\text{mm}$ 的钢带,卷成直径 $D=3\text{m}$ 的圆环,若钢带的弹性模量 $E=210\text{GPa}$,试求钢带横截面上的最大正应力。

2. 如图 10-19 所示截面各梁在外载荷作用下发生平面弯曲,试画出横截面上正应力沿高度的分布规律。

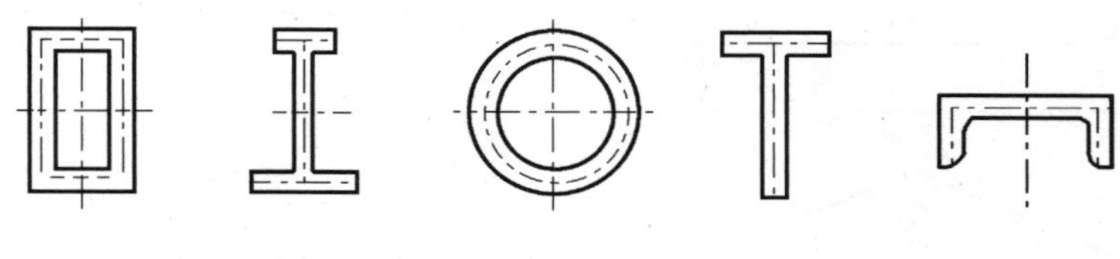

图 10-19

3. 发生平面弯曲的槽形截面简支梁如图 10-20 所示,试比较横放和竖放两种情况下,最大正应力的值。

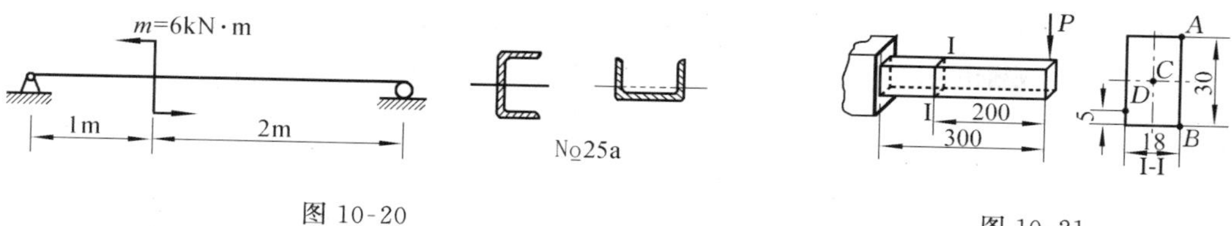

图 10-20

图 10-21

4. 矩形截面梁如图 10-21 所示，$P=1.5\text{kN}$。试计算 I-I 截面上 A,B,C,D 各点处的正应力。并画出该截面上的正应力分布图。

5. 如图 10-22 所示矩形截面简支梁受均布载荷 $q=20\text{kN/m}$ 的作用。已知跨度 $l=3\text{m}$，截面高度 $h=24\text{cm}$，宽度 $b=8\text{cm}$。试分别计算横放和竖放时梁的最大正应力。

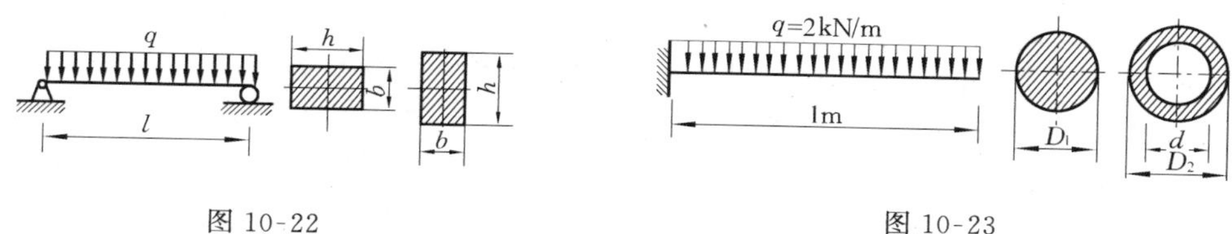

图 10-22

图 10-23

6. 如图 10-23 所示悬臂梁受均布载荷作用，若分别采用截面面积相等的实心和空心圆截面，且 $D_1=40\text{mm}$，$d/D_2=3/5$。试分别计算它们的最大正应力，并回答空心截面梁比实心截面梁的最大应力减少了多少？

7. 一钢制圆轴如图 10-24 所示，其外伸部分为空心轴，材料的许用应力$[\sigma]=80\text{MPa}$，试校核该轴的强度。

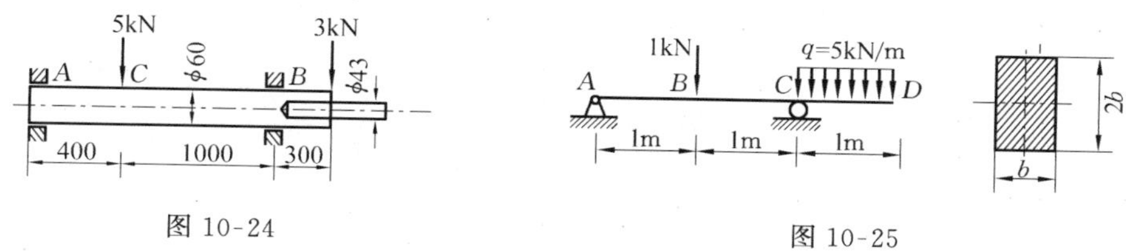

图 10-24

图 10-25

8. 矩形截面外伸梁受力如图 10-25 所示，材料的许用应力$[\sigma]=160\text{MPa}$，试确定截面尺寸。

9. T 形截面悬臂梁由铸铁制成，截面尺寸如图 10-26 所示，截面的惯性矩 $I_z=10\,180\text{cm}^4$，$y_2=9.64\text{cm}$。已知 $P=40\text{kN}$，许用拉应力$[\sigma]^+=40\text{MPa}$，许用压应力$[\sigma]^-=80\text{MPa}$，试校核该梁的强度。

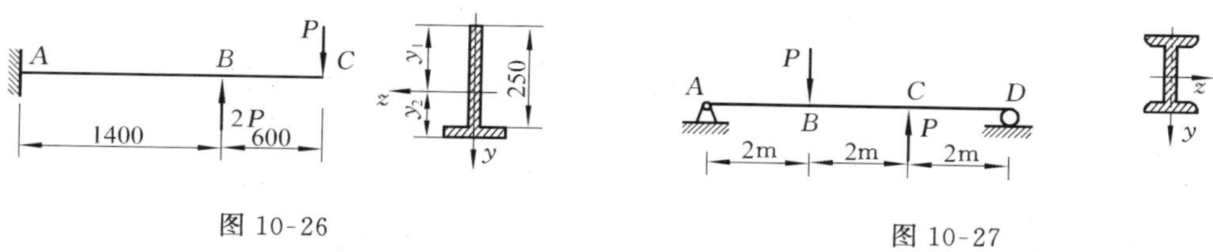

图 10-26

图 10-27

10. 简支梁由№20a 工字钢制成，受力如图 10-27 所示，若许用应力$[\sigma]=160\text{MPa}$，试求许可载荷。

11. 外伸梁如图 10-28 所示，若材料的许用应力$[\sigma]=160\text{MPa}$，试选择工字钢的型号。

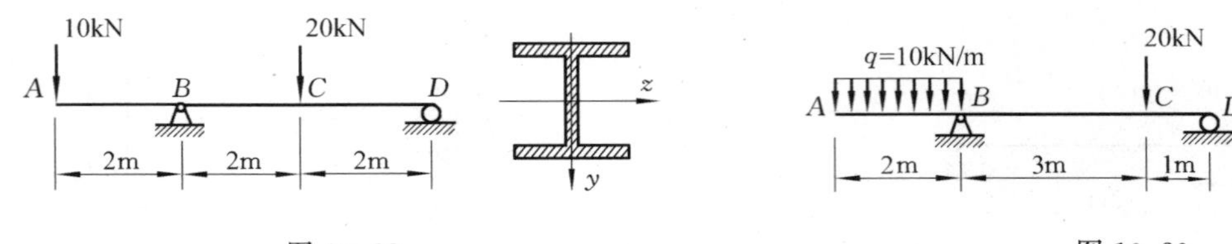

图 10-28　　图 10-29

12. 铸铁梁的载荷及截面如图 10-29 所示。已知截面的惯性矩 $I_z=5965\text{cm}^4$，许用拉应力 $[\sigma]^+=40\text{MPa}$，许用压应力 $[\sigma]^-=80\text{MPa}$，试校核梁的强度。若载荷不变，但将 T 形截面倒置，即翼缘在下成为⊥形，是否合理？为什么？

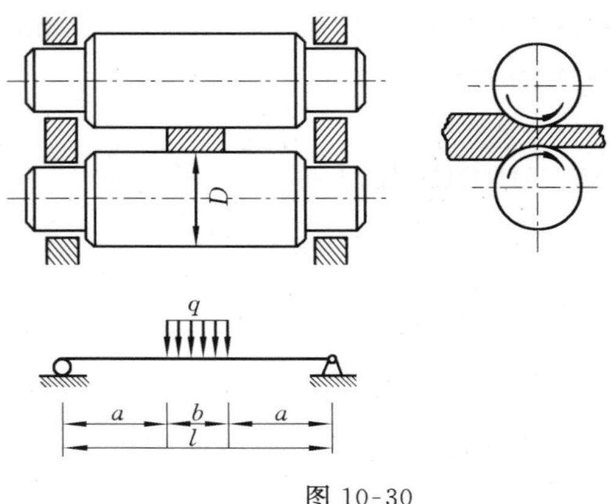

图 10-30

13. 图 10-30 所示轧辊轴直径 $D=280\text{mm}$，跨度 $l=1000\text{mm}$，$a=450\text{mm}$，$b=100\text{mm}$，轧辊材料的弯曲许用应力 $[\sigma]=100\text{MPa}$，求轧辊能承受的最大允许轧制力。

14. 如图 10-31 所示，№20 槽钢承受纯弯曲时，测得 A，B 两点间长度的改变 $\Delta l=27\times10^{-3}\text{mm}$。材料的 $E=200\text{GPa}$，试求梁横截面上的弯矩。

15. 当力 P 直接作用在简支梁 AB 的中点时，梁内的最大正应力 $\sigma_{\max}$ 超过许用应力 30%。为了消除过载现象，配制了如图 10-32 所示的辅助梁 CD，试求该辅助梁的长度。

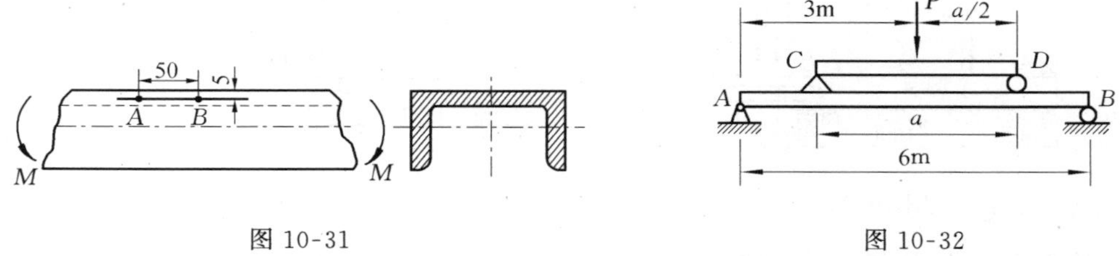

图 10-31　　图 10-32

16. 车轴受力情况如图 10.33 所示。已知 $a=0.6\text{m}$，$P=5\text{kN}$，材料的许用应力 $[\sigma]=80\text{MPa}$，试计算车轴的直径。

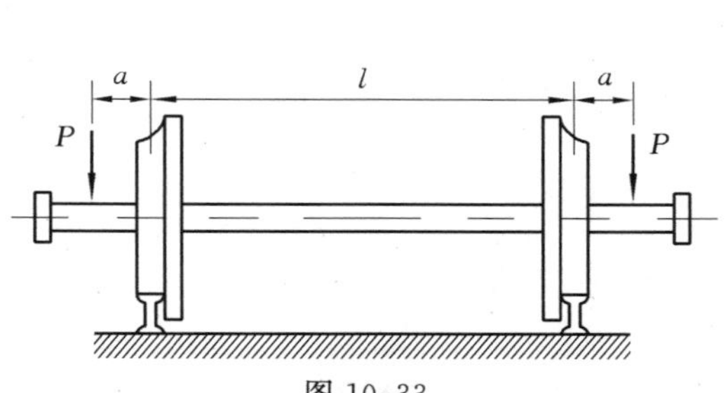

图 10-33

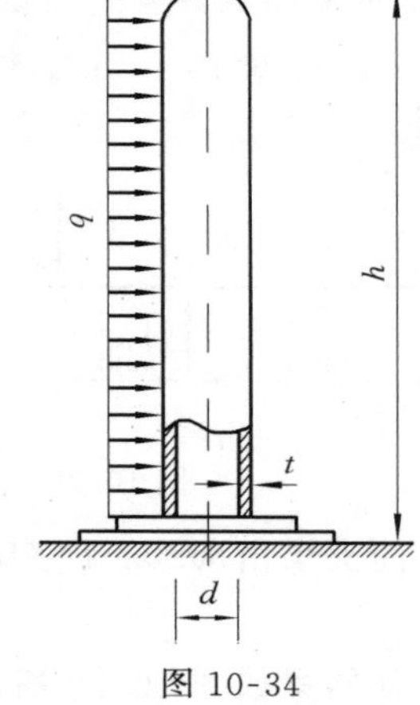

图 10-34

17. 如图 10-34 所示，某塔器高 $h=10\text{m}$，塔底由裙式支座支承。已知裙式支座的外径与塔的外径相同，内径 $d=1000\text{mm}$，壁厚 $t=8\text{mm}$，假设塔承受均匀风载，载荷集度 $q=468\text{N/m}$，求裙式支座底部的 $\sigma_{\max}$。

18. 已知图 10-35 所示矩形截面简支梁的 $h=200\text{mm}$，$b=100\text{mm}$，$l=3\text{m}$，$P=60\text{kN}$。试求最大正应力和最大切应力之值，并指出其位置。

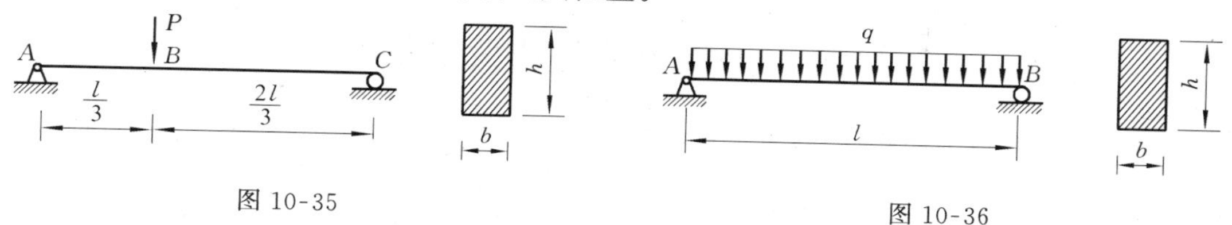

图 10-35

图 10-36

19. 简支木梁 AB 如图 10-36 所示，跨度 $l=5\text{m}$，承受均布载荷 $q=3.6\text{kN/m}$。木材顺纹许用正应力 $[\sigma]=10\text{MPa}$，许用切应力 $[\tau]=1\text{MPa}$，梁的横截面为矩形，试选择宽度与高度之比为 2∶3的矩形截面。

第11章 弯曲变形

11.1 工程中的弯曲变形问题

对工程中承受弯曲的构件，除要求具有足够的强度外，还要求其变形不能过大，即要求有足够的刚度。例如，桥式吊车梁(图 8-1(a))，若起吊重物时弯曲变形过大，则将使梁上小车行走困难并引起严重振动，又如车床主轴(图 11-1(a))，若在工作中变形过大，就会引起齿轮啮合不良并影响与轴承的配合，使转动不平稳，加快磨损，降低使用寿命，而且还会影响加工精度(图 11-1(b))。因此，为了保证构件正常工作，必须对弯曲变形加以限制。

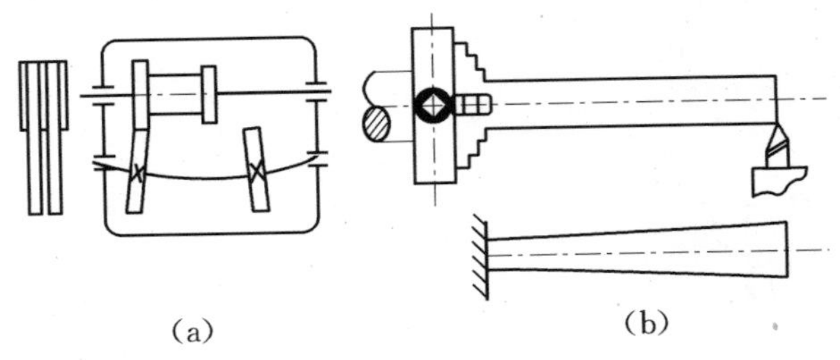

图 11-1

然而在某些情况下，又需要利用弯曲变形来达到某种目的。例如，对于汽车的叠板弹簧(图 10-15)，为了达到减振的目的，就要求它在工作中能发生较大的弯曲变形；又如继电器中的簧片(图 11-2)，为了成功地接通或切断电源，在电磁力的作用下必须保证接触点处有足够大的变形。

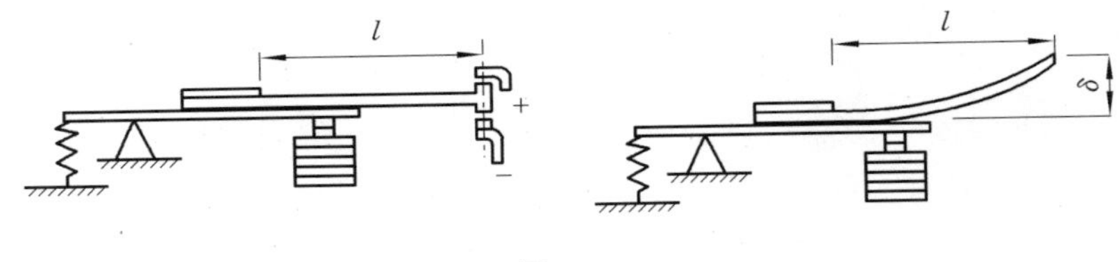

图 11-2

11.2 挠曲线的近似微分方程

11.2.1 弯曲变形的度量

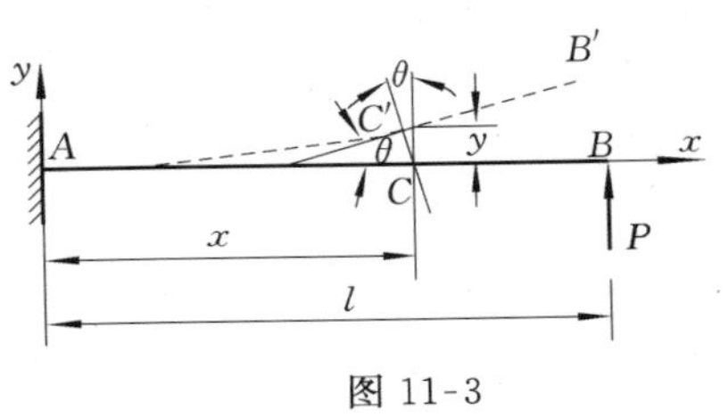

图 11-3

梁在横向力作用下发生平面弯曲时，若忽略剪力的影响，梁变形后的横截面仍然保持平面，而且与变形后的轴线垂直，只是绕着各自的中性轴转动了一角度，如图 11-3 所示。变形前为直线的梁轴线 AB 变成了一条光滑连续的曲线 AB'，AB'是位于载荷作用面内的平面曲线，称为梁的挠曲线(curve of deflection)。

为了研究梁的变形，通常取一直角坐标。将坐标原点取在梁的左端点 A 处，令 x 轴与梁变形前的轴线相重合，以向右为正；y 轴与 A 截面形心主轴相重合，以向上为正，则挠曲线可以用方程

$$y=f(x) \tag{11-1}$$

来表示。式(11-1)称为梁的挠曲线方程。

由图 11-3 可以看出，梁变形后任一横截面的形心位置由 C 移至 C'。梁变形前后位置的改变统称为位移。梁横截面的位移包括 3 个部分：① 横截面形心沿着变形前轴线方向的位移，由于梁的变形很小，这一方向上的位移对梁的长度来说是高阶微量，可以不考虑；② 横截面形心在垂直于变形前梁轴线方向上的位移，称为挠度(bending deflection)，用 y 表示；③ 横截面相对于变形前的位置所转过的角度，称为转角(deflection angle)，用 θ 表示。梁的弯曲变形可用挠度和转角来度量。

挠曲线上任意一点的斜率为 $\tan\theta=\dfrac{\mathrm{d}y}{\mathrm{d}x}=y'$。在工程实际中，由于梁的转角一般很小，故有

$$\theta\approx\tan\theta=\frac{\mathrm{d}y}{\mathrm{d}x}=y' \tag{11-2}$$

式(11-2)表明了梁弯曲变形时的挠度 y 与转角 θ 之间的关系。

挠度和转角的符号与所选取的坐标系有关。在图 11-3 所示的坐标系中，规定挠度向上为正，反之为负；转角以逆时针转向为正，反之为负。按照这个规定，C 截面的挠度和转角均为正。

11.2.2 挠曲线近似微分方程

由第 10 章可知，梁纯弯曲时，有关系式 $\dfrac{1}{\rho}=\dfrac{M}{EI}$。对于横力弯曲梁，在其跨度远大于梁的横截面高度的情况下，剪力对梁弯曲变形的影响很小，可以忽略不计，因此该关系仍然适用。只是在横力弯曲时，弯矩 M 和曲率半径 ρ 是随横截面位置而改变的，均为 x 的函数，即

$$\frac{1}{\rho(x)}=\frac{M(x)}{EI} \tag{a}$$

由高等数学可知，平面曲线的曲率 $\dfrac{1}{\rho(x)}$ 可以写成

$$\frac{1}{\rho(x)}=\pm\frac{\dfrac{\mathrm{d}^2y}{\mathrm{d}x^2}}{\left[1+\left(\dfrac{\mathrm{d}y}{\mathrm{d}x}\right)^2\right]^{\frac{3}{2}}} \tag{b}$$

由于在小变形的情况下，挠曲线为一条非常平坦的曲线，$\dfrac{\mathrm{d}y}{\mathrm{d}x}$ 是一个很小的量，$\left(\dfrac{\mathrm{d}y}{\mathrm{d}x}\right)^2$ 与 1 相比可忽略不计，故式(b)可简化为

$$\frac{1}{\rho(x)}=\pm\frac{\mathrm{d}^2y}{\mathrm{d}x^2} \tag{c}$$

将式(c)代入式(a)，得

$$\pm\frac{\mathrm{d}^2y}{\mathrm{d}x^2}=\frac{M(x)}{EI} \tag{d}$$

式(d)左边的正负号与弯矩的正负号规定及 x-y 坐标系的选取有关。根据第 8 章对弯矩正负符号的规定以及本章对梁的弯曲变形选取的坐标系，如图 11-4 所示，当挠曲线凹向上时，M 为正，该曲线的二阶导数为正；当挠曲线凹向下时，M 为负，该曲线的二阶导数为负。由此可见，式(d)两边的正负符号是一致的，故可将其写成如下形式：

$$\frac{d^2y}{dx^2}=y''=\frac{M(x)}{EI} \tag{11-3}$$

式(11-3)称为挠曲线的近似微分方程，它是研究弯曲变形的基本方程。对这个方程积分，就可求得挠曲线方程。

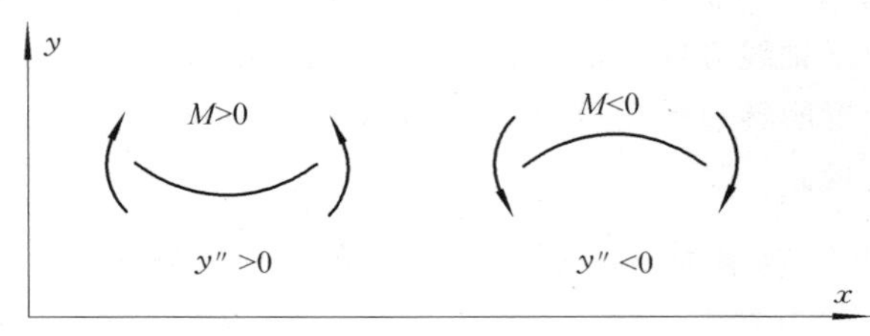

图 11-4

11.3 用积分法求梁的变形

在等截面梁的情况下，抗弯刚度 EI 为常数。将式(11-3)两边乘以 dx，积分一次得到

$$EIy' = \int M(x)dx + C$$

同样，将上式两边乘以 dx，再积分一次得到

$$EIy = \int\left[\int M(x)dx\right]dx + Cx + D$$

式中，C，D 为积分常数，其值可由梁的约束条件(边界条件)和连续条件确定。根据上两式可以得到梁的转角方程和梁的挠曲线方程。下面举例说明用积分法求梁的转角和挠度的步骤。

例 11.1 一悬臂梁在自由端处受集中力 P 的作用，如图 11-5 所示。梁跨度为 l，抗弯刚度 EI 为常数。试求梁的转角方程和挠度方程，并确定绝对值最大的转角 $|\theta|_{max}$ 和挠度 $|y|_{max}$。

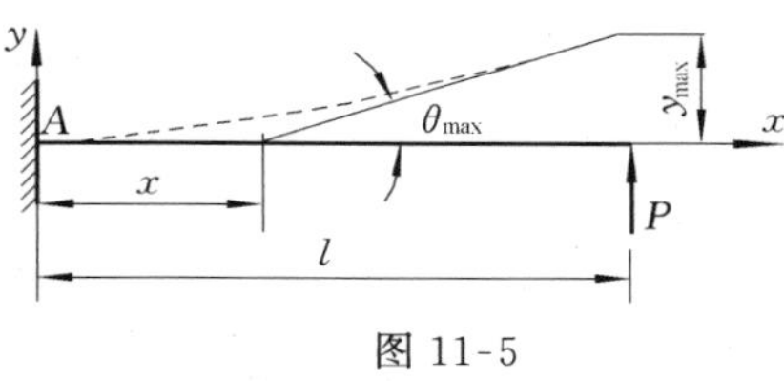

图 11-5

解 (1) 写出弯矩方程。以左端点 A 为坐标原点，取直角坐标为图 11-5 所示。任一横截面 x 的弯矩方程为

$$M(x)=P(l-x) \qquad (0<x\leqslant l)$$

(2) 建立挠曲线的近似微分方程并积分

$$EIy''=M(x)=P(l-x) \tag{a}$$

$$EIy'=Plx-\frac{P}{2}x^2+C \tag{b}$$

$$EIy=\frac{Pl}{2}x^2-\frac{P}{6}x^3+Cx+D \tag{c}$$

(3) 在固定端 A 处，截面的挠度和转角均为零，其边界条件为

当 $x=0$ 时，

$$y=0 \tag{d}$$

$$\theta=y'=0 \tag{e}$$

将边界条件(d)代入式(c)、式(e)代入式(b)，分别得到

$$D=C=0$$

将积分常数的结果代入(b)、(c)两式，得到该梁的转角方程和挠度方程分别为

$$\theta = y' = \frac{Px}{2EI}(2l - x) \tag{f}$$

$$y = \frac{Px^2}{6EI}(3l - x) \tag{g}$$

(4) 确定$|\theta|_{\max}$，$|y|_{\max}$。挠曲线的形状如图 11-5 中的虚线所示，最大挠度和最大转角均发生在悬臂梁的自由端。以 $x=l$ 代入(f)、(g)两式，得

$$|\theta|_{\max} = \theta_B = \frac{Pl^2}{2EI}, \quad |y|_{\max} = y_B = \frac{Pl^3}{3EI}$$

例 11.2 桥式吊车大梁的自重可简化成均布载荷，其载荷集度为 q，EI 为常数。试计算大梁由自重引起的转角方程和挠度方程，并确定绝对值最大的转角$|\theta|_{\max}$和挠度$|y|_{\max}$。

解 (1) 写出弯矩方程。选取坐标 x-y，如图 11-6 所示。由对称关系可知，梁的支反力为 $R_A = R_B = \frac{ql}{2}$。

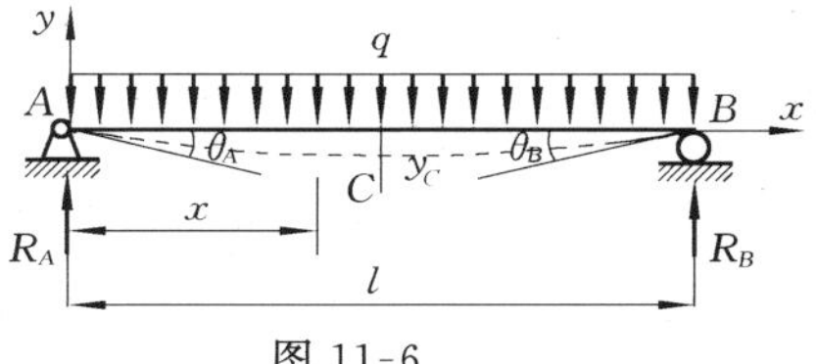

图 11-6

坐标为 x 的任一截面上的弯矩方程为

$$M(x) = \frac{ql}{2}x - \frac{q}{2}x^2 \qquad (0 \leqslant x \leqslant l)$$

(2) 建立挠曲线近似微分方程并积分。

$$EIy'' = \frac{ql}{2}x - \frac{q}{2}x^2 \tag{a}$$

$$EIy' = \frac{ql}{4}x^2 - \frac{q}{6}x^3 + C \tag{b}$$

$$EIy = \frac{ql}{12}x^3 - \frac{q}{24}x^4 + Cx + D \tag{c}$$

(3) 确定积分常数。简支梁两端铰支座处的边界条件为

当 $x=0$ 时， $y=0$ (d)

当 $x=l$ 时， $y=0$ (e)

将边界条件(d)、(e)分别代入式(c)，得 $D=0$ 及 $\frac{ql^4}{12} - \frac{ql^4}{24} + Cl = 0$，则 $C = -\frac{ql^3}{24}$。

将积分常数 C 和 D 代入式(b)、(c)中，可得转角方程和挠度方程分别为

$$\theta = y' = -\frac{q}{24EI}(l^3 - 6lx^2 + 4x^3)$$

$$y = -\frac{qx}{24EI}(l^3 - 2lx^2 + x^3)$$

在本例中，由于载荷和边界条件均对称于跨度中点，所以弯曲变形也应该对跨度中点对称。在中点处转角 $\theta=0$。

(4) 确定$|\theta|_{\max}$和$|y|_{\max}$。由图 11-6 中的挠曲线可知，最大挠度发生在梁的中点($\theta=0$ 处，y 取得极值)，其值为

$$y_C = -\frac{5ql^4}{384EI}$$

式中负号表示中点挠度向下。绝对值最大的挠度为

$$|y|_{\max} = \frac{5ql^4}{384EI}$$

最大的转角发生在梁的两端，其值为

$$\theta_A = -\theta_B = -\frac{ql^3}{24EI}$$

绝对值最大的转角为

$$|\theta|_{\max}=\frac{ql^3}{24EI}$$

例 11.3 简支梁受力如图 11-7 所示，梁的抗弯刚度为 EI。试求梁的转角方程和挠度方程，并确定 $|\theta|_{\max}$ 和 $|y|_{\max}$。

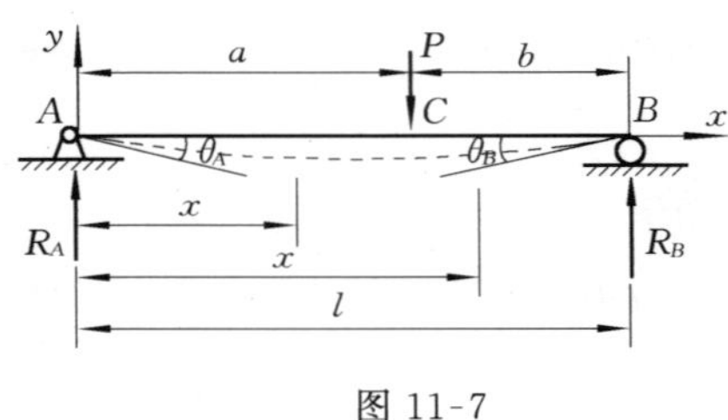

图 11-7

解 (1) 写出弯矩方程。由平衡方程求得 A,B 两支座处的支反力为 $R_A=\frac{Pb}{l}$，$R_B=\frac{Pa}{l}$，方向如图所示。由于集中力 P 的存在，梁的弯矩方程应分 AC,CB 两段建立，其弯矩方程分别为

$$M_1(x)=\frac{Pb}{l}x \qquad (0\leqslant x\leqslant a)$$

$$M_2(x)=\frac{Pb}{l}x-P(x-a) \qquad (a\leqslant x\leqslant l)$$

(2) 建立挠曲线方程并积分。

AC 段：

$$EIy_1''=M_1(x)=\frac{Pb}{l}x \qquad (0\leqslant x\leqslant a)$$

$$EIy_1'=\frac{Pb}{2l}x^2+C_1 \tag{a}$$

$$EIy_1=\frac{Pb}{6l}x^3+C_1x+D_1 \tag{b}$$

CB 段：

$$EIy_2''=M_2(x)=\frac{Pb}{l}x-P(x-a) \qquad (a\leqslant x\leqslant l)$$

$$EIy_2'=\frac{Pb}{2l}x^2-\frac{P}{2}(x-a)^2+C_2 \tag{c}$$

$$EIy_2=\frac{Pb}{6l}x^3-\frac{P}{6}(x-a)^3+C_2x+D_2 \tag{d}$$

(3) 由边界条件和连续条件定积分常数。AC 和 CB 两段共出现 4 个积分常数，确定这 4 个常数需要 4 个位移条件。简支梁的边界条件只有两个，另外两个位移条件可用集中力作用处 C 截面的连续条件得到。因为挠曲线是一条光滑连续的曲线，在 C 截面处只可能有唯一的挠度和转角。因此，C 截面处的连续条件为

当 $x=a$ 时，

$$y_1'=y_2' \tag{e}$$

$$y_1=y_2 \tag{f}$$

在式(a)、式(b)、式(c)和式(d)中，令 $x_1=x_2=a$，并利用式(e)、式(f)可得到

$$C_1=C_2,\quad D_1=D_2$$

利用 A,B 两支座处的边界条件：

当 $x=0$ 时，$$y_1=0 \tag{g}$$

当 $x=l$ 时，$$y_2=0 \tag{h}$$

将式(g)代入式(b)，得

$$D_1=D_2=0$$

将式(h)代入式(d)，得

$$C_1=C_2=-\frac{Pb}{6l}(l^2-b^2)$$

把 4 个积分常数分别代入式(a)、式(b)、式(c)和式(d)中，可得转角方程和挠度方程为

AC 段 $(0\leqslant x\leqslant a)$：

$$y_1' = -\frac{Pb}{6EIl}(l^2 - b^2 - 3x^2) \tag{i}$$

$$y_1 = -\frac{Pbx}{6EIl}(l^2 - b^2 - x^2) \tag{j}$$

CB 段($a \leqslant x \leqslant l$)：

$$y_2' = -\frac{Pb}{6EIl}\left[(l^2 - b^2 - 3x^2) + \frac{3l}{b}(x-a)^2\right] \tag{k}$$

$$y_2 = -\frac{Pb}{6EIl}\left[(l^2 - b^2 - x^2)x + \frac{l}{b}(x-a)^3\right] \tag{l}$$

需要指出，在 CB 段内积分时，是以$(x-a)$作为自变量的，这样处理可以使确定积分常数的计算得到简化。

(4) 确定$|\theta|_{max}$和$|y|_{max}$。对简支梁而言，最大转角一般发生在梁的两端截面处。由式(i)，令 $x=0$，得

$$\theta_A = -\frac{Pb}{6EIl}(l^2 - b^2) = -\frac{Pab}{6EIl}(l+b)$$

由式(k)，令 $x=l$，得

$$\theta_B = \frac{Pab}{6EIl}(l+a)$$

当 $a>b$ 时，$\theta_B > \theta_A$，故

$$\theta_{max} = \theta_B = \frac{Pab}{6EIl}(l+a)$$

根据极值条件，在 $\theta=0$ 处，y 取得极值。因此，应首先确定转角为零的截面位置。假设最大挠度发生在 AC 段内，当 $x=x_0$ 时，转角为零，由式(i)，得

$$-\frac{Pb}{6EIl}(l^2 - b^2 - 3x_0^2) = 0$$

$$x_0 = \sqrt{\frac{l^2 - b^2}{3}} = \sqrt{\frac{a^2 + 2ab}{3}} \tag{m}$$

当 $a>b$ 时，由式(m)可知 $x_0 < a$，说明转角为零的截面是发生在 AC 段内的。因此，可将式(m)代入式(j)而得最大挠度为

$$y_{max} = -\frac{Pb}{9\sqrt{3}EIl}(l^2 - b^2)^{\frac{3}{2}}$$

绝对值最大的挠度为

$$|y|_{max} = \frac{Pb}{9\sqrt{3}EIl}(l^2 - b^2)^{\frac{3}{2}}$$

若集中力 P 作用在跨度中点，即 $a=b=l/2$ 处，则最大转角发生在 A，B 两端点处，最大挠度发生在跨度中点。绝对值最大的转角、挠度分别为

$$|\theta|_{max} = \frac{Pl^2}{16EI}, \quad |y|_{max} = \frac{Pl^3}{48EI}$$

另外还可讨论，当 $b \to 0$ 时，梁的最大挠度发生在 $x = l/\sqrt{3} = 0.577l$ 处，该处的最大挠度为

$$|y|_{max} = \frac{Pbl^2}{9\sqrt{3}EI}$$

由上面的结果可看出，即使是在 $b \to 0$ 的极端情况下，最大挠度的位置也非常接近梁的中点。因此，对简支梁而言，只要挠曲线上无拐点就可用中点的挠度近似地作为梁的最大挠度，这样带来的误差不会很大。

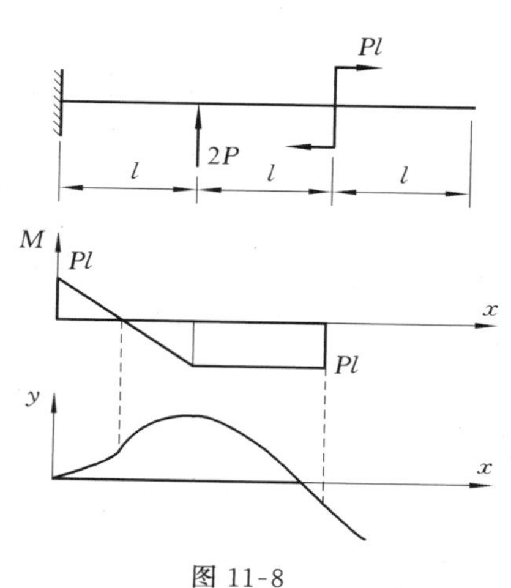

图 11-8

积分法是求弯曲变形的基本方法，由它可以得到转角和挠度的普遍方程。然而在工程实际中，并不一定要求对遇到的问题均按积分法进行计算。为了应用方便，工程中将梁在简单载荷作用下的转角和挠度列成表格，供直接查用。表 11-1 给出了简单载荷作用下梁的转角和挠度的计算公式。

另外，由挠曲线的近似微分方程 $EIy''=M(x)$ 可知，由弯矩 M 的正负符号可确定 y'' 的正负。若 $y''>0$，则挠曲线为凹向上的曲线；反之，当 $y''<0$ 时，挠曲线则为凹向下的曲线。因此可以不必建立挠曲线方程，而根据弯矩的正负及支座条件，画出挠曲线的大致形状，如图 11-8 所示。正确画出挠曲线的大致形状在利用叠加法求梁的变形中是很重要的。

表 11-1　简单载荷作用下梁的挠度和转角

序号	梁的简图	挠曲线方程	端截面转角和绝对值最大的挠度
1	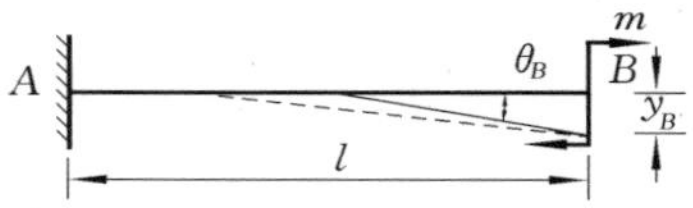 A, B, m, θ_B, y_B, l	$y=-\dfrac{mx^2}{2EI}$	$\theta_B=-\dfrac{ml}{EI}$，$y_B=-\dfrac{ml^2}{2EI}$
2	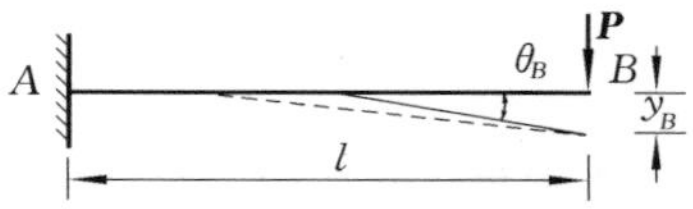 A, B, P, θ_B, y_B, l	$y=-\dfrac{Px^2}{6EI}(3l-x)$	$\theta_B=-\dfrac{Pl^2}{2EI}$，$y_B=-\dfrac{Pl^3}{3EI}$
3	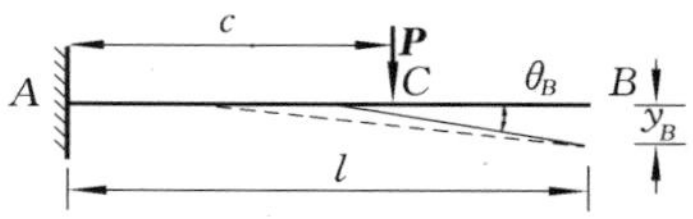 A, B, C, P, c, θ_B, y_B, l	$0\leqslant x\leqslant c$， $y=-\dfrac{Px^2}{6EI}(3c-x)$ $c\leqslant x\leqslant l$， $y=-\dfrac{Pc^2}{6EI}(3x-c)$	$\theta_B=-\dfrac{Pc^2}{2EI}$ $y_B=-\dfrac{Pc^2}{6EI}(3l-c)$
4	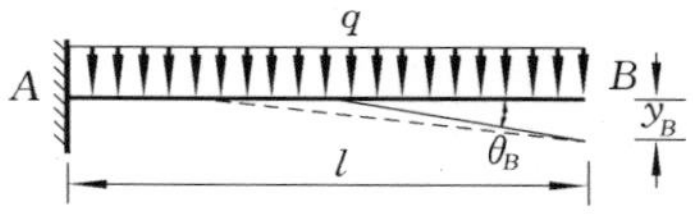 A, B, q, θ_B, y_B, l	$y=-\dfrac{qx^2}{24EI}(x^2+6l^2-4lx)$	$\theta_B=-\dfrac{ql^3}{6EI}$，$y_B=-\dfrac{ql^4}{8EI}$
5	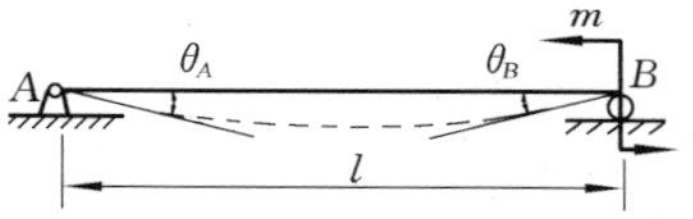 A, B, m, θ_A, θ_B, l	$y=-\dfrac{mx}{6lEI}(l^2-x^2)$	$\theta_A=-\dfrac{ml}{6EI}$，$\theta_B=\dfrac{ml}{3EI}$ $x=\dfrac{l}{\sqrt{3}}$处，$y=-\dfrac{ml^2}{9\sqrt{3}EI}$ $x=\dfrac{l}{2}$处，$y=-\dfrac{ml^2}{16EI}$
6	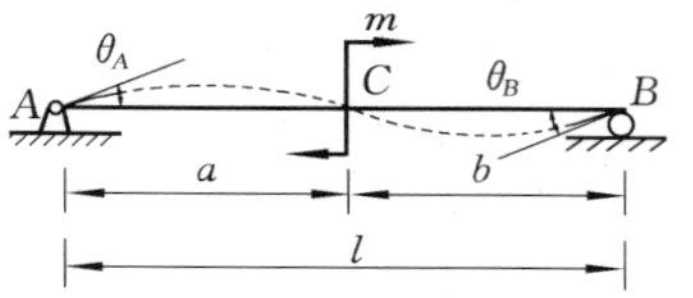 A, B, C, m, θ_A, θ_B, a, b, l	$0\leqslant x\leqslant a$， $y=\dfrac{mx}{6lEI}(l^2-3b^2-x^2)$ $a\leqslant x\leqslant l$， $y=-\dfrac{m(l-x)}{6lEI}[l^2-3a^2-(l-x)^2]$	$\theta_A=\dfrac{m}{6lEI}(l^2-3b^2)$ $\theta_B=\dfrac{m}{6lEI}(l^2-3a^2)$ $\theta_C=-\dfrac{m}{6lEI}(3a^2+3b^2-l^2)$ $x=\sqrt{\dfrac{l^2-3b^2}{3}}$处，$y=\dfrac{m(l^2-3b^2)^{3/2}}{9\sqrt{3}lEI}$ $x=\sqrt{\dfrac{l^2-3a^2}{3}}$处，$y=-\dfrac{m(l^2-3a^2)^{3/2}}{9\sqrt{3}lEI}$

续表

序号	梁的简图	挠曲线方程	端截面转角和绝对值最大的挠度
7	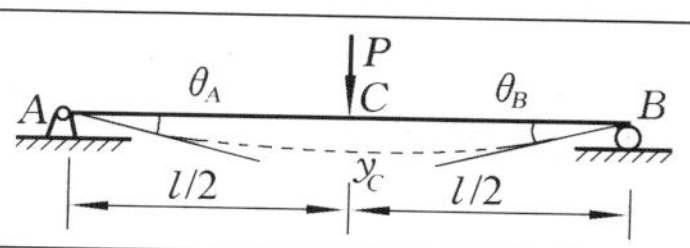	$0\leqslant x\leqslant \frac{l}{2}$， $y=-\frac{Px}{48EI}(3l^2-4x^2)$	$\theta_A=-\theta_B=-\frac{Pl^2}{16EI}$ $y_C=-\frac{Pl^3}{48EI}$
8	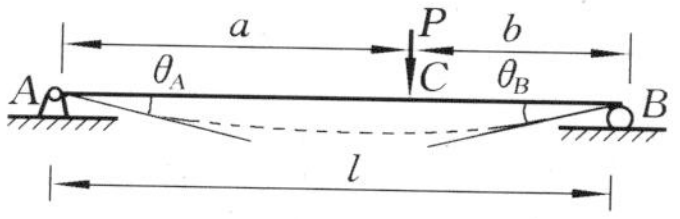	$0\leqslant x\leqslant a$， $y=-\frac{Pbx}{6lEI}(l^2-x^2-b^2)$ $a\leqslant x\leqslant l$， $y=-\frac{Pb}{6lEI}[(l^2-b^2)x-x^3+\frac{l}{b}(x-a)^3]$	$\theta_A=-\frac{Pab(l+b)}{6lEI}$，$\theta_B=\frac{Pab(l+a)}{6lEI}$ 若 $a>b$， $x=\sqrt{\frac{l^2-b^2}{3}}$处，$y=-\frac{\sqrt{3}Pb}{27lEI}(l^2-b^2)^{3/2}$ $x=\frac{l}{2}$处，$y=-\frac{Pb}{48EI}(3l^2-4b^2)$
9	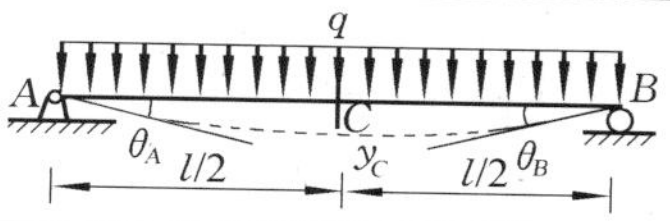	$y=-\frac{qx}{24EI}(l^3-2lx^2+x^3)$	$\theta_A=-\theta_B=-\frac{ql^3}{24EI}$ $y_C=-\frac{5ql^4}{384EI}$
10	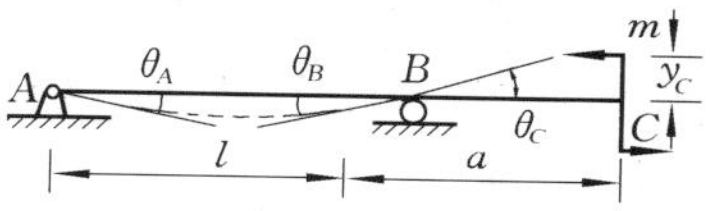	$0\leqslant x\leqslant l$， $y=-\frac{mx}{6lEI}(l^2-x^2)$ $l\leqslant x\leqslant l+a$， $y=\frac{m}{6EI}(3x^2-4lx+l^2)$	$\theta_A=-\frac{ml}{6EI}$，$\theta_B=\frac{ml}{3EI}$ $\theta_C=\frac{m}{3EI}(l+3a)$ $x=\frac{1}{\sqrt{3}}$处，$y=-\frac{ml^2}{9\sqrt{3}EI}$ $x=l+a$ 处，$y_C=\frac{ma}{6EI}(2l+3a)$
11	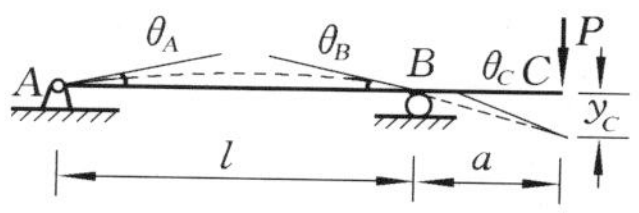	$0\leqslant x\leqslant l$， $y=\frac{Pax}{6lEI}(l^2-x^2)$ $l\leqslant x\leqslant l+a$ $y=-\frac{P(x-l)}{6EI}[a(3x-l)-(x-l)^2]$	$\theta_A=\frac{Pal}{6EI}$，$\theta_B=-\frac{Pal}{3EI}$ $\theta_C=-\frac{Pa}{6EI}(2l+3a)$ $x=\frac{1}{\sqrt{3}}$处，$y=\frac{Pal^2}{9\sqrt{3}EI}$ $x=l+a$ 处，$y_C=-\frac{Pa^2}{3EI}(l+a)$
12	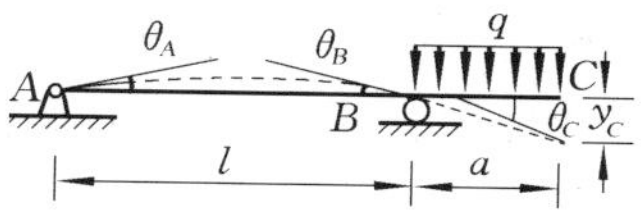	$0\leqslant x\leqslant l$ $y=\frac{qa^2}{12EI}\left(lx-\frac{x^3}{l}\right)$ $l\leqslant x\leqslant l+a$ $y=-\frac{qa^2}{12EI}\left[\frac{(x-l)^4}{2a^2}+\frac{x^3}{l}-\frac{(2l+a)(x-l)^3}{al}-lx\right]$	$\theta_A=\frac{qa^2l}{12EI}$，$\theta_B=-\frac{qa^2l}{6EI}$ $\theta_C=-\frac{qa^2}{6EI}(l+a)$ $x=\frac{1}{\sqrt{3}}$处，$y=\frac{qa^2l^2}{18\sqrt{3}EI}$ $x=l+a$ 处，$y_C=-\frac{qa^3}{24EI}(3a+4l)$

11.4 用叠加法求梁的变形

由于梁的变形微小和材料服从胡克定律，使转角和挠度都与载荷成线性关系（见表 11-1）。因此，当梁上同时作用几个载荷时，由某一载荷引起的梁的变形不受其他载荷的影响，即载荷是各自独立作用的。也就是说，当梁上同时作用几个载荷时，可先求各个载荷单独作用时梁的转角和挠度，然后将它们代数相加，即可得到梁在几种载荷同时作用下的转角和挠度。这种求梁变形的方法称为叠加法。当只需确定某些指定截面的转角和挠度时，利用叠加法是很方便的。下面举例说明叠加法的应用。

例 11.4 简支梁受均布载荷 q 和集中力 $P=ql$ 的作用，如图 11-9(a)所示。梁的抗弯刚度为 EI，试求跨度中点 C 的挠度和 A 截面的转角。

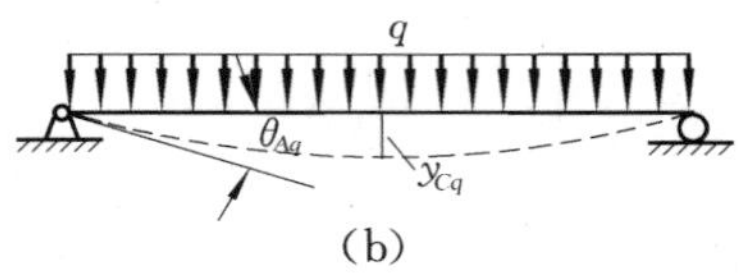

(a)

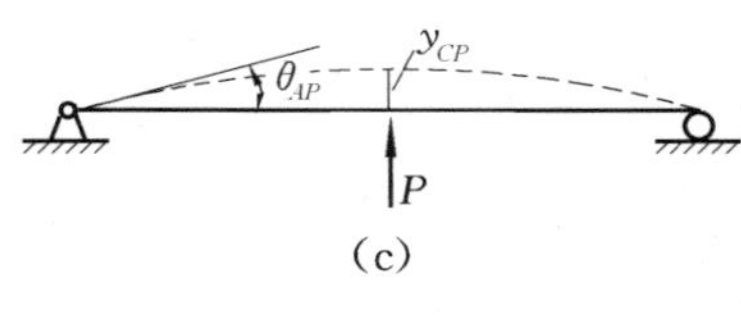

(b)

yCP
θAP
P

(c)

图 11-9

解 首先将作用在梁上的载荷 q 和力 P 分解成各自单独作用在简支梁上，如图 11-9(b)、(c)所示。然后由表 11-1 查得结果为

只有均布载荷作用时，

$$y_{Cq}=-\frac{5ql^4}{384EI},\quad \theta_{Aq}=-\frac{ql^3}{24EI}$$

只有集中力作用时，

$$y_{CP}=\frac{Pl^3}{48EI}=\frac{ql^4}{48EI},\quad \theta_{AP}=\frac{Pl^2}{16EI}=\frac{ql^3}{16EI}$$

将上面的结果代数相加，得到 q 和 P 共同作用下梁 C 截面的挠度及 A 截面的转角分别为

$$y_C=y_{Cq}+y_{CP}=-\frac{5ql^4}{384EI}+\frac{ql^4}{48EI}=\frac{3ql^4}{384EI}$$

$$\theta_A=\theta_{Aq}+\theta_{AP}=-\frac{ql^3}{24EI}+\frac{ql^3}{16EI}=\frac{ql^3}{48EI}$$

y_C 为正值，表示挠度向上；θ_A 为正值，表示 A 截面逆时针方向转动。

例 11.5 悬臂梁受力如图 11-10(a)所示，梁的抗弯刚度为 EI。求梁的最大转角 $|\theta|_{\max}$ 和最大挠度 $|y|_{\max}$。

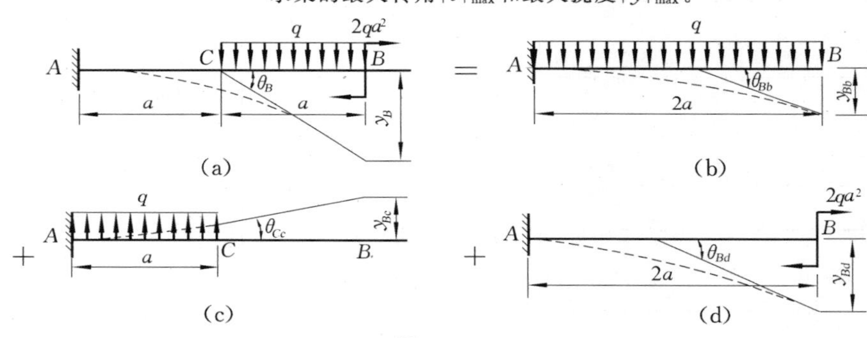

图 11-10

解 首先可将梁上的分布载荷变为全梁 AB 作用向下的均布载荷 q(图 11-10(b))和梁 AC 段上作用向上的均布载荷 q(图 11-10(c))。这样，原梁上的载荷就分解为图 11-10(b)、(c)、(d)所示的 3 种载荷的共同作用。由表 11-1 查得图 11-10(b)所示梁自由端的转角和挠度为

$$\theta_{Bb}=-\frac{q(2a)^3}{6EI}=-\frac{4qa^3}{3EI},\quad y_{Bb}=-\frac{q(2a)^4}{8EI}=-\frac{2qa^4}{EI}$$

对于图 11-10(c)所示的情况，由于梁 CB 段没有外力的作用，仍为直线，因此有：$\theta_{Bc}=\theta_{Cc}=\frac{qa^3}{6EI}$。由于 θ_{Cc} 是很小的角度，所以 B 截面的挠度为

$$y_{Bc}=y_{Cc}+\theta_{Cc}a=\frac{qa^4}{8EI}+\frac{qa^3}{6EI}a=\frac{7qa^3}{24EI}$$

对于图 11-10(d)所示梁自由端的转角和挠度为

$$\theta_{Bd}=-\frac{2qa^2(2a)}{EI}=-\frac{4qa^3}{EI},\quad y_{Bd}=-\frac{2qa^2(2a)^2}{2EI}=-\frac{4qa^4}{EI}$$

将 3 种情况下梁 B 截面的转角和挠度分别代数相加，便可得到原梁在 B 截面的转角和挠度为

$$\theta_B=\theta_{Bb}+\theta_{Bc}+\theta_{Bd}=-\frac{4qa^3}{3EI}+\frac{qa^3}{6EI}-\frac{4qa^3}{EI}=-\frac{31qa^3}{6EI}$$

$$y_B=y_{Bb}+y_{Bc}+y_{Bd}=-\frac{2qa^4}{EI}+\frac{7qa^4}{24EI}-\frac{4qa^4}{EI}=-\frac{137qa^4}{24EI}$$

绝对值最大的转角和挠度发生在悬臂梁自由端 B 截面处,其值为

$$|\theta|_{\max}=\frac{31qa^3}{6EI},\quad |y|_{\max}=\frac{137qa^4}{24EI}$$

11.5 梁的刚度计算

为了保证梁具有足够的刚度,必须限制梁的最大转角和最大挠度(或特定截面的转角和挠度),使它们不超过某些规定的数值。若以$[\theta]$和$[y]$为规定的许可转角和许可挠度,则梁的刚度条件为

$$|y|_{\max}\leqslant[y] \tag{11-4}$$

$$|\theta|_{\max}\leqslant[\theta] \tag{11-5}$$

$[y]$和$[\theta]$值,可根据梁的实际工作要求查有关手册。

例 11.6 车床空心主轴如图 11-11(a)所示,承受切削力 $P_1=2\text{kN}$ 和齿轮传动力 $P_2=1\text{kN}$ 作用。已知轴的外径 $D=80\text{mm}$,内径 $d=40\text{mm}$,跨度 $l=400\text{mm}$,外伸长度 $a=100\text{mm}$,材料的弹性模量 $E=200\text{GPa}$。若卡盘 C 处的许可挠度$[y_C]=1\times10^{-4}l$,轴承 B 处的许可转角$[\theta_B]=1\times10^{-3}\text{rad}$,试校核轴的刚度。

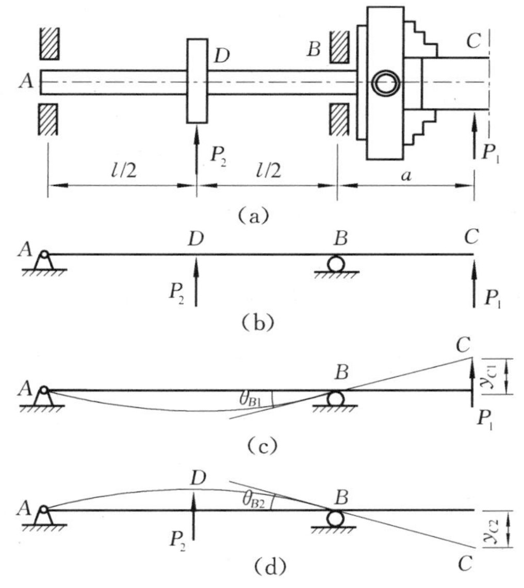

图 11-11

解 车床主轴的计算简图如图 11-11(b)所示。将梁上作用的力分解为 P_1 和 P_2 单独作用于梁上,如图 11-11(c)、(d)所示。利用叠加法可求出 C 截面的挠度和 B 截面的转角。

首先计算空心主轴的惯性矩为

$$I=\frac{\pi}{64}(D^4-d^4)=\frac{\pi}{64}(80^4-40^4)\times10^{-12}$$
$$=188.5\times10^{-8}(\text{m}^4)$$

当 P_1 单独作用时(图 11-11(c)),B 点的转角和 C 点的挠度分别为

$$\theta_{B1}=\frac{P_1al}{3EI}=\frac{2\times10^3\times100\times400\times10^{-6}}{3\times200\times10^9\times188.5\times10^{-8}}=7.07\times10^{-5}(\text{rad})$$

$$y_{C1}=\frac{P_1a^2(l+a)}{3EI}=\frac{2\times10^3\times100^2\times10^{-6}(400+100)\times10^{-3}}{3\times200\times10^9\times188.5\times10^{-8}}=8.84\times10^{-6}(\text{m})$$

当 P_2 单独作用时(图 11-11(d)),有

$$\theta_{B2}=-\frac{P_2l^2}{16EI}=-\frac{1\times10^3\times400^2\times10^{-6}}{16\times200\times10^9\times188.5\times10^{-8}}=-2.65\times10^{-5}(\text{rad})$$

因为 BC 段上无外力作用,仍为直线,故 C 点的挠度为

$$y_{C2}=\theta_{B2}a=-2.65\times10^{-5}\times100\times10^{-3}=-2.65\times10^{-6}(\text{m})$$

在 P_1 和 P_2 同时作用时,该梁 B 截面的转角和 C 截面的挠度分别为

$$\theta_B=\theta_{B1}+\theta_{B2}=7.07\times10^{-5}-2.65\times10^{-5}=4.42\times10^{-5}(\text{rad})$$

$$y_C = y_{C1} + y_{C2} = 8.84\times10^{-6} - 2.65\times10^{-6} = 6.19\times10^{-6}\,(\mathrm{m})$$

车床主轴的许可挠度：

$$[y_C] = 1\times10^{-4}l = 1\times10^{-4}\times400\times10^{-3} = 4\times10^{-5}\,(\mathrm{m}) > y_C$$

且

$$[\theta] = 1\times10^{-3}\,\mathrm{rad} > \theta_B$$

故该主轴刚度足够。

11.6 提高弯曲刚度的主要措施

根据前面的分析知道，梁的变形不仅与梁的支承和载荷作用情况有关，还与梁的材料、截面及跨度有关。因此，可采用以下措施减小梁的变形，提高其抗弯刚度。

1. 减小梁的跨度

从表 11-1 可以看出，梁的跨度 l 对弯曲变形的影响极为明显，它们与 l 的二次方、三次方甚至四次方成正比。例如，在简支梁中点作用一集中力 P，若跨度 l 减小一半，则最大挠度减小到仅为原有的 1/8。由此可见，尽可能地减小梁的跨度可使梁的转角和挠度大为降低，是提高梁的抗弯刚度的有效措施。

2. 增加约束

增加约束也是提高梁的抗弯刚度的重要措施之一。例如，车削细长工件时，加上顶针支承(图 11-12)，可以减小工件的最大挠度，提高其加工精度。加支承后梁为静不定梁，这将在下一章详细讨论。

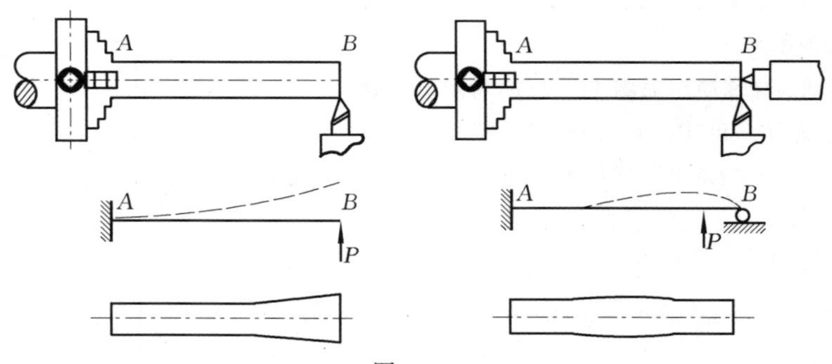

图 11-12

3. 增大截面的惯性矩

梁的转角和挠度与其抗弯刚度 EI 成反比，EI 值愈大，梁的弯曲变形就愈小。由于各类钢材的弹性模量 E 的数值十分接近，因而采用高强度优质钢材以提高梁的抗弯能力作用不大。所以增大截面惯性矩成为提高梁的刚度的有效措施之一。与提高梁的弯曲强度相同，采用合理截面形状可增大截面的惯性矩。但应当注意，因为梁的变形是由无限多微段 $\mathrm{d}x$ 的变形累加的结果，因此只有在梁的全长或绝大部分长度上加大惯性矩的数值，才能达到提高梁的刚度的目的，这一点与强度问题是不同的。

4. 改善受力情况

前面曾讨论过，改变加载方式和支座位置可以减小梁的弯矩，而梁的弯矩与转角和挠度有关，弯矩减小，则梁的变形也减小。因此，若采用改变加载方式和支座位置的措施，既提高了梁的强度又提高了梁的刚度。

另外，在结构允许的情况下，尽可能使传动轴上的齿轮和皮带轮靠近支座（图 11-13(a)），以达到减小传动轴弯曲变形的目的。由图 11-13(b)与图 11-13(c)相比较可看出，前者的最大弯矩值比后者小得多，故前一种方案比后一种方案弯曲变形小。

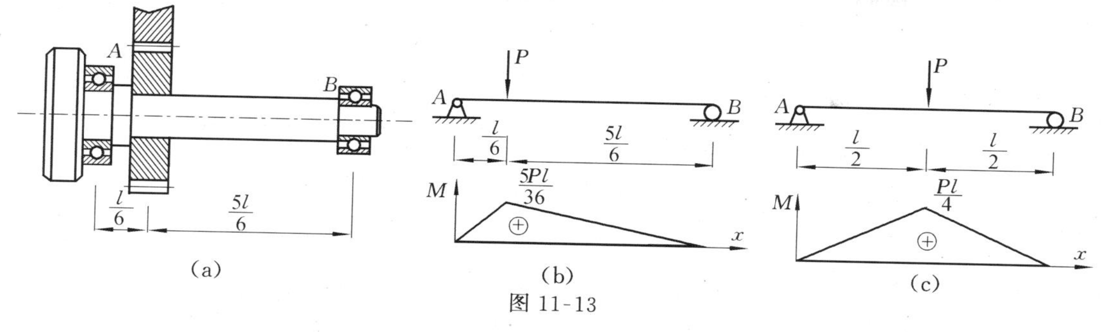

图 11-13

思 考 题

1. 梁的变形与弯矩之间有何关系？弯矩最大的地方挠度最大，弯矩为零的地方挠度为零，是否如此？为什么？举例说明。

2. 两悬臂梁的横截面和材料均相同，在梁的自由端作用大小相等的集中力偶，但一梁的长度是另一梁长度的两倍，试问长梁自由端的挠度和转角各为短梁的几倍？

3. 已知悬臂梁 AB 受力如图 11-14 所示，其自由端的挠度 $y_B=\dfrac{Pl^3}{3EI}+\dfrac{Ml^2}{2EI}$（↓）。试问 C 点处的挠度为何值？

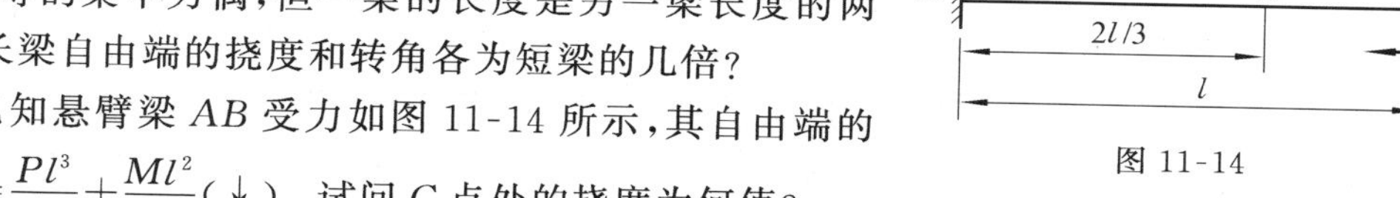

图 11-14

习 题

1. 设梁的抗弯刚度为 EI，试问用积分法求解如图 11-15所示各梁的转角和挠度方程时，应分几段积分？将出现几个积分常数？相应的边界条件、连续条件是什么？图(e)中，B 处的弹簧刚度（引起弹簧单位长度变形所需之力）为 K。

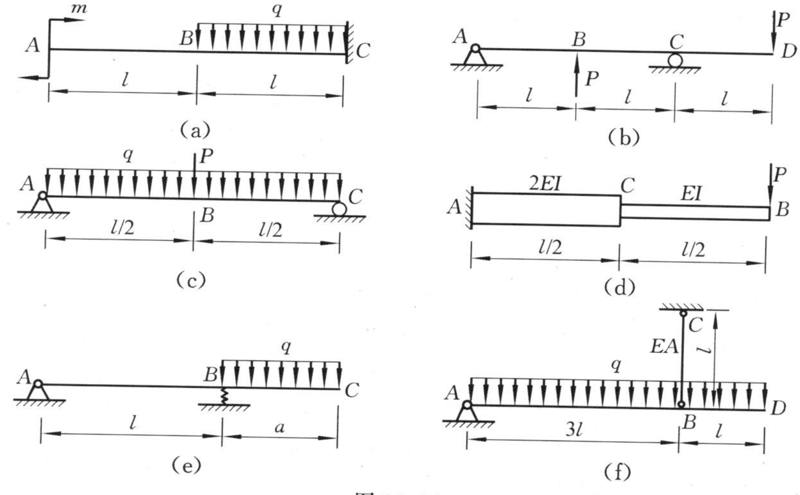

图 11-15

2. 设梁的抗弯刚度为 EI，试用积分法求如图 11-16 所示各梁的转角方程和挠度方程。

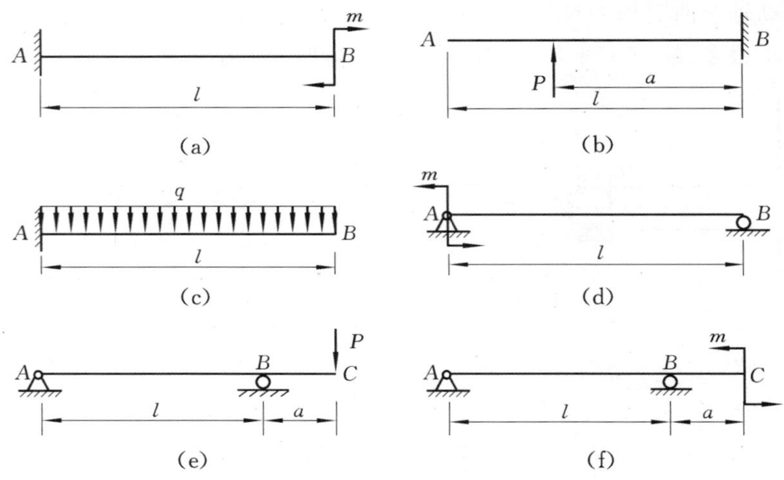

图 11-16

3. 如图 11-17 所示各简支梁的横截面相同，材料相同，求横截面上最大正应力之比，最大挠度之比。若各梁的跨度、载荷均相同，但弹性模量之比为 $E_a:E_b:E_c=1:2:3$，求三者的最大应力之比和最大挠度之比。

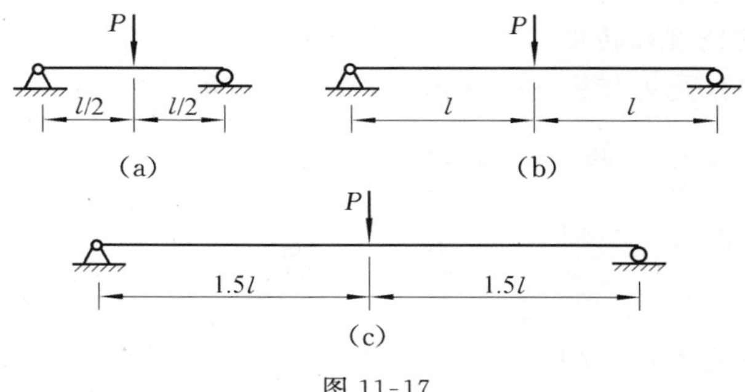

图 11-17

4. 如图 11-18 所示简支梁的两端分别作用力偶矩 m_1 和 m_2，如果欲使挠曲线的拐点位于离左端 $l/3$ 处，则 m_1 和 m_2 应保持何种关系？

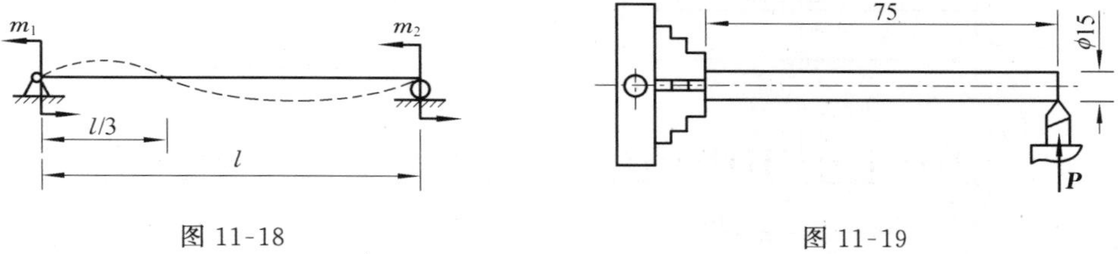

图 11-18　　图 11-19

5. 如图 11-19 所示工件受切削力 $P=360\text{N}$ 作用，工件的弹性模量 $E=200\text{GPa}$。试求工件的最大挠度。若要求工件弯曲变形而引起的直径误差不超过 0.08mm，问图示加工方案是否满足？若不满足，如何改进？

6. 求如图 11-20 所示悬臂梁自由端的挠度和转角。设梁的抗弯刚度为 EI。

7. 梁的抗弯刚度为 EI，试用叠加法求如图 11-21 所示各梁中指定截面的挠度和转角。

8. 如图 11-22 所示，钢制圆轴的左端受力 $P=20\text{kN}$，材料的弹性模量 $E=200\text{GPa}$。若规

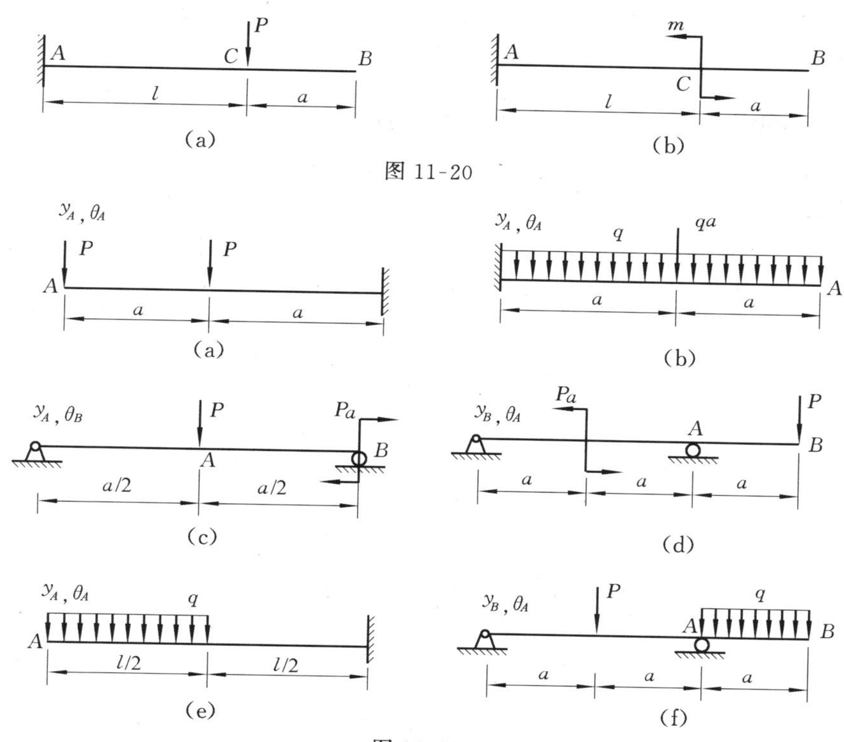

图 11-20

图 11-21

定 B 截面的许可转角$[\theta]=0.5°$，试设计该轴的直径。

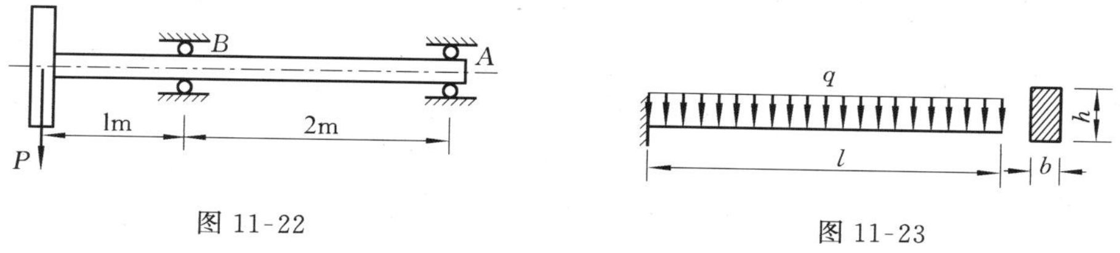

图 11-22

图 11-23

9. 矩形截面悬臂梁如图 11-23 所示。已知 $q=10\text{kN/m}$，$l=3\text{m}$，若许可挠度$[y]=l/250$，许用应力$[\sigma]=120\text{MPa}$，弹性模量 $E=200\text{GPa}$，截面尺寸 $h=2b$，试设计矩形截面的尺寸。

10. 如图 11-24 所示桥式吊车大梁的最大载荷 $P=20\text{kN}$，吊车大梁为工字钢，弹性模量 $E=210\text{GPa}$，$l=8.76\text{m}$，许可挠度$[y]=l/500$。试选择工字钢的型号。

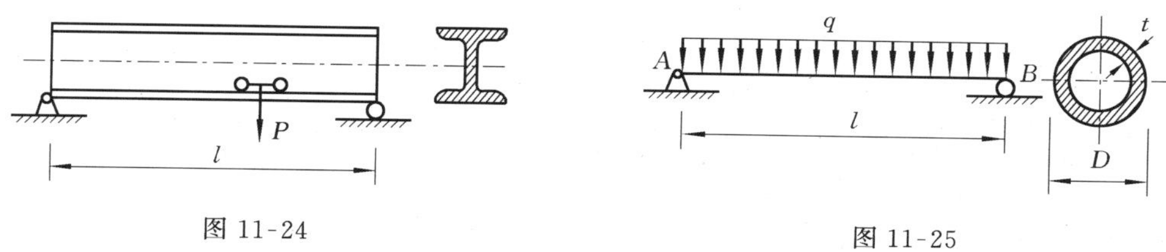

图 11-24

图 11-25

11. 如图 11-25 所示，两端铰支的输油管道的外径 $D=114\text{mm}$，壁厚 $t=4\text{mm}$，载荷集度 $q=106\text{N/m}$，弹性模量 $E=210\text{GPa}$，管道的许可挠度$[y]=l/500$。试确定允许的最大跨度 l。

12. 如图 11-26 所示，一跨度 $l=4\text{m}$ 的简支梁承受载荷集度 $q=10\text{kN/m}$ 的均布载荷和 $P=20\text{kN}$的集中力作用。该梁由两槽钢制成，设材料的弹性模量 $E=210\text{GPa}$，梁的许用挠度

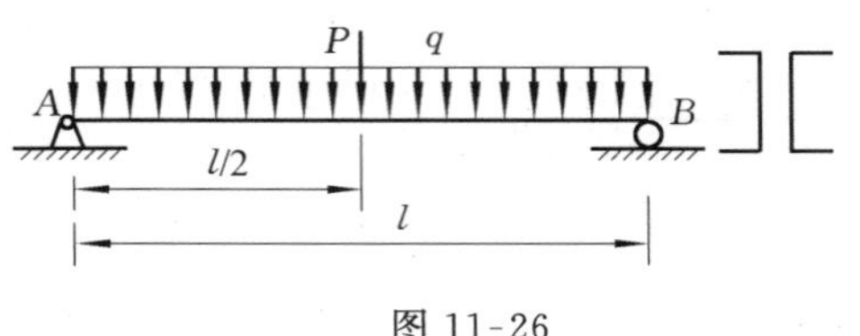

图 11-26

$[y]=l/400$,试选择槽钢的型号。

13. 两梁的尺寸、受力及支承情况完全相同,其中一梁为钢材,另一梁为木材,若弹性模量 $E_{钢}=7E_{木}$,试求:两梁的最大应力之比和最大挠度之比。

14. 控制发动机的凸轮轴的尺寸如图 11-27 所示。为保证凸轮的正常工作,要求轴上安装凸轮处(B 点)的挠度不大于许可挠度 $[y]=0.05\text{mm}$。已知轴的弹性模量 $E=200\text{GPa}$,$P=1.6\text{kN}$,轴的直径 $d=32\text{mm}$,试校核该轴的刚度。

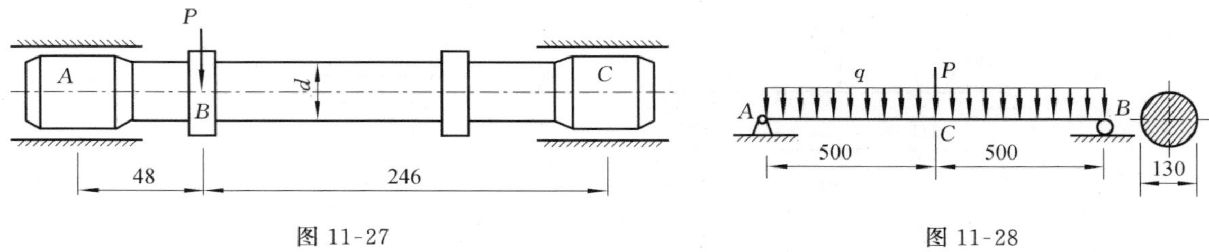

图 11-27　　图 11-28

15. 简化后的电机轴受载及尺寸如图 11-28 所示,$P=3.5\text{kN}$,$q=1\text{kN/m}$,材料的弹性模量 $E=200\text{GPa}$,定子与转子间的间隙 $\delta=0.35\text{mm}$,试校核轴的刚度。

16. 如图 11-29 所示的直角拐 AB 和 AC 轴刚性连接,A 处为轴承,允许 AC 轴的端截面在轴承内自由转动,但不能上、下移动。已知 $P=60\text{N}$,弹性模量 $E=210\text{GPa}$,$G=84\text{GPa}$。试求截面 B 的垂直位移。

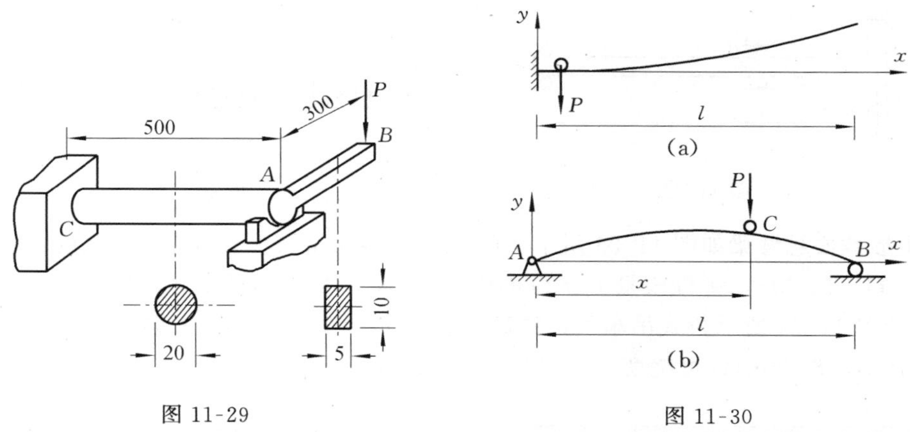

图 11-29　　图 11-30

17. 具有微小初曲率的梁如图 11-30 所示,梁的抗弯刚度为 EI。若使载荷 P 沿梁移动时,加力点始终保持同一高度,试问梁预先应弯成怎样的曲线?(提示:计算微弯梁挠度可近似地应用直梁公式)

第12章 能 量 法

能量法是力学中应用十分广泛的方法，它应用功、能概念分析弹性体的变形和应力等问题，其内容十分丰富。本章将介绍如何利用能量法求结构的位移和解静不定问题。

能量法基于这样一个概念，即在弹性范围内，外力作的功在数值上等于储存在弹性体内的应变能。也就是说，弹性体因外力作用而变形，从而引起外力作用点沿力作用方向的位移，因此在变形的过程中，外力作了功，若不考虑加载和变形过程中的能量损耗，则外力功全部转变为弹性应变能储存于弹性体内，即

$$U=W \tag{12-1}$$

12.1 外力功与应变能计算

12.1.1 外力功的计算

设一拉杆如图 12-1(a)所示，拉力由零缓慢地增加到 P，杆的变形也由零逐渐增加到 Δl，在弹性范围内，材料服从胡克定律，即拉力 P 与杆伸长量 Δl 成线性关系，如图 12-1(b)所示。在逐渐加力的过程中，拉力为 P_1 时，杆伸长了 Δl_1，若拉力继续增加 dP_1，杆的伸长亦相应增加$d(\Delta l_1)$，于是作用于杆上的拉力 P_1 在位移 $d(\Delta l_1)$上作了功，其值为 $dW=P_1 d(\Delta l_1)$。则拉力 P 在杆的整个变形过程中所作的总功为 dW 在 $0\rightarrow\Delta l$ 上的积分，这个积分结果应为 P-Δl 曲线下的面积，于是，

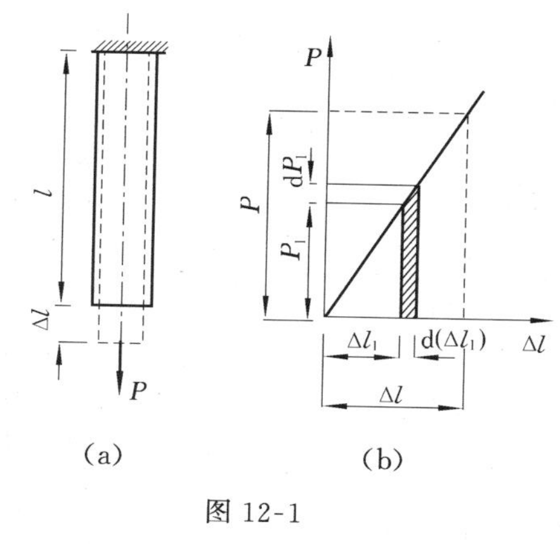

图 12-1

$$W=\frac{1}{2}P\Delta l$$

对扭转、弯曲等基本变形杆作类似分析，也可以得到相同结论，所以，

$$W=\frac{1}{2}P\Delta \tag{12-2}$$

其中，P 和 Δ 应理解为广义力和广义位移。拉压载荷对应的是轴向变形；扭转力偶对应的是相对扭转角；横向力对应的是挠度等。

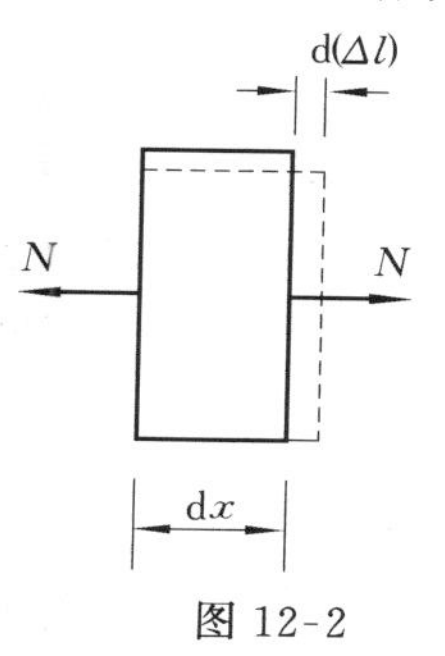

图 12-2

12.1.2 应变能计算

1. 拉压应变能

考查等截面拉杆上微段 dx 的变形(图 12-2)，当其变形自 $0\rightarrow\Delta(dx)$ 时，作用在截面上的轴力作功，并转变为微段的应变能，应用胡克定律得到

$$dU=\frac{1}{2}N\Delta(dx)=\frac{N^2 dx}{2EA}$$

若在长度 l 上所有截面的轴力均相等，则整段杆内的应变能为

$$U = \int_0^l \frac{N^2}{2EA} \mathrm{d}x = \frac{N^2 l}{2EA} \tag{12-3}$$

2. 扭转应变能

考查受扭圆轴上微段 $\mathrm{d}x$ 的变形(图 12-3)，当扭矩自 $0 \to T$ 时，相邻截面的相对扭转角自 $0 \to \mathrm{d}\varphi$，扭矩在变形过程中所作的功转变为微段的变形能，由 $\mathrm{d}\varphi = \frac{T\mathrm{d}x}{GI_p}$，则有

$$\mathrm{d}U = \frac{1}{2} T\mathrm{d}\varphi = \frac{T^2 \mathrm{d}x}{2GI_p}$$

若在长度 l 上所有截面的扭矩均相等，则圆轴中的应变能为

$$U = \int_0^l \frac{T^2}{2GI_p} \mathrm{d}x = \frac{T^2 l}{2GI_p} \tag{12-4}$$

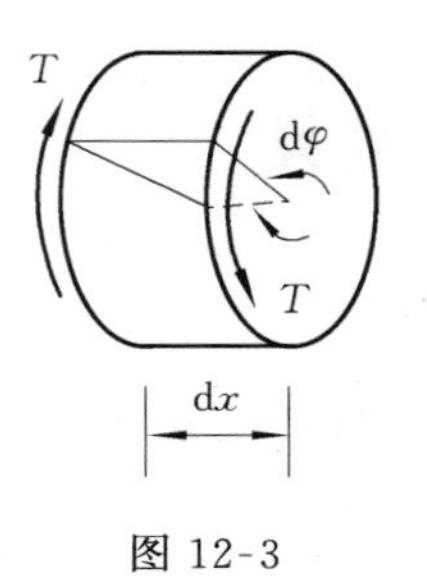

图 12-3

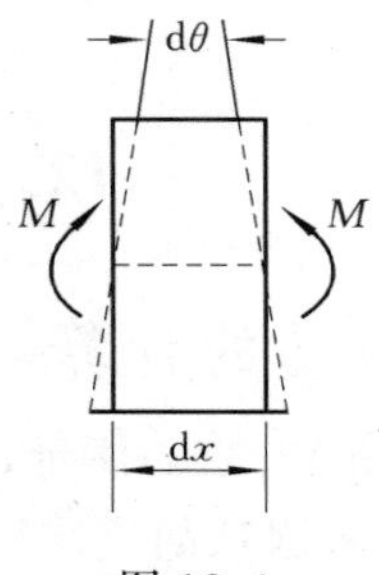

图 12-4

3. 弯曲应变能

对于细长梁或其他受弯构件，当横截面上同时存在剪力和弯矩时，剪力产生的应变能远小于弯矩引起的应变能，故可忽略不计。因此，在弯曲时，只考虑弯矩引起的应变能。考查受弯杆上的 $\mathrm{d}x$ 微段(图 12-4)，弯矩在微段变形过程中所作的功转变为微段内的弯曲变形能，由 $\mathrm{d}\theta = \frac{M\mathrm{d}x}{EI}$，有

$$\mathrm{d}U = \frac{1}{2} M\mathrm{d}\theta = \frac{M^2 \mathrm{d}x}{2EI}$$

对于纯弯曲问题，弯矩在梁的长度 l 上为常数，则

$$U = \int_0^l \frac{M^2 \mathrm{d}x}{2EI} = \frac{M^2 l}{2EI} \tag{12-5}$$

而对于横力弯曲问题，弯矩 $M = M(x)$，所以

$$U = \int_l \frac{M^2(x)}{2EI} \mathrm{d}x \tag{12-6}$$

4. 组合变形时的应变能

在小变形条件下，轴力、扭矩和弯矩所引起的变形和位移是相互独立的，即各内力只引起各自对应的位移。这表明，在变形过程中，各内力只在各自相应的位移上作功。因此，当横截面上同时有轴力、扭矩和弯矩作用时，其应变能等于各内力分别引起的应变能之和。利用前述结果，有

$$\mathrm{d}U = \frac{N^2 \mathrm{d}x}{2EA} + \frac{T^2 \mathrm{d}x}{2GI_p} + \frac{M^2 \mathrm{d}x}{2EI}$$

一般情况下，当 $N = N(x)$，$T = T(x)$，$M = M(x)$ 时，杆的总应变能为

$$U=\int_l \frac{N^2(x)}{2EA}\mathrm{d}x+\int_l \frac{T^2(x)}{2GI_p}\mathrm{d}x+\int_l \frac{M^2(x)}{2EI}\mathrm{d}x \tag{12-7}$$

对于有 n 根杆组成的结构，其总应变能为

$$U=\sum_{i=1}^{n}\int_{l_i}\frac{N_i^2(x)}{2EA_i}\mathrm{d}x_i+\sum_{i=1}^{n}\int_{l_i}\frac{T_i^2(x)}{2GI_{pi}}\mathrm{d}x_i+\sum_{i=1}^{n}\int_{l_i}\frac{M_i^2(x)}{2EI_i}\mathrm{d}x_i \tag{12-8}$$

从上述各式不难看出，杆在各种受力与变形形式下，只要确定了内力，便可计算其应变能。由应变能的表达式可知，应变能是内力的二次函数，因此，在同一变形形式下，由不同载荷引起的应变能不能简单相加。如图 12-5(a)、(b)、(c)所示，3 拉杆的材料与尺寸都相同，其抗拉刚度为 EA，杆长为 l，且 $P=P_1+P_2$。由式(12-3)，3 杆的应变能分别为

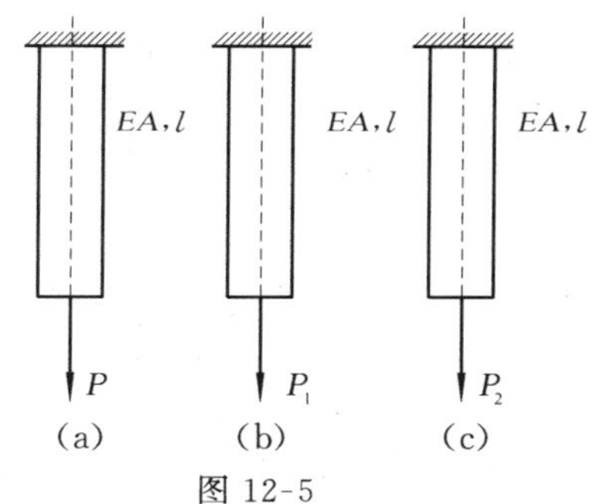

图 12-5

$$U=\frac{P^2l}{2EA}=\frac{(P_1+P_2)^2l}{2EA}=\frac{P_1^2l}{2EA}+\frac{P_2^2l}{2EA}+\frac{P_1P_2l}{EA}$$

$$U_1=\frac{P_1^2l}{2EA},\quad U_2=\frac{P_2^2l}{2EA}$$

显然，$U\neq U_1+U_2$。若加载时先加 P_1，产生应变能 U_1 后，再加 P_2，不仅 P_2 在自身引起的变形上作功得 U_2，而且由于 P_2 的作用，引起 P_1 作用点位移，所以 P_1 也要作功，其值为 $P_1\dfrac{P_2l}{EA}$，这便是 U 表达式中的第三项；同理，先加 P_2 后加 P_1 时，也可得同一结果。

上述简例说明，应变能不能简单相加，同时还表明应变能与加力先后次序无关，其值决定于所加载荷的最终数值。

例 12.1 试计算如图 12-6 所示外伸梁的应变能，并求 C 点的垂直位移 Δ_C。

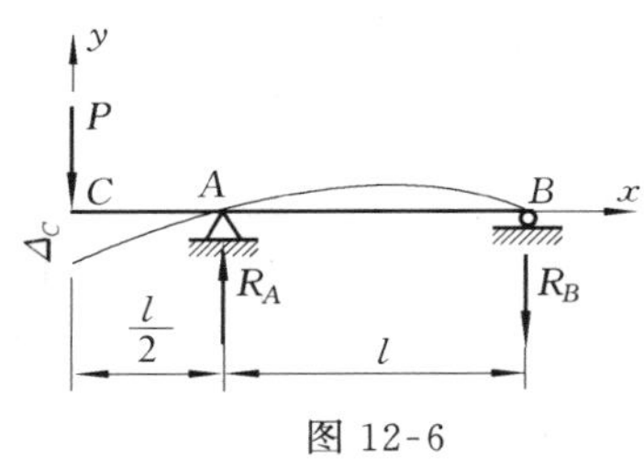

图 12-6

解 (1) 内力分析。取坐标如图所示，由平衡条件求出梁的支反力

$$\sum m_A=0,\quad R_B=\frac{1}{2}P$$

$$\sum Y=0,\quad R_A=\frac{3}{2}P$$

在 CA 和 AB 段内的弯矩不同，其值分别为

$$M_1(x)=-Px \qquad (0\leqslant x\leqslant l/2)$$

$$M_2(x)=-\frac{P}{2}\left(\frac{3}{2}l-x\right) \qquad (l/2\leqslant x\leqslant 3l/2)$$

(2) 计算应变能。将 $M_1(x)$，$M_2(x)$ 代入式(12-6)，可得梁的总应变能为

$$U=\int_0^{\frac{l}{2}}\frac{M_1^2(x)}{2EI}\mathrm{d}x+\int_{\frac{l}{2}}^{\frac{3l}{2}}\frac{M_2^2(x)}{2EI}\mathrm{d}x=\int_0^{\frac{l}{2}}\frac{(-Px)^2}{2EI}\mathrm{d}x+\int_{\frac{l}{2}}^{\frac{3l}{2}}\frac{\left[-\frac{P}{2}\left(\frac{3l}{2}-x\right)\right]^2}{2EI}\mathrm{d}x=\frac{P^2l^3}{16EI}$$

(3) 位移计算。在变形过程中，力 P 在位移 Δ_C 上作的功为 $W=\frac{1}{2}P\Delta_C$。由于外力功等于应变能，即 $W=U$，所以，

$$\frac{1}{2}P\Delta_C=\frac{P^2l^3}{16EI},\quad \Delta_C=\frac{Pl^3}{8EI}$$

12.2 莫尔定理

由例 12.1 的分析过程可知，直接利用功能守恒原理 $W=U$ 可以求出结构的位移。但这

种解法有很大的局限性：第一是结构上只能作用一个外载荷，若有多个外载作用，则外力功的表达式中便包含了所有外力作用点的位移，因而难以求得问题的解答；第二是所求位移只限于载荷作用点沿载荷方向的位移，不能求解任意点沿任意方向的位移。本节介绍的莫尔定理将会有效地克服这两个局限性，它是计算线弹性结构位移的一种有效方法。所谓线弹性结构是指在弹性范围内，材料服从胡克定律，小变形下，结构的位移与载荷成线性关系。这样的结构所储存的应变能与加载次序无关，只取决于所加载荷的终值。

下面以梁为例，导出莫尔定理。

如图 12-7(a)所示的简支梁，在载荷 P_1、P_2、… 的作用下产生弯曲变形，现在要求任一截面 A 的挠度 Δ。

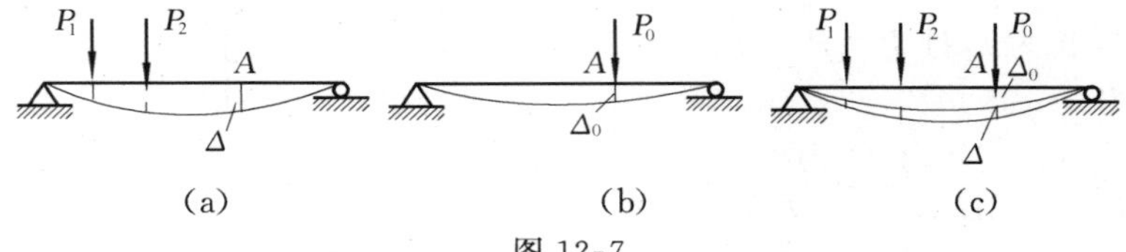

图 12-7

若梁在实际载荷作用下，任一横截面的弯矩为 $M(x)$，则整个梁的应变能为

$$U=\int_l \frac{M^2(x)}{2EI}\mathrm{d}x \tag{a}$$

为了计算 A 点挠度 Δ，假设梁在作用载荷 $P_1,P_2,\cdots$ 之前，先在 A 点沿 Δ 方向作用一单位力 $P_0=1$(图 12-7(b)，称为单位载荷系统)。这时梁的弯矩为 $M^0(x)$，相应的应变能为

$$U_0=\int_l \frac{M^{0^2}(x)}{2EI}\mathrm{d}x \tag{b}$$

在作用 P_0 后，再把载荷 $P_1,P_2,\cdots$ 作用于梁上(图 12.7(c))，此时梁内应变能除增加 U 外，P_0 还将在外载引起的位移 Δ 上作功，其值为 $P_0\Delta=1\times\Delta$。这样，按先作用 P_0，再作用 $P_1,P_2,\cdots$ 的加载次序，梁内的总应变能为

$$U_1=U_0+U+1\times\Delta \tag{c}$$

由于应变能和加载次序无关，所以又可以考虑 P_0 和 $P_1,P_2,\cdots$ 同时作用于梁上的情况。此时梁内任一截面的弯矩为 $M(x)+M^0(x)$，则梁的应变能为

$$U_1=\int_l \frac{[M(x)+M^0(x)]^2}{2EI}\mathrm{d}x=\int_l \frac{M^2(x)}{2EI}\mathrm{d}x+\int_l \frac{M^{0^2}(x)}{2EI}\mathrm{d}x+\int_l \frac{M(x)M^0(x)}{EI}\mathrm{d}x \tag{d}$$

比较式(c)、式(d)，且注意式(a)和式(b)，则有

$$\Delta=\int_l \frac{M(x)M^0(x)}{EI}\mathrm{d}x \tag{12-9}$$

上式即为计算线弹性结构位移的莫尔定理，也称为莫尔积分。由于该法采用施加虚拟单位力的方法解位移，所以又称为单位载荷法。

如需要计算梁上某一截面转角，采用与上面完全相同的步骤可得

$$\theta=\int_l \frac{M(x)M^0(x)}{EI}\mathrm{d}x \tag{12-10}$$

式中，$M^0(x)$表示在欲求转角的截面上施加的单位力偶所引起的梁截面上的弯矩。

用上述方法分析其他基本变形杆，也可得类似结果，此时，莫尔定理的形式为

(1) 拉压时，

$$\Delta = \int_l \frac{N(x)N^0(x)}{EA}\mathrm{d}x \tag{12-11}$$

其中，Δ 为与单位载荷对应的线位移，$N^0(x)$ 为单位载荷引起的轴力。对于桁架，因为有若干根杆，且各杆轴力为常量，则有

$$\Delta = \sum_{i=1}^{n} \frac{N_i N_i^0 l_i}{E_i A_i} \tag{12-12}$$

（2）扭转时，

$$\varphi = \int_l \frac{T(x)T^0(x)}{GI_p}\mathrm{d}x \tag{12-13}$$

其中，φ 为相对扭转角，$T^0(x)$ 为单位扭转力偶产生的扭矩。

（3）组合变形时，

$$\Delta = \int_l \frac{M(x)M^0(x)}{EI}\mathrm{d}x + \int_l \frac{T(x)T^0(x)}{GI_\mathrm{p}}\mathrm{d}x + \int_l \frac{N(x)N^0(x)}{EA}\mathrm{d}x \tag{12-14}$$

其中，$M^0(x)$，$T^0(x)$，$N^0(x)$ 分别为与所求位移 Δ 对应的单位载荷引起的弯矩、扭矩和轴力，$M(x)$，$T(x)$，$N(x)$ 则为外加载荷引起的内力分量。

综上所述，利用莫尔定理求解线弹性结构位移的基本方法为：先进行内力分析，求出实际载荷作用下的内力表达式；再建立单位载荷系统，即沿欲求位移 Δ（线位移或角位移）的方向虚拟地加一单位载荷（单位力或单位力偶），求出该单位载荷引起的内力表达式；最后代入莫尔定理，积分求解位移 Δ。积分时应注意，当内力表达式在杆长 l 上不连续时，应分段积分。

例 12.2 图 12-8(a)所示为简单桁架，节点 B 处承受铅垂载荷 P，两杆抗拉（压）刚度均为 EA。求 B 点的水平位移。

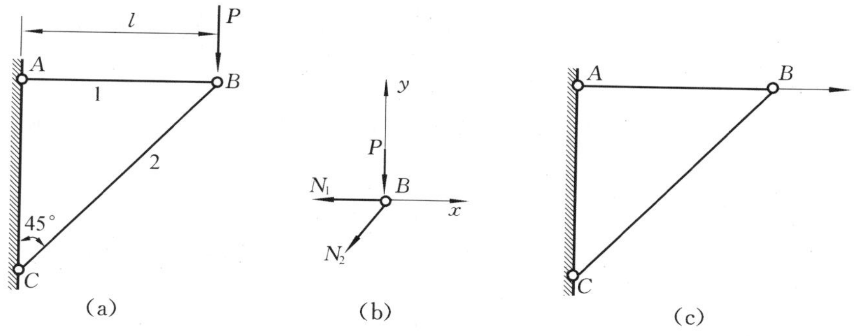

图 12-8

解 （1）计算载荷引起的轴力。研究节点 B 受力如图 12-8(b)所示，由平衡方程 $\sum X = 0$，$\sum Y = 0$，可解得

$$N_1 = P, \quad N_2 = -\sqrt{2}P$$

（2）计算单位载荷引起的轴力。为求 B 点的水平位移，在该点沿水平方向加一单位力（图 12-8(c)），在单位力作用下，两杆轴力为

$$N_1^0 = 1, \quad N_2^0 = 0$$

（3）计算 B 点水平位移 Δ_{BH}。根据式(12-12)，桁架节点处的水平位移为

$$\Delta_{BH} = \frac{N_1 N_1^0 l_1}{E_1 A_1} + \frac{N_2 N_2^0 l_2}{E_2 A_2} = \frac{Pl}{EA}$$

所得结果为正，说明 B 点水平位移与所加单位力同向。

例 12.3 图 12-9(a)所示简支梁受均布载荷作用，梁的抗弯刚度 EI 为常数。试用莫尔定理求梁中点 C 的挠度和截面 B 的转角。

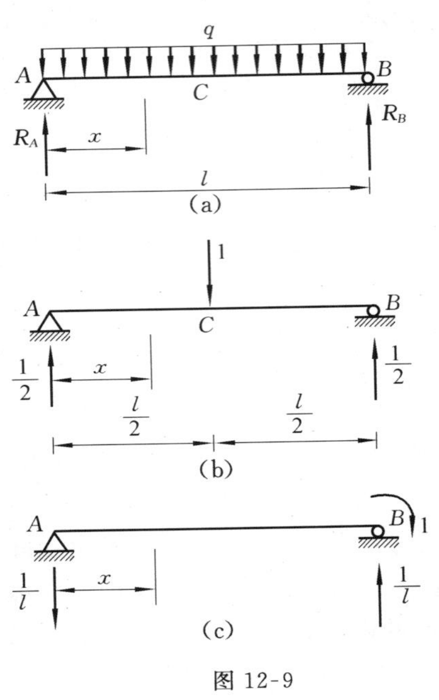

图 12-9

解 (1) 求载荷引起的弯矩。据平衡条件，求得 $R_A=R_B=\frac{ql}{2}$，则任一截面的弯矩为

$$M(x)=\frac{ql}{2}x-\frac{q}{2}x^2 \qquad (0\leqslant x\leqslant l)$$

(2) 求单位载荷引起的弯矩。为求 C 点挠度，在 C 处沿铅垂方向加一单位力(图 12-9(b))，求得 AC 段的弯矩为

$$M_1^0(x)=\frac{x}{2} \qquad \left(0\leqslant x\leqslant \frac{l}{2}\right)$$

(3) 求 C 点挠度 Δ_C。根据式(12-9)，利用对称性，梁中点的挠度为

$$\Delta_C=2\int_0^{\frac{l}{2}}\frac{M(x)M_1^0(x)}{EI}\mathrm{d}x=\frac{2}{EI}\int_0^{\frac{l}{2}}\left(\frac{ql}{2}x-\frac{q}{2}x^2\right)\frac{1}{2}x\mathrm{d}x$$

$$=\frac{5ql^4}{384EI}$$

所得结果为正，表示梁在 C 截面的挠度与所加单位力的方向相同。

(4) 求 B 端转角 θ_B。在 B 端加单位力偶，建立单位载荷系统(图 12-9(c))，则

$$M_2^0(x)=-\frac{1}{l}x \qquad (0\leqslant x\leqslant l)$$

B 端转角为

$$\theta_B=\int_0^l\frac{M(x)M_2^0(x)}{EI}\mathrm{d}x=\frac{1}{EI}\int_0^l\left(\frac{ql}{2}x-\frac{q}{2}x^2\right)\left(-\frac{1}{l}x\right)\mathrm{d}x=-\frac{ql^3}{24EI}$$

所得结果为负，表示梁在 B 截面的转角与所加单位力偶的转向相反。

例 12.4 图 12-10(a)所示刚架中，AB，BC 杆的抗弯刚度分别为 EI_1 和 EI_2。试求截面 B 的转角。

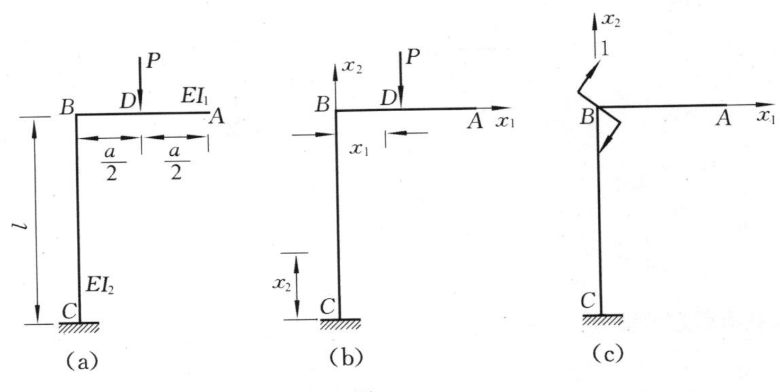

图 12-10

解 (1) 求载荷引起的内力。平面刚架在平面内的载荷作用下，杆的横截面上一般有弯矩、轴力和剪力。求位移时，由于轴力和剪力的影响很小，通常可忽略不计。对 AB，BC 两段分别建立如图 12-10(b)所示的坐标，则其弯矩分别为

$$AD\text{ 段}：M(x_1)=0；\quad DB\text{ 段}：M(x_1)=-P\left(\frac{a}{2}-x_1\right)；\quad BC\text{ 段}：M(x_2)=-P\frac{a}{2}$$

(2) 求单位截荷引起的内力。为求 B 截面的转角，在 B 截面加一单位力偶(图 12-10(c))。

$$AB\text{ 段}：M^0(x_1)=0；\quad BC\text{ 段}：M^0(x_2)=-1$$

(3) 求 B 截面转角。根据式(12-14),有

$$\theta_B=\int_0^a \frac{M(x_1)M^0(x_1)}{EI_1}\mathrm{d}x_1+\int_0^l \frac{M(x_2)M^0(x_2)}{EI_2}\mathrm{d}x_2=\frac{1}{EI_2}\int_0^l -P\,\frac{a}{2}(-1)\mathrm{d}x_2=\frac{Pal}{2EI_2}$$

所得结果为正,表明 θ_B 与单位力偶同向。

例 12.5 在图 12-11(a)所示结构中,AB 及 BC 杆均为圆截面,且二者直径相同,2 杆抗扭刚度为 GI_p,抗弯刚度为 EI。试求截面 C 绕 z 轴的转角 θ_z。

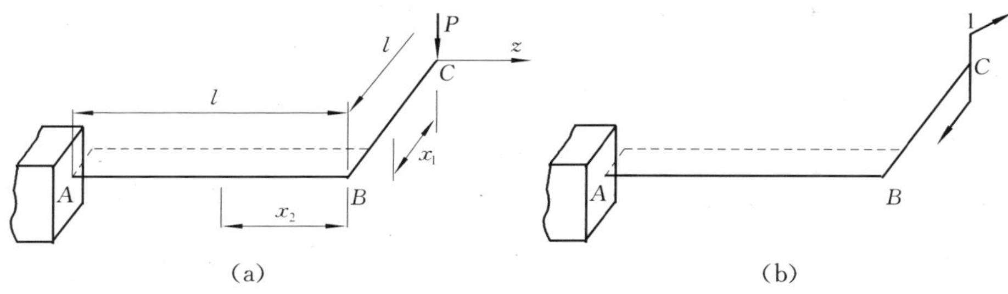

图 12-11

解 (1) 求载荷引起的内力。结构在载荷 P 作用下,杆 BC 弯曲,杆 AB 为弯扭组合变形,建立坐标,则

$$CB\text{ 段}: M(x_1)=-Px_1;\quad BA\text{ 段}: M(x_2)=-Px_2,\ T(x_2)=-Pl$$

(2) 求单位载荷引起的内力。为求 θ_z,在 C 截面加一单位力偶(图 12.11(b)),单位力偶引起的内力为

$$CB\text{ 段}: M^0(x)=-1;\quad BA\text{ 段}: M^0(x_2)=0,\ T^0(x_2)=-1$$

(3) 求 C 截面绕 z 轴的转角 θ_z。根据式(12-14),得

$$\theta_z=\int_0^l \frac{M(x_1)M^0(x_1)}{EI}\mathrm{d}x_1+\int_0^l \frac{M(x_2)M^0(x_2)}{EI}\mathrm{d}x_2+\int_0^l \frac{T(x_2)T^0(x_2)}{GI_\mathrm{p}}\mathrm{d}x_2$$

$$=\frac{1}{EI}\int_0^l -Px_1(-1)\mathrm{d}x_1+\frac{1}{GI_\mathrm{p}}\int_0^l -Pl(-1)\mathrm{d}x_2=\frac{Pl^2}{2EI}+\frac{Pl^2}{GI_\mathrm{p}}$$

对圆截面杆有 $I_\mathrm{p}=2I$,且 $G=\dfrac{E}{2(1+\mu)}$,所以,

$$\theta_z=\frac{Pl^2}{2EI}+\frac{Pl^2\times 2(1+\mu)}{2EI}=\frac{Pl^2}{2EI}(3+2\mu)$$

12.3 卡氏定理

在例 12.1 中,利用应变能与 P 力功相等的关系,求出 P 力作用点的位移 Δ_C。值得注意的是,若把应变能 U 对 P 求导数,得

$$\frac{\mathrm{d}U}{\mathrm{d}P}=\frac{\mathrm{d}}{\mathrm{d}P}\left(\frac{P^2l^3}{16EI}\right)=\frac{Pl^3}{8EI}$$

这正是 P 力作用点沿 P 方向的位移 Δ_C,所以

$$\Delta_C=\frac{\mathrm{d}U}{\mathrm{d}P}$$

即应变能对力 P 的导数等于 P 力作用点沿 P 方向的位移。这个结论具有普遍意义,下面予以证明。

图 12-12(a)所示的梁作用有载荷 $P_1,P_2,\cdots,P_i,\cdots,P_n$,与这些载荷相应的位移是 $\Delta_1,\Delta_2,\cdots,\Delta_i,\cdots,\Delta_n$,变形过程中,载荷所作的功将转化为梁中的应变能。因此,应变能应为载荷的函数,即

$$U=U(P_1,P_2,\cdots,P_i,\cdots,P_n) \tag{a}$$

若上述载荷中的任一个 P_i 有一增量 $\mathrm{d}P_i$(图 12-12(b)),则应变能的相应增量为 $\frac{\partial U}{\partial P_i}\mathrm{d}P_i$,于是梁内的应变能为

$$U+\frac{\partial U}{\partial P_i}dP_i \tag{b}$$

由于线弹性结构的应变能与加载次序无关,所以可以把载荷作用的次序改变为先作用 $\mathrm{d}P_i$,然后再作用 $P_1,P_2,\cdots,P_i,\cdots,P_n$(图 12-12(c))。先作用 $\mathrm{d}P_i$ 时,其作用点沿 $\mathrm{d}P_i$ 方向的位移为 $\mathrm{d}\Delta_i$,梁内应变能为 $\frac{1}{2}\mathrm{d}P_i\mathrm{d}\Delta_i$。再作用 $P_1,P_2,\cdots,P_i,\cdots,P_n$ 时,应变能增加了 U,而且在 $\mathrm{d}P_i$ 的方向产生了位移 Δi,因而 $\mathrm{d}P_i$ 又作功 $\mathrm{d}P_i\,\Delta i$。于是,梁的总应变能应为

$$\frac{1}{2}\mathrm{d}P_i\mathrm{d}\Delta_i+U+\mathrm{d}P_i\,\Delta_i \tag{c}$$

(b)、(c)两式应该相等,即

$$U+\frac{\partial U}{\partial P_i}\mathrm{d}P_i=\frac{1}{2}\mathrm{d}P_i\mathrm{d}\Delta_i+U+\mathrm{d}P_i\,\Delta_i$$

略去二阶微量 $\frac{1}{2}\mathrm{d}P_i\mathrm{d}\Delta_i$,最后得到

$$\Delta_i=\frac{\partial U}{\partial P_i} \tag{12-15}$$

所以,应变能对任一外力 P_i 的偏导数等于 P_i 作用点沿 P_i 方向的位移。这个规律称为卡氏定理,它也是求线弹性结构位移的一种方法。定理中指的力和位移均应理解为广义力和广义位移。

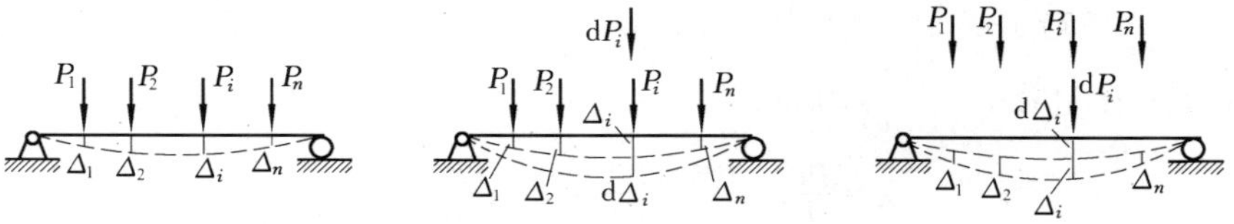

图 12-12

下面把卡氏定理应用于几种特殊情况:

(1) 横力弯曲梁。应变能为式(12-5),代入式(12-15),得

$$\Delta_i=\frac{\partial U}{\partial P_i}=\frac{\partial}{\partial P_i}\int_l\frac{M^2(x)}{2EI}\mathrm{d}x=\int_l\frac{M(x)}{EI}\frac{\partial M(x)}{\partial P_i}\mathrm{d}x \tag{12-16}$$

(2) 桁架系统。应变能 $U=\sum_{j=1}^{n}\frac{N_j^2l_j}{2E_jA_j}$,代入式(12-15),得

$$\Delta_i=\frac{\partial U}{\partial P_i}=\frac{\partial}{\partial P_i}\sum_{j=1}^{n}\frac{N_j^2l_j}{2E_jA_j}=\sum_{j=1}^{n}\frac{N_jl_j}{E_jA_j}\frac{\partial N_j}{\partial P_i} \tag{12-17}$$

例 12.6 已知如图 12-13 所示外伸梁的抗弯刚度为 EI,试求外伸端 C 的挠度。

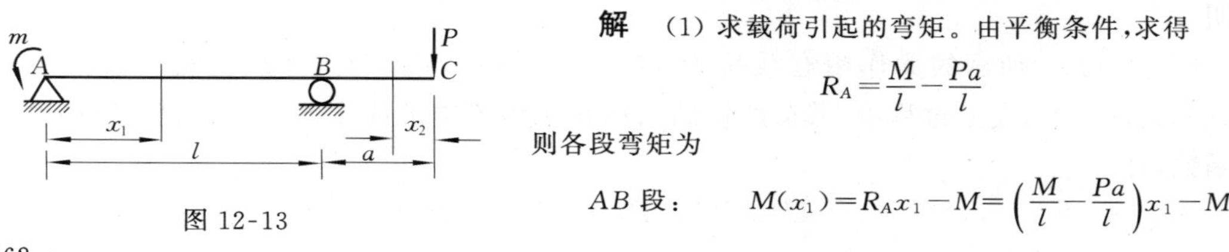

图 12-13

解 (1) 求载荷引起的弯矩。由平衡条件,求得

$$R_A=\frac{M}{l}-\frac{Pa}{l}$$

则各段弯矩为

AB 段: $M(x_1)=R_Ax_1-M=\left(\frac{M}{l}-\frac{Pa}{l}\right)x_1-M$

CB 段：

$$M(x_2)=-Px_2$$

(2) 求导数。

$$\frac{\partial M(x_1)}{\partial P}=-\frac{a}{l}x_1,\quad \frac{\partial M(x_2)}{\partial P}=-x_2$$

(3) 求挠度。

$$\begin{aligned}\Delta_C&=\frac{\partial U}{\partial P}=\int_0^l\frac{M(x_1)}{EI}\frac{\partial M(x_1)}{\partial P}\mathrm{d}x_1+\int_0^a\frac{M(x_2)}{EI}\frac{\partial M(x_2)}{\partial P}\mathrm{d}x_2\\&=\frac{1}{EI}\int_0^l\left[\left(\frac{M}{l}-\frac{Pa}{l}\right)x_1-M\right]\left(-\frac{a}{l}x_1\right)\mathrm{d}x_1+\frac{1}{EI}\int_0^a(-Px_2)(-x_2)\mathrm{d}x_2\\&=\frac{1}{EI}\left(\frac{Pa^2l}{3}+\frac{Mal}{6}+\frac{Pa^3}{3}\right)\end{aligned}$$

用卡氏定理求解结构某处的位移时，该处需要有与所求位移相应的载荷。若需计算位移处没有与之对应的载荷时，可采取附加力的方法。下面举例说明。

例 12.7 如图 12-14(a)所示刚架的各杆 EI 相同，试用卡氏定理计算 B 截面的转角 θ_B，不计轴力和剪力的影响。

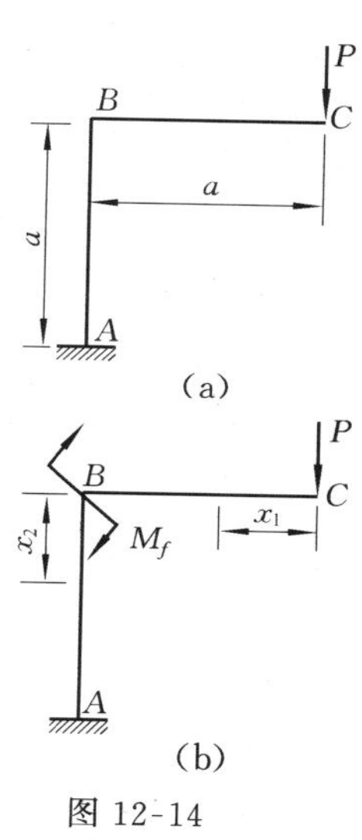

图 12-14

解 (1) 求载荷引起的弯矩。由于 B 截面上没有与所求转角 θ_B 对应的力偶，所以应用卡氏定理时可以假想地在该截面加一个虚拟力偶 M_f(图 12-14(b))，在 P 和 M_f 共同作用下，列出刚架的弯矩及其对 M_f 的偏导数。

AB 段： $M(x_2)=-Pa-M_f,\quad \dfrac{\partial M(x_2)}{\partial M_f}=-1$

BC 段： $M(x_1)=-Px_1,\quad \dfrac{\partial M(x_1)}{\partial M_f}=0$

(2) 求转角。

$$\begin{aligned}\theta_B&=\frac{\partial U}{\partial M_f}=\int_0^a\frac{M(x_1)}{EI}\frac{\partial M(x_1)}{\partial M_f}\mathrm{d}x_1+\int_0^a\frac{M(x_2)}{EI}\frac{\partial M(x_2)}{\partial M_f}\mathrm{d}x_2\\&=\frac{1}{EI}\int_0^a-(Pa+M_f)(-1)\mathrm{d}x_2=\frac{Pa^2+M_fa}{EI}\end{aligned}$$

由于 M_f 为虚拟载荷，所以所得结果中应使 $M_f=0$，则

$$\theta_B=\frac{Pa^2}{EI}$$

12.4 用力法解静不定问题

在 6.6 节中已经提到，在工程中有些结构仅用平衡方程是不能求解的，这类问题称为静不定问题。静不定次数就是结构的未知反力数目与独立平衡方程数目的差值。在静不定结构中，多于维持结构几何不变所需的约束称为多余约束，多余约束的数目即为结构的静不定次数。与多余约束对应的支反力称为多余约束反力。

在求解静不定结构时，首先应解除多余约束，解除多余约束以后得到的结构称为原结构的静定基。将原结构上的载荷和多余约束反力作用在静定基上，得到原结构的相当系统，相当系统的变形应与原静不定结构相同。因此，相当系统的变形必须满足一定的变形谐调条件。通过物理关系，把变形谐调条件转换为包含载荷及多余约束反力的补充方程，由此便可解出多余约束反力。这种以“力”为基本未知量，由变形谐调条件通过物理关系建立补充方程，求解多余约束反力的方法称为力法。在力法中，往往把补充方程写成标准形式，即力法的正则方程。

现以图 12-15(a)所示的简单静不定梁为例来说明如何用力法求解静不定问题。

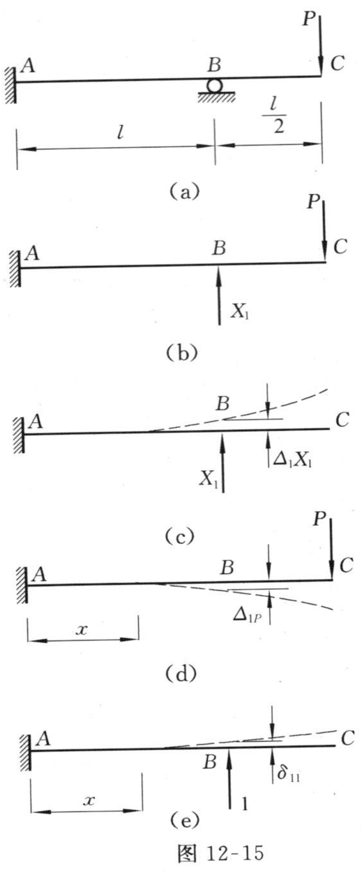

图 12-15

1. 判断静不定次数

梁的 A 端为固定端约束，B 端为可动支座，共有 4 个约束反力，但其独立的平衡方程只有 3 个，所以为一次静不定问题。

2. 建立相当系统

选取 B 为多余约束，X_1 为相应的多余约束反力，作出原梁的相当系统(图 12-15(b))。

3. 建立正则方程

根据原梁在 B 处挠度等于零这一条件，可得相当系统的变形谐调条件为 B 点沿 X_1 方向的线位移 $\Delta_1=0$，而 Δ_1 由两部分组成：一部分是多余约束反力 X_1 引起的 Δ_{1X_1}(图 12-15(c))；另一部分是载荷 P 引起的 Δ_{1P}(图 12-15(d))，即 $\Delta_1=\Delta_{1X_1}+\Delta_{1P}=0$。在计算 Δ_{1X_1} 时，可在静定基上 B 点处沿 X_1 方向加一单位力，由此单位力引起的 X_1 方向的位移用 δ_{11} 表示(图 12-15(e))。由于线弹性结构的位移与受力成正比，因而 $\Delta_{1X_1}=\delta_{11}X_1$。

最后可得力法的正则方程为

$$\delta_{11}X_1+\Delta_{1P}=0 \tag{12-18}$$

显然，正则方程式(12-18)表示了结构在多余约束方向上的变形谐调条件，方程中的各项分别表示多余约束反力及载荷在同一多余约束方向引起的位移。

4. 求解多余约束反力

利用莫尔定理求出 δ_{11} 和 Δ_{1P}，代入式(12-18)，得

$$X_1=-\frac{\Delta_{1P}}{\delta_{11}}$$

由图 12.15(d)、(e)可得 P 及单位力引起的弯矩：

$$AB: \quad M_1(x)=-P\left(\frac{3}{2}l-x\right), \quad M_1^0(x)=(l-x)$$

$$BC: \quad M_2(x)=-P\left(\frac{3}{2}l-x\right), \quad M_2^0(x)=0$$

根据莫尔定理，得

$$\Delta_{1P}=\int_0^l \frac{M_1(x)M_1^0(x)}{EI}\mathrm{d}x=\int_0^l -\frac{P}{EI}\left(\frac{3}{2}l-x\right)(l-x)\mathrm{d}x=-\frac{7Pl^3}{12EI}$$

$$\delta_{11}=\int_0^l \frac{M_1^0(x)M_1^0(x)}{EI}\mathrm{d}x=\int_0^l \frac{1}{EI}(l-x)^2\mathrm{d}x=\frac{l^3}{3EI}$$

所以，

$$X_1=-\frac{\Delta_{1P}}{\delta_{11}}=\frac{7P}{4}$$

求出多余约束反力后，即可进行内力分析及强度和刚度方面的计算。

例 12.8 求图 12-16(a)所示静不定梁的支反力。已知梁的抗弯刚度 EI 为常数。

解 (1) 判定静不定次数。结构共 4 个反力，可列 3 个平衡方程，故为一次静不定问题。

(2) 建立相当系统。取 B 为多余约束，相应多余约束反力为 X_1，建立相当系统如图 12-16(b)所示。

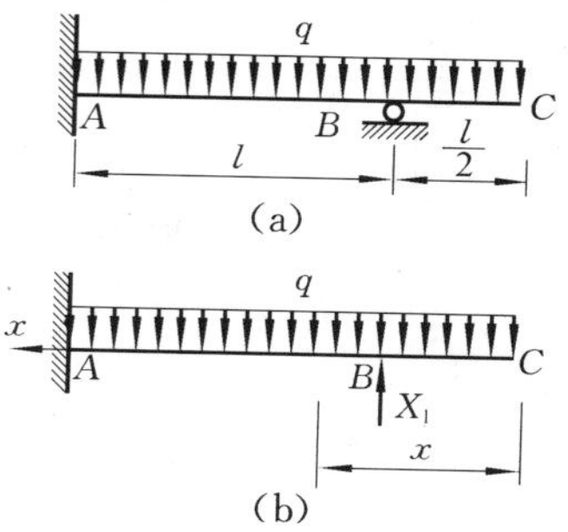

(3) 建立正则方程。

$$\delta_{11}X_1+\Delta_{1P}=0$$

(4) 求多余约束反力。利用莫尔定理求 δ_{11} 和 Δ_{1P}。只考虑载荷作用

$$M(x)=-\frac{1}{2}qx^2 \quad \left(0\leqslant x\leqslant\frac{3l}{2}\right)$$

只考虑 $X_1=1$ 作用，有

$$M_1^0(x)=0 \quad \left(0\leqslant x\leqslant\frac{l}{2}\right)$$

$$M_2^0(x)=x-\frac{l}{2} \quad \left(\frac{l}{2}\leqslant x\leqslant\frac{3l}{2}\right)$$

$$\delta_{11}=\int_0^{\frac{3l}{2}}\frac{M^0(x)M^0(x)}{EI}\mathrm{d}x=\frac{1}{EI}\int_{\frac{l}{2}}^{\frac{3l}{2}}\left(x-\frac{l}{2}\right)^2\mathrm{d}x=\frac{l^3}{3EI}$$

$$\Delta_{1P}=\int_0^{\frac{3l}{2}}\frac{M(x)M^0(x)}{EI}\mathrm{d}x=-\frac{1}{EI}\int_{\frac{l}{2}}^{\frac{3l}{2}}\frac{1}{2}qx^2\left(x-\frac{1}{2}\right)\mathrm{d}x=-\frac{17ql^4}{48EI}$$

图 12-16

所以，

$$X_1=-\frac{\Delta_{1P}}{\delta_{11}}=\frac{17}{16}ql$$

(5) 求其他反力。根据平衡方程，得

$$X_A=0,\quad Y_A=\frac{7}{16}ql,\quad M_A=\frac{1}{16}ql^2$$

例 12.9 如图 12-17(a)所示的 AB 梁刚度为 EI，BC 杆的截面为 A，二者材料相同，弹性模量均为 E。梁长为 l，杆长为 a，试求 BC 杆内的拉力。

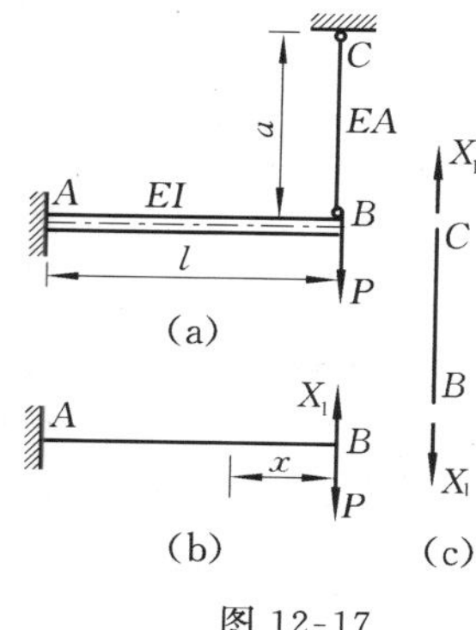

图 12-17

解 (1) 判定静不定次数。梁 AB 有 4 个反力，可列 3 个平衡方程，故为一次静不定问题。

(2) 建立相当系统。取 BC 为多余约束，相应的多余约束反力为 X_1，建立相当系统如图 12-17(b)、(c)所示。

(3) 建立正则方程。

$$\delta_{11}X_1+\Delta_{1P}=0$$

注意，此时正则方程表示的变形谐调条件是 AB 梁与 BC 杆在 B 处的相对位移等于零。

(4) 求多余约束反力。只考虑载荷影响，有

$$M(x)=-Px$$

只考虑 $X_1=1$ 的影响，有

$$M^0(x)=x,\quad N^0=1$$

由莫尔定理，得

$$\delta_{11}=\int_0^l\frac{M^0(x)M^0(x)}{EI}\mathrm{d}x+\frac{N^0N^0a}{EA}=\frac{l^3}{3EI}+\frac{a}{EA}$$

$$\Delta_{1P}=\int_0^l\frac{M(x)M^0(x)}{EI}\mathrm{d}x=\int_0^l-\frac{Px^2}{EI}\mathrm{d}x=-\frac{Pl^3}{3EI}$$

代入正则方程，求得

$$X_1=-\frac{\Delta_{1P}}{\delta_{11}}=-\frac{-\dfrac{Pl^3}{3EI}}{\dfrac{l^3}{3EI}+\dfrac{a}{EA}}=\frac{P}{1+\dfrac{3aI}{Al^3}}$$

例 12.10 试求图 12-18(a)所示刚架的支反力。已知杆的抗弯刚度 EI 为常数。

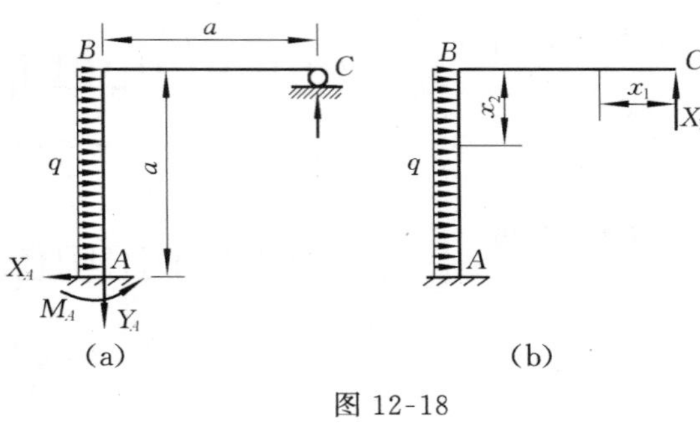

图 12-18

解 (1) 判定静不定次数。刚架共有 4 个约束反力，可列 3 个平衡方程，故为一次静不定问题。

(2) 建立相当系统。取 C 为多余约束，相应的多余约束反力为 X_1，建立如图 12-18(b)所示的相当系统。

(3) 建立正则方程。

$$\delta_{11}X_1+\Delta_{1P}=0$$

(4) 求多余约束反力。在载荷作用下，有

$$M(x_1)=0,\quad M(x_2)=-\frac{1}{2}qx_2^2$$

在 $X_1=1$ 作用下，有

$$M^0(x_1)=x_1,\quad M^0(x_2)=a$$

根据莫尔定理，得

$$\delta_{11}=\int_0^a\frac{M^0(x_1)M^0(x_1)}{EI}\mathrm{d}x_1+\int_0^a\frac{M^0(x_2)M^0(x_2)}{EI}\mathrm{d}x_2=\frac{1}{EI}\int_0^a x_1^2\mathrm{d}x_1+\frac{1}{EI}\int_0^a a^2\mathrm{d}x_2=\frac{4a^3}{3EI}$$

$$\Delta_{1P}=\int_0^a\frac{M(x_1)M^0(x_1)}{EI}\mathrm{d}x_1+\int_0^a\frac{M(x_2)M^0(x_2)}{EI}\mathrm{d}x_2=\int_0^a\frac{-\frac{1}{2}qx_2^2a}{EI}\mathrm{d}x_2=-\frac{qa^4}{6EI}$$

代入正则方程，得

$$X_1=-\frac{\Delta_{1P}}{\delta_{11}}=-\frac{-\frac{qa^4}{6EI}}{\frac{4a^3}{3EI}}=\frac{1}{8}qa$$

(5) 求其他约束反力。根据平衡条件，可求得

$$X_A=qa,\quad Y_A=\frac{1}{8}qa,\quad M_A=\frac{3}{8}qa^2$$

思 考 题

1. 一简支矩形截面梁($h=2b$)，跨度中点受集中力 P 作用，试比较竖放与横放时梁内的应变能。

2. 杆件的应变能与外力作的功有什么关系？如何理解功有正负而应变能总是正的？

3. 已知力作用的叠加原理不适用外力功和杆件应变能的计算，解释下述两种情况：

(1) 杆件在组合变形时的应变能等于各基本变形时应变能的和；

(2) 如图 12-19 所示，杆在 P_1 和 P_2 共同作用下的应变能，等于 P_1 和 P_2 分别作用时的应变能之和。

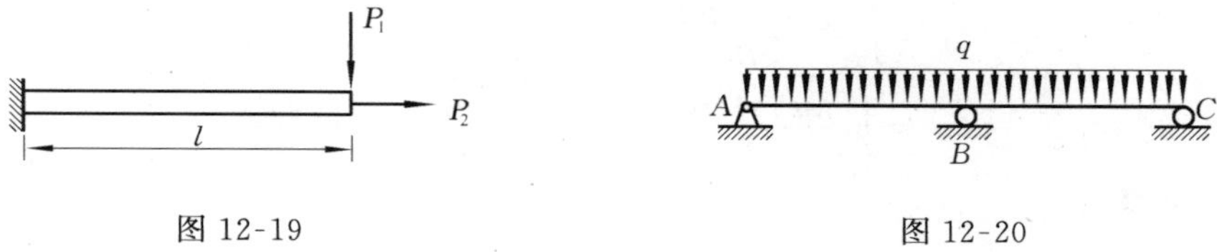

图 12-19　　图 12-20

4. 用莫尔定理求线弹性结构位移的步骤是什么？

5. 什么叫力法？力法正则方程的物理意义是什么？在正则方程 $\delta_{11}X_1+\Delta_{1P}=0$ 中，δ_{11} 和 Δ_{1P} 分别代表什么？

6. 试问如图 12-20 所示梁的静定基有几种选择方案？试证明，由于中间支座的增加，使最大弯矩降低为原来的 1/4。

习　　题

1. 计算如图 12-21 所示各杆的变形能，并求 P 和 M 作用点沿 P 方向的线位移和沿 M 方向的角位移。

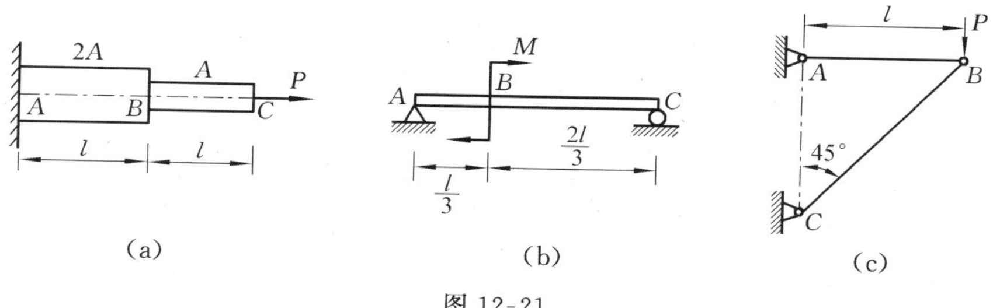

图 12-21

2. 求如图 12-22 所示各梁 C 截面的挠度和转角。其中，EI = 常数。

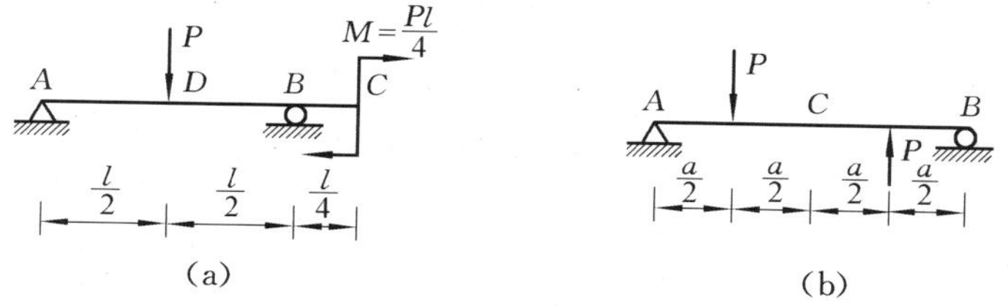

图 12-22

3. 求如图 12-23 所示各梁 C 截面的挠度和 A 截面的转角。其中，EI = 常数。

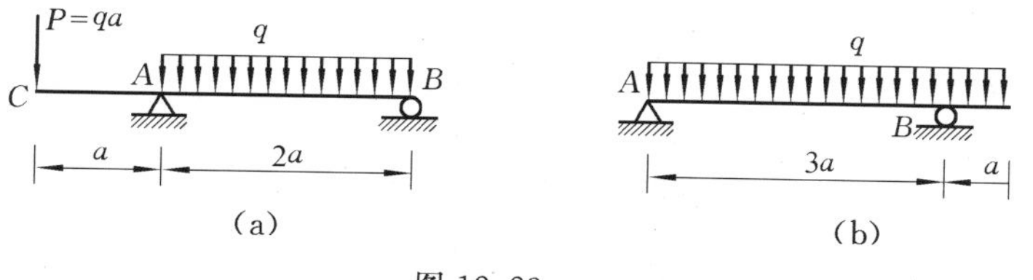

图 12-23

4. 如图 12-24 所示刚架的各杆 EI 皆相等，试计算下述截面的位移。

(1) 计算 D 截面总位移；

(2) 计算 A 截面转角和水平位移；

(3) 计算 A 截面的竖直位移和 B 截面的转角。

5. 如图 12-25 所示桁架各杆的 EA 相同，试计算节点 B 的垂直位移 Δ_{By} 和水平位移 Δ_{Bx}。

6. 试用单位载荷法和卡氏定理建立如图 12-26 所示梁的转角方程和挠度方程。其中，EI = 常数。

7. 如图 12-27 所示平面刚架的 EI = 常数，自由端 C 受一水平力 P 及铅直力 P 的共同作用。

(1) 试求其总变形能数值并解释 $\dfrac{\partial U}{\partial P}$ 的物理意义；

(2) 用卡氏定理求自由端 C 的水平和竖直位移。

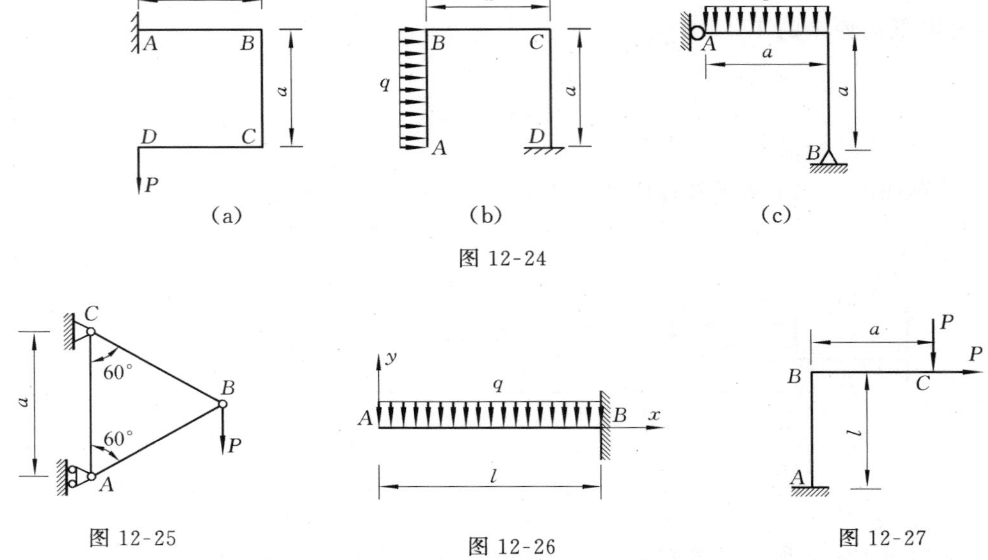

图 12-24

图 12-25　　图 12-26　　图 12-27

8．如图 12-28 所示各梁的 EI 为常数，试作梁的弯矩图。

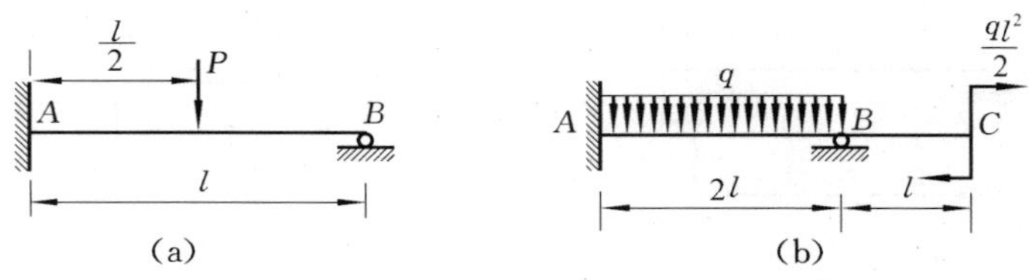

图 12-28

9．试作如图 12-29 所示刚架的弯矩图。其中，EI = 常数。

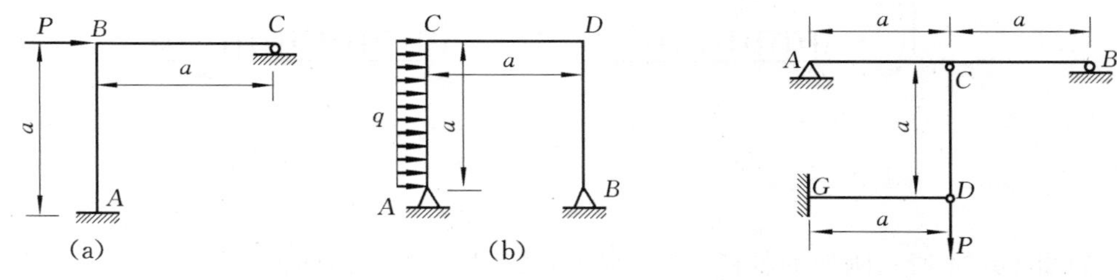

图 12-29　　图 12-30

10．如图 12-30 所示结构 AB 梁与 DG 梁的抗弯刚度均为 EI，CD 杆的抗拉刚度为 EA。求：

（1）CD 杆轴力 N_{CD}；

（2）A 支座的转角 θ_A。

第 13 章　应力状态与强度理论

13.1　应力状态的概念

13.1.1　一点处的应力状态

前面研究了杆件在轴向拉伸(压缩)、扭转、弯曲时的强度问题。这些基本变形杆件的危险点或处于单向受力状态、或处于纯剪切状态，相应的强度条件为

$$\sigma_{\max}\leqslant[\sigma]=\frac{\sigma_u}{n},\quad \tau_{\max}\leqslant[\tau]=\frac{\tau_u}{n}$$

式中，σ_u 和 τ_u 分别代表材料在单向受力状态或纯剪切状态的极限应力，n 为安全系数。

但在工程实际应用中，构件的受力是复杂的，危险点的受力状态并不总是单向或纯剪切的，因而不能再用上述两式计算构件的强度问题。这就要求我们全面分析危险点处各截面的应力情况。一般来说，通过受力构件内任意点的各个截面在该点处的应力是随截面的方位而变化的。因此，要深入分析构件的强度，必须研究通过构件内任意点的截面上应力的变化情况，也就是考查任意点处的应力状态。

在强度计算中，通常只需要考查危险点的应力状态，确定该点的最大应力及其方位，为处于复杂受力状态下杆件的强度计算提供依据。

13.1.2　一点处应力状态的研究方法

由于构件内的应力分布一般是不均匀的，所以在分析各个不同方向截面上的应力时，不宜截取构件的整个截面来研究，而是在构件中的某点处截取一个微小的六面体。即用单元体来代表一点的应力状态，为了能确定所研究点的应力状态，此单元体各面上的应力必须是已知的。这样的单元体为原始单元体，例如图 13-1(a)所示的拉伸杆件，为了分析 A 点处的应力状态，可以围绕 A 点以纵向和横向截面截取一个单元体来考虑(图 13-1(b))。单元体左右两面为横截面的一部分，面上只有正应力 $\sigma=\dfrac{P}{A}$。单元体上下、前后为纵截面的一部分，面上无任何应力。为简单起见，还可利用它有一对平行的纵向横截面上没有任何应力的特点，将立体图用平面图来表示。当圆轴扭转时，对于其表面上的 A 点(图 13-1(c))，同样可用纵横截面截取一个单元体研究。由 7.3 节分析可知，在横截面上，A 点处的切应力值为 $\tau=\dfrac{T}{W_P}=\dfrac{m}{W_P}$，所以单元体左右两面上有切应力 τ；由切应力互等定理，在单元体上下两面应有与 τ 相等的切应力(图 13-1(d))。对于横力弯曲梁上任一点 A 处，也可按纵横截面截取单元体(图 13-1(e)、(f))，该单元体上的应力分量均可由第 10 章中的有关公式算得。

因为单元体各边的尺寸无限小，故可认为单元体各面上的应力均匀分布，而且相对两面上的应力相等。这样，就可用单元体的 3 个互相垂直面上的应力表示一点处的应力状态。

由于在一般工作条件下，构件处于平衡状态，显然从构件中截取的单元体也处于平衡状态。要研究单元体任意斜截面上的应力即可利用截面法和平衡条件导出其表达式。

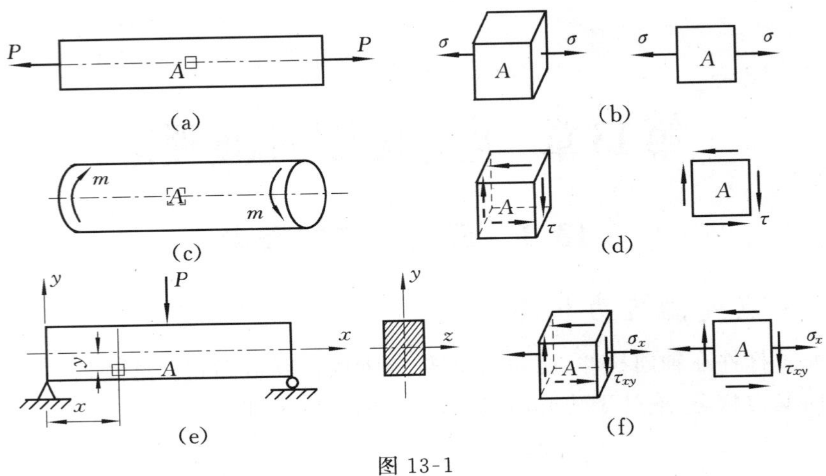

图 13-1

综上所述，研究一点处应力状态的基本方法就是围绕构件内一点取一单元体，然后利用截面法和静力平衡条件分析单元体各斜截面上的应力情况。

13.1.3 应力状态的分类

一般情况下，从受力构件中某一点处截取任意的单元体，其面上既有正应力又有切应力，但是弹性力学的理论证明，在该点处从不同方位截取的诸单元体中，一定存在这样一个单元体，在其相互垂直的3个面上只有正应力没有切应力。这种切应力为零的面称为主平面，主平面上的应力称为主应力(principal stress)，用 σ_1，σ_2，σ_3 表示，并按其代数值顺序排列，即 $\sigma_1 \geqslant \sigma_2 \geqslant \sigma_3$。单元体各面上只有主应力的单元体称为主单元体。

显然，用主单元体表示一点处的应力状态是最简明的，故分析一点处的应力状态就是要求出该点的主平面方位及主应力数值。构件受力不同，其上各点的应力状态就不一样。应力状态的类型可按照不等于零的主应力数目分为3类：

(1) 单向应力状态。只有一个主应力不等于零的应力状态称为单向应力状态或简单应力状态。例如，轴向拉(压)和纯弯曲杆内各点的应力状态及横力弯曲梁横截面上下边缘处各点的应力状态都是单向应力状态。

(2) 二向应力状态。有两个主应力不等于零的应力状态称为二向应力状态或平面应力状态，这是在实际工程中常见的一种应力状态。如图 13-1(d)、(f)所示单元体的应力状态即为二向应力状态。

(3) 三向应力状态。3个主应力都不等于零的应力状态称为三向应力状态或空间应力状态。例如图 13-2 所示的滚珠轴承中滚珠与外环的接触处，由于压力 P 的作用，在单元体的上

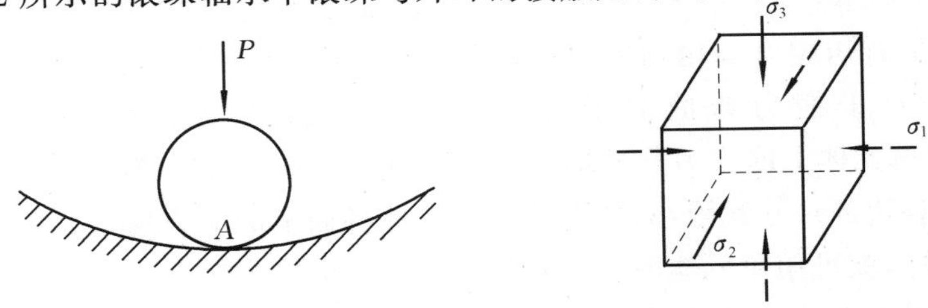

图 13-2

下平面将产生主应力 σ_3，由于此处局部材料被周围大量材料所包围，其侧向变形受到阻碍，故单元体的 4 个侧面也同时受到侧向压力，即还要产生 σ_1 和 σ_2。

13.2 二向应力状态分析

图 13-3(a)或 13-3(b)所示的应力状态为二向应力状态的一般情况，其上的正应力和切应力符号规定如下：正应力以拉应力为正，压应力为负；切应力对单元体内任一点之矩为顺时针转向时为正，反之为负。

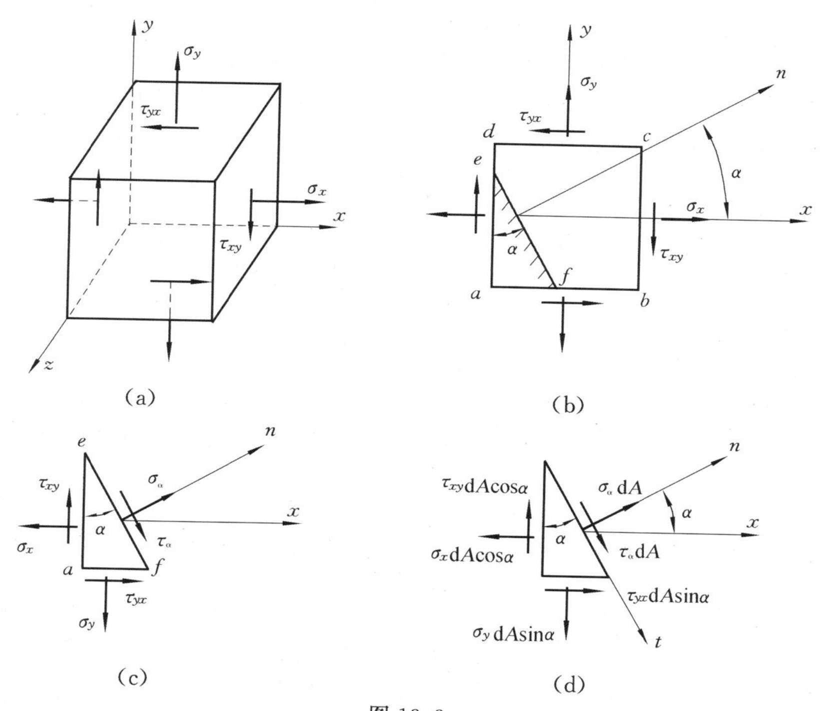

图 13-3

13.2.1 斜截面上的应力

图 13-3(b)所示单元体若为构件上某点的原始单元体，即已知 σ_x，σ_y 和 $\tau_{xy}=\tau_{yx}$，求任意斜截面 ef 上的应力。斜截面外法线 n 与 x 轴的夹角为 α，且规定自 x 轴逆时针转向外法线 n 时，α 为正，反之为负。用截面法，取 aef 部分研究(图 13-3(c))，斜截面 ef 上的正应力和切应力分别记为 σ_α 和 τ_α。设 ef 面的面积为 $\mathrm{d}A$，则 af 面的面积为 $\mathrm{d}A\sin\alpha$，ae 面的面积为 $\mathrm{d}A\cos\alpha$。作用在 aef 部分 3 个面上的力(图 13-3(d))应满足平衡条件：

$$\sum F_n=0,\quad \sigma_\alpha \mathrm{d}A-(\sigma_x \mathrm{d}A\cos\alpha)\cos\alpha+(\tau_{xy}\mathrm{d}A\cos\alpha)\sin\alpha- \\ -(\sigma_y \mathrm{d}A\sin\alpha)\sin\alpha+(\tau_{yx}\mathrm{d}A\sin\alpha)\cos\alpha=0 \tag{a}$$

$$\sum F_t=0,\quad \tau_\alpha \mathrm{d}A-(\sigma_x \mathrm{d}A\cos\alpha)\sin\alpha-(\tau_{xy}\mathrm{d}A\cos\alpha)\cos\alpha+ \\ +(\sigma_y \mathrm{d}A\sin\alpha)\cos\alpha+(\tau_{yx}\mathrm{d}A\sin\alpha)\sin\alpha=0 \tag{b}$$

注意到 $\tau_{xy}=\tau_{yx}$，并利用三角函数关系：

$$\cos^2\alpha=\frac{1}{2}(1+\cos 2\alpha),\quad \sin^2\alpha=\frac{1}{2}(1-\cos 2\alpha),\quad 2\sin\alpha\cos\alpha=\sin 2\alpha$$

将平衡方程(a)、(b)化简,得

$$\sigma_\alpha=\frac{\sigma_x+\sigma_y}{2}+\frac{\sigma_x-\sigma_y}{2}\cos2\alpha-\tau_{xy}\sin2\alpha \tag{13-1}$$

$$\tau_\alpha=\frac{\sigma_x-\sigma_y}{2}\sin2\alpha+\tau_{xy}\cos2\alpha \tag{13-2}$$

在推导上述两式时,式中各量均设为正值,所以在具体计算时,应注意按规定的符号将 σ_x、σ_y、τ_{xy} 及 α 的代数值代入式(13-1)和(13-2)求 σ_α 和 τ_α。

13.2.2 主平面和主应力

由式(13-1)和式(13-2)可以看出,当 σ_x,σ_y 和 τ_{xy} 一定时,斜截面上的正应力 σ_α 和切应力 τ_α 均随截面的方位角 α 的变化而变化,即 σ_α 和 τ_α 都是 α 的函数。根据主平面的定义,令 $\tau_\alpha=0$,以确定主平面位置,并求出主应力的大小。

设 $\alpha=\alpha_0$ 时,有 $\tau_\alpha=0$,即

$$\tau_\alpha=\frac{\sigma_x-\sigma_y}{2}\sin2\alpha_0+\tau_{xy}\cos2\alpha_0=0$$

由此式解得

$$\tan2\alpha_0=-\frac{2\tau_{xy}}{\sigma_x-\sigma_y} \tag{13-3}$$

由式(13-3)可得 α_0 和 $\alpha_0+\frac{\pi}{2}$ 两个解,即可定出两个互相垂直的主平面方位,从而确定了两个主应力的方位。

注意,$\frac{\mathrm{d}\sigma_\alpha}{\mathrm{d}\alpha}=-2\left(\frac{\sigma_x-\sigma_y}{2}\sin2\alpha+\tau_{xy}\cos2\alpha\right)=-2\tau_\alpha$。当 $\alpha=\alpha_0$ 时,$\tau_\alpha=0$,即 $\frac{\mathrm{d}\sigma_\alpha}{\mathrm{d}\alpha}=0$,也就是说,$\sigma_\alpha$ 在 $\alpha=\alpha_0$ 处取得极值。据此,可以得到如下结论:主平面既是切应力为零的平面,又是正应力取得极值的平面;主应力为一点处应力状态中正应力的极大值或极小值。

根据式(13-3)可建立图 13-4 所示的三角函数关系,得出 $2\alpha_0$ 的正弦与余弦表达式:

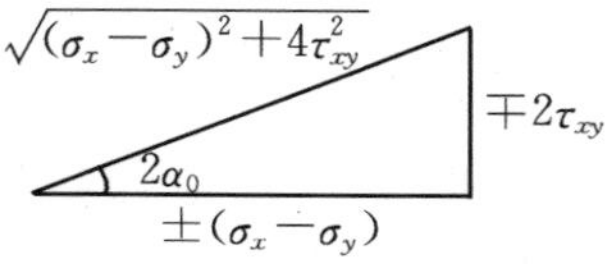

$\sqrt{(\sigma_x-\sigma_y)^2+4\tau_{xy}^2}$

$\mp2\tau_{xy}$

$2\alpha_0$

$\pm(\sigma_x-\sigma_y)$

图 13-4

$$\sin2\alpha_0=\frac{\mp\tau_{xy}}{\sqrt{\left(\frac{\sigma_x-\sigma_y}{2}\right)^2+\tau_{xy}^2}}$$

$$\cos2\alpha_0=\frac{\pm\left(\frac{\sigma_x-\sigma_y}{2}\right)}{\sqrt{\left(\frac{\sigma_x-\sigma_y}{2}\right)^2+\tau_{xy}^2}}$$

将其代入式(13-1),便得到正应力极值的表达式:

$$\left.\begin{matrix}\sigma_{\max}\\ \sigma_{\min}\end{matrix}\right\}=\frac{\sigma_x+\sigma_y}{2}\pm\sqrt{\left(\frac{\sigma_x-\sigma_y}{2}\right)^2+\tau_{xy}^2} \tag{13-4}$$

将 $\sigma_{\max}$,$\sigma_{\min}$ 与 0 比较,按其代数值的顺序即可确定 3 个主应力 $\sigma_1\geqslant\sigma_2\geqslant\sigma_3$。

以上的分析中,并没有确定与各主应力所对应的主平面。为了确定每个主应力的作用面,可通过 σ_α 的二阶导数的正负判断主应力的极大与极小性质,并确定它们的方向。

令

$$\left.\frac{\mathrm{d}\sigma_\alpha}{\mathrm{d}\alpha}\right|_{\alpha=\alpha_0}=(\sigma_x-\sigma_y)(-\sin 2\alpha_0)-2\tau_{xy}\cos 2\alpha_0=0 \tag{a}$$

而

$$\frac{\mathrm{d}^2\sigma_\alpha}{\mathrm{d}\alpha^2}=-2(\sigma_x-\sigma_y)\cos 2\alpha+4\tau_{xy}\sin 2\alpha \tag{b}$$

当 $\alpha=\alpha_0$ 时，由式(a)，$\sin 2\alpha_0=-\frac{2\tau_{xy}}{\sigma_x-\sigma_y}\cos 2\alpha_0$，代入式(b)，得

$$\left.\frac{\mathrm{d}^2\sigma_\alpha}{\mathrm{d}\alpha^2}\right|_{\alpha=\alpha_0}=-2\cos 2\alpha_0\left[(\sigma_x-\sigma_y)+\frac{4\tau_{xy}^2}{\sigma_x-\sigma_y}\right] \tag{c}$$

由式(a)知其首根 $\tan 2\alpha_0=-\frac{2\tau_{xy}}{\sigma_x-\sigma_y}$，故 α_0 在 I、IV 象限，即 $\sigma_x<\sigma_y$ 时，$\tan 2\alpha_0>0$ 为 I 象限；$\sigma_x>\sigma_y$ 时，$\tan 2\alpha_0<0$ 为 IV 象限。而 I、IV 象限总有 $\cos 2\alpha_0>0$，考查式(c)，可得出如下结论：

(1) $\sigma_x>\sigma_y$ 时，$\frac{\mathrm{d}^2\sigma_\alpha}{\mathrm{d}\alpha^2}<0$，$\sigma_\alpha$ 有极大值，即 α_0 为 $\sigma_{\max}$ 与 σ_x 的夹角。

(2) $\sigma_x<\sigma_y$ 时，$\frac{\mathrm{d}^2\sigma_\alpha}{\mathrm{d}\alpha^2}>0$，$\sigma_\alpha$ 有极小值，即 α_0 为 $\sigma_{\min}$ 与 σ_x 的夹角。

13.2.3 最大切应力

令

$$\left.\frac{\mathrm{d}\tau_\alpha}{\mathrm{d}\alpha}\right|_{\alpha=\alpha_1}=(\sigma_x-\sigma_y)\cos 2\alpha_1-2\tau_{xy}\sin 2\alpha_1=0$$

得

$$\tan 2\alpha_1=\frac{\sigma_x-\sigma_y}{2\tau_{xy}} \tag{13-5}$$

即 τ_α 在 $\alpha=\alpha_1$ 时取得极值，由式(13-5)求得 $\sin 2\alpha_1$，$\cos 2\alpha_1$，并代入式(13-2)，得

$$\left.\begin{matrix}\tau_{\max}\\ \tau_{\min}\end{matrix}\right\}=\pm\sqrt{\left(\frac{\sigma_x-\sigma_y}{2}\right)^2+\tau_{xy}^2} \tag{13-6}$$

最大切应力与最小切应力的绝对值相等，只是符号不同，可以证明，它们也作用在单元体的互垂平面上。比较式(13-5)与式(13-3)，不难发现，α_1 角与 α_0 角相差 $\pi/4$，即最大(最小)切应力作用面与主平面成 $\pi/4$ 角。

需要特别指出的是，以上所求的最大切应力只是垂直于零应力面(纸面)的各斜截面上的切应力之最大值，它不一定是过一点的所有截面上的切应力的最大值，这个切应力的最大值应为(参见 13.3 节)

$$\tau_{\max}=\frac{\sigma_1-\sigma_3}{2}$$

13.2.4 单元体两互相垂直面上的应力关系

在单元体(图 13-3(b))上任取两互相垂直的截面，其倾角分别为 α 及 $\beta=\alpha+\frac{\pi}{2}$(图 13-5)。由式(13-1)和式(13-2)，有

$$\sigma_\alpha=\frac{\sigma_x+\sigma_y}{2}+\frac{\sigma_x-\sigma_y}{2}\cos 2\alpha-\tau_{xy}\sin 2\alpha,\quad \sigma_\beta=\frac{\sigma_x+\sigma_y}{2}-\frac{\sigma_x-\sigma_y}{2}\cos 2\alpha+\tau_{xy}\sin 2\alpha$$

$$\tau_\alpha=\frac{\sigma_x-\sigma_y}{2}\sin2\alpha+\tau_{xy}\cos2\alpha,\quad \tau_\beta=-\frac{\sigma_x-\sigma_y}{2}\sin2\alpha-\tau_{xy}\cos2\alpha$$

考查上述各量之间的关系，可得

$$\sigma_\alpha+\sigma_\beta=\sigma_x+\sigma_y=\sigma_{\max}+\sigma_{\min},\quad \tau_\alpha=-\tau_\beta$$

以上两式说明，单元体的两互垂面上的正应力之和为一常数，而切应力满足切应力互等定理。利用上述关系，可校核所求应力是否正确。

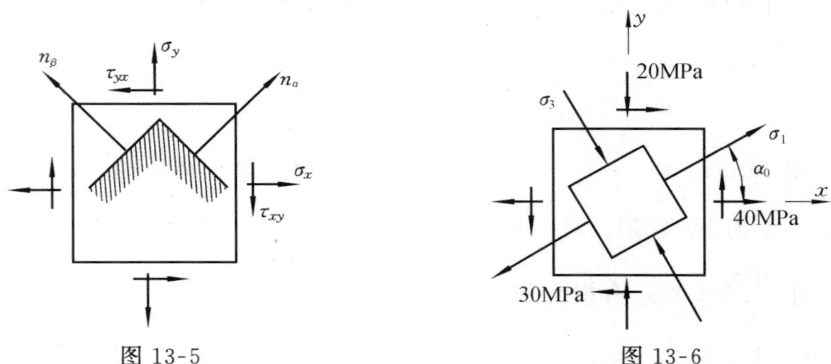

图 13-5　　图 13-6

例 13.1　已知某构件一点处的应力状态如图 13-6 所示，求该点处主平面方位、主应力数值、最大切应力并画出主单元体。

解　(1) 按符号规定，确定已知应力的代数值 $\sigma_x=40\text{MPa}$，$\sigma_y=-20\text{MPa}$，$\tau_{xy}=-30\text{MPa}$。

(2) 求主平面方位。由式(13-3)，得

$$\tan2\alpha_0=-\frac{2\tau_{xy}}{\sigma_x-\sigma_y}=-\frac{2\times(-30)}{40-(-20)}=1$$

所以，

$$2\alpha_0=\frac{\pi}{4},\quad \alpha_0=\frac{\pi}{8}=22.5°$$

(3) 求主应力。由式(13-4)，得

$$\left.\begin{matrix}\sigma_{\max}\\ \sigma_{\min}\end{matrix}\right\}=\frac{\sigma_x+\sigma_y}{2}\pm\sqrt{\left(\frac{\sigma_x-\sigma_y}{2}\right)^2+\tau_{xy}^2}$$

$$=\frac{40+(-20)}{2}\pm\sqrt{\left[\frac{40-(-20)}{2}\right]^2+(-30)^2}=\begin{matrix}52.4\\ -32.4\end{matrix}(\text{MPa})$$

根据它们的代数值排列，可知

$$\sigma_1=52.4\text{MPa},\quad \sigma_2=0,\quad \sigma_3=-32.4\text{MPa}$$

(4) 画出主单元体。因为 $\sigma_x>\sigma_y$，所以 α_0 为 σ_1 与 σ_x 的夹角。主单元体如图 13-6 所示。

(5) 求最大切应力。

$$\tau_{\max}=\frac{\sigma_1-\sigma_3}{2}=\frac{52.4-(-32.4)}{2}=42.4(\text{MPa})$$

13.2.5　应力圆

式(13-1)和式(13-2)可以看成是以 α 为参数的参数方程，若消去 α，即可得到 σ_α 与 τ_α 之间的关系式：

$$\left(\sigma_\alpha-\frac{\sigma_x+\sigma_y}{2}\right)^2+\tau_\alpha^2=\left(\frac{\sigma_x-\sigma_y}{2}\right)^2+\tau_{xy}^2\tag{13-7}$$

显然，在以 σ_α 为横坐标、τ_α 为纵坐标的坐标系中，式(13-7)是圆的方程，其圆心坐标为 $\left(\frac{\sigma_x+\sigma_y}{2},0\right)$，半径为 $\sqrt{\left(\frac{\sigma_x-\sigma_y}{2}\right)^2+\tau_{xy}^2}$，这个圆称为应力圆，如图 13-7 所示。这说明单元体(图

13-3(b))上任意斜截面上的正应力和切应力对应着 σ_α-τ_α 坐标系中应力圆上的一个点(σ_α,τ_α)。这种应力圆上的一个点的坐标对应单元体上一个面上的应力的对应关系简称为点面对应关系。

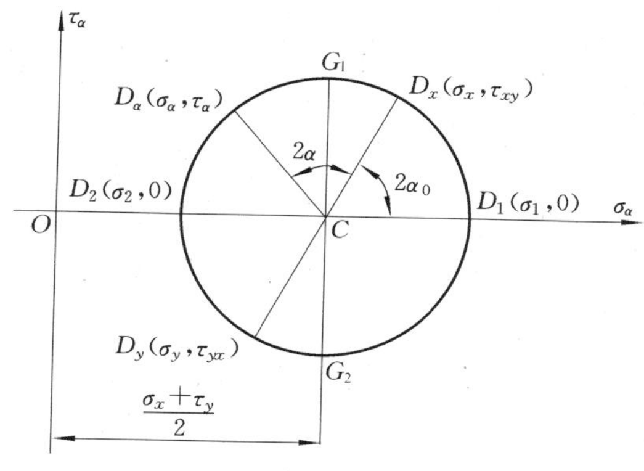

图 13-7

设单元体(图 13-3(b))上外法线为 x 的面上的应力对应着应力圆上的点 $D_x(\sigma_x,\tau_{xy})$,将 D_x 与圆心 C 相连,并延长 D_xC 交应力圆于 D_y 点。利用圆中的几何关系,可证明 D_y 点的坐标即为(σ_y,τ_{yx}),亦即 $D_y(\sigma_y,\tau_{yx})$对应着单元体上外法线为 y 轴的面上的应力。这表明,应力圆任一直径上两端点的坐标对应于单元体上两互垂面上的应力。由此可见,单元体上任意两斜截面外法线的夹角等于应力圆上的两对应点所夹圆心角的一半,此即为应力圆与单元体的夹角对应关系。

根据上述分析,可将应力圆的作图步骤归纳如下:

(1) 建立 σ_α-τ_α 坐标系,选取合适的比例尺;

(2) 在 σ_α-τ_α 坐标系中标出单元体两互垂面上的应力值 $D_x(\sigma_x,\tau_{xy})$和 $D_y(\sigma_y,\tau_{yx})$;

(3) 连 D_xD_y 交横轴于 C 点;

(4) 以 C 为圆心,D_xC 为半径画圆,便得到与所给应力状态相对应的应力圆(图 13-7)。

利用应力圆可以确定单元体上任意斜截面上的应力、主应力和主平面及最大切应力。

为求单元体上任意斜截面上的应力 σ_α 和 τ_α(图 13-3(b)),自半径 $D_xC(\alpha=0)$按相同方向转过 2α 角,在应力圆上得到 D_α 点,该点的坐标即为(σ_α,τ_α)。由于应力圆的 D_1、D_2 两点交于横轴,其纵坐标为零,因此这两点的横坐标即为主应力 σ_1 和 σ_2。同时,根据夹角对应关系可知,由 D_x 到 D_1 的圆弧所对的圆心角为顺时针的 $2\alpha_0$。因此单元体上自 x 按相同方向转过 α_0 角即可确定主平面的方位。在应力圆上作垂直于横轴的直径 G_1G_2,显然,G_1 和 G_2 的纵坐标就是最大切应力和最小切应力。

13.3 三向应力状态的最大应力

由于三向应力状态的问题比较复杂,而在工程实际应用中关心的只是最大正应力和最大切应力,因而在此不准备对三向应力状态作详细分析,而只利用应力圆说明三向应力状态的最大正应力和最大切应力。

设受力构件内某点处于三向应力状态,沿 3 个主平面截取一个单元体(图 13-8(a)),已知 $\sigma_1 \geqslant \sigma_2 \geqslant \sigma_3$。

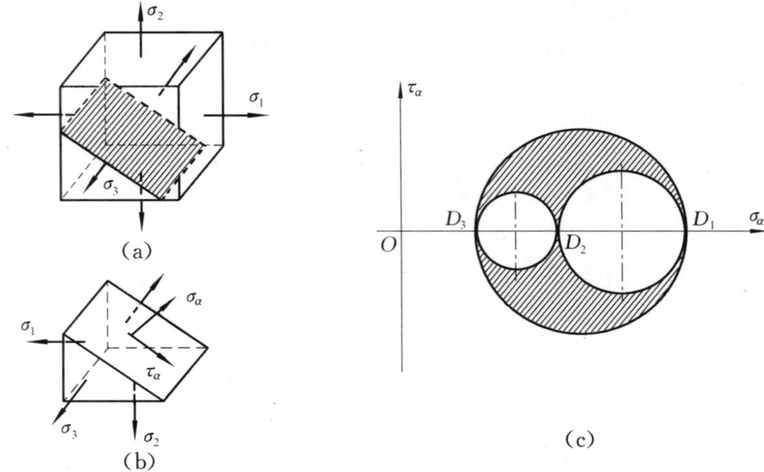

图 13-8

首先讨论平行于主应力的斜截面上的应力。设用平行于 σ_3 的任意斜截面(图 13-8(a)中画阴影线的截面)将单元体截开,取一部分研究(图 13-8(b))。由于在 σ_3 方向的力是一对平衡力,所以 σ_3 对斜截面上的应力无影响,于是斜截面上的应力只决定于 σ_1 和 σ_2。根据 σ_1 和 σ_2 的数值,在 σ_α-τ_α 坐标系中作应力圆(图 13-8(c)),其圆心坐标为$\left(\frac{\sigma_1+\sigma_2}{2},0\right)$,半径为$\frac{\sigma_1-\sigma_2}{2}$,凡是与 σ_3 平行的各截面上的应力情况都可由 D_1D_2 圆上的点来表示。

同理,与 σ_2、σ_1 平行的各斜截面上的应力可由 D_1D_3 和 D_2D_3 圆上的点表示,与 3 个主应力均不平行的任意斜截面上的应力则由应力圆中阴影部分的点来表示(图 13-8(c))。

这样得到的 3 个相切的应力圆称为三向应力圆。从三向应力圆中可看出:

$$\begin{cases}\sigma_{\max}=\sigma_1\\ \sigma_{\min}=\sigma_3\\ \tau_{\max}=\dfrac{\sigma_1-\sigma_3}{2}\end{cases}\tag{13-8}$$

最大切应力发生在与 σ_2 平行且与 σ_1 及 σ_3 所在主平面成 45°角的斜截面上。

13.4 广义胡克定律

在讨论轴向拉伸(压缩)杆的应力与变形时,根据试验结果,我们得到胡克定律 $\varepsilon=\frac{\sigma}{E}$,此外,还知道杆的轴向变形会引起横向尺寸的变化,横向应变为 $\varepsilon'=-\mu\varepsilon=-\mu\frac{\sigma}{E}$。

设从受力构件内取一个单元体,其上的主应力分别为 σ_1,σ_2 和 σ_3(图 13-8(a)),这个单元体受力后,其各方向的尺寸都会发生改变。沿 3 个主应力方向的应变称为主应变,分别用 ε_1,ε_2,ε_3 表示。

在求主应变 ε_1 时,可应用叠加原理分别求出 σ_1,σ_2 和 σ_3 单独作用时引起的该方向上的线应变,然后叠加。σ_1 单独作用时,引起 σ_1 方向的线应变为 $\varepsilon_1'=\frac{\sigma_1}{E}$;$\sigma_2$,$\sigma_3$ 单独作用时,引起 σ_1

方向的线应变分别为 $\varepsilon''_1=-\mu\frac{\sigma_2}{E}$，$\varepsilon'''_1=-\mu\frac{\sigma_3}{E}$。根据叠加原理，得

$$\varepsilon_1=\varepsilon'_1+\varepsilon''_1+\varepsilon'''_1=\frac{\sigma_1}{E}-\mu\frac{\sigma_2}{E}-\mu\frac{\sigma_3}{E}$$

用同样的方法可求得 ε_2 和 ε_3，最后得 3 个主应变的表达式为

$$\begin{cases}\varepsilon_1=\dfrac{1}{E}[\sigma_1-\mu(\sigma_2+\sigma_3)]\\ \varepsilon_2=\dfrac{1}{E}[\sigma_2-\mu(\sigma_3+\sigma_1)]\\ \varepsilon_3=\dfrac{1}{E}[\sigma_3-\mu(\sigma_1+\sigma_2)]\end{cases}\tag{13-9}$$

这就是各向同性材料用主应力表示的广义胡克定律。由于 $\sigma_1\geqslant\sigma_2\geqslant\sigma_3$，故 $\varepsilon_1\geqslant\varepsilon_2\geqslant\varepsilon_3$，所以最大线应变为

$$\varepsilon_{\max}=\varepsilon_1\tag{13-10}$$

对于非主单元体，各个面上既有正应力又有切应力，但在弹性范围内和小变形的情况下，线应变只与正应力有关，与切应力无关；切应变只与切应力有关，而与正应力无关。

所以沿 σ_x，σ_y 和 σ_z 方向的线应变为

$$\begin{cases}\varepsilon_x=\dfrac{1}{E}[\sigma_x-\mu(\sigma_y+\sigma_z)]\\ \varepsilon_y=\dfrac{1}{E}[\sigma_y-\mu(\sigma_z+\sigma_x)]\\ \varepsilon_z=\dfrac{1}{E}[\sigma_z-\mu(\sigma_x+\sigma_y)]\end{cases}\tag{13-11}$$

此时，切应变的表达式为

$$\begin{cases}\gamma_{xy}=\dfrac{\tau_{xy}}{G}\\ \gamma_{yz}=\dfrac{\tau_{yz}}{G}\\ \gamma_{zx}=\dfrac{\tau_{zx}}{G}\end{cases}\tag{13-12}$$

广义胡克定律不但在理论上说明了应力与应变间的关系，而且还在实际工程中得到广泛应用。如在实际工程中，往往可以用各种实验方式测得构件的应变，然后通过广义胡克定律式(13-9)或式(13-11)求得构件的实际应力，从而检查构件是否安全，检验设计是否合理。

例 13.2 直径为 d 的实心圆轴，两端受扭转力矩 m 的作用，现测得圆轴表面 A 点处沿负 45°方向的线应变为 ε(图 13-9(a))，已知材料的弹性常数 E 和 μ，试求扭转力矩 m 的大小。

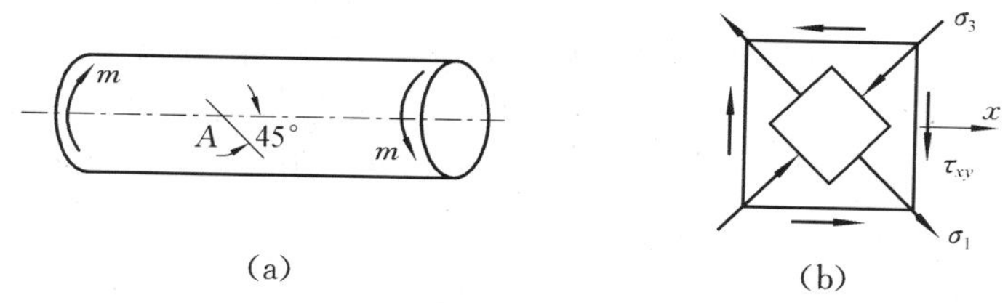

(a) (b)

图 13-9

解 (1) 应力分析。用纵横截面绕轴上 A 点处取一个单元体(图 13-9(b))，可知 A 点的应力状态为纯

剪切应力状态，横截面上只有切应力 $\tau_{xy}=\dfrac{T}{W_p}=\dfrac{16m}{\pi d^3}$。由式(13-3)和式(13-4)，得

$$\tan 2\alpha_0=-\frac{2\tau_{xy}}{\sigma_x-\sigma_y}=-\infty,\quad \alpha_0=-45^\circ,\quad \begin{matrix}\sigma_1\\ \sigma_3\end{matrix}=\pm\sqrt{\tau_{xy}^2}=\pm\tau_{xy}$$

所以主应力 σ_1 的方向为沿与 x 轴成 45°的方向。

(2) 应用广义胡克定律。由广义胡克定律式(13-9)的第一式，得

$$\varepsilon_1=\varepsilon=\frac{1}{E}(\sigma_1-\mu\sigma_3)=\frac{1+\mu}{E}\tau_{xy}=\frac{16(1+\mu)m}{E\pi d^3}$$

所以，

$$m=\frac{\pi d^3 E\varepsilon}{16(1+\mu)}$$

13.5 强度理论

13.5.1 强度理论的概念

通过前面各章的学习，我们已知，对于单向应力状态，如直杆的拉、压和弯曲，其强度条件为 $\sigma_{\max}\leqslant[\sigma]=\dfrac{\sigma_u}{n}$；或者虽是二向应力状态，但受力情况比较简单，如圆轴扭转，其强度条件为 $\tau_{\max}\leqslant[\tau]=\dfrac{\tau_u}{n}$。由于在这些情况下，材料的极限应力 σ_u 或 τ_u 可以通过试验测定，所以它们的强度条件是完全由试验建立的，材料破坏的物理原因可以不予考虑。有时受力构件内的应力状态虽然比较复杂，但容易进行接近实际受力情况的试验，这时也可以通过试验方法来建立相应的强度条件。例如铆钉等连接件的实用计算便是如此。

但在工程实际应用中，构件的受力情况是多种多样的，危险点通常处于复杂应力状态。3 个主应力不同比值的组合，都可能导致材料破坏。因此，要想用试验方法测出每种主应力比值下材料的极限应力，从而建立强度条件，显然是不可能的。于是人们不得不从考察材料的破坏原因着手，研究在复杂应力状态下的强度条件。在长期的生产实践和大量的试验中发现，在常温静载下，材料的破坏主要有两种形式：一种是断裂破坏，如铸铁试件在拉伸时沿横截面断开，扭转时沿与轴线成 45°的螺旋面断裂；又如在三向等值拉伸应力状态下塑性材料所发生的脆性断裂等，这种破坏是由于拉应力或拉应变过大而引起的，破坏时无明显的塑性变形。另一种是屈服(也称流动)破坏，其特点是破坏时材料发生屈服或有显著的塑性变形，这种破坏常常是因切应力过大而引起的。例如，低碳钢试件拉伸屈服时在与轴线成 45°的方向出现滑移线，扭转屈服时，则沿纵横方向出现滑移线，这些现象均与切应力有关。

上述情况表明，在复杂应力状态下，尽管主应力不同比值的组合有无数多种，但是材料的破坏却是有规律的，即某种类型的破坏都是由同一因素引起的。据此，人们把在复杂应力状态下观察到的破坏现象同材料在简单应力状态下的试验结果进行对比分析，将材料在单向应力状态达到危险状态的某一因素作为衡量材料在复杂应力状态达到危险状态的准则，先后提出了关于材料破坏原因的多种假说。这些假说统称为强度理论(theory of strength)。根据不同的强度理论可以建立相应的强度条件，从而为解决复杂应力状态下构件的强度计算问题提供了依据。

13.5.2 常用的 4 个强度理论

如上所述，材料的破坏形式主要有两种，因此相应地有两类强度理论：一类是断裂破坏的

强度理论，其中主要有最大拉应力理论和最大拉应变理论；另一类是屈服破坏理论，主要是最大切应力理论和形状改变比能理论。

1. 最大拉应力理论（第一强度理论）

这一理论认为最大拉应力是引起材料断裂破坏的主要原因。也就是说，不管材料处于何种应力状态，只要其最大拉应力 σ_1 达到单向拉伸时的强度极限 σ_b，材料就发生断裂破坏。因此材料的破坏条件为 $\sigma_1=\sigma_b$，相应的强度条件则是

$$\sigma_1\leqslant\frac{\sigma_b}{n}=[\sigma] \tag{13-13}$$

试验表明，第一强度理论能较好地解释砖石、铸铁等脆性材料的断裂破坏。如铸铁等脆性材料在单向拉伸时断裂破坏发生于拉应力最大的横截面上，扭转也沿拉应力最大的斜截面发生断裂。但是，该理论没有考虑其他两个主应力 σ_2 和 σ_3 对材料破坏的影响，而且对于压缩应力状态，由于根本不存在拉应力而无法应用。

2. 最大拉应变理论（第二强度理论）

这一理论认为最大拉应变是引起材料断裂破坏的主要原因。也就是说，不管材料处于何种应力状态，只要其最大拉应变 ε_1 达到单向拉伸时应变的极限值 ε_u，材料就发生断裂破坏。因此，材料的破坏条件为 $\varepsilon_1=\varepsilon_u=\frac{\sigma_b}{E}$，由广义胡克定律，有

$$\varepsilon_1=\frac{1}{E}[\sigma_1-\mu(\sigma_2+\sigma_3)]$$

于是破坏条件可改写为 $\sigma_1-\mu(\sigma_2+\sigma_3)=\sigma_b$，相应的强度条件则是

$$\sigma_1-\mu(\sigma_2+\sigma_3)\leqslant[\sigma] \tag{13-14}$$

试验表明，第二强度理论可以较好地解释岩石等脆性材料在单向压缩时沿纵向开裂的脆断现象，但并不能为金属材料的试验所证实。

3. 最大切应力理论（第三强度理论）

从 19 世纪开始，在工程中大量使用了低碳钢这类塑性材料，它们的破坏是以出现屈服（流动）或显著的塑性变形为标志的，原有的第一、第二强度理论已不能解释这种破坏现象。如前所述，人们认为材料发生这类破坏现象是由于切应力的影响，据此提出了最大切应力理论。

这一理论认为最大切应力是引起材料屈服破坏的主要原因。也就是说，不管材料处于何种应力状态，只要其最大切应力 τ_{max} 达到单向拉伸屈服时的切应力极限值 τ_u，材料就发生屈服破坏，因此，材料的破坏条件为 $\tau_{max}=\tau_u$。单向拉伸时，当横截面上的应力达到屈服极限 σ_s 时，在与轴线成 45°的斜截面上将会出现切应力的极限值 $\tau_u=\frac{\sigma_s}{2}$，而 $\tau_{max}=\frac{\sigma_1-\sigma_3}{2}$，所以材料的破坏条件可改写为 $\sigma_1-\sigma_3=\sigma_s$，相应的强度条件为

$$\sigma_1-\sigma_3\leqslant\frac{\sigma_s}{n}=[\sigma] \tag{13-15}$$

试验表明，第三强度理论能较好地解释低碳钢、铜等塑性材料的屈服破坏。但这个理论没考虑 σ_2 对材料破坏的影响，并且对于三向等值拉伸应力状态也不适用。

4. 形状改变比能理论（第四强度理论）

构件受力发生弹性变形，其内部就储存了弹性应变能，从中任取一个单元体，其变形应包括体积改变与形状改变，因此单元体的应变能可分解为体积改变能和形状改变能。单位体积内的体积改变能和形状改变能称为体积改变比能 u_t 和形状改变比能 u_x。试验表明，如果单元

体处于三向等值压缩状态时，三向应力可达到很大而不破坏，此时单元体内只有体积改变比能。这一现象表明体积改变比能 u_t 的大小对材料的破坏没有影响，于是有人提出了形状改变比能理论。

这一理论认为形状改变比能是引起材料屈服破坏的主要原因。也就是说，不管材料处于何种应力状态，只要其形状改变比能 u_x 达到单向拉伸屈服时形状改变比能的极限值 u_{xu}，材料就发生屈服破坏，因此材料的破坏条件为 $u_x=u_{xu}$。

三向应力状态下，形状改变比能的表达式为

$$u_x=\frac{1+\mu}{6E}[(\sigma_1-\sigma_2)^2+(\sigma_2-\sigma_3)^2+(\sigma_3-\sigma_1)^2]$$

单向拉伸屈服时，$\sigma_1=\sigma_s,\sigma_2=\sigma_3=0$，则 $u_{xu}=\frac{1+\mu}{3E}\sigma_s^2$，所以材料的破坏条件可改写为

$$\sqrt{\frac{1}{2}[(\sigma_1-\sigma_2)^2+(\sigma_2-\sigma_3)^2+(\sigma_3-\sigma_1)^2]}=\sigma_s$$

相应的强度条件为

$$\sqrt{\frac{1}{2}[(\sigma_1-\sigma_2)^2+(\sigma_2-\sigma_3)^2+(\sigma_3-\sigma_1)^2]}\leqslant\frac{\sigma_s}{n}=[\sigma] \tag{13-16}$$

由 13.3 节中的三向应力圆(图 13-8(c))可以看出，平行于 3 个主应力的各截面上的最大切应力分别为$\frac{\sigma_2-\sigma_3}{2}$，$\frac{\sigma_1-\sigma_3}{2}$，$\frac{\sigma_1-\sigma_2}{2}$，与式(13-16)比较可知，第四强度理论本质上也属于剪切型的强度理论，因为它考虑了 3 个主应力，所以它比第三强度理论更符合实际，但该理论也不能解释材料在三向等值拉伸时发生破坏的原因。

13.5.3 强度理论的应用

在工程上，为了应用方便，常把上述强度理论写成统一的形式

$$\sigma_r\leqslant[\sigma] \tag{13-17}$$

σ_r 称为相当应力。按照强度理论提出的先后顺序，可写出相应的相当应力及强度条件为

$$\begin{cases}\sigma_{r1}=\sigma_1\leqslant[\sigma]\\ \sigma_{r2}=\sigma_1-\mu(\sigma_2+\sigma_3)\leqslant[\sigma]\\ \sigma_{r3}=\sigma_1-\sigma_3\leqslant[\sigma]\\ \sigma_{r4}=\sqrt{\frac{1}{2}[(\sigma_1-\sigma_2)^2+(\sigma_2-\sigma_3)^2+(\sigma_3-\sigma_1)^2]}\leqslant[\sigma]\end{cases} \tag{13-18}$$

试验指出，不同材料固然可能发生不同形式的破坏，同一种材料当应力状态的情况不同时，也可能发生不同形式的破坏。因此，强度理论的适用范围决定于危险点处的应力状态和构件的材料性质，一般原则如下：

(1) 对于脆性材料，一般都用第一强度理论，即最大拉应力理论。但在压缩应力状态下，由于不存在拉应力，应用第三或第四强度理论。

(2) 对于塑性材料，一般都用第三或第四强度理论，即最大切应力理论和形状改变比能理论。但在三向拉伸应力状态下，最大切应力的数值较小，应用第一强度理论。

应用强度理论解决实际问题的步骤是，首先对危险点的应力状态进行分析，确定其主应力，然后根据危险点处的应力状态和构件材料的性质，选用适当的强度理论进行强度计算。

例 13.3 如图 13-10(a)所示，圆截面直杆同时承受扭转和轴向拉伸作用，设材料的许用应力为[σ]，试

按第三和第四强度理论导出其强度计算公式。

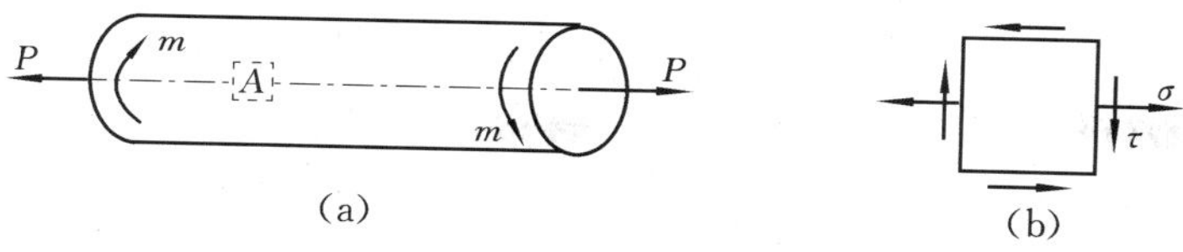

图 13-10

解 (1) 应力分析。危险点在表面任一点 A,用纵横截面围绕 A 点截取单元体,单元体左右两面为横截面的一部分,其上有拉应力 σ 和扭转切应力 τ(图 13-10(b))。

(2) 确定主应力。根据式(13-4),令 $\sigma_x=\sigma,\sigma_y=0,\tau_{xy}=\tau$,得

$$\left.\begin{matrix}\sigma_{\max}\\ \sigma_{\min}\end{matrix}\right\}=\frac{\sigma}{2}\pm\sqrt{\left(\frac{\sigma}{2}\right)^2+\tau^2}$$

显然,$\sigma_{\max}$ 与 $\sigma_{\min}$ 异号,所以

$$\sigma_1=\frac{\sigma}{2}+\sqrt{\left(\frac{\sigma}{2}\right)^2+\tau^2},\quad \sigma_2=0,\quad \sigma_3=\frac{\sigma}{2}-\sqrt{\left(\frac{\sigma}{2}\right)^2+\tau^2}$$

(3) 强度计算。据第三强度理论,有

$$\sigma_{r3}=\sigma_1-\sigma_3=\sqrt{\sigma^2+4\tau^2}\leqslant[\sigma] \tag{13-9}$$

又据第四强度理论,有

$$\sigma_{r4}=\sqrt{\sigma_1^2+\sigma_3^2-\sigma_1\sigma_3}=\sqrt{\sigma^2+3\tau^2}\leqslant[\sigma] \tag{13-20}$$

例 13.4 如图 13-11(a)所示为工程上常用的圆筒形薄壁容器,若它受到的内压力为 p,圆筒部分的直径为 D,壁厚为 t,且 $t<\frac{D}{20}$,试按第三和第四强度理论导出其强度条件。

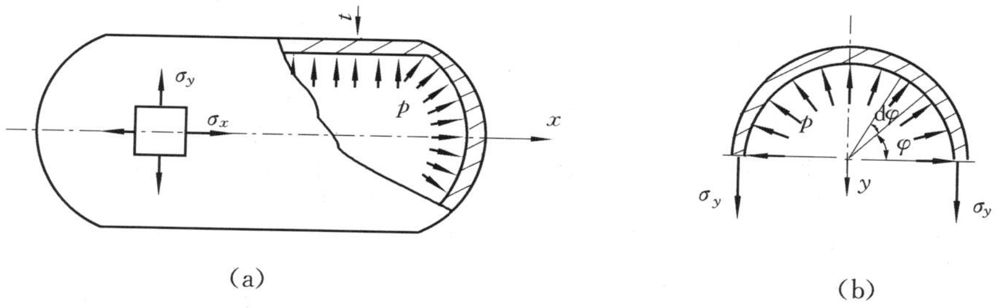

图 13-11

解 (1) 应力分析。若只考虑内压作用,容器只是向外扩张,而无其他变形,因此筒壁的纵横截面上都只有正应力而无切应力,围绕筒壁上 A 用纵横截面取一个单元体(图 13-11(a))。

(2) 确定主应力。由于单元体四面只有正应力,故为主单元体,横截面上的正应力即轴向应力。

$$\sigma_x=\frac{p\pi D^2/4}{\pi Dt}=\frac{pD}{4t}$$

用相距为单位长度的两个横截面和包含直径的纵向截面从筒中假想地截取一部分(图13-11(b))研究,则由该部分的平衡条件:

$$\sum Y=0,\quad 2t\sigma_y-\int_0^{\pi}p\,\frac{D}{2}\sin\varphi\,\mathrm{d}\varphi=0$$

得到纵向截面上的正应力(即环向应力):

$$\sigma_y=\frac{pD}{2t}$$

单元体的第三个方向,由于内压 p 远小于 σ_x 和 σ_y,故可略去,于是有

$$\sigma_1=\frac{pD}{2t},\quad \sigma_2=\frac{pD}{4t},\quad \sigma_3=0$$

(3) 强度计算。根据第三强度理论，有

$$\sigma_{r3}=\sigma_1-\sigma_3=\frac{pD}{2t}\leqslant[\sigma]$$

根据第四强度理论，有

$$\sigma_{r4}=\sqrt{\sigma_1^2+\sigma_2^2-\sigma_1\sigma_2}=\frac{\sqrt{3}pD}{4t}\leqslant[\sigma]$$

可以根据以上两式对薄壁圆筒进行强度校核或确定壁厚 t 或计算许可内压$[p]$的大小。

思 考 题

1. 什么叫一点处的应力状态？为什么要研究一点处的应力状态？什么叫主平面和主应力？主应力与正应力有什么区别？

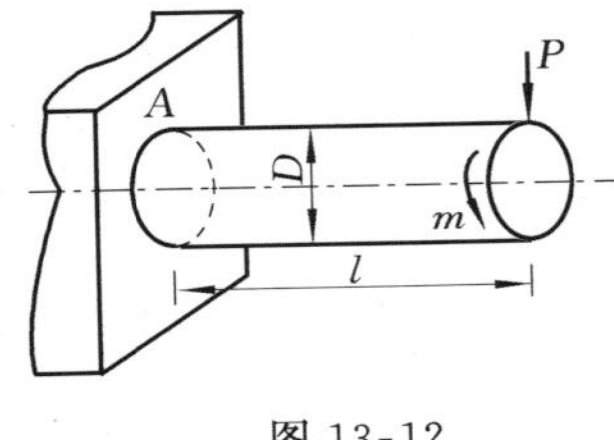

图 13-12

2. 在一个单元体中，在最大正应力作用面上有无切应力？在最大切应力作用面上有无正应力？

3. 在常温静载下，金属材料有几种破坏形式？在处理实际问题时，如何正确应用强度理论？

4. 圆截面直杆受力如图 13-12 所示，试用单元体表示 A 点的应力状态。

5. 铸铁试件拉伸时沿横截面断裂，扭转时沿与轴线成 45°倾角的螺旋面断裂，这是什么原因引起的？低碳钢试件拉伸屈服时，与轴向成 45°方向出现滑移线，而扭转屈服时，则沿纵横方向出现滑移线，这是由什么原因引起的？

习 题

1. 已知应力状态如图 13-13 所示，图中应力单位皆为兆帕(MPa)，试用解析法求：

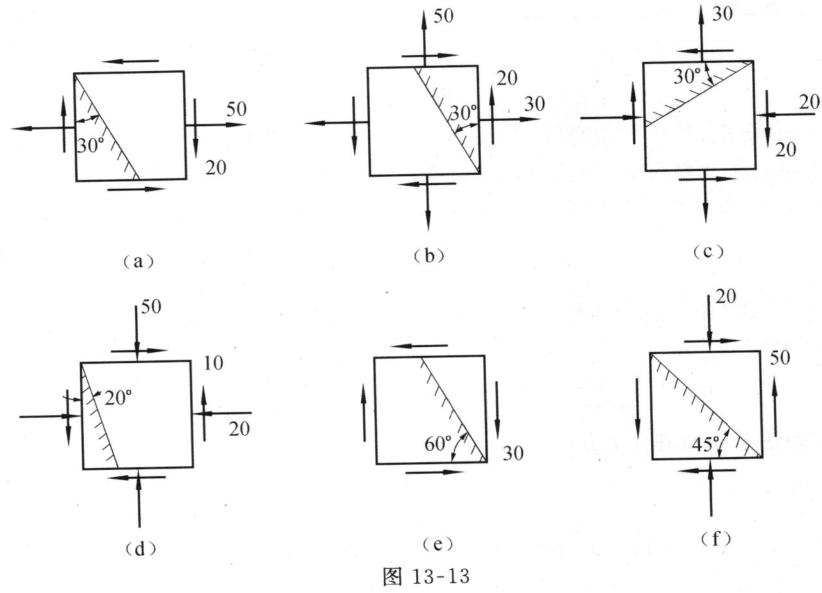

图 13-13

(1) 指定截面上的应力；

(2) 主应力大小，主平面方位，并画出主单元体；

(3) 最大切应力。

2. 用应力圆求解题 1 中各小题。

3. 试求图 13-14 所示各应力状态的主应力及最大切应力(应力单位为 MPa)。

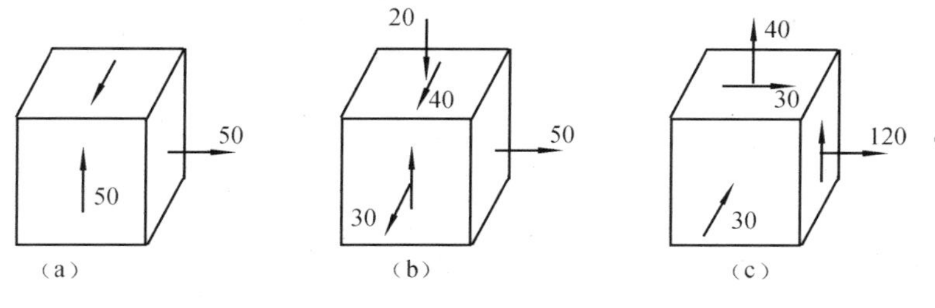

图 13-14

4. 围绕构件内某点处取出的微棱柱体如图 13-15 所示，σ_y 和 α 角均为未知。试求 σ_y 及该点处的主应力的数值和主平面的方位(图中应力单位为 MPa)。

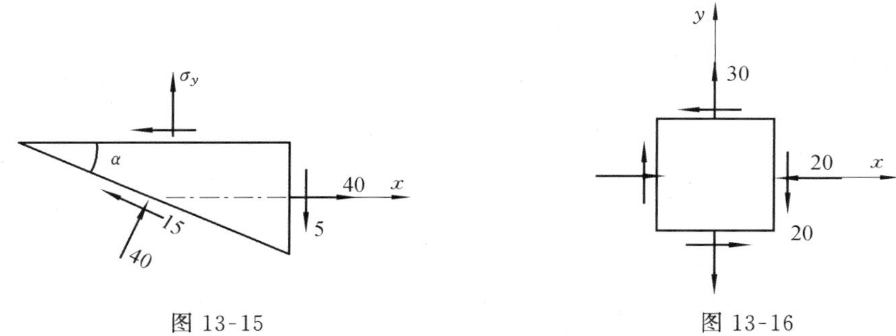

图 13-15　　图 13-16

5. 应力状态如图 13-16 所示(应力单位为 MPa)，已知材料的 $E=210\text{GPa}$，泊松比 $\mu=0.28$，试求：

(1) x 方向的线应变；

(2) 主应变；

(3) 最大切应变。

6. 如图 13-17 所示，列车通过钢桥时，在钢桥横梁的 A 点用应变仪测得 $\varepsilon_x=0.0004$，$\varepsilon_y=-0.00012$，试求 A 点在 x 及 y 方向的正应力。设 $E=200\text{GPa}$，$\mu=0.3$。

图 13-17　　图 13-18

7. 如图 13-18 所示钢杆，截面为 20mm×40mm 的矩形，$E=200\text{GPa}$，$\mu=0.3$，现从杆中 A 点测得与轴线成 30°方向的线应变 $\varepsilon=2.7\times10^{-4}$，试求载荷 P 的大小。

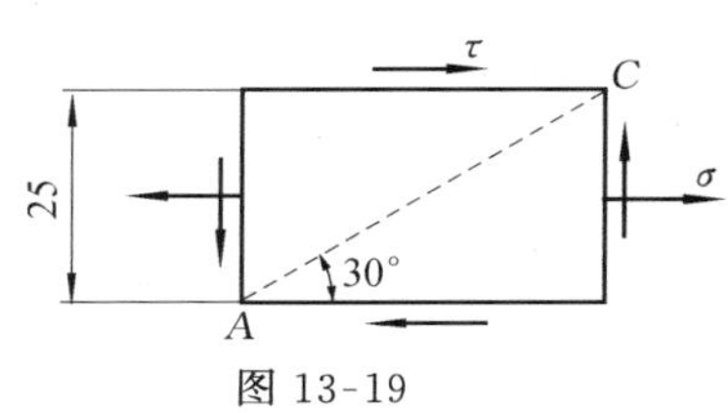

图 13-19

8. 从钢构件内某一点的周围取出一个单元体，如图

13-19 所示。根据理论计算已经求得$\sigma=30\text{MPa}$，$\tau=15\text{MPa}$，材料的$E=200\text{GPa}$，$\mu=0.3$。试求对角线AC的长度改变Δl。

9. 如图 13-20 所示的一受内压作用的薄壁容器，当承受最大内压力时，测得圆筒筒壁上任一点A的线应变$\varepsilon_x=1.88\times10^{-4}$，$\varepsilon_y=7.99\times10^{-4}$。已知钢材的弹性模量$E=210\text{GPa}$，泊松比$\mu=0.3$，$[\sigma]=200\text{MPa}$。试用第三强度理论对$A$点作强度校核。

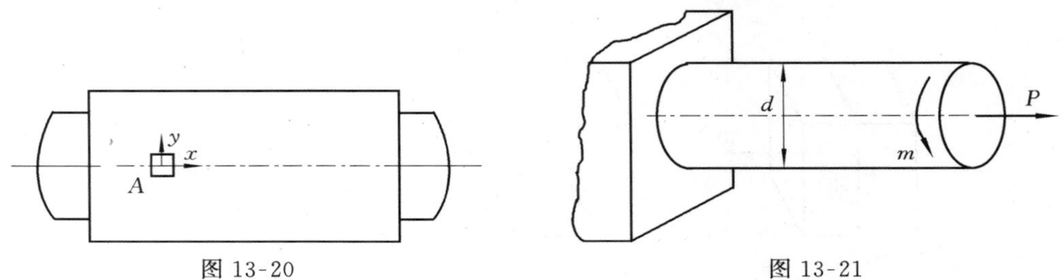

图 13-20　　　　图 13-21

10. 圆截面杆受载如图 13-21 所示。已知$d=10\text{mm}$，$m=\frac{1}{10}Pd$，试求以下两种情况的许可载荷：

(1) 材料为钢，$[\sigma]=160\text{MPa}$，用第三强度理论求解；

(2) 材料为铸铁，$[\sigma^+]=30\text{MPa}$，用第一强度理论求解。

第14章 组合变形

14.1 组合变形的概念

前几章,我们分别讨论了杆件在各种基本变形下的强度和刚度问题。但是在工程实际应用中,有些构件的受力比较复杂,往往同时发生两种或两种以上的基本变形,这种变形情况称为组合变形。例如,图 14-1(a)所示的机架立柱,在外力 P 作用下,截面 m-m 上同时存在弯矩 M 和轴力 N (图 14-1(b)),因此立柱将发生弯曲与拉伸的组合变形。

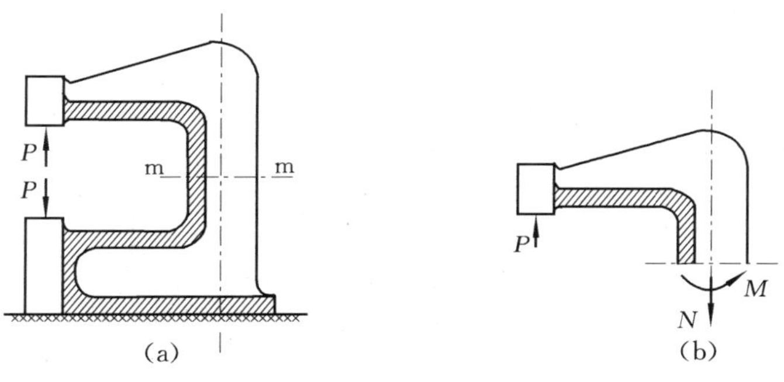

图 14-1

杆件在复杂载荷作用下发生组合变形时,若材料在弹性范围内和小变形时,力的独立作用原理成立,即每一个载荷引起的变形和内力不受其他载荷的影响,这样,就可以利用叠加原理来解决杆件在组合变形下的强度和刚度问题。

根据力的独立作用原理和叠加原理,可以把求解组合变形强度问题的方法归纳如下:

(1) 外力分析,确定基本变形。分析在外力作用下,杆件会产生哪几种基本变形。对于复杂载荷的情况,通常把载荷向杆件轴线简化,将其转化成几个静力等效的简单载荷,使每一个简单载荷各自对应着一种基本变形。

(2) 内力分析,确定危险截面。研究在各种基本变形下杆件的内力并绘制内力图,从而确定危险截面。

(3) 应力分析,确定危险点。根据每种内力情况,分析危险截面上的应力,确定危险点。

(4) 强度计算。根据危险点的应力状态和杆件材料的力学性能,选择合适的强度条件进行强度计算,求解强度计算的三类问题。

对于组合变形杆件的变形计算,也可以按照力的独立作用原理和叠加原理,采用先分解后综合的方法求解。

本章主要讨论弯曲与拉伸(压缩)和弯曲与扭转这两种常见组合变形杆件的强度计算问题。

14.2 弯曲与拉伸(压缩)的组合

杆件在外力作用下发生的弯曲与拉伸(压缩)组合变形通常有两种情况,一种是杆件同时受到横向力和轴向力的作用;另一种是杆件受到偏心拉(压)力作用。下面分别进行讨论。

14.2.1 横向力与轴向力同时作用

通过前面的学习,我们知道,杆件在横向力作用下将发生弯曲变形,在轴向力作用下将发生拉伸(压缩)变形。若在横向力和轴向力共同作用下,杆件自然就会发生弯曲与拉伸(压缩)的组合变形。

以图 14-2(a)所示的起重机为例来说明在横向力和轴向力共同作用下杆件的弯曲与拉伸

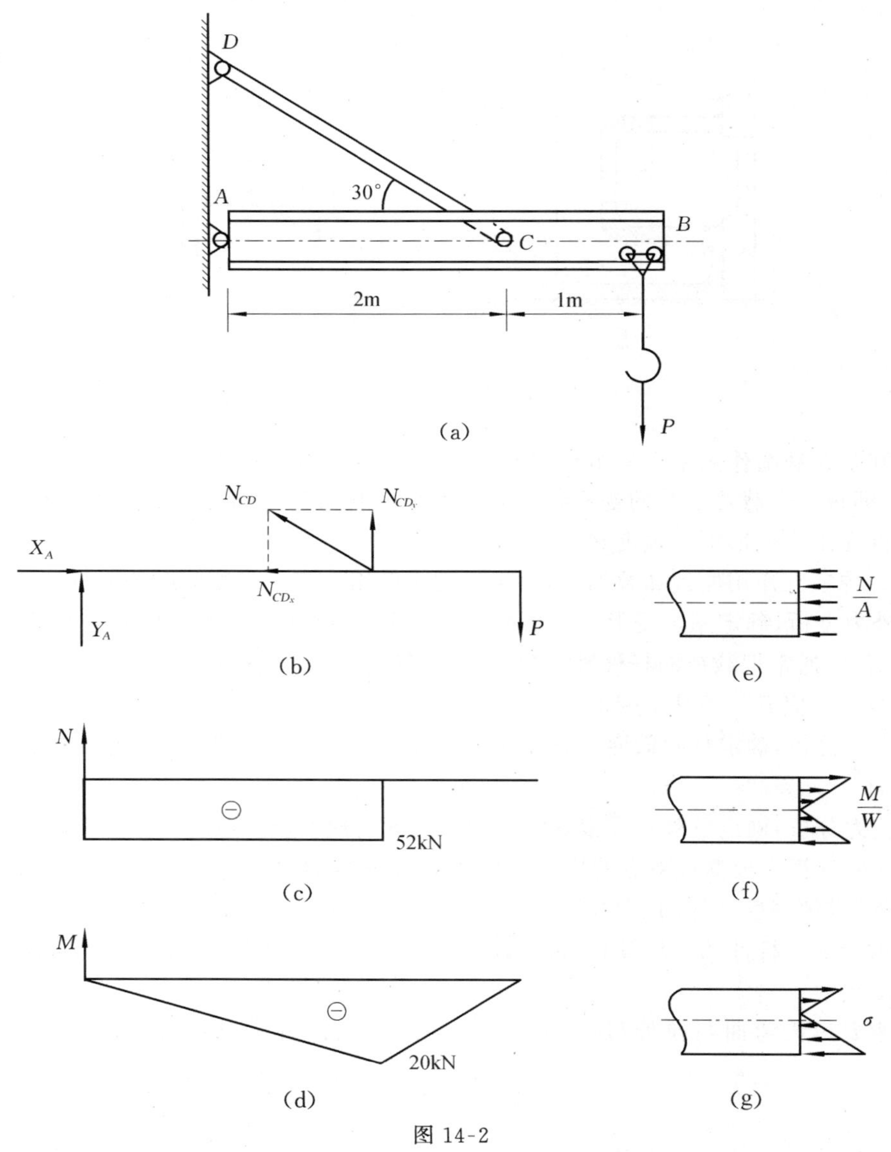

图 14-2

(压缩)组合变形的强度问题的分析方法。

设横梁 AB 由№20a 工字钢制成，最大吊重 $P=20\text{kN}$，材料的许用应力$[\sigma]=120\text{MPa}$，试校核横梁 AB 的强度。

(1) 外力分析，确定基本变形。AB 梁的受力简图如图 14-2(b)所示。由平衡条件，得

$$\sum m_A=0,\quad N_{CD}\sin30°\times2-P\times3=0$$

$$N_{CD}=3P=60\text{kN}$$

N_{CD}在水平和铅垂方向的投影分别为

$$N_{CDx}=N_{CD}\cos30°=60\times\frac{\sqrt{2}}{2}=52(\text{kN})$$

$$N_{CDy}=N_{CD}\sin30°=60\times\frac{1}{2}=30(\text{kN})$$

再由平衡方程，得

$$\sum X=0,\quad X_A=N_{CDx}=52\,\text{kN}$$

$$\sum Y=0,\quad Y_A=P-N_{CDy}=20-30=-10(\text{kN})$$

由此可知，AB 梁在横向力 P，N_{CDy}，Y_A 作用下产生弯曲变形，在轴向力 N_{CDx}，X_A 作用下产生压缩变形。

(2) 内力分析，确定危险截面。由 AB 梁的受力图可作出其轴力图(图 14-2(c))和弯矩图(14-2(d))。显然，危险截面在 C 截面的左侧，其内力值：

$$N=-52\text{kN},\quad M=-20\text{kN}\cdot\text{m}$$

(3) 应力分析，确定危险点。根据轴向压缩应力和弯曲正应力的分布特点，危险截面的下边缘点有最大压应力，上边缘点有最大拉应力(图 14-2(e)、(f)、(g))，故危险点在上、下边缘点(对于本问题，最大拉应力在 C 截面右侧的上边缘点)。

(4) 强度计算。由于轴向压缩和弯曲都在危险点产生正应力，因此组合应力可以代数相加得到。对于一般拉、压强度不同的杆件，弯曲与拉伸或压缩的组合变形的强度条件为

$$\begin{cases}\sigma_{\max}^{+}=\dfrac{N}{A}+\dfrac{M}{W}\leqslant[\sigma^{+}]\\[2ex]\sigma_{\max}^{-}=\left|\dfrac{N}{A}-\dfrac{M}{W}\right|\leqslant[\sigma^{-}]\end{cases}\tag{14-1}$$

式中，$\sigma_{\max}^{+}$和 $\sigma_{\max}^{-}$为危险点的最大拉应力和最大压应力；$[\sigma^{+}]$和$[\sigma^{-}]$为材料的许用拉应力和许用压应力；N 和 M 为危险截面的轴力和弯矩。必须指出，应用式(14-1)进行强度计算时，弯矩 M 取绝对值，而轴力 N 则应根据拉为正压为负的规定，取代数值。我们建议进行危险点的应力分析时，绘出应力分布图，这样力学概念清楚，符号问题自然也清楚了。此外对弯曲与拉伸(压缩)组合变形杆件进行应力分析时，通常忽略了弯曲切应力，所以横截面上只有正应力，各点均处于单向应力状态，从而使问题得到简化。

对于本例来说，材料为№20a 工字钢，为拉压等强度材料，因此只需校核绝对值最大的应力。由型钢表查得抗弯截面模量 $W=237\text{cm}^3$，横截面面积 $A=35.5\text{cm}^2$，而 $N=-52\text{kN}$，$M=20\text{kN}\cdot\text{m}$，代入式(14-1)，得

$$\sigma_{\max}^{-}=\left|\frac{N}{A}-\frac{M}{W}\right|=\left|\frac{-52\times10^3}{35.5\times10^{-4}}-\frac{20\times10^3}{237\times10^{-6}}\right|$$

$$=|-14.6-84.3|\times10^6(\text{N/m}^2)=98.9(\text{MPa})<[\sigma]=120(\text{MPa})$$

所以 AB 梁强度足够。

14.2.2 偏心拉伸(压缩)

如果外力的作用线平行于杆件的轴线,但不通过杆件横截面的形心,则将引起偏心拉伸(压缩)。为了说明这类问题的计算方法,我们讨论横截面具有两根对称轴的直杆,且偏心压力 P 作用在一根对称轴上的简单情况(图 14-3(a))。e 为拉力 P 到横截面形心的距离,称为偏心距。

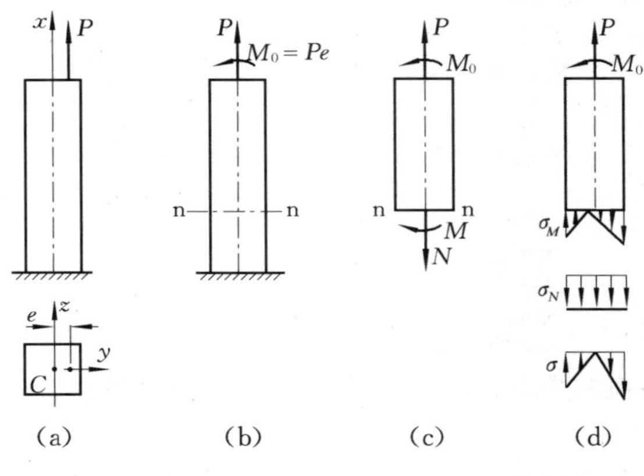

图 14-3

(1) 外力分析,确定基本变形。根据力的平移定理,将力 P 平移到截面形心,得轴向拉力 P 和力偶矩 $M_0=Pe$。轴向拉力 P 使杆发生拉伸变形,而力偶矩 M_0 则使杆发生弯曲变形(图 14-3(b)),因此偏心拉伸实质上仍是弯曲与拉伸的组合变形。

(2) 内力分析,确定危险截面。用截面法取 n-n 截面以上一段研究,根据平衡条件,得弯矩 $M=M_0=Pe$,轴力 $N=P$(图 14-3(c))。

(3) 应力分析,确定危险点。横截面上的应力是弯曲正应力与拉伸应力的代数和(图 14-3(d)),即

$$\sigma_{\max}^{+}=\frac{N}{A}+\frac{M}{W},\quad \sigma_{\max}^{-}=\left|\frac{N}{A}-\frac{M}{W}\right|$$

式中,N 是轴力,拉力为正,压力为负;M 是弯矩,取绝对值;A 和 W 为横截面面积和抗弯截面模量。

(4) 强度计算。偏心拉伸(压缩)的强度条件同式(14-1)。在进行强度计算时,对于拉压等强度的塑性材料,只需 $\sigma_{\max}^{+}$ 和 $\sigma_{\max}^{-}$ 中绝对值最大者满足强度条件即可;对于脆性材料,由于其抗拉压强度不同,则要求 $\sigma_{\max}^{+}$ 和 $\sigma_{\max}^{-}$ 同时满足强度条件。

若偏心外力的作用点不在截面对称轴上,外力向截面形心平移后,附加力偶矩将有两个分量 M_y 和 M_z,杆在 M_y 和 M_z 作用下将在两个纵向对称面内同时产生弯曲,称为斜弯曲。此时仍然可用前面所讲的方法,根据弯矩 M_y,M_z 和轴力 N 引起的正应力方向,判断危险点位置,对危险点的正应力求代数和,便得到杆的最大正应力。相应的强度条件为

$$\begin{cases}\sigma_{\max}^{+}=\dfrac{N}{A}+\dfrac{M_y}{W_y}+\dfrac{M_z}{W_z}\leqslant[\sigma^{+}]\\[2ex]\sigma_{\max}^{-}=\left|\dfrac{N}{A}-\dfrac{M_y}{W_y}-\dfrac{M_z}{W_z}\right|\leqslant[\sigma^{-}]\end{cases}\tag{14-2}$$

例 14.1 钻床如图 14-4(a)所示，工作时 $P=15\text{kN}$，立柱为铸铁，许用拉应力$[\sigma^+]=35\text{MPa}$，试计算所需的直径 d。

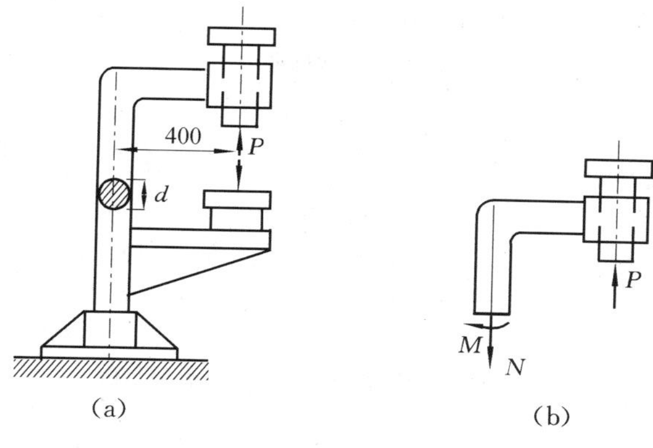

图 14-4

解 (1) 外力分析。外力 P 平行于立柱轴线但不通过截面形心，故为偏心拉伸，偏心距 $e=0.4\text{m}$。

(2) 内力分析。利用截面法，可得轴力和弯矩(图 14-4(b))分别为

$$N=15\text{kN},\quad M=6\text{kN}\cdot\text{m}$$

(3) 应力分析。因为轴力和弯矩均在立柱内侧边缘产生拉应力，故此处为危险点，且

$$\sigma_{\max}^{+}=\frac{N}{A}+\frac{M}{W}$$

(4) 强度计算。因为 A,W 中均含有未知量 d，为计算简便，可先根据弯曲正应力选择直径 d，然后再校核最大拉应力。

$$\sigma_M=\frac{M}{W}=\frac{32M}{\pi d^3}\leqslant[\sigma^+]$$

$$d\geqslant\sqrt[3]{\frac{32M}{\pi[\sigma]^+}}=\sqrt[3]{\frac{32\times6\times10^3}{\pi\times35\times10^6}}=0.1204(\text{m})$$

取 $d=122\text{mm}$，校核最大拉应力：

$$\sigma_{\max}^{+}=\frac{N}{A}+\frac{M}{W}=\frac{4N}{\pi d^2}+\frac{32M}{\pi d^3}$$

$$=\frac{4\times15\times10^3}{\pi\times0.122^2}+\frac{32\times6\times10^3}{\pi\times0.122^3}=34.9\text{MPa}<[\sigma^+]$$

因此选择 $d=122\text{mm}$ 是安全的。

例 14.2 已知矩形截面杆如图 14-5 所示，$h=200\text{mm}$，$b=100\text{mm}$，$P=20\text{kN}$，试计算最大正应力。

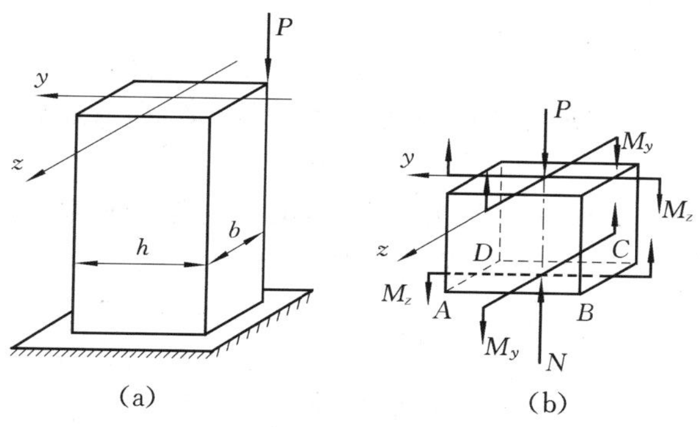

图 14-5

解 (1) 外力分析。力 P 向杆截面形心平移，得压力 P 和力偶矩 M_y，M_z。P 使杆产生压缩变形，M_y 和 M_z 使杆产生弯曲。

(2) 内力分析。用截面法在 $ABCD$ 横截面截开，取上半部分研究，横截面上有轴力 N，弯矩 M_y，M_z。由平衡方程，得

$$N=P,\quad M_y=\frac{Pb}{2},\quad M_z=\frac{Ph}{2}$$

(3) 应力分析。轴力 N 在横截面上产生压应力；弯矩 M_y 使 AB 边产生最大拉应力、CD 边产生最大压应力；M_z 使 AD 边产生最大拉应力、BC 边产生最大压应力。因此，正应力绝对值最大的点在 C 点，其值为

$$\sigma_{\max}^{-}=\left|-\frac{N}{A}-\frac{M_y}{W_y}-\frac{M_z}{W_z}\right|=\frac{P}{bh}+\frac{Pb/2}{hb^2/6}+\frac{Ph/2}{bh^2/6}=\frac{7P}{bh}=\frac{7\times20\times10^3}{100\times200\times10^{-6}}=7(\mathrm{MPa})$$

14.3 弯曲与扭转的组合

在第 7 章讨论了圆轴扭转问题。实际上，像传动轴这类构件，除了扭转变形外，皮带轮的拉力和重量等横向力还会引起轴的弯曲变形，即轴发生弯曲与扭转的组合变形。这种组合变形是机械工程中最常见、也是最为重要的一种组合变形。下面以电机轴的外伸段为例，说明杆件在弯曲与扭转组合变形下强度计算的方法。

电机轴外伸段的 B 端，装有皮带轮，皮带拉力 $F_1>F_2$（图 14-6(a)）。不计轮自重，分析 AB 轴的强度。

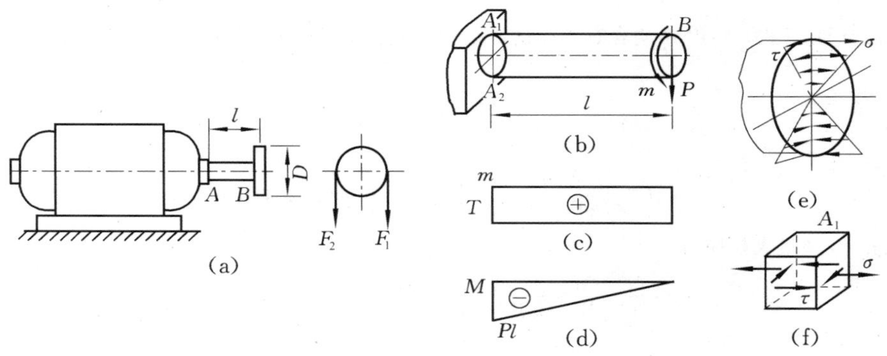

图 14-6

(1) 外力分析，确定基本变形。研究 AB 轴，把 F_1 和 F_2 向轴心简化，得横向力和力偶矩（图 14-6(b)）分别为

$$P=F_1+F_2,\quad m=(F_1-F_2)\frac{D}{2}$$

横向力 P 使轴产生弯曲变形，力偶矩 m 使轴产生扭转变形，即 AB 轴产生弯曲与扭转的组合变形。

(2) 内力分析，确定危险截面。分别画出 AB 轴的扭矩图和弯矩图（图 14-6(c)、(d)），由图可知，固定端 A 为危险截面，其上扭矩 T 和弯矩 M 分别为

$$T=m=(F_1-F_2)\frac{D}{2},\quad M=Pl=(F_1+F_2)l$$

(3) 应力分析，确定危险点。危险截面上各点，扭矩 T 引起扭转切应力，弯矩 M 引起弯曲正应力。根据应力分布规律，作出应力分布图，如图 14-6(e)所示，显然，危险截面 A 的上、下两点的弯曲正应力和扭转切应力达到最大，故这两点为危险点，其值为

$$\sigma=\frac{M}{W},\quad \tau=\frac{T}{W_p}$$

在危险点 A_1 处取一个单元体,各面上的应力如图 14-6(f)所示,为二向应力状态,根据 13.2 节的知识,可求出主应力为

$$\sigma_1=\frac{\sigma}{2}+\sqrt{\left(\frac{\sigma}{2}\right)^2+\tau^2},\quad \sigma_2=0,\quad \sigma_3=\frac{\sigma}{2}-\sqrt{\left(\frac{\sigma}{2}\right)^2+\tau^2}$$

(4) 强度计算。如果轴为塑性材料,只需计算危险点 A_1,A_2 中一点(如 A_1 点)的强度即可。

若选第三强度理论,其相当应力为

$$\sigma_{r3}=\sigma_1-\sigma_3=\sqrt{\sigma^2+4\tau^2}$$

若选第四强度理论,其相当应力为

$$\sigma_{r4}=\sqrt{\frac{1}{2}[(\sigma_1-\sigma_2)^2+(\sigma_2-\sigma_3)^2+(\sigma_3-\sigma_1)^2]}=\sqrt{\sigma^2+3\tau^2}$$

则相应的强度条件为

$$\sigma_{r3}=\sqrt{\sigma^2+4\tau^2}\leqslant[\sigma] \tag{14-3}$$

$$\sigma_{r4}=\sqrt{\sigma^2+3\tau^2}\leqslant[\sigma] \tag{14-4}$$

如果将 σ 与 τ 的表达式代入以上二式,并注意到对圆截面有 $W_p=2W$,于是得到适用于圆截面杆弯扭组合变形的强度条件

$$\sigma_{r3}=\frac{\sqrt{M^2+T^2}}{W}\leqslant[\sigma] \tag{14-5}$$

$$\sigma_{r4}=\frac{\sqrt{M^2+0.75T^2}}{W}\leqslant[\sigma] \tag{14-6}$$

式中,M,T 为危险截面上的弯矩和扭矩;W 为圆截面的抗弯截面模量。

式(14-5)和式(14-6)也适用于弯曲与扭转组合的空心圆轴,但不适用于非圆截面杆。对于拉(压)、弯、扭组合变形的圆轴,上述二式也不再适用,但仍可用式(14-3)和式(14-4)进行强度计算,只需注意式中的 σ 为危险点处的拉伸(压缩)正应力和弯曲正应力之和。

例 14.3 处于水平位置的圆截面直角拐轴受力如图 14-7(a)所示,已知 $P=3.2\text{kN}$,$[\sigma]=50\text{MPa}$,试用第三强度理论确定 AB 段的直径 d。

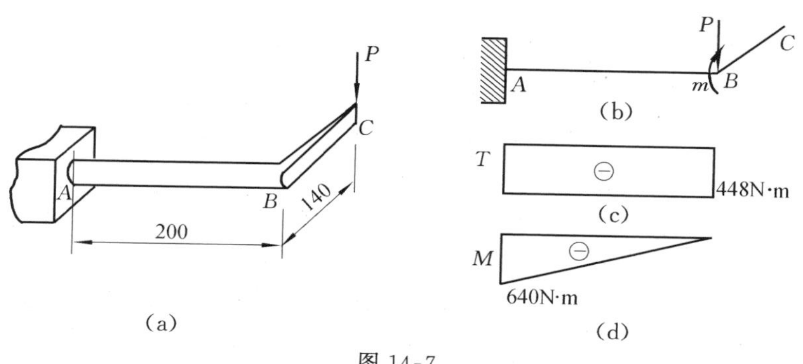

图 14-7

解 (1) 外力分析。研究 AB,将 P 向 B 截面形心简化,得横向力 P 和力偶矩 m,AB 段产生弯曲与扭转的组合变形(图 14-7(b))。

(2) 内力分析。作出 AB 段的扭矩图与弯矩图(图 14-7(c)、(d)),可知危险截面为 A 截面,其上的扭矩与弯矩分别为

$$T=P\times 0.14=448\text{N}\cdot\text{m},\quad M=P\times 0.2=640\text{N}\cdot\text{m}$$

(3) 强度计算。由于适合圆截面杆的弯扭组合变形的强度公式(14-5)已经建立,故可直接应用,不需要再进行应力分析。由式(14-5),得

$$\sigma_{r3}=\frac{\sqrt{M^2+T^2}}{W}=\frac{32\sqrt{M^2+T^2}}{\pi d^3}\leqslant[\sigma]$$

$$d\geqslant\sqrt[3]{\frac{32\times\sqrt{M^2+T^2}}{\pi[\sigma]}}=\sqrt[3]{\frac{32\times\sqrt{640^2+448^2}}{\pi\times 50\times 10^6}}=54(\text{mm})$$

例 14.4 图 14-8(a)所示圆轴的直径 $d=56$mm,其上有两个直径相同的带轮,直径 $D=600$mm。C 轮的皮带处于水平,E 轮的皮带位于铅垂位置,两轮的皮带张力均为 $F_1=3000$N,$F_2=1500$N。材料的许用应力$[\sigma]=100$MPa,试按第四强度理论校核轴的强度。

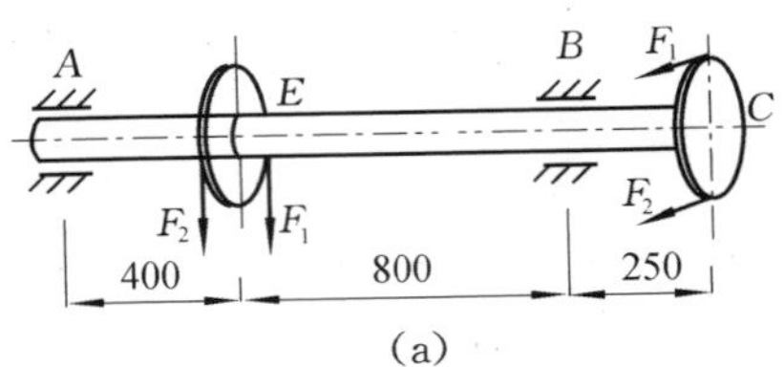

(a)

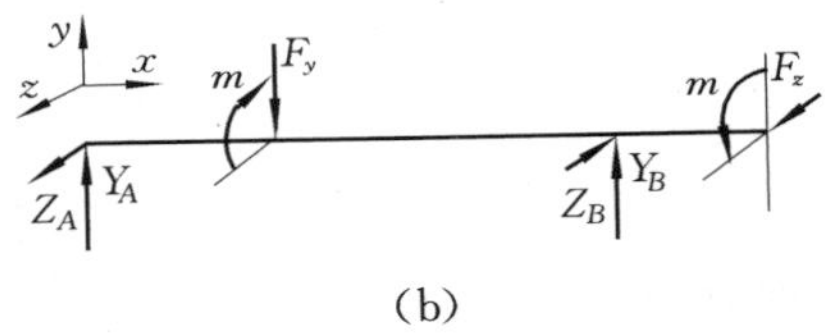

(b)

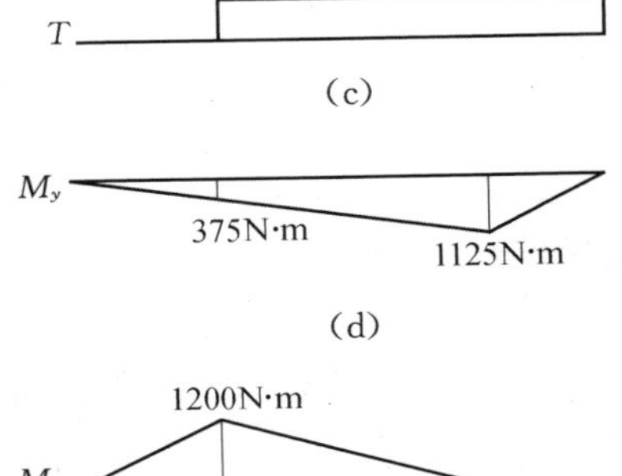

(c)

(d)

(e)

图 14-8

解 (1) 外力分析。将各轮皮带拉力向轴线简化,得如图 14-8(b)所示轴的计算简图。其中,

$$F_y=F_z=F_1+F_2=4500\text{N},\quad m=(F_1-F_2)\frac{D}{2}=450\text{N}\cdot\text{m}$$

不难看出,在 F_z,Z_A,Z_B 作用下,轴在水平面内弯曲;在 F_y,Y_A,Y_B 作用下,轴在铅垂面内弯曲;在 m 作用下轴产生扭转。可见该轴为弯扭组合变形。

(2) 内力分析。根据轴的计算简图可分别作出扭矩图(图 14-8(c))、水平面内的弯矩图(图 14-8(d))和铅垂面内的弯矩图(图 14-8(e))。由各内力图可知,危险截面在 E 轮处。

(3) 强度计算。对于圆截面轴,其截面上相互垂直的弯矩 M_y 和 M_z 可以按矢量合成为一个合成弯矩 M,它引起的弯曲还是平面弯曲,所产生的弯曲正应力仍可按平面弯曲正应力公式计算。由此可知轴为弯扭组合变形。危险截面 E 处的合成弯矩为 $M=\sqrt{M_y^2+M_z^2}$,由第四强度理论,得

$$\sigma_{r4}=\frac{\sqrt{M^2+0.75T^2}}{W}=\frac{32\times\sqrt{M_y^2+M_z^2+0.75T^2}}{\pi d^3}$$

$$=\frac{32\times\sqrt{375^2+1200^2+0.75\times 450^2}}{\pi\times 56^3\times 10^{-9}}=76(\text{MPa})<[\sigma]$$

所以轴的强度足够。

思 考 题

1. 何谓组合变形?怎样求解杆件的组合变形问题?其具体步骤是什么?

2. 试判别如图 14-9 所示构件的 AB,BC 和 CD 杆有哪几种基本变形?

3. 一斜弯曲悬臂梁如图 14-10 所示,力 P 通过右端面形心并与轴线垂直,但不在梁的纵向对称面内。试画出此梁固定端截面上的内力和应力分布,并指出危险点所在的位置,写出它的强度条件。

4. 画出矩形截面杆弯曲与拉伸组合变形时横截面上的应力分布情况;再画出圆轴弯曲与扭转组合变形时横截面上的应力分布。并说明两种情况下,危险点处应力状态的区别。

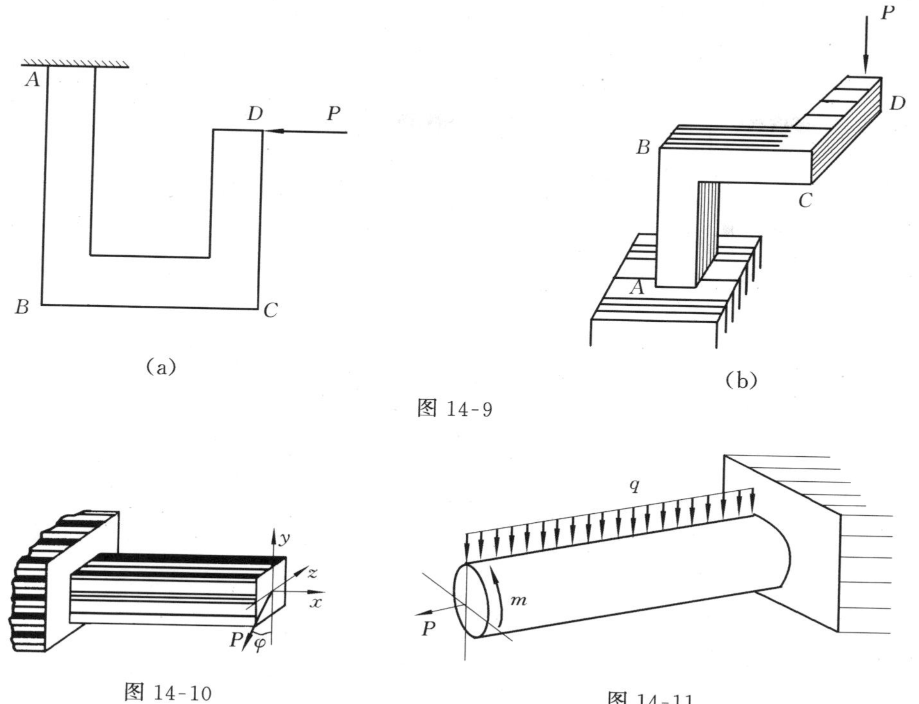

图 14-9

图 14-10

图 14-11

5. 一圆截面悬臂梁如图 14-11 所示，同时受到轴向力、横向力和扭转力偶作用，试指出危险截面和危险点的位置；画出危险点的应力状态；判断下面两个强度条件中哪一个正确？

$$\frac{P}{A}+\sqrt{\left(\frac{M}{W}\right)^{2}+4\left(\frac{m}{W_{p}}\right)^{2}}\leqslant[\sigma],\quad \sqrt{\left(\frac{P}{A}+\frac{M}{W}\right)^{2}+4\left(\frac{m}{W_{p}}\right)^{2}}\leqslant[\sigma]$$

习　　题

1. 如图 14-12 所示构架的立柱 AB 用№25a 工字钢制成。已知 $P=20\text{kN}$，$[\sigma]=160\text{MPa}$，试对立柱 AB 进行强度校核。

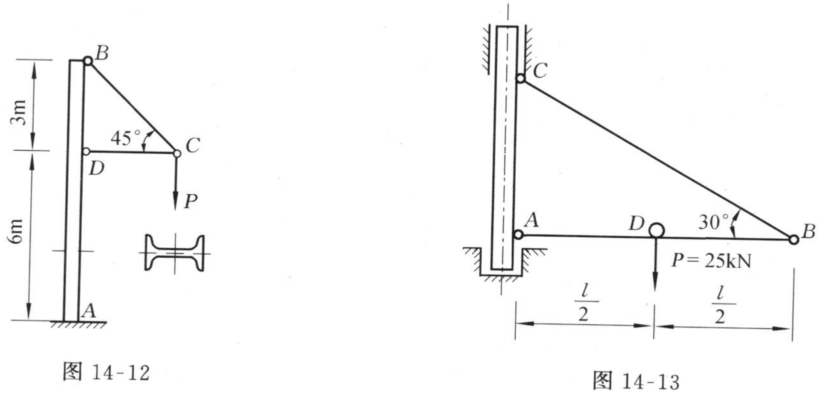

图 14-12

图 14-13

2. 如图 14-13 所示悬臂起重架的梁 AB 为一根№18 工字钢，$l=2.6\text{m}$。试求梁内最大正应力。

3. 试分别求出如图 14-14 所示不等截面杆及等截面杆中的最大正应力，并作比较。

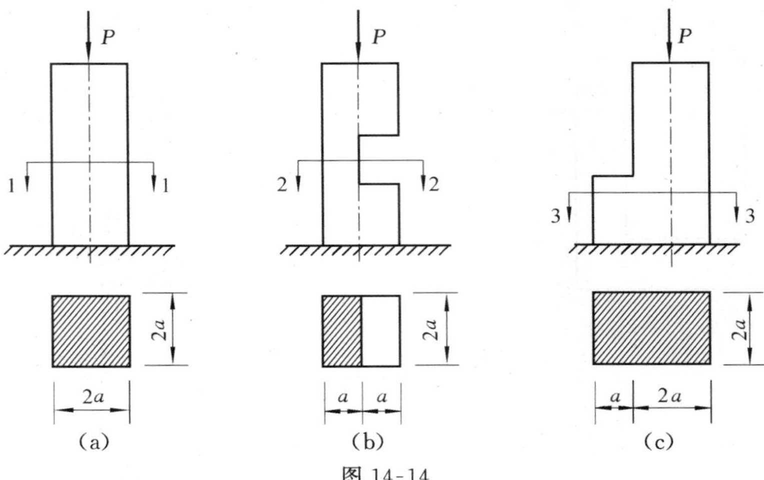

图 14-14

4. 如图 14-15 所示，已知矩形截面杆 $h=200\text{mm}$，$b=100\text{mm}$，$P=20\text{kN}$，试计算最大正应力。

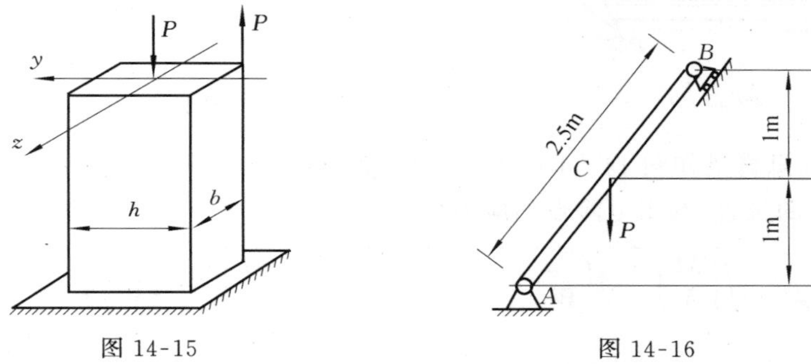

图 14-15　　　图 14-16

5. 如图 14-16 所示，梁的截面为 $100\times100\text{mm}^2$ 的正方形，若 $P=3\text{kN}$，试作轴力图及弯矩图，并求最大拉应力及最大压应力。

6. 如图 14-17 所示，在轴 AB 上装有两轮子，大轮的半径 $R=1\text{m}$，小轮的半径 $r=0.5\text{m}$，作用在轮子上的力有 $P=3\text{kN}$ 和 Q，轴处于平衡状态。若材料的$[\sigma]=60\text{MPa}$，试按第三强度理论选择轴的直径 d。

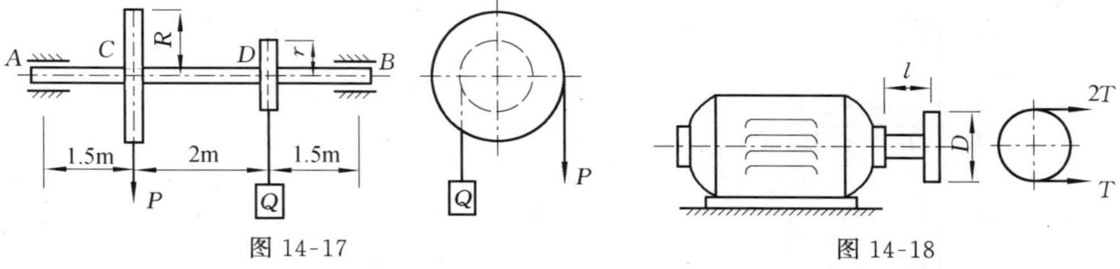

图 14-17　　　图 14-18

7. 如图 14-18 所示，电动机功率为 9kW，转速为 715r/min，皮带轮直径 $D=250\text{mm}$，主轴外伸部分长度 $l=120\text{mm}$，主轴直径 $d=40\text{mm}$。若$[\sigma]=60\text{MPa}$，试按第三强度理论校核此轴强度。

8. 如图 14-19 所示一皮带轮装置，已知皮带张力 $T_1=T_2=1.5\text{kN}$，轮的直径 $D_1=D_2=300\text{mm}$，$D_3=450\text{mm}$，轴的直径 $d=60\text{mm}$，若$[\sigma]=80\text{MPa}$，试按第三强度理论校核此轴强度。

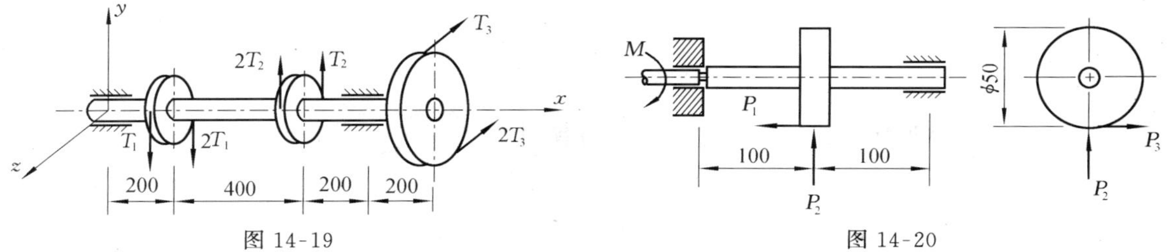

图 14-19　　图 14-20

9. 轴上装有一斜齿轮，其受力简图如图 14-20 所示，$P_1=P_2=650\text{N}$，$P_3=1730\text{N}$。若轴的$[\sigma]=90\text{MPa}$，试按第三强度理论选择轴的直径。

10. 如图 14-21 所示钢制圆截面折杆的直径 $d=60\text{mm}$，A 端固定，C 端承受集中力 $P=2\text{kN}$，$Q=1\text{kN}$ 作用。AB 杆与 BC 杆垂直，P 垂直于 ABC 平面，Q 位于 ABC 平面内，且平行于 AB。材料的许用应力$[\sigma]=150\text{MPa}$。试在不计轴力和考虑轴力两种情况下，按第三强度理论校核杆的强度，并加以比较。

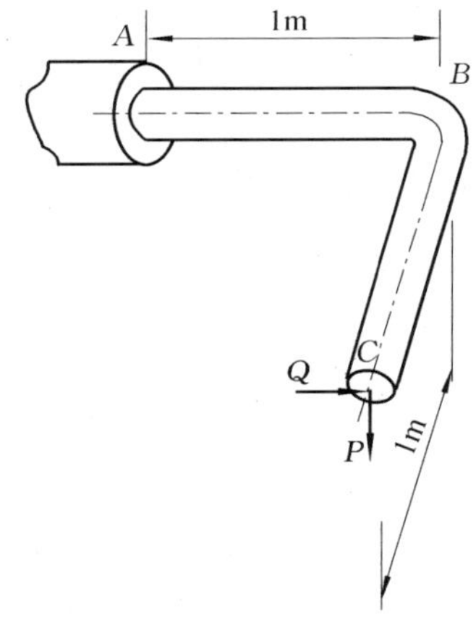

图 14-21

第15章 压杆稳定

15.1 压杆稳定的概念

在第6章所讨论的杆件受压问题中，当应力达到屈服极限或强度极限时，将发生塑性变形或断裂，这种破坏是由于强度不够引起的。实际上，这种现象仅仅对于短粗压杆才是正确的；而对于细长压杆，就不能单纯从强度方面来考虑。例如，有一根截面为矩形的松木杆，截面面积为 $30\times5\text{mm}^2$，其压缩强度极限 $\sigma_b=40\text{MPa}$，受力如图15-1所示。根据实验可知，当杆很短时(高为30mm左右)，将它压坏所需的压力 $P_1=\sigma_b A=6\text{kN}$；但若杆长达1000mm时，则只要 $P_2=27.8\text{N}$ 的压力，就会使杆产生显著的弯曲变形而丧失工作能力。由此可见，细长压杆的承载能力并不取决于轴向压缩时的抗压强度，而是与它受压时的突然变弯有关。两根材料和截面相同的受压杆件，由于杆件长度的不同，其破坏性质将会发生根本的变化。

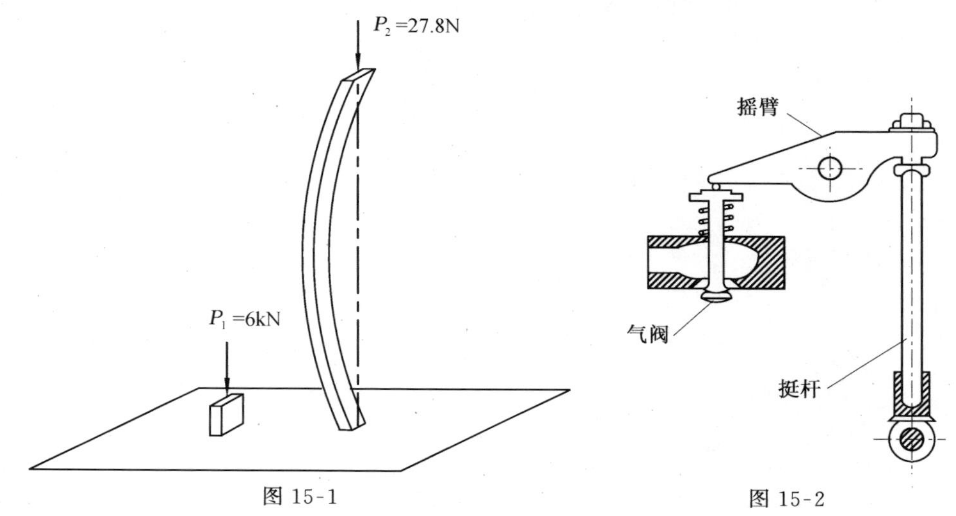

图15-1　　图15-2

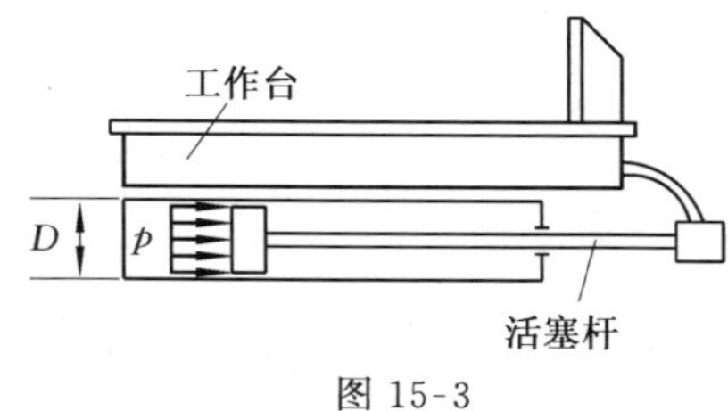

图15-3

在工程结构中有很多受压的细长杆件，开始受压时，轴线为直线，当压力增大到某一极限值时，杆就会被压弯，随着压力的再增加，会发生较大的弯曲变形，最后折断。例如，内燃机配气机构中的挺杆(图15-2)，在它推动摇臂打开气阀时受压力作用；磨床液压装置的活塞杆(图15-3)，当驱动工作台向右移动时，油缸塞上的压力和工作台的阻力使活塞杆受到压缩；桁架中的抗压杆和建筑物中的柱也都是压杆。

现以两端铰支的细长压杆为例来说明这类问题。

如图15-4(a)所示的压杆，设压力作用线与杆轴线重合且逐渐增加，当压力小于某一极限值时，杆件一直保持直线形状的平衡，即使有微小的横向干扰力使其发生轻微弯曲(图15-4(a))，干扰力解除后，它们能恢复直线形状(图15-4(b))。这表明压杆直线形状的平衡是稳定的；当压力逐渐增加到某一极限值时，压杆的直线平衡变为不稳定，若再有微小的横向干扰力使其发生轻微弯曲，干扰力解除后，它将不能恢复原有的直线形状，而保持其曲线形状的平衡(图15-4(c))。上述压力的极限值称为临界压力，记为 P_{cr}。压杆丧失其直线形状的平衡而过渡为曲线平衡的现象，称为丧失稳定，简称失稳。临界压力是能够保持压杆在微弯状态下平衡的最小轴向压力值。

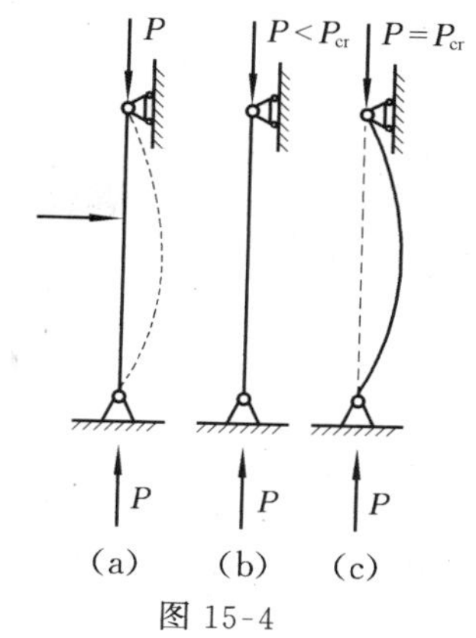

图 15-4

压杆失稳后，压力的微小增加将引起弯曲变形的显著增大，杆件已丧失了承载能力。这是因失稳造成的失效，可以导致整个机器或结构的损坏。但细长压杆失稳时，应力并不一定很高，有时甚至低于比例极限。可见这种形式的失效，并非强度不足，而是稳定性不够。因此，在工程中，有许多较长的压杆常需考虑其稳定性，在设计时，进行稳定计算是非常必要的。

15.2 细长压杆的临界压力

15.2.1 两端铰支压杆的临界压力

判定压杆是否失稳，首先必须求出其临界压力 P_{cr}。压杆的临界压力与压杆两端的支承情况有关，我们先研究两端铰支情况下细长压杆的临界压力。

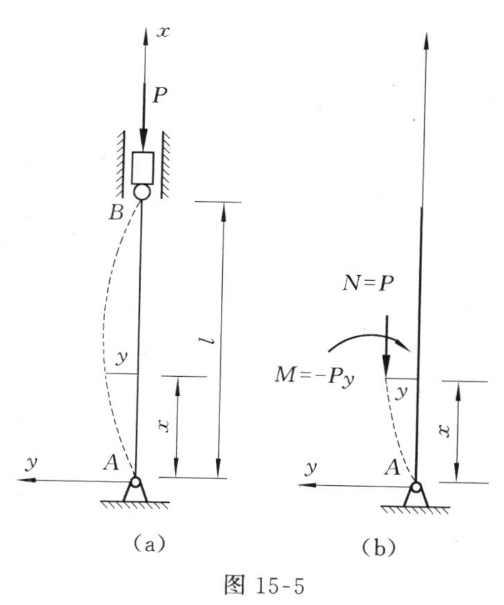

图 15-5

有一长度为 l，两端铰支的压杆 AB，如图 15-5 所示。由于临界压力是使压杆保持在微弯状态下平衡的最小轴向压力，因此，我们可以从压杆在 P 作用下处于微弯状态的挠曲线入手来研究其临界压力。在图 15-5(a)所示的坐标系中，令距杆端为 x 处截面的挠度为 y，则由图 15-5(b)所示，得到弯矩方程为

$$M(x)=-Py(x)$$

上式中的负号表示在所选的坐标系中，y 为正值时 $M(x)$ 为负值，反之 y 为负值时 $M(x)$ 为正值。根据挠曲线近似微分方程，有

$$M(x)=EI\frac{\mathrm{d}^2y}{\mathrm{d}x^2}=-Py$$

令 $k^2=\dfrac{P}{EI}$，则上式可写为

$$\frac{\mathrm{d}^2y}{\mathrm{d}x^2}+k^2y=0 \tag{a}$$

这一微分方程的通解是

$$y=C_1\sin kx+C_2\cos kx \tag{b}$$

其中，C_1，C_2，k 为 3 个待定常数。根据两端支承对位移的限制，只能提供两个边界条件，可见不能完全确定挠度方程。但应用边界条件却可以确定所要求的临界压力的大小。

在 $x=0$ 处，$y=0$；在 $x=l$ 处，$y=0$。将第一个边界条件代入式(b)，可得 $C_2=0$；将第二个边界条件代入式(b)，可得

$$C_1 \sin kl=0, \quad 即 \quad C_1=0 \quad 或 \quad \sin kl=0$$

若取 $C_1=0$，则由式(b)可知 $y=0$，即压杆轴线上各点处的挠度都等于零，表明杆没有弯曲，这与题意不符。因此，只能取 $\sin kl=0$，满足这一条件的 kl 值为

$$kl=n\pi \quad (n=0,1,2,\cdots)$$

由此得到 $k=\sqrt{\dfrac{P}{EI}}=\dfrac{n\pi}{l}$或

$$P=\frac{n^2\pi^2 EI}{l^2} \tag{c}$$

式(c)就是计算两端铰支等截面直杆临界压力的一般表达式。相对于不同的 n 值，临界压力有不同的值。在工程中有意义的是临界压力的最小值，即对应于 $n=1$ 的情形。这是由欧拉最早(1774 年)提出的，所以又称为“欧拉临界压力”，用 P_{cr} 表示：

$$P_{cr}=\frac{\pi^2 EI}{l^2} \tag{15-1}$$

这一表达式称为“欧拉公式”。式中，E 为压杆材料的弹性模量；I 为压杆横截面对中性轴的惯性矩；l 为压杆的长度。

从式(15-1)可以看出，临界压力 P_{cr} 与杆的抗弯刚度 EI 成正比，而与杆长 l 的平方成反比。也就是说，杆愈细长，其临界压力愈小，即愈易于失稳。

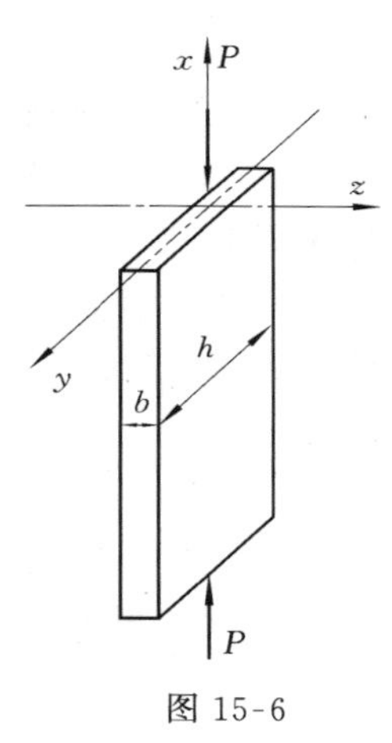

图 15-6

我们从压杆处于微弯状态的挠曲线近似微分方程入手，推导出了两端铰支压杆临界压力的欧拉公式。应该注意，在杆件两端为球形铰链支承的情况下，可认为杆端各个方向的支承情况相同。这时，为了求出压杆失稳时的最小轴向压力，在式(15-1)中，惯性矩 I 应取最小值 I_{min}。因为压杆失稳时，总在抗弯能力最小的纵向平面(最小刚度平面)内弯曲失稳。例如图 15-6 所示的矩形截面压杆，若截面尺寸 $b<h$，则 $I_y<I_z$，这时压杆将在与 y 轴垂直的 x-z 平面内弯曲失稳，因而在应用式(15-1)时，应取 $I_{min}=I_y$。

计算上节所述的细长木压杆的临界压力。可将其近似地视为两端铰支，杆的弹性模量 $E=9\text{GPa}$，且杆长为 1m，最小惯性矩为

$$I_{min}=\frac{3\times 0.5^3}{12}=\frac{1}{32}\text{cm}^4=\frac{10^{-8}}{32}\text{m}^4$$

则由式(15-1)，得

$$P_{cr}=\frac{\pi^2 EI}{l^2}=\frac{\pi^2\times 9\times 10^9\times 10^{-8}}{32\times 1^2}=27.8(\text{N})$$

由上式可知，当轴向压力 P 仅为 27.8N 时，该细长木杆将丧失稳定。

15.2.2 其他支承情况压杆的临界压力

压杆两端除同为铰支座外，还可能有其他支承情况。例如，千斤顶螺杆就是一根压杆(图 15-7)，其下端可简化成固定端，而上端因可与顶起的重物共同作微小的位移，所以简化成自由端。对于这类细长杆，其临界压力公式除可用前述相同的方法推出外，还可以用比较简单的方法求出。设杆件以微弯的形状保持平衡(图 15-8)，现把曲线延伸一倍，如图中虚线所示。比较图 15-5(a)和图 15-8 可见，一端固定，另一端自由且长度为 l 的压杆的挠曲线，与两端铰支，长度为 $2l$ 的压杆的挠曲线的上半部分相同。所以，对于一端固定，另一端自由且长为 l 的压

杆，其临界压力等于两端铰支长为 $2l$ 的压杆的临界压力，即

$$P_{cr}=\frac{\pi^2 EI}{(2l)^2} \tag{15-2}$$

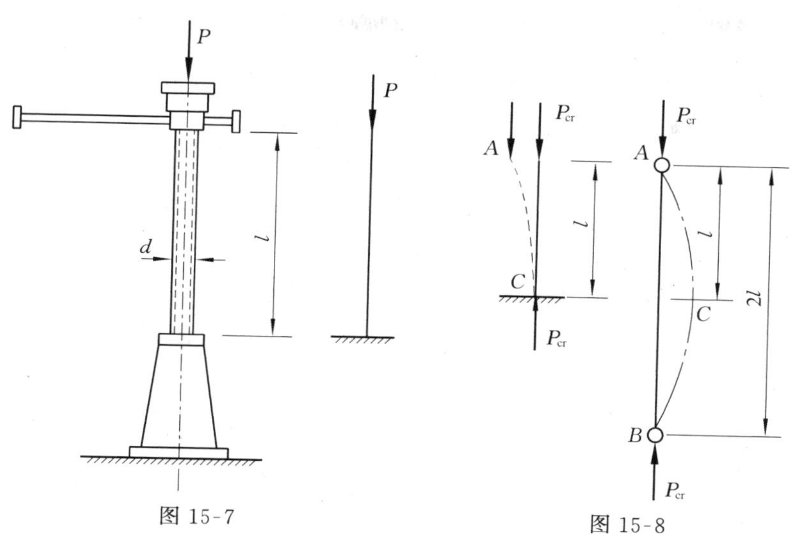

图 15-7　　图 15-8

同理，对于两端为固定支座的压杆，其挠曲线的形状如图 15-9 所示。距两端各为 $\frac{l}{4}$ 的 C，D 两点的弯矩等于零，因而可以把这两点看做铰链，把长为 $0.5l$ 的中间部分 CD 视为两端铰支的压杆。所以它的临界压力仍可用式(15-1)计算，只是把该式中的 l 改成现在的 $0.5l$，得到

$$P_{cr}=\frac{\pi^2 EI}{(0.5l)^2} \tag{15-3}$$

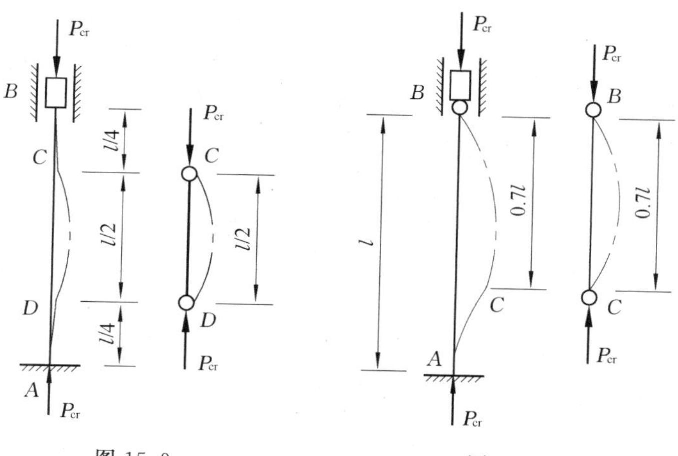

图 15-9　　图 15-10

对一端固定、另一端为铰支座的细长压杆，失稳后，其挠曲线如图 15.10 所示。对于这种情况，可近似地把长为 $0.7l$ 的 BC 部分视为两端铰支压杆，于是仍可用式(15-1)计算，只是把该式中的 l 改成现在的 $0.7l$，得到

$$P_{cr}=\frac{\pi^2 EI}{(0.7l)^2} \tag{15-4}$$

式(15-1)、式(15-2)、式(15-3)和式(15-4)可以统一写成

$$P_{cr}=\frac{\pi^2 EI}{(\mu l)^2} \tag{15-5}$$

这是欧拉公式的普遍形式。式中,μl 称为相当长度,μ 称为长度系数。现把上述4种情况下的长度系数 μ 列表(见表15-1)。

表 15-1 压杆的长度系数 μ

压杆的约束条件	两端铰支	一端固定 一端自由	两端固定	一端固定 一端铰支
长度系数 μ	1	2	0.5	0.7

以上所讨论的杆端约束都是经过简化后的理想约束情况。在实际工程中,杆端约束情况往往很复杂,有时很难简单地将其归结为哪一种理想约束。因而,长度系数 μ 就会有不同的值,这些值可从有关的设计手册或规范中查到。

例 15.1 两端铰支压杆受力如图15-11所示。杆的直径 $d=40\text{mm}$,长度 $l=2\text{m}$,材料为A3钢,$E=206\text{GPa}$。求压杆的临界压力 P_{cr}。

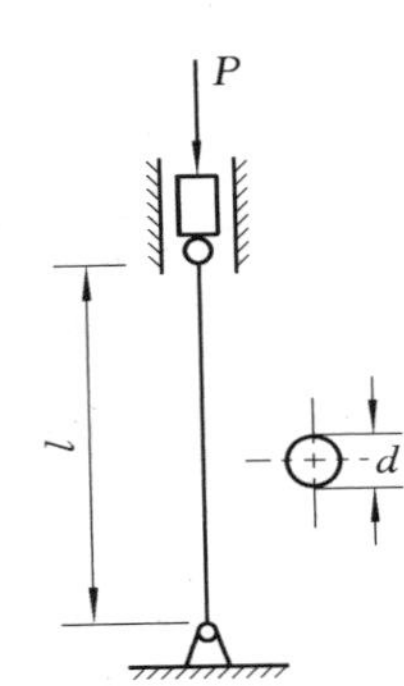

图 15-11

解 根据欧拉公式,且 $\mu=1, I=\frac{\pi d^4}{64}$,所以,

$$P_{cr}=\frac{\pi^2 EI}{(\mu l)^2}=\frac{\pi^3\times 206\times 10^9\times 40^4\times 10^{-12}}{64\times(1\times 2)^2}=63.9(\text{kN})$$

在这一临界压力作用下,压杆在直线平衡位置时,横截面上的应力为50.8MPa。此值远小于A3钢的比例极限 $\sigma_p=200\text{MPa}$。这表明压杆仍处于线弹性范围内。

例15.1中若压杆长度 $l=0.5\text{m}$,这时能否应用欧拉公式计算临界压力呢？这是个有趣且有意义的问题。假设仍可用欧拉公式计算临界压力,即

$$P_{cr}=\frac{\pi^3\times 206\times 10^9\times 40^4\times 10^{-12}}{64\times(1\times 0.5)^2}=1022(\text{kN})$$

这时压杆若在直线平衡形式下,横截面上的应力应为813MPa。它不仅超过A3钢的比例极限,而且超过屈服极限 $\sigma_s=235\text{MPa}$。这表明压杆已进入非弹性状态,因而不能用欧拉公式计算其临界压力,$P_{cr}=1022\text{kN}$ 的结果是不正确的。对于不同的压杆,怎样判断欧拉公式的适用范围,将是下一节要讨论的问题。

15.3 欧拉公式的适用范围

15.3.1 临界应力

处理工程问题时,习惯上常常用应力进行计算。压杆在临界压力作用下,其横截面上的平均应力称为压杆的临界应力,用 σ_{cr} 表示,即

$$\sigma_{cr}=\frac{P_{cr}}{A}=\frac{\pi^2 EI}{(\mu l)^2 A} \tag{15-6}$$

15.3.2 柔度

式(15-6)中的 I 及面积 A 都是反映截面图形几何性质的量,在工程计算中,常用另一个量来代替这二者的综合,即

$$i_y=\sqrt{\frac{I_y}{A}},\quad i_z=\sqrt{\frac{I_z}{A}}$$

i_y 和 i_z 分别为截面图形对于 y 轴和 z 轴的惯性半径。各种图形的惯性半径与图形尺寸的关系可由上式求得；各种型钢截面对于某一轴的惯性半径可自型钢表中查到。

将 $I=i^2A$ 代入式(15-6)，得

$$\sigma_{cr}=\frac{\pi^2Ei^2}{(\mu l)^2} \tag{15-7}$$

式中，相当长度 μl 及截面惯性半径 i 都是反映压杆几何性质的量，可以合并，通常取

$$\lambda=\frac{\mu l}{i} \tag{15-8}$$

将式(15-8)代入式(15-7)，得

$$\sigma_{cr}=\frac{\pi^2E}{\lambda^2} \tag{15-9}$$

这是欧拉公式的另一种表达式。

λ 称为压杆的柔度，又叫长细比，是一个无量纲的量。柔度 λ 反映了杆端约束情况以及压杆长度，截面形状和尺寸对临界应力的综合影响。如压杆愈细长，其柔度 λ 愈大，压杆的临界应力愈小，说明压杆容易失稳；反之，若为短粗杆，其柔度 λ 愈小，临界应力则较大，压杆就不容易失稳。所以柔度 λ 是压杆稳定计算中的一个重要参数。

15.3.3 三种柔度压杆的临界应力

根据柔度的大小，可将压杆分为三类。

1. 大柔度杆

式(15-5)和式(15-9)均是欧拉公式的表达式，两者并无实质的差别。欧拉公式是由弯曲变形的微分方程 $\frac{d^2y}{dx^2}=\frac{M}{EI}$ 导出的，而材料服从胡克定律是上述微分方程的基础，所以只有临界应力小于比例极限 σ_p，式(15-5)和式(15-9)才是正确的，即

$$\sigma_{cr}=\frac{\pi^2E}{\lambda^2}\leqslant\sigma_p$$

由此得到弹性屈曲时的柔度必须满足：

$$\lambda\geqslant\sqrt{\frac{\pi^2E}{\sigma_p}}=\lambda_p \tag{15-10}$$

对于不同的材料，由于 E，σ_p 各不相同，λ_p 的数值也不相同。一旦给定了 E 和 σ_p，即可确定 λ_p。例如，对于 A3 钢，$E=206\text{GPa}$，$\sigma_p=200\text{MPa}$，由式(15-10)算得 $\lambda_p=101$。我们把柔度大于 λ_p 的压杆称为大柔度杆或细长杆。这类压杆将发生弹性屈曲，其临界应力按式(15-9)计算。

2. 中柔度杆

若压杆的柔度 λ 小于 λ_p，则临界应力 σ_{cr} 大于材料的比例极限 σ_p，这时欧拉公式就不能使用，此类问题属于超过比例极限的压杆稳定问题。这类压杆也会发生屈曲，但屈曲时其横截面上的应力已经超过比例极限，故为“弹塑性屈曲”。目前，在工程设计中多采用经验公式。当 $\lambda_s\leqslant\lambda\leqslant\lambda_p$ 时，有

$$\sigma_{cr}=a-b\lambda \tag{15-11}$$

式中，a，b 为与材料有关的常数，表 15-2 中列出了几种常用材料的 a，b 值；λ_s 为屈服极限 σ_s 对应下的相应柔度，即

$$\lambda_s = \frac{a - \sigma_s}{b} \tag{15-12}$$

对于 A3 钢，$\sigma_s = 235\text{MPa}$，$a = 304\text{MPa}$，$b = 1.12\text{MPa}$。代入式(15-12)后得 $\lambda_s = 61.6$。所以对 A3 钢制成的压杆，若柔度在 61.6～101 之间的，可用式(15-11)求其临界应力。这类压杆称为中柔度杆。

表 15-2　常用材料的 a，b 及 λ_p，λ_s 值

材 料	a/MPa	b/MPa	λ_p	λ_s
A3、10、25 钢	304	1.12	101	61.6
35 钢	461	2.568	100	60
45、55 钢	578	3.744	100	60
铸 铁	332.2	1.454	80	
松 木	28.7	0.19	110	40

3. 小柔度杆

当杆的柔度 $\lambda < \lambda_s$ 时，称为小柔度杆或短粗杆。对于 A3 钢来说，小柔度杆的 λ 在 0～61.6 之间。实验证明，这种压杆当应力达到屈服极限 σ_s 时而破坏，破坏时很难观察到失稳现象。这说明此类杆件是由于强度不足而破坏的，一般不发生屈曲，而可能发生屈服或断裂。应以屈服极限 σ_s 作为其极限应力，进行强度计算。其临界应力为

$$\sigma_{cr} = \sigma_s \quad （塑性材料） \tag{15-13}$$

$$\sigma_{cr} = \sigma_b \quad （脆性材料） \tag{15-14}$$

15.3.4　临界应力总图

对上述 3 种不同柔度的压杆，根据式(15-9)、式(15-11)和式(15-13)，可在 λ-σ_{cr} 坐标系中画出曲线，称为临界应力总图，如图 15-12 所示。显然，压杆的临界应力 σ_{cr} 随柔度 λ 的增大而减小。曲线 CB 段、斜直线 DC 段、直线 ED 段分别表示大柔度杆、中柔度杆、小柔度杆的临界应力与柔度 λ 的关系曲线。

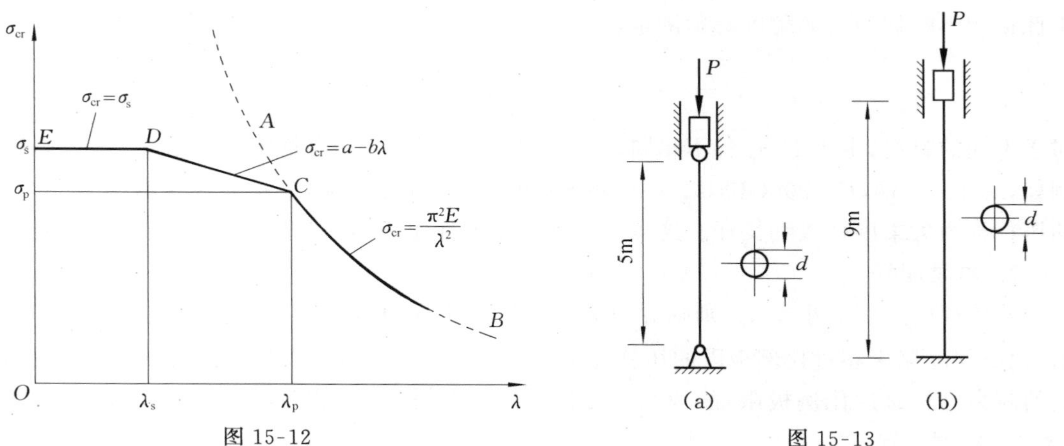

图 15-12　　图 15-13

在应用欧拉公式或经验公式计算压杆的临界应力时，都是以杆件的整体变形为基础的。

局部削弱（如螺钉孔）对杆件的整体变形影响很小，所以计算临界应力时，可采用未经削弱的横截面面积和惯性矩。但对于小柔度杆作压缩强度计算时，应该用削弱后的横截面面积。

例 15.2 图 15-13 所示的两根压杆，其直径均为 d，材料都是 A3 钢，但二者的长度和约束都不相同。

(1) 分析哪一根杆的临界力较大；

(2) 若 $d=160\text{mm}$，$E=205\text{GPa}$，计算二杆的临界力。

解 (1) 先计算柔度，判断哪一根压杆的临界力较大。二者均为圆截面，且直径为 d，故

$$i=\sqrt{\frac{\pi d^4/64}{\pi d^2/4}}=\frac{d}{4}$$

因二者的长度和约束条件各不相同，所以柔度不一定相等。对于图 15-13(a)所示的压杆，因为两端铰支约束，故 $\mu=1$。于是，

$$\lambda=\frac{\mu l}{i}=\frac{1\times 5}{d/4}=\frac{20}{d} \tag{a}$$

对于图 15-13(b)中的压杆，因为两端为固定端支座，故 $\mu=0.5$。于是，

$$\lambda=\frac{0.5\times 9}{d/4}=\frac{18}{d} \tag{b}$$

比较式(a)与式(b)，两端固定压杆的柔度小，应具有较高的临界压力，因此不难看出支承条件对临界压力的影响。

(2) 计算给定参数下压杆的临界力。对于两端铰支的压杆，由式(a)有

$$\lambda=\frac{20}{160\times 10^{-3}}=125>\lambda_p=101$$

可知其属于大柔度杆，可用欧拉公式计算临界力，即

$$P_{cr}=\sigma_{cr}A=\frac{\pi^2 EA}{\lambda^2}=\frac{\pi^3\times 205\times 10^9\times 160^2\times 10^{-6}}{4\times 125^2}=2.6\times 10^3(\text{kN})$$

对于两端固定的压杆，由式(b)有

$$\lambda=\frac{18}{160\times 10^{-3}}=112.5>\lambda_p=101$$

因为是 A3 钢，所以也属于细长杆。由欧拉公式，得

$$P_{cr}=\frac{\pi^2 EA}{\lambda^2}=\frac{\pi^3\times 205\times 10^9\times 160^2\times 10^{-6}}{4\times 112.5^2}=3.21\times 10^3(\text{kN})$$

例 15.3 图 15-14 所示的两根压杆均是长度为 7m、横截面面积为 $12\times 20\text{cm}^2$ 的矩形木柱。其支承情况是：在最大刚度平面内弯曲时为两端铰支(图 15-14(a))，在最小刚度平面内弯曲时为两端固定(图 15-14(b))，木材的弹性模量 $E=10\text{GPa}$，$\lambda_p=110$。试求木柱的临界力和临界应力。

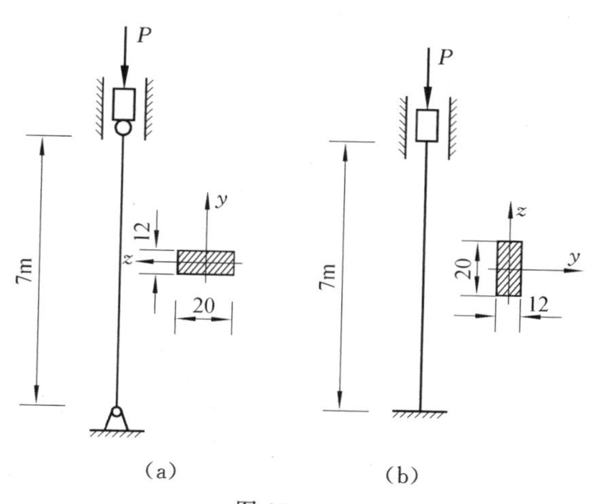

图 15-14

解 由于木柱在最大和最小刚度平面内的支承情况不同，所以需分别计算其临界力和临界应力。

(1) 计算最大刚度平面内的临界力和临界应力。考虑木柱在最大刚度平面内失稳时，如图 15-14(a)所示，截面对 y 轴的惯性矩和惯性半径分别为

$$I_y=\frac{12\times 20^3}{12}=8000(\text{cm}^4)$$

$$i_y=\sqrt{\frac{I_y}{A}}=\sqrt{\frac{8000}{12\times 20}}=5.77(\text{cm})$$

对两端铰支的支承情况，长度系数 $\mu=1$，由式(15-8)可算出其柔度为

$$\lambda_y=\frac{\mu l}{i_y}=\frac{1\times7}{5.77\times10^{-2}}=121.3>\lambda_p=110$$

因柔度大于 λ_p，应该用欧拉公式计算临界力：

$$P_{cr}=\frac{\pi^2 EI_y}{(\mu l)^2}=\frac{\pi^2\times10\times10^9\times8000\times10^{-8}}{(1\times7)^2}=161(\text{kN})$$

再由式(15-9)计算其临界应力，得

$$\sigma_{cr}=\frac{\pi^2 E}{\lambda_y^2}=\frac{\pi^2\times10\times10^9}{121.3^2}=6.71(\text{MPa})$$

(2) 计算最小刚度平面内的临界力和临界应力。如图 15-14(b)所示，截面对 z 轴的惯性矩和惯性半径分别是

$$I_z=\frac{20\times12^3}{12}=2880(\text{cm}^4),\quad i_z=\sqrt{\frac{I_z}{A}}=\sqrt{\frac{2880}{12\times20}}=3.46(\text{cm})$$

对于两端固定的支承情况，长度系数 $\mu=0.5$，由式(15-8)可算出其柔度：

$$\lambda_z=\frac{\mu l}{i_z}=\frac{0.5\times7}{3.46\times10^{-2}}=101.2<\lambda_p=110$$

在此平面内弯曲时，柱的柔度小于 λ_p，应该采用经验公式计算临界应力。

由表 15-2 查得，对于木材(松木)，$a=28.7\text{MPa}$，$b=0.19\text{MPa}$。利用式(15-11)，得

$$\sigma_{cr}=a-b\lambda=28.7-0.19\times101.2=9.5(\text{MPa})$$

其临界力为

$$P_{cr}=\sigma_{cr}A=9.5\times10^6\times0.12\times0.2=228(\text{kN})$$

比较上述结果可知，第一种情形的临界力和临界应力都较小，所以木柱失稳时将在最大刚度平面内产生弯曲。此例说明，杆在最小还是在最大刚度平面内失稳，必须经过具体计算后才能确定。

15.4 压杆稳定计算

对于工程实际中的压杆，除了强度方面的考虑，在设计中还必须考虑稳定的问题。为此应使压杆所承受的轴向压力 P 小于其临界压力。同时，为了安全，还要考虑一定的安全系数，使压杆具有足够的稳定性。因此压杆的稳定条件可表示为

$$P\leqslant\frac{P_{cr}}{n_{st}}\tag{15-15}$$

式中，P 为压杆的工作压力；P_{cr} 为压杆的临界压力；n_{st} 为规定的稳定安全系数。

压杆失稳大都具有突发性，危害较大，故通常规定的稳定安全系数都大于强度安全系数。为了保证充分的安全度，柔度较大的压杆，稳定安全系数相应要增大。在工程中也常用

$$n_w=\frac{P_{cr}}{P_{max}}\geqslant n_{st}\tag{15-16}$$

作为压杆安全工作的条件。式中，n_w 为工作安全系数；P_{max} 为最大工作压力。

例 15.4 氧气压缩机的活塞杆由 35 号钢制成，$\sigma_s=350\text{MPa}$，$\sigma_p=280\text{MPa}$，$E=210\text{GPa}$，活塞杆长度 $l=703\text{mm}$，直径 $d=45\text{mm}$，最大压力 $P_{max}=41.6\text{kN}$。规定的稳定安全系数为 $n_{st}=8\sim10$。试校核杆的稳定性。

解 由式(15-10)求出

$$\lambda_p=\sqrt{\frac{\pi^2 E}{\sigma_p}}=\sqrt{\frac{\pi^2\times210\times10^9}{280\times10^6}}=86$$

活塞杆可简化成两端铰支的压杆，所以 $\mu=1$，活塞杆的截面为圆形，$i=d/4$，故柔度为

$$\lambda=\frac{ul}{i}=\frac{1\times703\times4}{45}=62.5<\lambda_p$$

所以不能用欧拉公式计算临界应力。如使用经验公式，由表 15-2 查得 35 号钢的 a 和 b 分别是：$a=461\text{MPa}$，$b=2.568\text{MPa}$。由式(15-12)求出

$$\lambda_s=\frac{a-\sigma_s}{b}=\frac{461-350}{2.568}=43.2$$

可见活塞杆的柔度 λ 介于 λ_p 和 λ_s 之间，是中柔度压杆。由式(15-11)求出临界应力为

$$\sigma_{cr}=a-b\lambda=461-2.568\times62.5=301(\text{MPa})$$

从而求得临界压力为

$$P_{cr}=\sigma_{cr}A=301\times10^6\times\frac{\pi\times45^2\times10^{-6}}{4}=478.7(\text{kN})$$

活塞杆的工作安全系数为

$$n_w=\frac{P_{cr}}{P_{max}}=\frac{478.7}{41.6}=11.5>n_{st}$$

所以满足稳定性要求。

例 15.5 如图 15-15 所示 16 号工字钢立柱的高度 $l=1800\text{mm}$，两端支承条件界于铰链支座和固定支座之间，取长度系数 $\mu=0.7$，在工字钢腹板部分开方形孔，尺寸为 $80\times80\text{mm}^2$。立柱受轴向压力 $P=300\text{kN}$，若已知材料为 A3 钢，$[\sigma]=150\text{MPa}$，稳定安全系数 $n_{st}=1.8$，试问立柱是否安全？

解 (1) 立柱稳定性校核。压杆稳定性是由其整体变形所决定的，局部的削弱对整体的影响甚小，所以在稳定性校核过程中，可以不考虑压杆截面的局部削弱。立柱在两个方向的支承条件相同，所以压杆失稳将发生在绕 z 轴弯曲的方向。由型钢表可以查得，№16 工字钢截面面积 $A=26.1\text{cm}^2$，惯性半径 $i_z=1.89\ \text{cm}$，则立柱的柔度为

$$\lambda_z=\frac{\mu l}{i_z}=\frac{0.7\times1800}{18.9}=66.7$$

对于 A3 钢来说，$\lambda_p=101$，$\lambda_s=61.6$，$\lambda_s<\lambda<\lambda_p$，故立柱属于中柔度杆。用经验公式求临界应力

$$\sigma_{cr}=a-b\lambda=304-1.12\times66.7=229.3(\text{MPa})$$

则临界压力为

$$P_{cr}=\sigma_{cr}A=229.3\times10^6\times26.1\times10^{-4}=598.4(\text{kN})$$

立柱工作安全系数为

$$n_w=\frac{P_{cr}}{P}=\frac{598.4}{300}=1.99>n_{st}=1.8$$

所以立柱满足稳定性要求。

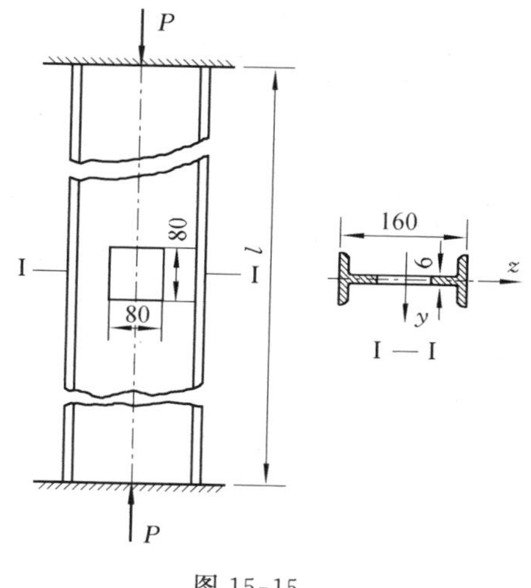

图 15-15

(2) 立柱强度校核。立柱由于局部开孔，截面被削弱。对于被削弱的截面 I-I，有必要作强度计算。

$$\sigma_{\text{I-I}}=\frac{P}{A_{\text{I-I}}}=\frac{300\times10^3}{26.1\times10^{-4}-80\times6\times10^{-6}}=141(\text{MPa})<[\sigma]=150(\text{MPa})$$

立柱同时满足强度要求，因此是安全的。

例 15.6 图 15-16 所示结构中，梁 AB 为№14 普通热轧工字钢，支承柱 CD 的直径 $d=20\text{mm}$，二者的材料均为 A3 钢。结构受力如图所示，A,C,D 三处均为球铰约束。已知 $P=25\text{kN}$，$l_1=1.25\text{m}$，$l_2=0.55\text{m}$，$E=206\text{GPa}$。规定稳定安全系数 $n_{st}=2$，梁的许用应力$[\sigma]=160\text{MPa}$，试校核此结构是否安全。

解 此结构中，梁 AB 承受拉伸弯曲的组合作用，属于强度问题；支承柱 CD 承受压力，属于稳定问题。现分别校核。

(1) 梁 AB 的强度校核。梁 AB 在 C 处弯矩最大，故为危险截面，其上弯矩和轴向力分别为

$$M_{\max}=Pl_1\sin30°=25\times10^3\times1.25\times0.5=15.63(\text{kN}\cdot\text{m})$$

$$N=P\cos30°=25\times0.866=21.65(\text{kN})$$

由型钢表查得№14 普通热轧工字钢的几何性质 $W_y=102\times10^{-6}\text{m}^3$，$A=21.5\times10^{-4}\text{m}^2$，于是得

$$\sigma_{\max}=\frac{M_{\max}}{W_y}+\frac{N}{A}=\frac{15.63\times10^3}{102\times10^{-6}}+\frac{21.65\times10^3}{21.5\times10^{-4}}=163(\text{MPa})$$

此值略大于[σ]，但不超过 5%，所以仍认为梁是安全的。

(2) 压杆 CD 的稳定校核。由平衡条件求得 CD 杆的受力：

$$N_{CD}=2P\sin30°=P=25\text{kN}$$

因为是圆截面，$i_y=\frac{d}{4}=\frac{20}{4}=5\text{mm}$；又因为两端均为球铰约束，$\mu=1$，所以有

$$\lambda=\frac{\mu l}{i_y}=\frac{1\times0.55}{5\times10^{-3}}=110>\lambda_{\text{p}}=101$$

此杆属于大柔度杆，故可用欧拉公式计算临界压力：

$$P_{\text{cr}}=\sigma_{\text{cr}}A=\frac{\pi^2E}{\lambda^2}\ \frac{\pi\text{d}^2}{4}=\frac{\pi^3\times206\times10^9\times20^2\times10^{-6}}{4\times110^2}=52.8(\text{kN})$$

据此，压杆工作时的安全系数为

$$n_{\text{w}}=\frac{P_{\text{cr}}}{N_{CD}}=\frac{52.8}{25}=2.11>n_{\text{st}}=2$$

故 CD 杆的稳定性满足要求。

综上所述，结构是安全的。

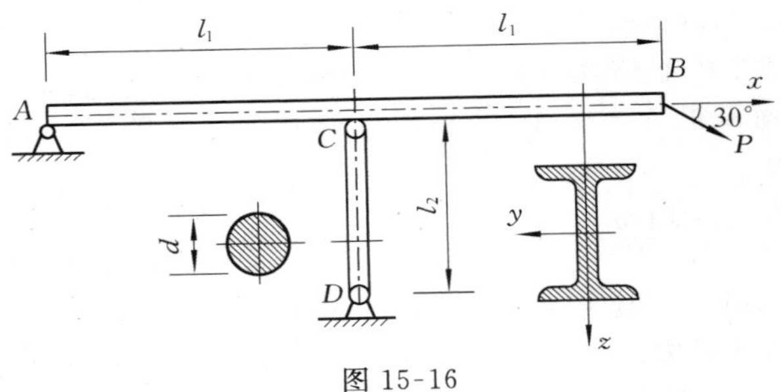

图 15-16

15.5 提高压杆稳定性的措施

由以上各节的讨论可知，受压杆的稳定问题确实对工程有着很大的影响。影响压杆稳定的因素有很多，为了提高压杆的承载能力，就必须综合考虑杆件长度、杆端支承情况、截面的合理性以及材料性能等多方面的因素。

15.5.1 选择合理的截面形状

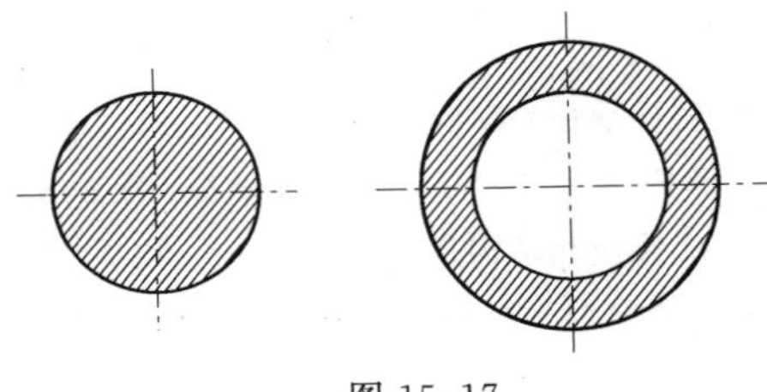

图 15-17

由大柔度杆和中柔度杆的临界应力公式可知，两类压杆临界应力的大小均和柔度 λ 有关，柔度越小，则临界应力越高，压杆抵抗失稳的能力越强。压杆的柔度为 $\lambda=\frac{\mu l}{i}=\mu l\sqrt{\frac{A}{I}}$，对于一定长度和支承方式的压杆，在面积一定的前提下，应尽可能使材料远离截面形

心，以加大惯性矩，从而减小压杆的柔度。如图 15-17 所示，采用空心的圆环形截面将比实心的圆截面更为合理。但这时要注意，若为薄壁圆筒，则其壁厚不能过薄，要有一定的限制，以防止圆筒出现局部失稳的现象。

同理，由 4 根角钢组成的起重臂（图 15-18(a)），其 4 根角钢分散放置在截面的四角（图 15-18(b)），而不是集中地放置在截面形心附近（图 15-18(c)）。一般应尽可能使截面的两个惯性矩相等，即 $I_y=I_z$，这可使压杆在各纵向平面内有相同或接近相同的稳定性。显然，在图 15-19 中，图(b)比图(a)更能满足这一要求。

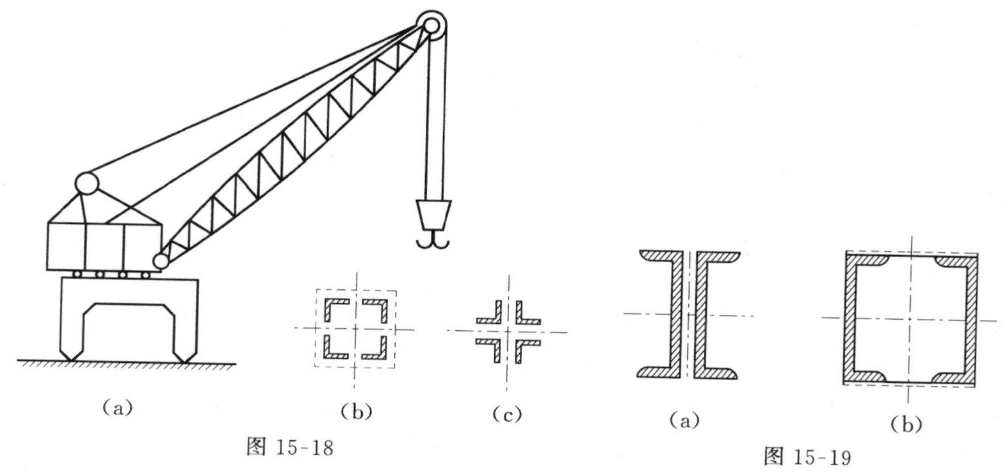

图 15-18　　图 15-19

另外，在实际工程中，也有一类压杆，在两个互相垂直的纵向平面内，其支承情况或相当长度 μl 并不相同。例如，发动机的连杆，在摆动平面内，两端可简化为铰支座（图 15-20(a)），$\mu=1$；而在垂直于摆动平面的平面内，两端可简化为固定端（图 15-20(b)），$\mu=0.5$。这就相应要求连杆截面对两互相垂直轴的惯性矩也不相同。理想的设计是使压杆在两个纵向平面内的柔度相同，即 $\lambda_y=\lambda_z$。这样，连杆在两个互相垂直的平面内仍然有接近相等的稳定性。

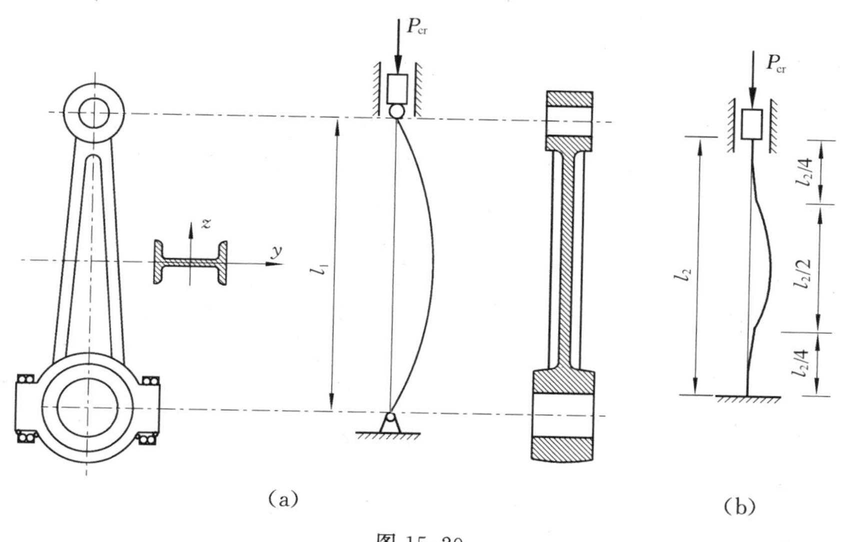

图 15-20

15.5.2 减小压杆的支承长度，改善杆端的约束

由前述大柔度杆和中柔度杆的临界应力公式可知，随着压杆长度的增加，其柔度λ增加而临界应力σ_{cr}减小。因此，在条件允许时，应尽可能减小压杆的长度，或者在压杆的中间增设支座，以提高压杆的稳定性。如图 15-21 所示无缝钢管的穿孔机，如在顶杆的中间增加一个抱辊装置，则可提高顶杆的稳定性，从而增加顶杆的穿孔力 P。

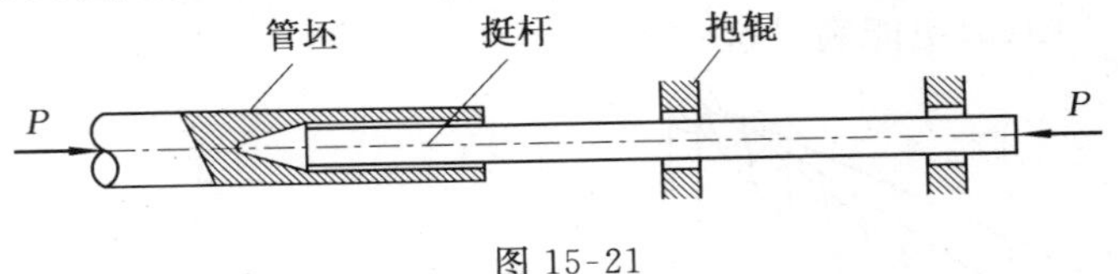

图 15-21

15.5.3 合理选择材料

细长压杆($\lambda>\lambda_p$)的临界压力由欧拉公式计算，故临界压力的值与材料的弹性模量 E 有关，选用 E 值较大的材料，可以提高细长压杆的临界应力。但这时应注意，就钢材而言，各种钢材的 E 值大致相同，约在 200～210GPa 左右，即使选高强度钢，其 E 值也增大不多。所以对大柔度杆而言，选用高强度钢是不必要的。但是，对中柔度杆，情况就有所不同。由实验可知，其破坏既有失稳现象，也有强度不足的因素。另外，在直线经验公式的系数 a 和 b 中，优质钢的 a 值较高。由此可知，中柔度杆的临界应力与材料的强度有关，强度越高的材料，临界应力也越高。所以，对中柔度压杆选用高强度钢，将有利于提高压杆的稳定性。

最后指出，对于受压杆件，除了可以采取上述几方面的措施以提高其稳定性外，在可能的条件下，还可以从结构方面采取相应的措施。例如，将结构中比较细长的压杆转换成拉杆，这样，就可从根本上避免失稳问题。例如图 15-22 所示的托架，在可能的条件下，在不影响结构的承载能力时，若将图(a)所示的结构换成图(b)所示的结构，则 AB 杆由承受压力变为承受拉力，从而避免了压杆的失稳问题。

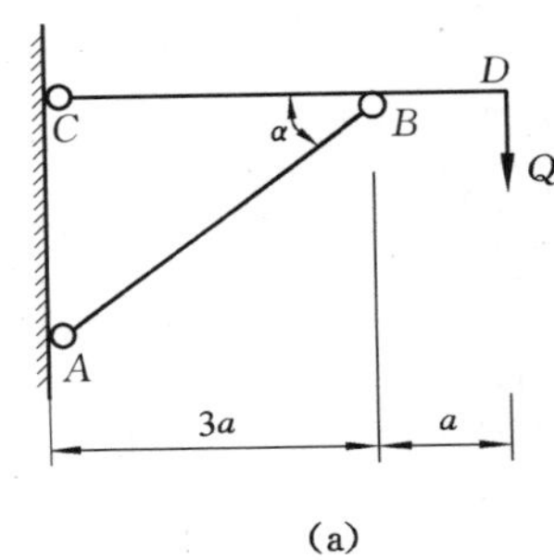

(a)

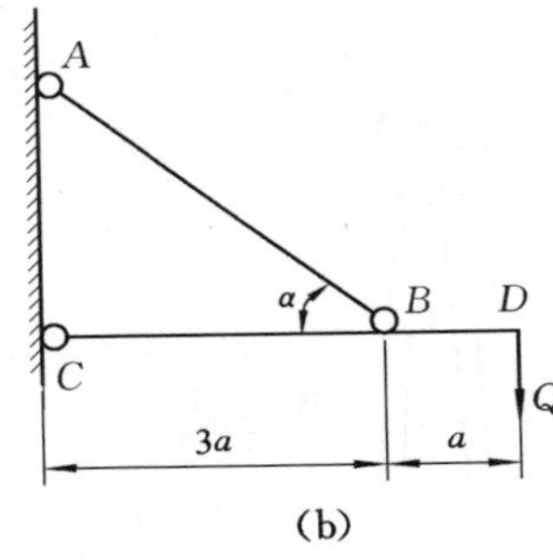

(b)

图 15-22

思 考 题

1. 如何区别压杆的稳定平衡和不稳定平衡？

2. 欧拉临界力公式是如何确定的？应用该公式的条件是什么？

3. 一压杆如图 15-23 所示，若考虑它在平面内失稳，问在计算临界力 P_{cr}时，应该用对哪一根轴的惯性矩和惯性半径？

4. 如何区分大、中、小柔度杆？应如何确定它们的临界应力？

5. 压杆的稳定条件与强度条件有何不同？

6. 提高压杆的稳定性有哪些措施？

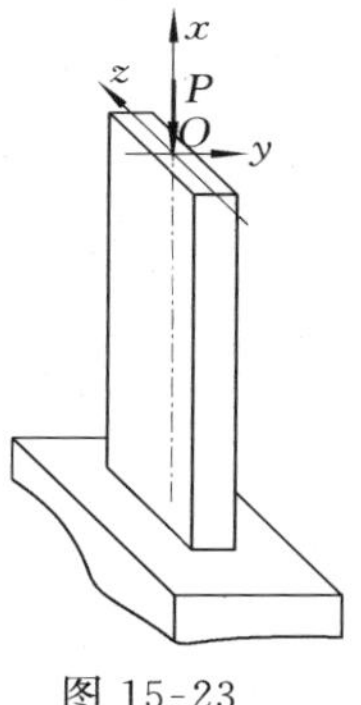

图 15-23

习　　题

1. 图 15-24 所示细长压杆均为圆杆，直径 d 均相同，材料都是 A3 钢，$E=200\text{GPa}$。图(a)为两端铰支，图(b)为一端固定，另一端铰支，图(c)为两端固定。试判别哪种情况的临界力最大、哪种其次、哪种最小？若圆杆直径 $d=16\text{cm}$，试求最大的临界力 P_{cr}。

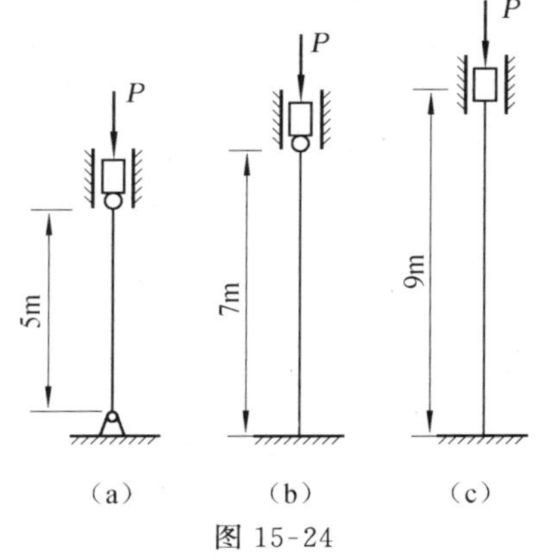

图 15-24

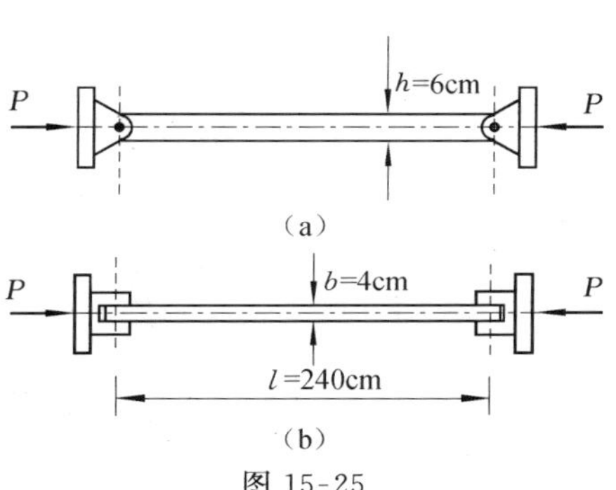

图 15-25

2. 图 15-25 所示压杆的材料为 A3 钢，其 $E=210\text{GPa}$，在正视图(a)的平面内两端为铰支，在俯视图(b)的平面内两端为固定，试求此压杆的临界力。

3. 托架如图 15-26 所示，AB 杆的直径 $d=4\text{cm}$，长度 $l=80\text{cm}$，两端铰支，材料是 A3 钢。

(1) 试根据 AB 杆的失稳来求托架的临界载荷 Q_{cr}。

(2) 若已知实际载荷 $Q=70\text{kN}$，AB 杆的规定稳定安全系数 $n_{st}=2$，问此托架是否安全？

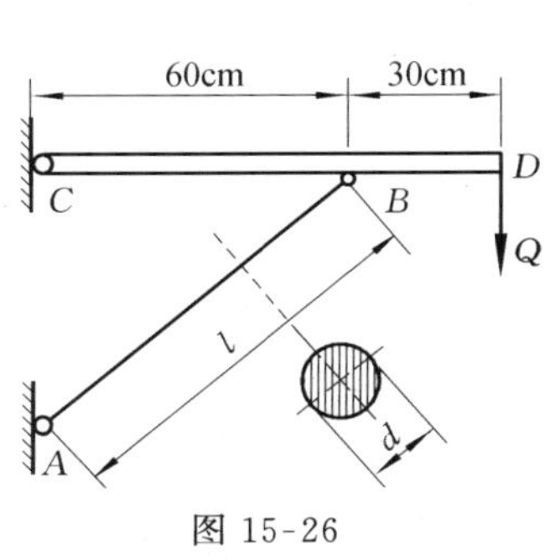

图 15-26

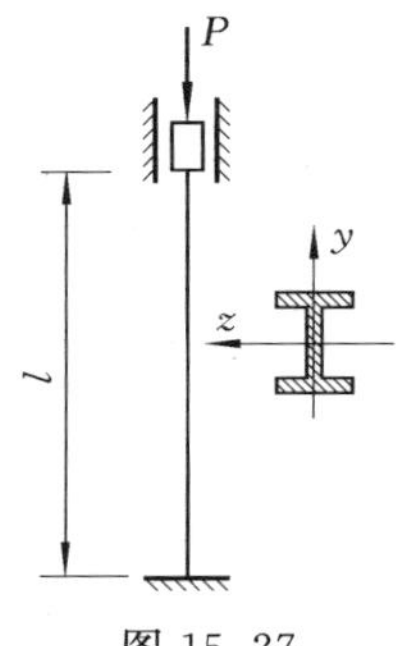

图 15-27

4. 如图 15-27 所示，一№25 号工字钢柱的柱长 $l=700\text{cm}$，两端固定，规定稳定安全系数 $n_{st}=2$，材料是 A3 钢，$E=210\text{GPa}$，试求钢柱的许可载荷。

5. 由横梁 AB 与立柱 CD 组成的结构如图 15-28 所示，载荷 $P=10\text{kN}$，$l=60\text{cm}$，立柱为直径 $d=2\text{cm}$ 的圆杆，两端铰支，材料是 A3 钢，弹性模量 $E=200\text{GPa}$，规定稳定安全系数 $n_{st}=2$，试校核立柱的稳定性。如已知许用应力$[\sigma]=120\text{MPa}$，试选择横梁 AB 的工字钢型号。

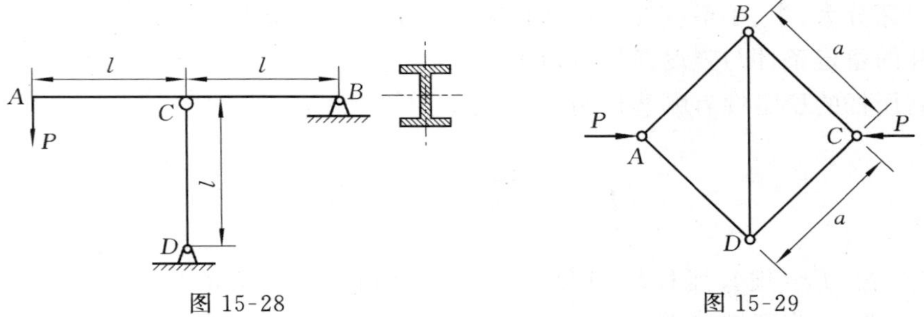

图 15-28　　　　图 15-29

6. 图 15-29 所示结构为正方形，由 5 根圆钢杆组成，各杆直径均为 $d=40\text{mm}$，$a=1\text{m}$，材料为 A3 钢，$E=200\text{GPa}$，$[\sigma]=160\text{MPa}$，连接处均为铰链，规定稳定安全系数 $n_{st}=1.3$。

(1) 试求结构的许可载荷$[P]$；

(2) 若力 P 的方向改为向外，试问许可载荷是否改变？若有改变，应为多少？

7. 钢柱长 $l=7\text{m}$，两端固定，材料是 A3 钢，规定的稳定安全系数 $n_{st}=3$，横截面由两个 10 号槽钢组成。试求当两槽钢靠紧（图 15-30(a)）和离开（图 15-30(b)）时钢柱的许可载荷，已知 $E=200\text{GPa}$。

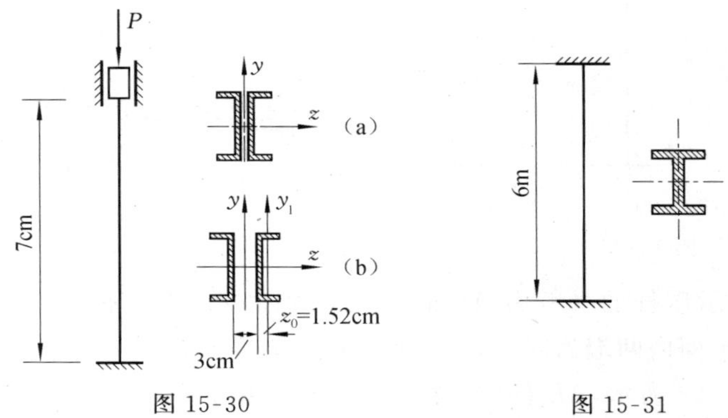

图 15-30　　　　图 15-31

8. 图 15-31 所示№20a 工字钢杆在温度 $T_1=29℃$ 时安装，此时杆不受力。试问当温度升高到多少度(T_2)时，杆将失稳。材料的线膨胀系数 $\alpha=12.5\times10^{-6}/℃$。

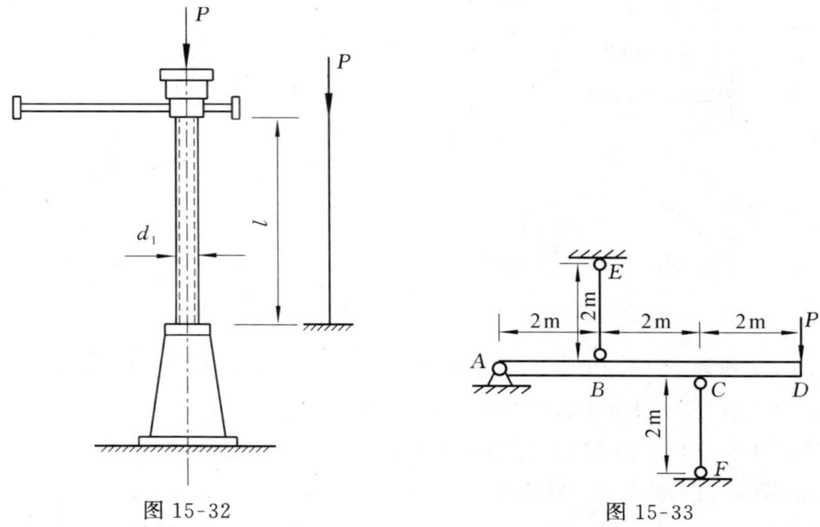

图 15-32　　　　图 15-33

9. 千斤顶丝杠受力如图 15-32 所示，已知其最大承重量 $P=150\text{kN}$，有效直径 $d_1=52\text{mm}$，长度 $l=0.5\text{m}$，材料为 A3 钢，$\sigma_s=235\text{MPa}$。可认为丝杠的下端固定，上端自由，求丝杠的工作安全系数。

10. 图 15-33 所示结构中 CF 为铸铁圆杆，直径 $d_1=100\text{mm}$，许用压应力$[\sigma]=120\text{MPa}$；BE 为 A3 钢圆杆，直径 $d_2=50\text{mm}$，$[\sigma]=160\text{MPa}$；横梁 $ABCD$ 可视为刚体。试求结构的许可载荷$[P]$。已知 $E_{铁}=120\text{GPa}$，$E_{钢}=200\text{GPa}$。

*第 16 章　动载荷及交变应力

16.1　概　　述

我们以前所研究的问题都是静态问题，即研究构件在静载荷作用下的应力和变形。构件在静载荷作用下是处于平衡状态的，即静止或者作匀速直线运动。如果整个构件或构件的某些部分在外力作用下速度有了显著的改变，即发生了较大的加速度，这时载荷称为动载荷。

在工程中，构件受到动载荷作用的例子很多。例如，内燃机的连杆、机器的飞轮等，在工作时它们的每一微小部分都有相当大的加速度，因此是动载荷问题。碰撞时，载荷作用在构件上的时间极短，在构件中引起的应力可能很大，而材料的强度与在静载荷作用时不同，这种应力称为冲击应力。此外，如果作用在构件上的载荷大小经常作周期性改变，材料的强度性质也将不同，这种载荷作用下的应力称为交变应力。冲击应力和交变应力的计算也是动载荷问题。

本章中，我们将研究构件在运动时的应力以及冲击应力和交变应力问题。动载荷的问题是复杂的，在本章中我们只能讨论一些比较简单的情形和基本的概念。

16.2　匀加速运动构件的应力计算

现在来研究最简单的动载荷问题，即运动构件各点的加速度已知时，计算构件内的应力。

16.2.1　构件作匀加速直线运动时的动荷应力

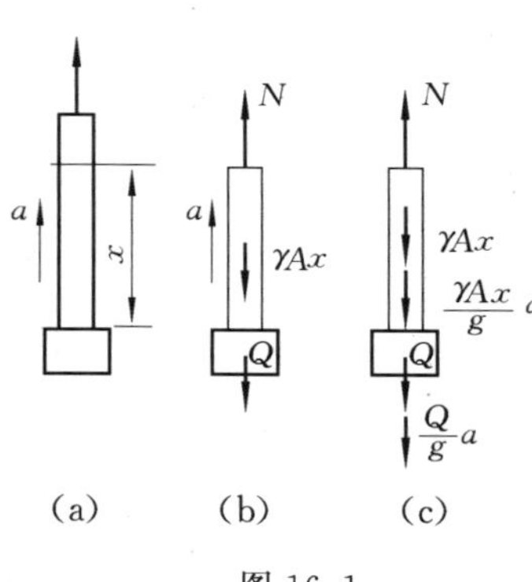

图 16-1

图 16-1(a)所示为一重为 Q 的载荷挂在一根杆上，杆的截面积为 A，材料单位体积重量为 γ。已知载荷随同杆以等加速度 a 上升，现在来求杆横截面上的正应力。杆在运动时的应力计算也可以应用截面法，沿任一距杆下端为 x 的截面将杆截开，考虑截面以下部分的运动，作用在这一部分物体上的力有载荷 Q，杆的自重 γAx 和截面上的轴力 N(图16-1(b))。

由理论力学中的达朗伯原理，在杆上加惯性力，

$$N-Q-\gamma Ax-\frac{Q+\gamma Ax}{g}a=0,\quad N=(Q+\gamma Ax)(1+a/g)$$

轴力 N 均匀分布在横截面上，因此得截面上的拉应力为

$$\sigma_{\mathrm{d}}=\frac{N}{A}=\frac{Q+\gamma Ax}{A}\left(1+\frac{a}{g}\right)$$

式中，$(Q+\gamma Ax)/g$ 是静载荷作用下的应力，称为静荷应力，用 σ_{j} 表示；而 σ_{d} 是动载荷作用下的应力，称为动荷应力。上式说明，动荷应力等于静荷应力乘以系数$(1+a/g)$，这个系数与加速度大小有关。如果物体以等速度运动，$a=0$，这个系数就等于 1。

在很多问题中，动荷应力与静荷应力间往往都有这样的一个系数关系。因此，可以写出一般关系式为

$$\sigma_d = K_d \sigma_j \tag{16-1}$$

式中，K_d 称为动荷系数。强度条件可以写为

$$(\sigma_d)_{max} = K_d (\sigma_j)_{max} \leqslant [\sigma] \tag{16-2}$$

或

$$(\sigma_j)_{max} \leqslant [\sigma]/K_d \tag{16-3}$$

上式表明，在这类问题中，只要将许用应力除以动荷系数 K_d，使其降低，就可以用静荷计算来代替动荷计算。

16.2.2 构件作等速转动时的动荷应力

某一机器中飞轮的轮缘以等角速 ω 转动(图 16-2(a))。若轮缘平均直径为 D，横截面面积为 A，材料单位体积重量为 γ，现需求轮缘横截面上的应力(不考虑轮辐的影响)。

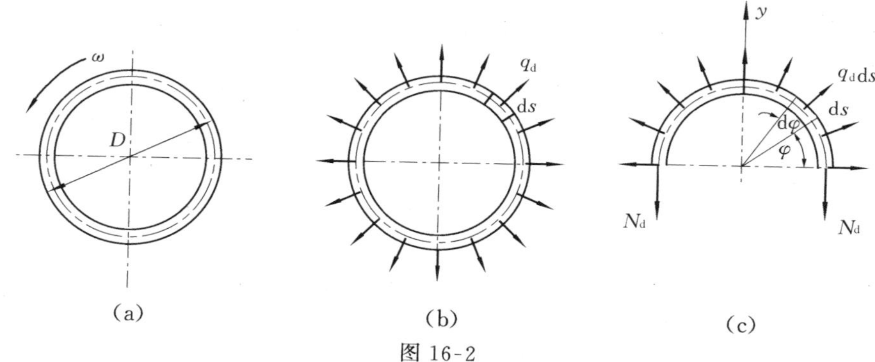

图 16-2

从轮缘上取出长为 ds 的微段，其质量为 dm(图 16-2(b))。当等角速度转动时，轮缘上各点的切向加速度等于零，法向加速度为$\frac{D}{2}\omega^2$，方向指向圆心。与该微段相应的惯性力为

$$dm \frac{D}{2}\omega^2 = \frac{\gamma A ds}{g}\frac{D}{2}\omega^2 = q_d ds \tag{a}$$

式中，q_d 表示轮缘每单位长度上的惯性力，它可看成作用在轮缘轴线上、方向向外且沿圆周均匀分布的载荷(图 16-2(b))。

现截取半轮缘为研究对象(图 16-2(c))。因轮缘壁很薄，可认为横截面上的正应力均匀分布，因此横截面上只有轴力 N_d 作用。根据达朗伯原理，可写出平衡方程：

$$\sum Y = 0, \quad -2N_d + \int_0^{\pi} q_d ds \sin\varphi = 0 \tag{b}$$

因为 $ds = \frac{D}{2}d\varphi$，则把式(a)代入式(b)并积分，可得

$$-2N_d + \frac{\gamma A \omega^2 D^2}{2g} = 0$$

由上式求出

$$N_d = \frac{\gamma A \omega^2 D^2}{4g} = \frac{\gamma A v^2}{g} \tag{c}$$

式中，$v = \omega D/2$，表示轮缘轴线上各点的线速度。由此可算出轮缘横截面上的正应力 σ_d 为

$$\sigma_d = \frac{N_d}{A} = \frac{\gamma v^2}{g} \tag{16-4}$$

从上式可见，σ_d 仅与轮缘材料单位重量 γ 及轴线上各点的线速度 v 有关，而与横截面面积

A 无关。因此，不能采用增加截面面积的方法来达到降低轮缘应力的目的。同时由式(16-4)也可看出，若轮缘转速过高，则会因惯性力而产生很大的动荷应力。

应力求出以后，可以建立转动轮缘的强度条件为

$$\sigma_d=\frac{\gamma v^2}{g}\leqslant[\sigma] \tag{16-5}$$

由上式可求出轮缘容许的线速度为

$$v\leqslant\sqrt{\frac{g[\sigma]}{\gamma}} \tag{16-6}$$

在等角速度转动情况下，因角速度为零时轮缘的静荷应力为零，故不再采用动荷应力等于静荷应力乘系数的方法。

上面是采用达朗伯原理来计算构件作等加速直线运动或等角速转动时的动荷应力。对于构件作等加速转动等其他情况，同样也可以使用达朗伯原理，在作用于构件的原力系中加入相应的惯性力，然后按静力平衡问题处理。

例 16.1 轴 AB 质量可忽略不计，A 端装有抱闸，B 端装有飞轮。飞轮转速 $n=\frac{5}{3}$ r/min，转动惯量 $I_x=0.5\text{kN}\cdot\text{m}\cdot\text{s}^2$，轴的直径 $d=100$mm，刹车时轴在 10 s 内以匀减速停止转动，如图 16-3 所示。试求轴内最大动荷应力。

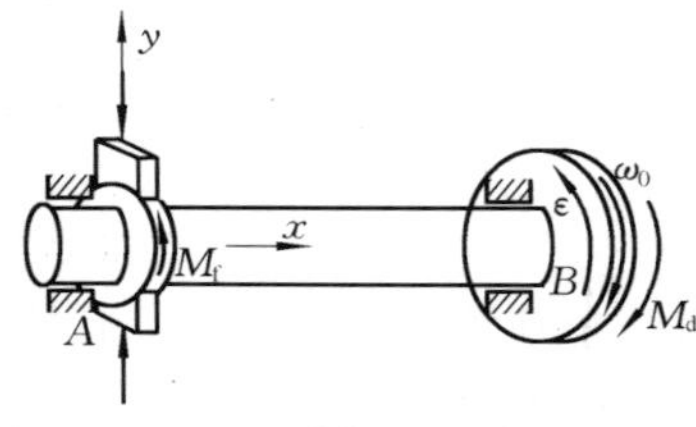

图 16-3

解 飞轮轴的角速度为

$$\omega_0=2\pi n=2\pi\times\frac{5}{3}=\frac{10\pi}{3}(\text{rad/s})$$

刹车时的角加速度为

$$\varepsilon=\frac{0-\omega_0}{t}=\frac{-10\pi/3}{10}=-\frac{\pi}{3}(\text{rad/s})$$

用惯性力法，在飞轮上加上与转向 ε 相反的惯性力偶，其矩为

$$M_d=-I_x\varepsilon=-0.5\times\left(-\frac{\pi}{3}\right)=\frac{0.5\pi}{3}(\text{kN}\cdot\text{m})$$

设作用于轴上的摩擦力矩为 M_f，由平衡方程 $\sum m_x=0$，得

$$M_f=M_d=\frac{0.5\pi}{3}\text{kN}\cdot\text{m}$$

轴由于 M_f 和 M_d 的作用下而发生扭转，此时横截面上的扭矩为：$T=M_d=\frac{0.5\pi}{3}\text{kN}\cdot\text{m}$。

故最大扭转切应力为

$$\tau_{max}=\frac{T}{W_p}=\frac{0.5\pi\times10^3/3}{\pi\times100^3\times10^{-9}/16}=2.67(\text{MPa})$$

16.3 冲击应力的计算

当物体以一定的速度作用到构件上时，物体的速度发生急剧的改变，由于物体的惯性，使构件受到很大的作用力，这种现象称为冲击。例如打桩，就是利用物体的冲击作用。机器或结构受到冲击时，在构件中会引起较大的变形和应力，而且这时材料的强度与静载荷作用时不同，所以在设计时必须注意。

精确地计算由冲击产生的应力及变形是很困难的。但在一些假设的基础上，应用能量法，便可确定构件在冲击物作用下的变形和应力。这些假设是：

(1) 假设冲击物的变形可以忽略不计，冲击后，冲击物与被冲击构件一起运动，而不发生回弹。

(2) 不考虑被冲击构件的质量,即认为冲击应力瞬时遍及整个构件,并假设被冲击构件的应力-应变关系是线性的。

(3) 假设冲击过程中无其他形式的能量损失,即冲击物的势能和动能全部转变为被冲击构件的弹性应变能。

如图 16-4 所示一重为 P 的物体自高度为 H 处下落,打到一简支梁的中点。在冲击终了时,重物的速度为零,此时,梁所受的冲击载荷及相应位移达到最大值,分别用 P_d 和 Δ_d 表示。由于忽略冲击过程中的能量损失,故冲击物的动能和势能应全部转化为被冲击物的弹性应变能。因为冲击物的初速度和末速度均为零,所以动能的变化为零,于是

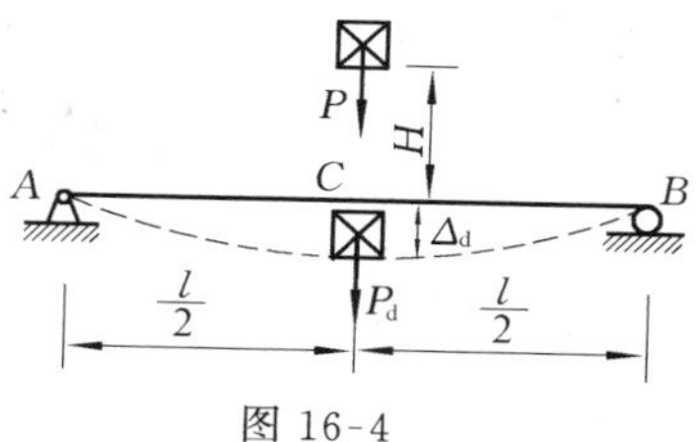

图 16-4

$$V=U_d \tag{16-7}$$

式中,V 为冲击物的势能。考虑到重物的初始高度和由于梁变形而引起的下降量,有

$$V=P(H+\Delta_d) \tag{a}$$

式(16-7)中的 U_d 为冲击后梁内的弹性应变能。对于线弹性材料,在弹性范围内冲击力与变形仍满足线性关系,于是有

$$U_d=\frac{1}{2}P_d\Delta_d \tag{b}$$

将式(a)、式(b)代入式(16-7),得

$$P(H+\Delta_d)=\frac{1}{2}P_d\Delta_d \tag{16-8}$$

根据力和变形之间的线性关系,载荷与位移间的关系可以简写成

$$P_d=C\Delta_d \tag{c}$$

$$P=C\Delta_j \tag{d}$$

式中,C 为比例常数;Δ_j 是 P 作为静载荷作用在梁上时作用点的静挠度。

将式(c)、式(d)代入式(16-8),得到关于 Δ_d 的二次方程为

$$\Delta_d^2-2\Delta_j\Delta_d-2\Delta_j H=0$$

由此解得

$$\Delta_d=\Delta_j\left(1+\sqrt{1+\frac{2H}{\Delta_j}}\right) \tag{16-9}$$

再应用(c)、(d)两式,最后得到

$$P_d=P\left(1+\sqrt{1+\frac{2H}{\Delta_j}}\right) \tag{16-10}$$

式(16-10)表明,最大冲击载荷 P_d 与静位移 Δ_j 有关。梁的刚度愈小,Δ_j 愈大,P_d 将相应减小。在设计承受冲击的构件时,应当充分而合理地利用这一特性。当 $H=0$,即载荷突然施加于弹性构件时,$P_d=2P$,这时的冲击载荷为静载荷的两倍。

在式(16-10)中,令

$$K_d=1+\sqrt{1+\frac{2H}{\Delta_j}} \tag{16-11}$$

K_d 称为动荷系数,故式(16-10)可以写成

$$P_d=K_dP \tag{16-12}$$

相应的冲击应力也可以写成

$$\sigma_d = K_d \sigma_j \tag{16-13}$$

例 16.2 重量 $P=1\text{kN}$ 的重物从高度为 40mm 处自由下落，冲击在木制悬臂梁的自由端处(图 16-5)，$l=2\text{m}$，木材的 $E=10\text{GPa}$。试求梁的最大正应力及最大挠度。

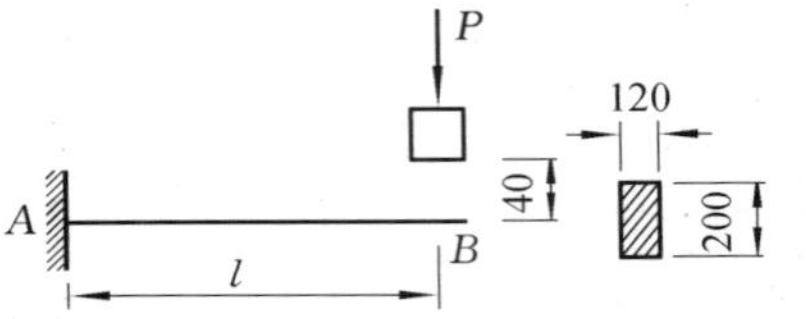

图 16-5

解 (1) 计算静应力及静挠度的最大值

$$\sigma_{max}=\frac{M_{max}}{W}=\frac{6Pl}{bh^2}=\frac{6\times1000\times2}{120\times200^2\times10^{-9}}=2.5(\text{MPa})$$

$$y_{max}=\frac{Pl^3}{3EI}=\frac{12\times1000\times2^3}{3\times10\times10^9\times120\times200^3\times10^{-12}}=\frac{10}{3}(\text{mm})$$

(2) 确定动荷系数。$H=40\text{mm}$，$\Delta_j=y_{max}=\frac{10}{3}\text{mm}$，由式(16-11)，得

$$K_d=1+\sqrt{1+\frac{2\times40}{10/3}}=6$$

(3) 计算冲击载荷作用下的最大正应力及最大挠度：

$$(\sigma_d)_{max}=K_d\sigma_{max}=6\times2.5=15(\text{MPa}),\quad (y_d)_{max}=K_d y_{max}=6\times\frac{10}{3}=20(\text{mm})$$

应当注意，上面的计算是近似的，实际上，冲击物并非绝对刚体，冲击时也不是完全弹性碰撞；冲击力往往很大，在冲击作用点附近常常发生塑性变形，冲击时将有能量损失。此外，如果考虑被冲击物质量的影响，问题还要复杂得多。在这种情况下，冲击开始时，被冲击物只是在冲击力作用点附近发生变形，由于被冲击物的惯性，其余部分并不是立刻就有变形，而是要经过一段时间才发生变形，被冲击物的变形以波状传播于物体内各部分。这种冲击问题目前还没有精确的解答，但是经过假设，使问题简化后，可以得出一些实用的近似解。

16.4 交变应力下材料的破坏

16.4.1 交变应力的概念

构件所受的载荷若有规律地改变其大小，或者拉、压交替改变，这种载荷称为交变载荷或重复载荷。在交变载荷作用下，构件的应力也随之有规律地改变着它的大小或连同符号交替改变着，这种应力称为交变应力。例如，蒸汽机的活塞杆就是长期受交变载荷作用。另外，在工程中还有一些构件，如车轴所承受的载荷虽不随时间而交替变化，但由于轴本身在旋转，轴内各点的弯曲正应力也是随着时间在周期性地改变。因此，车轴也是在交变应力下工作。材料在交变应力下的强度与在静载荷或冲击载荷作用下的强度，在性质上不同，因此需要特别加以研究。

16.4.2 疲劳破坏的特点

构件在交变应力下产生的疲劳破坏与静载荷下的破坏迥然不同，其特点是：

(1) 破坏时应力低于材料的强度极限 σ_b，甚至低于屈服极限 σ_s。

(2) 即使是塑性材料，也会像脆性材料那样被破坏，没有明显的塑性变形。

(3) 疲劳破坏的断口一般可区分为光滑区和晶粒状粗糙区两部分(图 16-6)。在光滑区内有时可看到以微裂纹起始点(也称为裂纹源)为中心，逐渐扩展的弧形曲线。

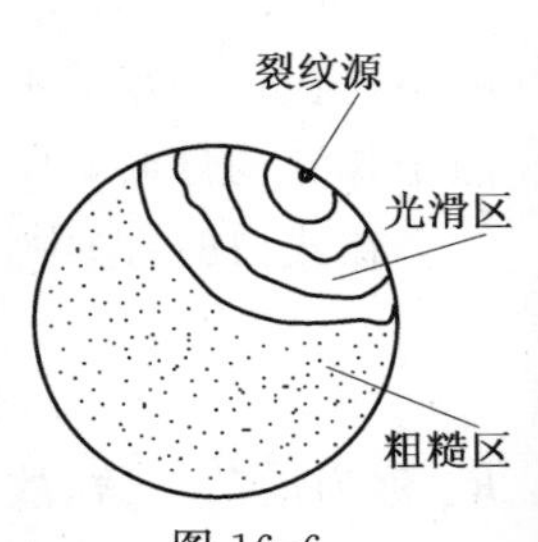

图 16-6

16.4.3 疲劳破坏过程的解释

目前一般认为,疲劳破坏过程可分为三个阶段:形成疲劳裂纹源、疲劳裂纹扩展以及最后的脆性断裂。

1. 疲劳裂纹源的形成

设一金属材料梁如图(16-7(a))所示。在不利位置 a 点附近处材料受力情况如图(16-7(b))所示。由于交变应力的作用,晶粒首先在与主应力 σ 大约成 45°方向的斜截面产生滑移,这是由于最大切应力反复作用的结果。并且当工作应力达到一定数值时,使材料出现滑移带,于是材料出现微观疲劳裂纹 ab。此斜裂纹由表面向里发展而达到一定深度后,即转到几乎与主应力 σ 垂直的方向而形成平裂纹 bc,这样就形成了裂纹源。

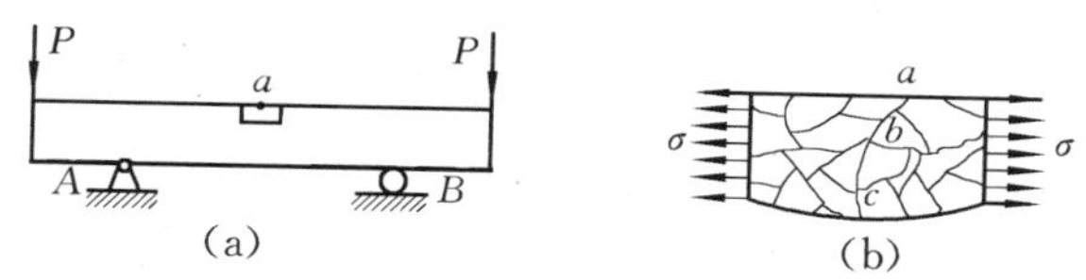

图 16-7

若构件由于加工而造成损伤和微裂纹,或材料内部有夹杂物等缺陷,它们本身就是裂纹源。这种情况就不会出现如上所述的滑移带特征。

这里存在的问题是,究竟具有多大尺寸的裂纹才算形成了疲劳裂纹源。由于科学技术的迅速发展,可观测到的裂纹尺寸越来越小,所以应根据不同的条件来规定不同的裂纹尺寸,作为形成疲劳裂纹源的尺度。

2. 疲劳裂纹扩展

当应力交替变化时,由于裂纹处两表面的材料时而压紧,时而离开,使裂纹处材料好像受到研磨,因此形成断口表面上的光滑区域。这样,由于交变应力反复作用的结果,裂纹就从疲劳裂纹源逐渐扩展,形成宏观的疲劳裂纹,从而形成疲劳裂纹扩展区。

3. 脆性断裂

在疲劳裂纹逐渐扩展的过程中,构件的有效尺寸将不断被削弱,一旦其有效截面不足以承受外力时,往往就会发生脆性断裂。由于断裂前在裂纹尖端区存在应力集中,此处材料通常处于三向拉伸应力状态,故塑性材料也会产生脆性断裂,因而形成断口的粗糙区。

由以上讨论可知,构件发生疲劳破坏之前,无明显塑性变形,而裂纹的形成和扩展又往往不易及时发现,所以使疲劳破坏表现为突然发生,很容易造成事故。机械中的许多零件,由于疲劳破坏而造成损坏。因此,研究构件的疲劳强度具有重要意义。

16.5 交变应力的循环及材料的疲劳极限

交变应力下材料的强度要由实验来决定。首先我们要了解一些关于交变应力的性质。交变应力是在两个应力极限值之间交变作用的,这个应力可能是正应力 σ,也可能是切应力 τ。下面我们用 S 来代表这两种应力。如图 16-8 所示,交变应力 S 随时间 t 而改变。应力从最大应力 S_{max} 到最小应力 S_{min},再回到 S_{max} 的过程称为一个应力循环。最大应力与最小应力之和的一半称为平均循环应力,用 S_m 表示,即

$$S_m = \frac{S_{max} + S_{min}}{2} \tag{16-14}$$

最大应力与最小应力之差的一半称为循环应力幅，用 S_a 代表，即

$$S_a = \frac{S_{max} - S_{min}}{2} \tag{16-15}$$

由以上两式，得

$$\begin{cases} S_{max} = S_m + S_a \\ S_{min} = S_m - S_a \end{cases} \tag{16-16}$$

应力 S 如代表正应力，则拉应力取为正值，压应力取为负值；如代表切应力，可取一个方向的切应力为正值，相反方向为负值。

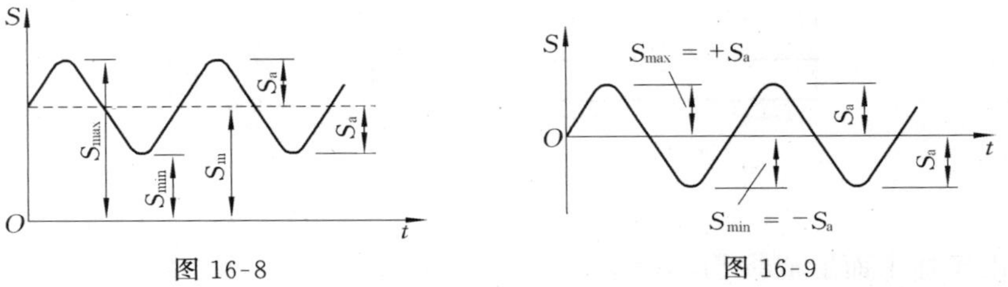

图 16-8　　图 16-9

当最大应力与最小应力大小相等而符号相反时，交变应力改变情形如图 16-9 所示，这种循环称为对称循环。当最大应力与最小应力的绝对值不相等时，就称为不对称循环。通常用最小应力与最大应力的比值 r 来表示一个应力循环的不对称程度，即

$$r = \frac{S_{min}}{S_{max}} \tag{16-17}$$

比值 r 称为循环特征，式中 S_{max} 及 S_{min} 都是代数值。当 $r=-1$ 时就是对称循环；当 $r=+1$ 时，应力无改变，就是静荷应力；当 $r=0$ 时，表示 $S_{min}=0$，称为脉动循环。

在交变应力下，如果试件内应力的最大值（绝对值）不超过一定的限度，这个试件可以经历无限次循环而不破坏，则这个极限应力值称为材料的疲劳极限（或持久极限）。各种材料的疲劳极限在不同的循环特征 r 下是不同的，此外也与构件的变形形式有关。实验表明，对称循环（$r=-1$）时，疲劳极限最低，这时材料最危险。而对称循环的实验设备的构造也比较简单，因此通常所求的常是对称循环时材料的疲劳极限。

材料的疲劳极限要由实验来决定，这种试验称为疲劳试验。疲劳试验机的类型很多，可以使试件发生拉伸、压缩、扭转或弯曲的交变应力。进行试验时，须准备 6～10 根经过仔细加工的标准试件，依次在不同的最大应力作用下，使试件发生每分钟几千次循环的交变应力，直到试件破坏为止。根据经验，钢试件如经过 10×10^6 次循环就可停止。对于有色金属试件则须经过 200×10^6～500×10^6 次循环还不破坏时才可认为在此交变应力下永不破坏。

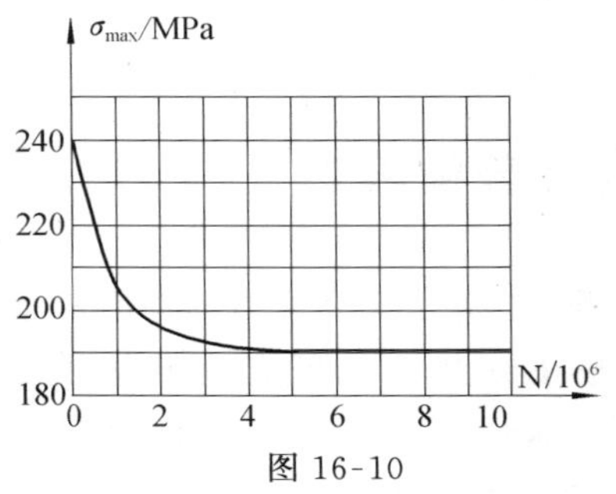

图 16-10

根据弯曲疲劳试验的结果可以画出最大弯曲正应力 σ_{max} 与试件破坏循环次数 n 的曲线。图 16-10 所示为一典型曲线的形式，由这条曲线可知，所试验的材料疲劳极限是 190MPa，因为在这个应力值以下，试件在无限大的循环次

数时也不会破坏。

根据多次试验结果，可以得出钢在对称循环时的弯曲疲劳极限 σ_{-1}^{w} 与拉压疲劳极限 σ_{-1}^{ly} 及扭转疲劳极限 τ_{-1}^{n} 之间的近似关系如下：

$$\sigma_{-1}^{ly}=0.7\sigma_{-1}^{w}, \quad \tau_{-1}^{n}=0.55\sigma_{-1}^{w}$$

钢在对称循环时的疲劳极限与它的强度极限 σ_b 之间也存在着一定的近似关系，它们的经验关系为

$$\sigma_{-1}^{w}=0.4\sigma_b, \quad \sigma_{-1}^{ly}=0.28\sigma_b, \quad \tau_{-1}^{n}=0.22\sigma_b$$

由上述近似式，我们可以用材料的强度极限来估计它的持久极限。

16.6 影响构件疲劳极限的因素

实验表明，构件的疲劳极限不仅决定于所用材料的性质，而且还与构件形状、尺寸大小、表面加工质量、表面腐蚀等因素有关，现简述如下。

1. 构件外形引起的应力集中的影响

由于使用和工艺要求，构件常常带有圆角、小孔、键槽等，由此而引起局部的应力集中。在静载荷情形下，塑性材料由于产生塑性变形，能使应力集中现象得到缓和，一般不会明显地影响构件的强度。但是，若在交变应力作用下，导致疲劳破坏的裂纹源极易在应力集中处产生，并使裂纹加速扩展。因此，有应力集中的构件，其疲劳极限要有所降低。应力集中现象愈严重，疲劳极限也愈低。

构件应力集中影响的程度，通常以试验测得的有效应力集中系数来表示，即

$$\text{有效应力集中系数 } K_\sigma(\text{或 } K_\tau)=\frac{\text{无应力集中光滑试件的疲劳极限}}{\text{有应力集中试件的疲劳极限}}$$

K_σ(或 K_τ)是一个大于 1 的系数，脚标 σ，τ 分别表示正应力或切应力。对于一些常见的应力集中情况，其有效应力集中系数已制成图表，可从有关设计手册中查到。图 16-11 和图 16-12所示分别为钢制阶梯形轴在弯曲、扭转对称循环时的有效应力集中系数曲线。

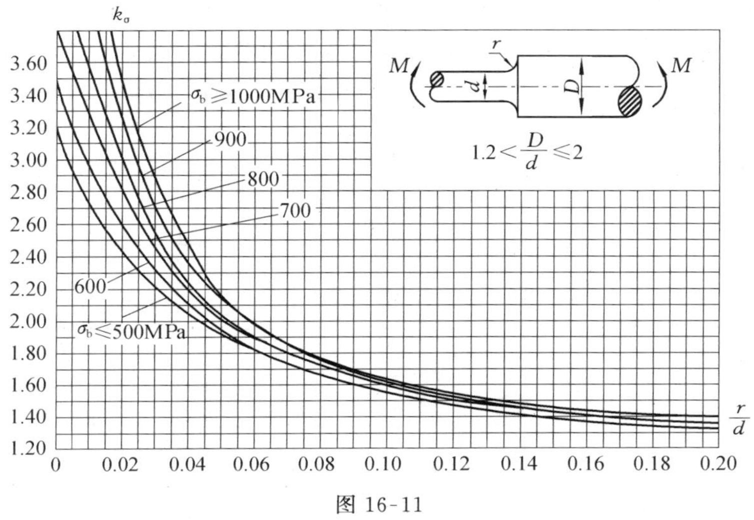

图 16-11

它们适应于 $1.2<\frac{D}{d}\leqslant 2$ 的情况。对强度极限 σ_b 在 500(或 700)～1000MPa 之间的钢材，

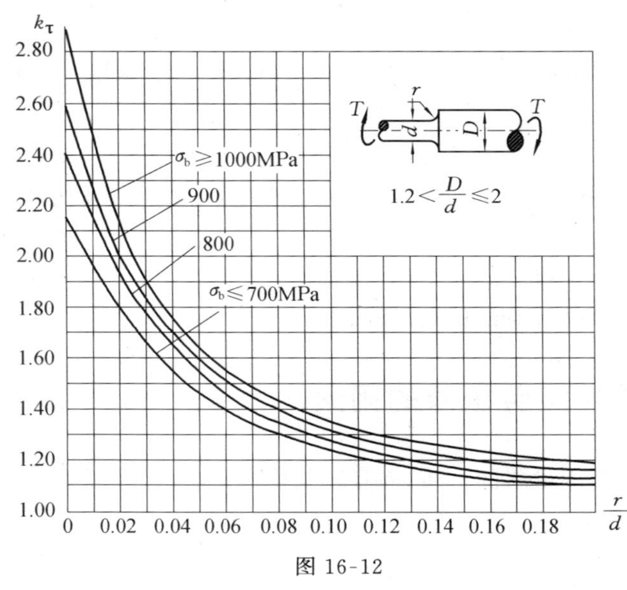

图 16-12

可利用该图按内插法计算求得其有效应力集中系数。

从图中不难看出：

(1) 钢的强度极限 σ_b 愈高，有效应力集中系数 K_σ，K_τ 愈大。可知高强度钢的 K_σ，K_τ 值要比低碳钢的大，亦即应力集中对高强度钢的疲劳极限的影响较大。

(2) 若 r/d 愈大，则 K_σ，K_τ 值愈小，所以设计构件时，应增大其变截面处的过渡圆角半径 r，这是减小应力集中程度提高构件疲劳强度的一个有效途径。

必须指出，有效应力集中系数低于第 5 章中提到的理论应力集中系数。前者是构件在无应力集中与有应力集中情况下的疲劳极限之比，其数值与构件的外形与材质有关，后者是构件在静载荷下，有应力集中时的最大局部应力与无应力集中时的应力之比，其数值只取决于构件的形状。

2. 构件尺寸的影响

试验表明，对于材料相同但尺寸不同的试件，其疲劳极限也不相同，大尺寸试件的疲劳极限要低于小尺寸的疲劳极限。这主要是由于尺寸增大，试件(或构件)内部所含杂质、缺陷就会增多，疲劳裂纹就愈容易产生和扩展。

构件尺寸增大而使疲劳极限降低的程度，可用尺寸系数 ε_σ(或 ε_τ)来表示，即

$$尺寸系数\ \varepsilon_\sigma(或\ \varepsilon_\tau)=\frac{大尺寸光滑试件的疲劳极限}{标准小尺寸光滑试件的疲劳极限}$$

ε_σ(或 ε_τ)是一个小于 1 的系数。某些材料的尺寸系数值可从设计手册中查到。图 16-13 所示为钢材在弯曲和扭转对称循环时 ε_σ，ε_τ 的变化曲线。曲线 1 为 $\sigma_b=500$MPa 的低碳钢的 ε_σ 值；曲线 2 为 $\sigma_b=1200$MPa 的合金钢的 ε_σ 值；曲线 3 为各种钢的 ε_τ 值，当 $d>100$mm 时与曲线 1 重合。对于 σ_b 在 500～1200MPa 之间的钢材，可由此按内插法求得 ε_σ，ε_τ 值。

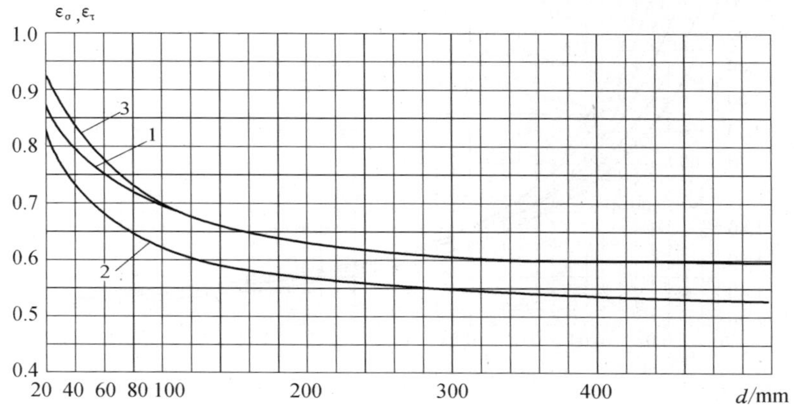

图 16-13

3. 构件表面加工质量的影响

试验表明，构件的表面加工质量对构件的疲劳极限也有很大影响。构件的表面光洁度愈差，则其疲劳极限降低愈多。这是由于构件加工后所出现的刀痕、擦伤等表面缺陷引起应力集中的缘故。

构件表面加工质量对其疲劳极限的影响通常用表面质量系数β并画出图线来表示。这可以从一些手册中查到。

$$\text{表面质量系数}\ \beta=\frac{\text{其他加工情况时试件的疲劳极限}}{\text{表面磨光时试件的疲劳极限}}$$

由于疲劳裂纹大多起源于构件表面，因此，改善表面层的应力状态，提高构件表面层材料的强度，使它产生残余压应力，从而减少表面出现细微裂缝的机会，例如，表面渗碳、渗氮、滚压和喷丸、高频淬火等，都是提高构件疲劳强度的主要措施。

4. 工作环境的影响

在腐蚀介质中工作的构件，其疲劳极限一般都明显降低。这是由于腐蚀介质能使疲劳裂纹形成和扩展的缘故。例如，强度极限σ_b为400MPa的钢材，在海水中的弯曲对称循环疲劳极限比在干燥空气中的数值约低1/2。

温度对构件的疲劳极限也有影响。例如，钢材的工作温度在300℃～400℃以下时，温度对疲劳极限的影响不大，但超过400℃以后，随着温度的升高，疲劳极限也会下降。

还应指出，即使构件不受载荷，但若温度改变使其内部产生冷热不均的现象也随时间作周期性变化时，则温度应力也是交变应力。在此交变应力作用下，经若干次应力循环后，构件也可能出现疲劳裂纹，甚至发生断裂。构件的交变温度所引起的这种疲劳破坏现象称为热疲劳。在冶金过程中，动力等设备中的某些构件的破坏，如锅炉中一些管道和平炉加燃料机挑杆的开裂，热轧辊所出现的网状裂纹等，都与热疲劳有关。

16.7 构件的疲劳强度校核

交变应力下构件的强度计算通常称为构件的疲劳强度计算。在构件设计计算中，一般是先按静载荷强度条件初步选择构件的截面尺寸，然后对于构件的某些截面再进行必要的疲劳校核，最后才能确定截面的尺寸。

在构件的疲劳强度校核计算中，由于构件外形尺寸的影响，许用应力与静荷时不同，不再是固定不变的。因此，一般不是校核应力，而往往采用校核安全系数的方法。计算时应该注意，交变应力下材料的极限应力就是疲劳极限，而某一构件则必须考虑应力集中、尺寸及表面质量的影响，以得到构件的疲劳极限。在计算构件的工作应力时，仍采用静载荷时的有关应力公式。

下面介绍基本变形构件在对称循环交变应力下的疲劳强度校核方法。

设材料在对称循环时的疲劳极限σ_{-1}（或τ_{-1}）为已知，考虑到使构件疲劳极限降低的有效应力集中系数K_σ（或K_τ）>1，表面质量系数$\beta<1$，尺寸系数ε_σ（或ε_τ）<1，所以应将σ_{-1}（或τ_{-1}）除以K_σ（或K_τ），再乘以β和ε_σ（或ε_τ），才得到构件的疲劳极限。弯曲和扭转时构件的疲劳极限分别是

$$\begin{cases}\sigma_{-1}^{\text{构件}}=\dfrac{\sigma_{-1}\varepsilon_\sigma\beta}{K_\sigma}\\[2ex] \tau_{-1}^{\text{构件}}=\dfrac{\tau_{-1}\varepsilon_\tau\beta}{K_\tau}\end{cases} \tag{16-18}$$

构件的疲劳极限与其最大工作应力的比值称为构件工作安全系数，用 n_σ 和 n_τ 表示。为保证构件具有足够的疲劳强度，要求构件的工作安全系数 n_σ 和 n_τ 不应低于规定安全系数 $[n_\sigma]$ 和 $[n_\tau]$，则构件弯曲和扭转的疲劳强度条件分别是

$$\begin{cases}n_\sigma=\dfrac{\sigma_{-1}^{\text{构件}}}{\sigma_{\max}}=\dfrac{\sigma_{-1}\varepsilon_\sigma\beta}{K_\sigma\sigma_{\max}}\geqslant[n_\sigma]\\[2ex] n_\tau=\dfrac{\tau_{-1}^{\text{构件}}}{\tau_{\max}}=\dfrac{\tau_{-1}\varepsilon_\tau\beta}{K_\tau\tau_{\max}}\geqslant[n_\tau]\end{cases} \tag{16-19}$$

式中，$\sigma_{\max}$ 是构件的最大正应力，拉伸(压缩)时 $\sigma_{\max}=N_{\max}/A$，弯曲时 $\sigma_{\max}=M_{\max}/W$；$\tau_{\max}$ 是构件扭转时的最大切应力，$\tau_{\max}=T_{\max}/W_p$。

构件在对称循环交变应力下，进行疲劳强度校核的基本步骤如下：

(1) 根据已知数据，查表确定构件的有效应力集中系数 K_σ 或 K_τ，表面质量系数 β 以及尺寸系数 ε_σ 或 ε_τ；

(2) 计算构件的疲劳极限 σ_{-1} 或 τ_{-1}；

(3) 计算构件的最大工作应力 $\sigma_{\max}$(或 $\tau_{\max}$)；

(4) 计算构件的工作安全系数，利用式(16-19)对构件进行疲劳强度校核。

例 16.3 阶梯形圆轴如图 16-14 所示，表面粗糙度 $R_a=1.60\mu\text{m}$，$\beta=0.89$，粗细二段直径 $D=50\text{mm}$，$d=40\text{mm}$，过渡圆角半径 $r=5\text{mm}$。材料是合金钢，$\sigma_b=900\text{MPa}$，$\sigma_{-1}=400\text{MPa}$，承受对称交变弯矩 $M=450\text{Nm}$，$[n_\sigma]=2$。试校核疲劳强度。

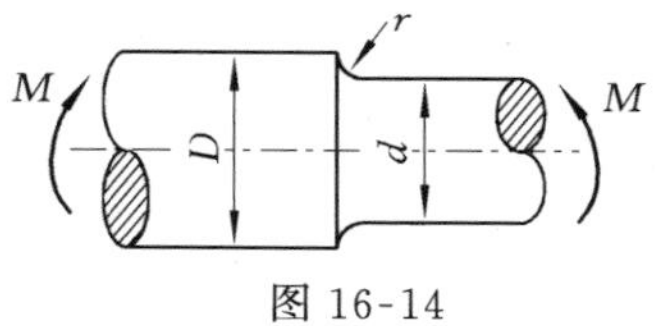

图 16-14

解 (1) 确定有效应力集中系数 k_σ 及尺寸系数 ε_σ。根据 $\dfrac{D}{d}=\dfrac{50}{40}=1.25$，$\dfrac{r}{d}=\dfrac{5}{40}=0.125$，$\sigma_b=900\text{MPa}$，可从图 16-11 上查得 $K_\sigma=1.55$。再从图16-13上查得尺寸系数 ε_σ 值。由于没有 $\sigma_b=900\text{MPa}$ 的曲线，需利用内插法计算。对于 $d=40\text{mm}$ 的较细段，由图 16-13 中 $\sigma_b=500\text{MPa}$ 的曲线 1 查得 $\varepsilon_\sigma=0.83$；由 $\sigma_b=1200\text{MPa}$ 的曲线 2 查得 $\varepsilon_\sigma=0.73$，则 $\sigma_b=900\text{MPa}$ 圆轴的尺寸系数为

$$\varepsilon_\sigma=0.73+\frac{1200-900}{1200-500}\times(0.83-0.73)=0.77$$

(2) 计算圆轴的疲劳极限：

$$\sigma_{-1}^{\text{圆轴}}=\frac{\sigma_{-1}\varepsilon_\sigma\beta}{K_\sigma}=\frac{400\times0.77\times0.89}{1.55}=176.9(\text{MPa})$$

(3) 计算圆轴的最大弯曲正应力。按较细段($d=40\text{mm}$)计算，圆轴的最大弯曲正应力为

$$\sigma_{\max}=\frac{M}{W}=\frac{32\times450}{\pi\times40^3\times10^{-9}}=71.6(\text{MPa})$$

(4) 校核轴的疲劳强度：

$$n_\sigma=\frac{\sigma_{-1}^{\text{圆轴}}}{\sigma_{\max}}=\frac{176.9}{71.6}=2.47>[n_\sigma]=2$$

可知此轴的疲劳强度是足够的。

思 考 题

1. 何谓动荷系数？构件作匀加速运动时和受冲击时的动荷系数是怎样计算的？
2. 在交变应力下，材料的疲劳现象是怎样解释的？
3. 何谓疲劳极限？怎样由实验测定材料的疲劳极限？
4. 影响构件的疲劳极限有哪些因素？简单叙述研究这些影响因素的方法？
5. 构件疲劳强度校核的基本步骤是什么？

习 题

1. 图 16-15 所示一根№20 槽钢被绳子吊着以 1.8m/s 的匀速度下降，在 0.2s 内速度减为 0.6m/s。试求槽钢内最大动应力 σ_d。

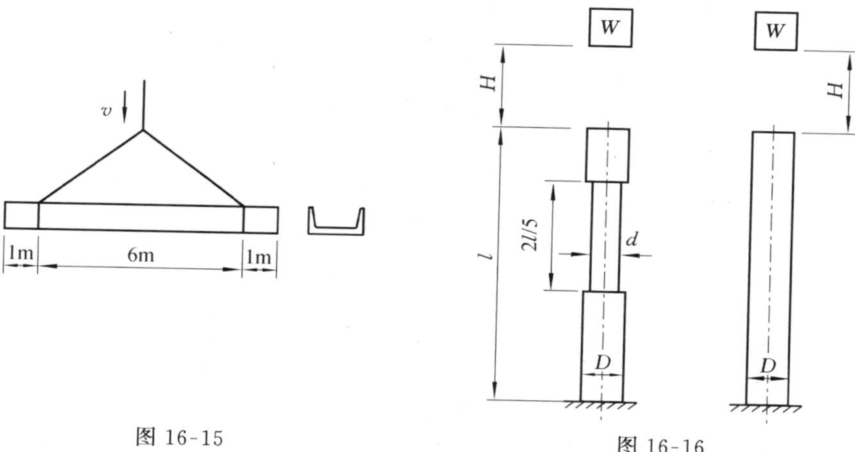

图 16-15　　图 16-16

2. 材料相同、长度相等的变截面杆和等截面杆如图 16-16 所示，若两杆的最大截面面积相同，哪一根杆承受冲击的能力强？设 H 较大，动荷系数按 $K_d \approx \sqrt{\dfrac{2H}{\Delta}}$ 计算。

3. 重量为 P 的重物自由下落在图 16-17 所示梁上。设梁的抗弯刚度 EI 及抗弯截面模量 W 已知。试求梁内的最大正应力及跨度中间截面的挠度。

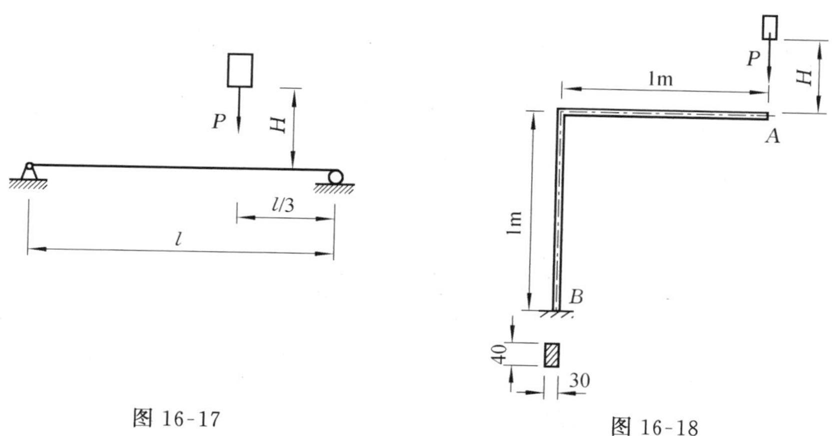

图 16-17　　图 16-18

4. 图 16-18 所示等截面钢制刚架，重物自高度 H 自由下落，试计算截面 A 的最大垂直位移和刚架内的最大正应力。已知：$P=300\text{N}$，$H=50\text{cm}$，$E=200\text{GPa}$，刚架的质量忽略不计。

5. 阶梯形圆轴如图 16-19 所示，直径 $D=50\text{mm}$，$d=40\text{mm}$。轴受对称循环的交变弯矩作用，最大弯矩 $M=650\text{N}\cdot\text{m}$。试计算轴的最大弯曲正应力 $\sigma_{\max}$ 和循环特征 r（暂不考虑应力集中等影响）。

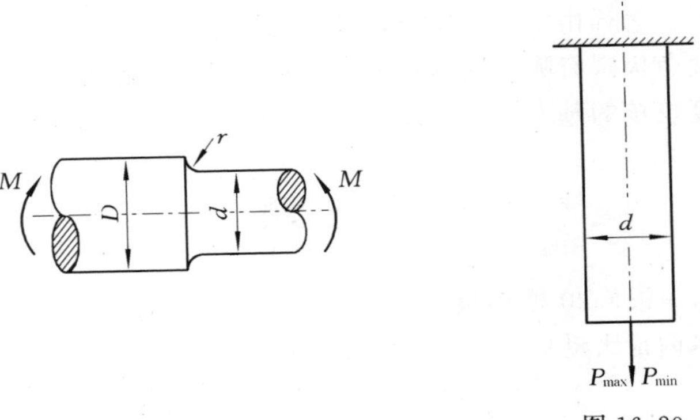

图 16-19　　　　图 16-20

6. 如图 16.20 所示，拉杆在交变载荷作用下，最大拉力 $P_{\max}=10\text{kN}$，最小拉力 $P_{\min}=7\text{kN}$。拉杆直径 $d=8\text{mm}$，求此杆的应力幅 σ_a、平均应力 σ_m 和循环特征 r。

7. 钢疲劳试件如图 16-21 所示，粗细二段的直径为 $D=35\text{mm}$，$d=25\text{mm}$，过渡圆角半径 $r=3\text{mm}$，$\sigma_b=800\text{MPa}$。试验时承受对称弯矩的作用。试确定试件的有效应力集中系数 K_σ。

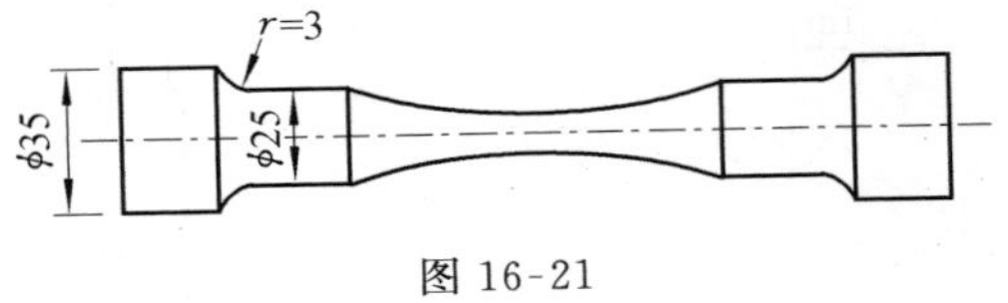

图 16-21

习 题 答 案

第 2 章

1. $N_A = 346.4\text{N}$，$N_B = 200\text{N}$

2. $T_{AB} = 5.2\text{kN}$，$T_{BC} = 7.3\text{kN}$

3. $R_A = \frac{\sqrt{5}}{2}P$，$R_D = \frac{1}{2}P$

4. $R = \frac{lp}{2h}$

5. (a) $m_O(\boldsymbol{P}) = 0$ (b) $m_O(\boldsymbol{P}) = -Pb$ (c) $m_O(\boldsymbol{P}) = P\sqrt{l^2 + b^2}\sin\beta$ (d) $m_O(\boldsymbol{P}) = P(l + r)$

6. (a) $N_A = N_B = \frac{M}{l}$ (b) $N_A = N_B = \frac{M}{l\cos\alpha}$

7. $M = 60\text{N}\cdot\text{m}$

8. (1) $m_2 = 1000\text{N}\cdot\text{m}$ (2) $m_2 = 2000\text{N}\cdot\text{m}$

9. $m_2 = 3\text{N}\cdot\text{m}$，$S = 5\text{N}$

第 3 章

1. $R' = 466.5\text{N}$， $m_O = 21.44\text{N}\cdot\text{m}$， $R = 466.5\text{N}$， $d = 45.96\text{mm}$

2. $R_A = \frac{Pa + Qb}{c}$， $R_{Bx} = \frac{Pa + Qb}{c}$， $R_{By} = P + Q$

3. $R_{Ax} = 0$， $R_{Ay} = -\frac{1}{2}\left(P + \frac{M}{a} - \frac{5}{2}qa\right)$， $R_B = \frac{1}{2}\left(3P + \frac{M}{a} - \frac{1}{2}qa\right)$

4. $\alpha = 2\arcsin\frac{Q}{W}$

5. $Q = 333.3\text{kN}$， $x = 6.75\text{m}$

6. $N_{Ax} = -N_{Bx} = -\frac{2(P + 2W)\sin\alpha + W + 2P}{4\cos\alpha}$， $N_{Ay} = 3W + P$

7. $R_{Ax} = 2400\text{N}$， $R_{Ay} = 1200\text{N}$， $S = 848\text{N}$

8. $R_{Ax} = -R_{Bx} = 120\text{kN}$， $R_{Ay} = R_{By} = 300\text{kN}$

9. $X_A = 0$， $Y_A = \frac{1}{2}q_0 l$， $m_A = \frac{1}{6}q_0 l^2$

10. $N_A = -15\text{kN}$， $N_B = 40\text{kN}$， $N_C = -5\text{kN}$， $N_D = 15\text{kN}$

11. $Q_{\min} = 2P\left(1 - \frac{r}{R}\right)$

12. $X_A = \mp P$， $Y_A = \pm P$； $X_B = -P$， $Y_B = 0$； $X_D = \mp 2P$， $Y_D = \mp P$

13. $M = 60\text{N}\cdot\text{m}$

14. $Y_D = 1167\text{N}$， $X_O = 1460\text{N}$， $Y_O = 323\text{N}$， $P = 1688\text{N}$， $S_{AB} = 667\text{N}$

15. $X_A = 1200\text{N}$， $Y_A = 150\text{N}$， $R_B = 1050\text{N}$， $S = -1500\text{N}$

16. $S_{AB} = 1340\text{N}$（压）， $S_{BC} = 1658\text{N}$（拉）， $X_B = 346\text{N}$（→）， $Y_B = 836\text{N}$（↑）

17. $S_{AC} = P$， 其余各杆不受力

18. $X_A = 0$， $Y_A = P = 100\text{N}$， $m_A = 100\text{N}\cdot\text{m}$， $X_B = 100\text{N}$， $Y_B = 200\text{N}$， $S_{CD} = -141.4\text{N}$

19. $X_A = -2qa$， $Y_A = 2qa$，$S_{BE} = -2\sqrt{2}qa$， $S_{CE} = 2qa$， $S_{DE} = 2qa$

20. $M = 70\text{N}\cdot\text{m}$

22. $S_1=-S_4=2P$， $S_2=-S_6=-2.24P$， $S_3=P$， $S_5=0$

23. $S_1=-\dfrac{4}{9}P$， $S_2=-\dfrac{2}{3}P$， $S_3=0$

24. $S_{GF}=-7.83\text{kN}$， $S_{GD}=-1.8\text{kN}$

第 4 章

1. $m_x(\boldsymbol{F})=14.14\text{N}\cdot\text{m}$， $|m_o(\boldsymbol{F})|=27.1\text{N}\cdot\text{m}$ （$\alpha=58.5°$，$\beta=147.4°$，$\gamma=82.5°$）

2. $m_x(\boldsymbol{F})=0$，$m_y(\boldsymbol{F})=-\dfrac{\sqrt{3}}{3}Fa$，$m_z(\boldsymbol{F})=\dfrac{\sqrt{3}}{3}Fa$

3. $R=100\boldsymbol{i}+100\boldsymbol{j}(\text{N})$， $M_O=20\boldsymbol{j}+10\boldsymbol{k}\ (\text{N}\cdot\text{m})$； $\boldsymbol{R},\boldsymbol{M_O}$不垂直，故为力螺旋

4. $X_A=4017\text{N}$，$Z_A=-1460\text{N}$，$X_B=7890\text{N}$，$Z_B=-2872\text{N}$

5. $T_2=2t_2=4000\text{N}$，$X_A=-6375\text{N}$，$Z_A=-1296\text{N}$，$X_B=-4125\text{N}$，$Z_B=-3900\text{N}$

6. $S_1=S_2=-1670\text{N}$， $S_3=1670\text{N}$， $S_4=S_5=0$， $S_6=-664\text{N}$

7. $x_C=9\text{cm}$

8. $x_C=-\dfrac{r_1r_2^2}{2(r_1^2-r_2^2)}$

第 6 章

1. $N_1=-20\text{kN}$， $N_2=-10\text{kN}$， $N_3=10\text{kN}$， $\sigma_1=-100\text{MPa}$， $\sigma_2=-33.3\text{MPa}$， $\sigma_3=25\text{MPa}$
2. 安全
3. CD杆安全 (1) $[P]=33.5\text{kN}$ (2) $d_{CD}=24.4\text{mm}$
4. $[P]=188.4\text{N}$
5. $b=116.4\text{mm}$， $h=162.9\text{mm}$
6. $[p]=6.5\text{MPa}$
7. $\Delta l=-0.8\text{mm}$
8. $\Delta=1.367\text{mm}$
9. $\varepsilon=5\times10^{-4}$， $\sigma=100\text{MPa}$， $P=7.85\text{kN}$
10. $\Delta l=0.075\text{mm}$
11. $R_B=7P/4$
12. 安全
13. $\sigma_1=177\text{MPa}$， $\sigma_2=29.9\text{MPa}$， $\sigma_3=-19.4\text{MPa}$
14. (1) $\sigma_1=\sigma_3=35\text{MPa}$ （压）， $\sigma_2=70\text{MPa}$ （拉） (2) $\sigma_1=\sigma_2=\sigma_3=50\text{MPa}$ （拉）
    (3) $\sigma_1=\sigma_3=15\text{MPa}$ （拉）， $\sigma_2=120\text{MPa}$ （拉）
15. $\sigma_{\max}=131.3\text{MPa}$
16. $N_1=N_2=\dfrac{P}{4}+(\delta-\alpha\Delta Tl)\dfrac{EA}{2l}$
17. $d=14\text{mm}$
18. $d=32.5\text{mm}$
19. 安全
20. $P=771\text{kN}$

第 7 章

3. $d=33\text{mm}$

4. (1) $\tau_{\max}=71.4\text{MPa}$， $\varphi=1.02°$ (2) $\tau_A=\tau_B=71.4\text{MPa}$，$\tau_C=35.7\text{MPa}$

5. $\varphi=\dfrac{32ml}{3\pi G}\left(\dfrac{d_1^2+d_1d_2+d_2^2}{d_1^3d_2^3}\right)$

6. $E = 216\text{GPa}$， $G = 81.8\text{GPa}$， $\mu=0.32$

7. 安全

8. $d = 45\text{mm}$

9. （1）$d_1=85\text{mm}, d_2= 75\text{mm}$ （2）$d = 85\text{mm}$

10. （2）安全 （3）$k=2$

第 8 章

1. (a) $Q_1=-P$， $M_1= Pa$； $Q_2= 0$， $M_2= Pa$； $Q_3= 0$， $M_3= Pa$

   (b) $Q_1= Q_2=\frac{2}{9}ql$， $M_1= M_2=\frac{2}{27}ql^2$

   (c) $Q_1= Q_2= Q_3=-qa$， $M_1= M_2=-\frac{1}{2}qa^2$， $M_3=-\frac{3}{2}qa^2$

   (d) $Q_1=\frac{1}{4}qa$， $M_1=-\frac{1}{2}qa^2$； $Q_2=-qa, M_2=-\frac{1}{2}qa^2$； $Q_3= 0$， $M_3= 0$

   (e) $Q_1=\frac{2}{3}P$， $M_1=\frac{2}{9}Pl$； $Q_2=-\frac{1}{3}P$， $M_2=\frac{2}{9}Pl$； $Q_3=\frac{2}{3}P$， $M_3= 0$

   (f) $Q_1=-qa, M_1=-\frac{1}{2}qa^2$； $Q_2=-\frac{3}{2}qa$， $M_2=-2qa^2$

   (g) $Q_1=-\frac{m}{l}$， $M_1= -\frac{a}{l}m$； $Q_2=-\frac{m}{l}$， $M_2=\frac{b}{l}m$

   (h) $Q_1=-P$， $M_1=-\frac{2}{3}Pl$； $Q_2=-P$， $M_2=\frac{1}{3}Pl$； $Q_3=-P$， $M_3= 0$

2. (a) $|Q|_{\max}=P$， $|M|_{\max}=Pl$ (b) $|Q|_{\max}=P$， $|M|_{\max}=Pa$

   (c) $|Q|_{\max}=2qa$， $|M|_{\max}=qa^2$ (d) $|Q|_{\max}=qa$， $|M|_{\max}=\frac{3}{2}qa^2$

   (e) $|Q|_{\max}=\frac{2}{3}P$， $|M|_{\max}=\frac{1}{3}Pa$ (f) $|Q|_{\max}=P$， $|M|_{\max}=Pa$

   (g) $|Q|_{\max}=\frac{5}{4}qa$， $|M|_{\max}=\frac{1}{2}qa^2$ (h) $|Q|_{\max}=\frac{7}{2}P$， $|M|_{\max}=\frac{5}{2}Pa$

   (i) $|Q|_{\max}=qa$， $|M|_{\max}=qa^2$ (j) $|Q|_{\max}=qa$， $|M|_{\max}=qa^2$

   (k) $|Q|_{\max}=\frac{5}{3}qa$， $|M|_{\max}=\frac{25}{18}qa^2$ (l) $|Q|_{\max}=25\text{kN}$， $|M|_{\max}=31.25\text{kN}\cdot\text{m}$

3. (a) $|Q|_{\max}=2P$， $|M|_{\max}=Pa$ (b) $|Q|_{\max}=qa$， $|M|_{\max}=\frac{3}{2}qa^2$

   (c) $|Q|_{\max}=\frac{5}{3}P$， $|M|_{\max}=\frac{5}{3}Pa$ (d) $|Q|_{\max}=\frac{3m}{2a}$， $|M|_{\max}=\frac{3}{2}m$

   (e) $|Q|_{\max}=2qa$， $|M|_{\max}=qa^2$ (f) $|Q|_{\max}=P$， $|M|_{\max}=Pa$

   (g) $|Q|_{\max}=30\text{kN}$， $|M|_{\max}=15\text{kN}\cdot\text{m}$ (h) $|Q|_{\max}=\frac{1}{2}qa$， $|M|_{\max}=\frac{qa^2}{8}$

4. $|Q|_{\max}=d(P_1h_1+P_2h_2)$， $|M|_{\max}=\frac{1}{2}dP_1h_1^2+dP_2h_2\left(h_1+\frac{h_2}{2}\right)$

7. $|Q|_{\max}=qa$， $|M|_{\max}=qa^2$

第 9 章

1. (a) $S_y=\frac{bh^2}{6}$， $z_C=\frac{h}{3}$ (b) $S_y=\frac{R^3}{3}$， $z_C=\frac{4R}{3\pi}$

2. (a) $I_y=\frac{bh^3}{12}-\frac{\pi d^4}{64}$ (b) $I_y= \frac{1}{12}(BH^3-bh^3)$ (c) $I_y=77.2\times10^6\text{mm}^4$ (d) $I_y=1172\text{cm}^4$

3. (a) $y_C = 0.53\text{cm}$, $z_C = 1.12\text{cm}$, $A = 1.939\text{cm}^2$, $I_y = 1.93\text{cm}^4$, $I_z = 0.57\text{cm}^4$

(b) $y_C = 5\text{cm}$, $z_C = 10\text{cm}$, $A = 35.5\text{cm}^2$, $I_y = 2370\text{cm}^4$, $I_z = 158\text{cm}^4$

(c) $y_C = 1.52\text{cm}$, $z_C = 5\text{cm}$, $A = 12.74\text{cm}^2$, $I_y = 198.3\text{cm}^4$, $I_z = 25.6\text{cm}^4$

(d) $y_C = 17.2\text{cm}$, $z_C = 14\text{cm}$, $A = 80.04\text{cm}^2$, $I_y = 9529\text{cm}^4$, $I_z = 10292\text{cm}^4$

第 10 章

1. $\sigma_{\max} = 105\text{MPa}$
3. 竖放：$\sigma_{\max} = 14.84\text{MPa}$；　横放：$\sigma_{\max} = 130.7\text{MPa}$
4. $\sigma_A = 111.1\text{MPa}$，$\sigma_B = -111.1\text{MPa}$，$\sigma_C = 0$，$\sigma_D = -74.1\text{MPa}$
5. 竖放：$\sigma_{\max} = 29.3\text{MPa}$；　横放：$\sigma_{\max} = 87.9\text{MPa}$
6. 实心截面：$\sigma_{\max} = 159\text{MPa}$；　空心截面：$\sigma_{\max} = 93.6\text{MPa}$
   空心截面梁比实心截面梁最大正应力减少了41%
7. 安全
8. $b \geqslant 28.6\text{mm}$
9. 安全
10. $[P] = 56.9\text{kN}$
11. №16
12. 安全;截面倒置不合理
13. $[P] = 907.4\text{kN}$
14. $M = 10.7\text{kN} \cdot \text{m}$
15. $a = 1.385\text{m}$
16. $d \geqslant 73\text{mm}$
17. $\sigma_{\max} = 3.69\text{MPa}$
18. $\sigma_{\max} = 60\text{MPa}$，$\tau_{\max} = 3\text{MPa}$
19. $h = 0.216\text{m}$，$b = 0.144\text{m}$

第 11 章

3. (1) 应力比为1∶2∶3,挠度比为1∶8∶27　(2) 应力比为1∶1∶1,挠度比为3∶2∶1
4. $m_1 = \dfrac{1}{2} m_2$
5. $y_{\max} = 0.102\text{mm}$,直径误差 $\Delta d = 2y_{\max} = 0.204\text{mm} > 0.08\text{mm}$;改进办法是在自由端加顶针
6. (a) $y_B = -\dfrac{Pl^2}{6EI}(2l + 3a)$，$\theta_B = -\dfrac{Pl^2}{2EI}$　　(b) $y_B = \dfrac{ml}{2EI}(l + 2a)$，$\theta_B = \dfrac{ml}{EI}$
7. (a) $y_A = -\dfrac{7Pa^3}{2EI}$，$\theta_A = \dfrac{5Pa^2}{2EI}$　　(b) $y_A = -\dfrac{17qa^4}{6EI}$，$\theta_A = -\dfrac{11qa^3}{6EI}$

   (c) $y_A = \dfrac{Pa^3}{24EI}$，$\theta_B = -\dfrac{13Pa^2}{48EI}$　　(d) $y_B = -\dfrac{13Pa^3}{12EI}$，$\theta_A = -\dfrac{3Pa^2}{4EI}$

   (e) $y_A = -\dfrac{41ql^4}{384EI}$，$\theta_A = -\dfrac{7ql^3}{48EI}$　　(f) $y_B = \dfrac{Pa^3}{4EI} - \dfrac{11qa^4}{24EI}$，$\theta_A = \dfrac{Pa^2}{4EI} - \dfrac{qa^3}{3EI}$
8. $d = 111.7\text{mm}$
9. $h = 178\text{mm}$，$b = 89\text{mm}$
10. №32a
11. $l_{\max} = 8.6\text{m}$
12. 选用两根№20a 槽钢
13. $\dfrac{\sigma_{\max钢}}{\sigma_{\max木}} = 1$，$\dfrac{y_{\max钢}}{y_{\max木}} = \dfrac{1}{7}$
14. 刚度够
15. 刚度够

16. $y_B = 8.21\text{mm}$

17. (a) $y(x)=\dfrac{P}{3EI}x^3$ (b) $y(x)=\dfrac{P}{3EIl}x^2(1-x)^2$

第 12 章

1. (a) $u=\dfrac{3P^2l}{4EA}$，$\Delta_C=\dfrac{3Pl}{2EA}$ （向右） (b) $u=\dfrac{M^2l}{18EI}$，$\theta_B=\dfrac{Ml}{9EI}$ （顺）

(c) $u=\dfrac{(1+2\sqrt{2})P^2l}{2EA}$，$f_B=\dfrac{(1+2\sqrt{2})Pl}{EA}$ （向下）

2. (a) $f_C=\dfrac{5Pl^3}{384EI}$ （向下），$\theta_C=\dfrac{pl^2}{12EI}$ （顺） (b) $f_C=0$，$\theta_C=\dfrac{pa^2}{16EI}$ （逆）

3. (a) $f_C=\dfrac{2qa^4}{3EI}$ （向下），$\theta_A=\dfrac{qa^3}{3EI}$ （逆） (b) $f_C=\dfrac{qa^4}{2EI}$ （向上），$\theta_A=\dfrac{7qa^3}{8EI}$ （顺）

4. (1) $\Delta_D=\dfrac{\sqrt{34}Pa^3}{3EI}$ （向右下） (2) $\theta_A=\dfrac{2qa^3}{3EI}$ （逆），$\Delta_{Ax}=\dfrac{17qa^4}{24EI}$ （向右）

(3) $f_A=\dfrac{7qa^4}{24EI}$ （向下），$\theta_B=\dfrac{qa^3}{12EI}$ （顺）

5. $\Delta_{Bx}=\dfrac{\sqrt{3}Pa}{12EA}$ （向左），$\Delta_{By}=\dfrac{9Pa}{4EA}$ （向下）

6. $\theta(x)=\dfrac{q}{6EI}(l^3-x^3)$，$y(x)=-\dfrac{q}{24EI}(3l^4-4l^3x+x^4)$

7. (1) $u=\dfrac{P^2}{6EI}(a^3+3a^2l+3al^2+l^3)$

(2) $\Delta_{Cx}=\dfrac{Pl^2}{EI}\left(\dfrac{a}{2}+\dfrac{l}{3}\right)$ （向右），$\Delta_{Cy}=\dfrac{Pa}{EI}\left(\dfrac{l^2}{2}+al+\dfrac{a^2}{3}\right)$ （向下）

8. (a) $R_B=\dfrac{5}{16}P$ （向上） (b) $R_B=\dfrac{9}{8}ql$ （向上）

9. (a) $R_C=\dfrac{3}{8}P$ （向上） (b) $X_B=\dfrac{11}{40}qa$ （向左），$Y_B=\dfrac{1}{2}qa$ （向上）

10. (1) $N_{CD}=\dfrac{P}{3I}\Big/\left(\dfrac{a^2}{2I}+\dfrac{1}{A}\right)$ （拉） (2) $\theta_A=\dfrac{Pa^4}{12EI^2}\Big/\left(\dfrac{a^2}{2I}+\dfrac{1}{A}\right)$ （顺）

第 13 章

1. (a) $\sigma_{30^\circ}=20.2\text{MPa}$，$\tau_{30^\circ}=31.7\text{MPa}$，$\sigma_1=57\text{MPa}$，$\sigma_3=-7\text{MPa}$

$\alpha_0=-19.33^\circ$，$\tau_{\max}=32\text{MPa}$

(b) $\sigma_{210^\circ}=52.32\text{MPa}$，$\tau_{210^\circ}=-18.66\text{MPa}$，$\sigma_1=62.36\text{MPa}$，$\sigma_2=17.64\text{MPa}$

$\sigma_3=0$，$\alpha_0=-31.72^\circ$，$\tau_{\max}=31.2\text{MPa}$

(c) $\sigma_{30^\circ}=34.8\text{MPa}$，$\tau_{30^\circ}=11.65\text{MPa}$，$\sigma_1=37\text{MPa}$，$\sigma_3=-27\text{MPa}$

$\alpha_0=19.33^\circ$，$\tau_{\max}=32\text{MPa}$

(d) $\sigma_{20^\circ}=-17.08\text{MPa}$，$\tau_{20^\circ}=1.98\text{MPa}$，$\sigma_1=0$，$\sigma_2=-17\text{MPa}$

$\sigma_3=-53\text{MPa}$，$\alpha_0=16.85^\circ$，$\tau_{\max}=26.5\text{MPa}$

(e) $\sigma_{30^\circ}=-25.98\text{MPa}$，$\tau_{30^\circ}=15\text{MPa}$，$\sigma_1=-\sigma_3=30\text{MPa}$

$\alpha_0=45^\circ$，$\tau_{\max}=30\text{MPa}$

(f) $\sigma_{45^\circ}=40\text{MPa}$，$\tau_{45^\circ}=10\text{MPa}$，$\sigma_1=41\text{MPa}$，$\sigma_3=-61\text{MPa}$

$\alpha_0=39.35^\circ$，$\tau_{\max}=51\text{MPa}$

3. (a) $\sigma_1=50\text{MPa}$，$\sigma_2=50\text{MPa}$，$\sigma_3=-50\text{MPa}$，$\tau_{\max}=50\text{MPa}$

(b) $\sigma_1=52.2\text{MPa}$，$\sigma_2=50\text{MPa}$，$\sigma_3=-42.2\text{MPa}$，$\tau_{\max}=47.2\text{MPa}$

(c) $\sigma_1=130\text{MPa}$，$\sigma_2=30\text{MPa}$，$\sigma_3=-30\text{MPa}$，$\tau_{max}=180\text{MPa}$

4. $\sigma_y=-42.5\text{MPa}$，$\sigma_1=40.3\text{MPa}$，$\sigma_3=-42.8\text{MPa}$，$\alpha_0=-1.73°$

5. $\varepsilon_x=-135\times10^{-6}$，$\varepsilon_1=212\times10^{-6}$，$\varepsilon_3=-178\times10^{-6}$，$\gamma_{max}=390\times10^{-6}$

6. $\sigma_x=80\text{MPa}$，$\sigma_y=0$

7. $P=64\text{kN}$

8. $\Delta l=9.29\times10^{-3}\text{mm}$

9. $\sigma_{r1}=197.4\ \text{MPa}<[\sigma]$

10. (1) $[P]=9.81\text{kN}$　　(2) $[P]=2.07\text{kN}$

第 14 章

1. $\sigma_{max}=153.4\text{MPa}<[\sigma]$,安全

2. $\sigma_{max}=94.4\text{MPa}$

3. $\sigma_{1\text{-}1}:\sigma_{2\text{-}2}:\sigma_{3\text{-}3}=1:8:1.33$

4. $\sigma_{max}=6\text{MPa}$

5. $\sigma_{max}^{+}=6.75\text{MPa}$，$\sigma_{max}^{-}=6.99\text{MPa}$

6. $d=111.7\text{mm}$

7. $\sigma_{r3}=58.3\text{MPa}<[\sigma]$，安全

8. $\sigma_{r3}=60.4\text{MPa}<[\sigma]$，安全

9. $d=23\ \text{mm}$

10. 不计轴力时,$\sigma_{r3}=141.5\text{MPa}<[\sigma]$,安全；　考虑轴力时,$\sigma_{r3}=141.8\text{MPa}<[\sigma]$,安全

第 15 章

1. (a) $P_{cr}=2620\text{kN}$　(b) $P_{cr}=2730\text{kN}$　(c) $P_{cr}=3250\text{kN}$

2. $P_{cr}=259\text{kN}$

3. (1) $Q_{cr}=119\text{kN}$　(2) $n_w=1.7<n_{st}$,不安全

4. $P\leqslant237\text{kN}$

5. $n_w=2.1>n_{st}$,稳定；　选用 $\text{N}_{\underline{\text{O}}}10$ 或 $\text{N}_{\underline{\text{O}}}12.6$ 工字钢

6. (1) $[P]=172\text{kN}$　　(2) $[P]=69\text{kN}$

7. (a) $[P]=60.6\text{kN}$　　(b) $[P]=157.7\text{kN}$

8. $T_2=59.4℃$

9. $P_{cr}=415.2\text{kN}$，$n_{st}=3.66$

10. $[P]=180.3\text{kN}$

第 16 章

1. $\sigma_d=59.1\text{MPa}$

2. (a) $\sigma_d=\sqrt{\dfrac{8EHW}{\pi ld^2\left[\dfrac{3}{5}\left(\dfrac{d}{D}\right)^2+\dfrac{2}{5}\right]}}$　　(b) $\sigma_d=\sqrt{\dfrac{8EHW}{\pi lD^2}}$

3. $\sigma_d=\left[1+\sqrt{1+\dfrac{243EIH}{2Pl^3}}\right]\times\dfrac{2Pl}{9W}$，$\Delta_d=\left[1+\sqrt{1+\dfrac{243EIH}{2Pl^3}}\right]\times\dfrac{23Ql^3}{1296EI}$

4. $\Delta_{dA}=74.5\text{mm}$，$\sigma_{max}=166.8\text{MPa}$

5. $\sigma_{max}=103\text{MPa}$，$r=-1$

6. $\sigma_a=3.75\text{MPa}$

7. $K_\sigma=1.55$

附录　型 钢 表

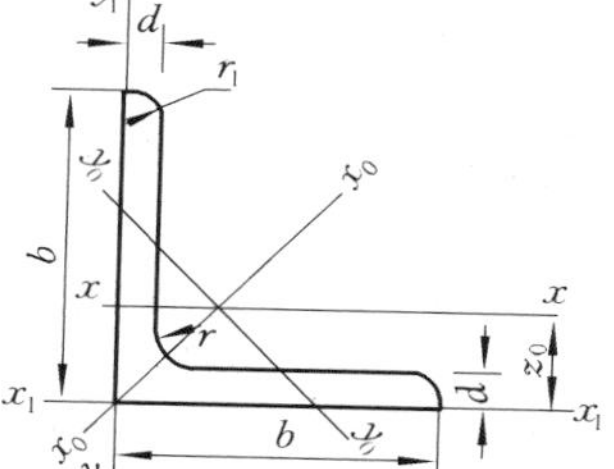

表 1　热轧等边角钢(GB 9787—88)

符号意义：

b——边宽　　　　z——重心距离

d——边厚　　　　I——惯性矩

r——内圆弧半径　　i——惯性半径

r_1——边端内弧半径　W——截面系数

角钢号数	尺寸/mm			截面面积/cm²	理论重量/(kg/m)	外表面积/(m²/m)	参考数值										z_0/cm
							x-x			x_0-x_0			y_0-y_0			x_1-x_1	
	b	d	r				I_x/cm⁴	i_x/cm	W_x/cm³	I_{x_0}/cm⁴	i_{x_0}/cm	W_{x_0}/cm³	I_{y_0}/cm⁴	i_{y_0}/cm	W_{y_0}/cm³	I_{x_1}/cm⁴	
2	20	3	3.5	1.132	0.889	0.078	0.4	0.59	0.29	0.63	0.75	0.45	0.17	0.39	0.2	0.81	0.6
		4		1.459	1.145	0.077	0.5	0.58	0.36	0.78	0.73	0.55	0.22	0.38	0.24	1.09	0.64
2.5	25	3		1.432	1.124	0.098	0.82	0.76	0.46	1.29	0.95	0.13	0.34	0.49	0.33	1.57	0.73
		4		1.859	1.459	0.097	1.03	0.74	0.59	1.62	0.93	0.92	0.43	0.48	0.4	2.11	0.76
3	30	3	4.5	1.749	1.373	0.117	1.46	0.91	0.68	2.31	1.15	1.09	0.61	0.59	0.51	2.71	0.85
		4		2.276	1.786	0.117	1.84	0.9	0.87	2.92	1.13	1.37	0.77	0.58	0.62	3.63	0.89
3.6	36	3		2.109	1.656	0.141	2.58	1.11	0.99	4.09	1.39	1.61	1.07	0.71	0.76	4.68	1
		4		2.756	2.163	0.141	3.29	1.09	1.28	5.22	1.38	2.05	1.37	0.7	0.93	6.25	1.04
		5		3.382	2.654	0.141	3.95	1.08	1.56	6.24	1.36	2.45	1.65	0.7	1.09	7.84	1.07
4	40	3	5	2.359	1.852	0.157	3.59	1.23	1.23	5.69	1.55	2.01	1.49	0.79	0.96	6.41	1.09
		4		3.086	2.422	0.157	4.6	1.22	1.6	7.29	1.54	2.58	1.91	0.79	1.19	8.56	1.13
		5		3.791	2.976	0.156	5.53	1.21	1.96	8.76	1.52	3.1	2.3	0.78	1.39	10.74	1.17
4.5	45	3		2.695	2.088	0.177	5.17	1.4	1.58	8.2	1.76	2.58	2.14	0.9	1.24	9.12	1.22
		4		3.486	2.736	0.177	6.65	1.38	2.05	10.56	1.74	3.32	2.75	0.89	1.54	12.18	1.26
		5		4.292	3.369	0.176	8.04	1.37	2.51	12.74	1.72	4	3.33	0.88	1.81	15.25	1.3
		6		5.076	3.985	0.176	9.33	1.36	2.95	14.76	1.7	4.64	3.89	0.88	2.06	18.36	1.33
5	50	3	5.5	2.971	2.332	0.197	7.18	1.55	1.96	11.37	1.96	3.22	2.98	1	1.57	12.5	1.34
		4		3.897	3.059	0.197	9.26	1.54	2.56	14.7	1.94	4.16	3.82	0.99	1.96	16.69	1.38
		5		4.803	3.77	0.196	11.21	1.53	3.13	17.79	1.92	5.03	4.64	0.98	2.31	20.9	1.42
		6		5.688	4.465	0.196	13.05	1.52	3.68	20.68	1.91	5.85	5.42	0.98	2.63	25.14	1.46
5.6	56	3	6	3.343	2.624	0.221	10.19	1.75	2.48	16.14	2.2	4.08	4.24	1.13	2.02	17.56	1.48
		4		4.39	3.446	0.22	13.18	1.73	3.24	20.92	2.18	5.28	5.46	1.11	2.52	23.43	1.53
		5		5.415	4.251	0.22	16.02	1.72	3.97	25.42	2.17	6.42	6.61	1.1	2.98	29.33	1.57
		8		8.367	6.586	0.291	23.63	1.68	6.03	37.37	2.11	9.44	9.89	1.09	4.16	47.24	1.68

续表

角钢号数	尺寸/mm			截面面积/cm^2	理论重量/(kg/m)	外表面积/(m^2/m)	参考数值										z_0/cm
							x-x			x_0-x_0			y_0-y_0			x_1-x_1	
	b	d	r				I_x/cm^4	i_x/cm	W_x/cm^3	I_{x_0}/cm^4	i_{x_0}/cm	W_{x_0}/cm^3	I_{y_0}/cm^4	i_{y_0}/cm	W_{y_0}/cm^3	I_{x_1}/cm^4	
6.3	63	4	7	4.978	3.907	0.248	19.03	1.96	4.13	30.17	2.46	6.78	7.89	1.26	3.29	33.35	1.7
		5		6.143	4.822	0.248	23.17	1.94	5.08	36.77	2.45	8.25	9.57	1.25	3.90	41.73	1.74
		6		7.288	5.721	0.247	27.12	1.93	6	43.03	2.43	9.66	11.2	1.24	4.46	50.14	1.78
		8		9.515	7.469	0.247	34.46	1.9	7.75	54.56	2.4	12.25	14.33	1.23	5.47	67.11	1.85
		10		11.657	9.151	0.246	41.09	1.88	9.39	64.85	2.36	14.56	17.33	1.22	6.36	84.31	1.93
7	70	4	8	5.57	4.327	0.275	26.39	2.18	5.41	41.8	2.74	8.44	10.99	1.4	4.17	45.74	1.86
		5		6.875	5.397	0.275	32.21	2.16	6.32	51.08	2.73	10.32	13.34	1.39	4.95	57.21	1.91
		6		8.16	6.406	0.275	37.77	2.15	7.48	59.93	2.71	12.11	15.61	1.38	5.67	68.73	1.95
		7		9.424	7.398	0.275	43.09	2.14	8.59	68.35	2.69	13.81	17.82	1.38	6.34	80.29	1.99
		8		10.667	8.373	0.274	48.17	2.12	9.68	76.37	2.68	15.43	19.98	1.37	6.98	91.92	2.03
7.5	75	5	9	7.367	5.818	0.295	39.97	2.33	7.32	63.3	2.92	11.94	16.63	1.5	5.77	70.56	2.04
		6		8.797	6.905	0.294	46.95	2.31	8.64	74.38	2.9	14.02	19.51	1.49	6.67	84.55	2.07
		7		10.16	7.976	0.294	53.57	2.3	9.93	84.96	2.89	16.02	22.18	1.48	7.44	98.71	2.11
		8		11.503	9.03	0.294	59.96	2.28	11.2	95.07	2.88	17.93	24.86	1.47	8.19	112.97	2.15
		10		14.126	11.089	0.293	71.98	2.26	13.64	113.92	2.84	21.48	30.05	1.46	9.56	114.71	2.22
8	80	5		7.912	6.211	0.315	48.79	2.48	8.34	77.33	3.13	13.67	20.25	1.6	6.66	85.36	2.15
		6		9.397	7.376	0.314	57.35	2.47	9.87	90.98	3.11	16.08	23.72	1.59	7.65	102.5	2.19
		7		10.86	8.525	0.314	65.58	2.46	11.37	104.07	3.1	18.4	27.09	1.58	8.58	119.7	2.23
		8		12.303	9.658	0.314	73.49	2.44	12.83	116.6	3.08	20.61	30.39	1.57	9.46	136.97	2.27
		10		15.126	11.874	0.313	88.43	2.42	15.64	140.09	3.04	24.76	36.77	1.56	11.08	171.74	2.35
9	90	6	10	10.637	8.35	0.354	82.77	2.79	12.61	131.26	3.51	20.63	34.28	1.8	9.95	145.87	2.44
		7		12.301	9.656	0.354	94.83	2.78	14.54	150.47	3.5	23.64	39.18	1.78	11.19	170.3	2.48
		8		13.944	10.946	0.353	106.47	2.76	16.42	168.97	3.48	26.55	43.97	1.78	12.35	194.8	2.52
		10		17.167	13.476	0.353	128.58	2.74	20.07	203.9	3.45	32.04	53.26	1.76	14.52	244.07	2.59
		12		20.306	15.94	0.352	149.22	2.71	23.57	230.61	3.41	37.12	62.22	1.75	16.49	293.76	2.67
10	100	6	12	11.932	3.366	0.393	114.95	3.1	15.68	181.98	3.9	25.74	47.92	2	12.69	200.07	2.67
		7		13.796	10.83	0.393	131.86	3.09	18.1	208.97	3.89	29.55	54.74	1.99	14.26	233.54	2.71
		8		15.638	12.276	0.393	148.24	3.08	20.47	235.07	3.88	33.24	61.41	1.98	15.75	267.09	2.76
		10		19.261	15.12	0.392	179.51	3.05	25.06	284.68	3.84	40.26	74.35	1.96	18.54	334.48	2.84
		12		22.8	17.898	0.391	208.9	3.03	29.48	330.95	3.81	46.8	86.84	1.95	21.08	402.34	2.91
		14		28.256	20.611	0.391	236.53	3	33.73	374.06	3.77	52.9	99	1.94	23.44	470.75	2.99
		16		29.627	23.257	0.39	262.53	2.98	37.82	414.16	3.74	58.57	110.89	1.94	25.63	539.8	3.06

续表

角钢号数	尺寸/mm			截面面积/cm^2	理论重量/(kg/m)	外表面积/(m^2/m)	参考数值										z_0/cm
							x-x			x_0-x_0			y_0-y_0			x_1-x_1	
	b	d	r				I_x/cm^4	i_x/cm	W_x/cm^3	I_{x_0}/cm^4	i_{x_0}/cm	W_{x_0}/cm^3	I_{y_0}/cm^4	i_{y_0}/cm	W_{y_0}/cm^3	I_{x_1}/cm^4	
11	110	7	12	15.196	11.928	0.433	177.16	3.41	22.05	280.94	4.3	36.12	73.38	2.2	17.51	310.64	2.96
		8		17.238	13.532	0.433	199.46	3.4	24.95	316.49	4.28	40.69	82.42	2.19	19.39	355.2	3.01
		10		21.261	16.69	0.432	242.19	3.38	30.6	384.39	4.25	49.42	99.98	2.17	22.91	444.65	3.09
		12		25.2	19.782	0.431	282.55	3.35	36.05	448.17	4.22	57.62	116.93	2.15	26.15	534.6	3.16
		14		29.056	22.809	0.431	320.71	3.32	41.31	508.01	4.18	65.31	133.4	2.14	29.14	625.16	3.24
12.5	125	8	14	19.75	15.504	0.492	297.03	3.88	32.52	470.89	4.88	53.28	123.16	2.5	25.86	521.01	3.37
		10		24.373	19.133	0.491	361.67	3.85	39.97	573.89	4.85	64.93	149.46	2.48	30.62	651.93	3.45
		12		28.912	22.696	0.491	423.16	3.83	41.17	671.44	4.82	75.96	174.88	2.46	35.03	783.42	3.53
		14		33.367	26.193	0.49	481.65	3.8	54.16	763.73	4.78	86.41	199.57	2.45	39.13	915.61	3.61
14	140	10		27.373	21.488	0.551	514.65	4.34	50.58	817.27	5.46	82.56	212.04	2.78	39.2	915.11	3.82
		12		35.512	25.522	0.551	603.68	4.31	59.8	958.79	5.43	96.85	248.57	2.76	45.02	1099.28	3.9
		14		37.567	29.49	0.55	688.81	4.28	68.75	1093.56	5.4	110.47	284.06	2.75	50.45	1284.22	3.98
		16		42.539	33.393	0.549	770.24	4.26	77.46	1221.81	5.36	123.42	318.67	2.74	55.55	1470.07	4.06
16	160	10	16	31.502	24.729	0.63	779.53	4.98	66.7	1237.30	6.27	109.36	321.76	3.2	52.76	1365.33	4.31
		12		37.441	29.391	0.63	916.58	4.95	78.98	1455.68	6.24	128.67	377.49	3.18	60.74	1639.57	4.39
		14		43.296	33.987	0.629	1048.36	4.92	90.95	1665.02	6.2	147.17	431.7	3.16	68.24	1914.68	4.47
		16		49.067	38.518	0.629	1175.08	4.89	102.63	1865.57	6.17	164.89	484.59	3.14	75.31	2190.82	4.55
18	180	12		42.241	33.159	0.74	1321.35	5.59	100.82	2100.1	7.05	165	542.61	3.58	78.41	2332.80	4.89
		14		48.896	38.383	0.709	1514.48	5.56	116.25	2407.42	7.02	189.14	621.53	3.56	88.38	2723.48	4.97
		16		55.467	43.542	0.709	1700.99	5.54	131.13	2703.37	6.98	212.4	698.6	3.55	97.83	3115.29	5.05
		18		61.955	48.634	0.708	1875.12	5.5	145.64	2988.24	6.94	234.78	762.1	3.51	105.14	3502.43	5.13
20	200	14	18	54.642	42.894	0.788	2103.55	6.2	144.7	3343.26	7.82	236.4	63.83	3.98	111.82	3734.1	5.46
		16		62.013	48.68	0.788	2366.15	6.18	163.65	3760.89	7.79	265.93	971.41	3.96	123.96	4270.39	5.54
		18		69.301	54.401	0.787	2620.64	6.15	182.22	4164.54	7.75	294.48	1076.74	3.94	135.52	4803.13	5.62
		20		76.505	60.056	0.787	2867.3	6.12	200.42	4554.55	7.72	322.06	1180.04	3.93	146.55	5347.51	5.69
		24		90.661	71.168	0.785	2338.25	6.07	236.17	5294.97	7.64	374.14	1381.53	3.9	166.55	6457.16	5.87

注：1. $r_1=d/3$

2. 角钢长度：

钢号	2～4 号	4.5～8 号	9～14 号	16～20 号
长度	3～9m	4～12m	4～19m	6～19m

3. 一般采用材料：A2，A3，A5，A3F。

表 2　热轧不等边角钢(GB 9788—88)

符号意义：

B——长边宽度　　　b——短边宽度

D——边厚　　　r——内圆弧半径

r_1——边端内弧半径　　　I——惯性矩

i——惯性半径　　　W——截面系数

x_0——重心距离　　　y_0——重心距离

角钢号数	尺寸/mm				截面面积/cm^2	理论重量/(kg/m)	外表面积/(m^2/m)	参考数值													
								x-x			y-y			x_1-x_1		y_1-y_1		u-u			
	B	b	d	r				I_x/cm^4	i_x/cm	W_x/cm^3	I_y/cm^4	i_y/cm	W_y/cm^3	I_{x_1}/cm^4	y_0/cm	I_{y_1}/cm^4	x_0/cm	I_u/cm^4	i_u/cm	W_u/cm^3	$\tan\alpha$
2.5/1.6	25	16	3	3.5	1.162	0.912	0.08	0.7	0.78	0.43	0.22	0.44	0.19	1.56	0.86	0.43	0.42	0.14	0.34	0.16	0.392
			4		1.499	1.176	0.079	0.88	0.77	0.55	0.27	0.43	0.24	2.09	0.9	0.59	0.46	0.17	0.34	0.2	0.381
3.2/2	32	20	3		1.492	1.171	0.102	1.53	1.01	0.72	0.46	0.55	0.3	3.27	1.08	0.82	0.49	0.28	0.43	0.25	0.382
			4		1.939	1.522	0.101	1.93	1	0.93	0.57	0.54	0.39	4.37	1.12	1.12	0.53	0.35	0.42	0.32	0.374
4/2.5	40	25	3	4	1.89	1.484	0.127	3.08	1.28	1.15	0.93	0.7	0.49	6.39	1.32	1.59	0.59	0.56	0.54	0.4	0.386
			4		2.467	1.936	0.127	3.93	1.26	1.49	1.18	0.69	0.63	8.53	1.37	2.14	0.63	0.71	0.54	0.52	0.381
4.5/2.8	45	28	3	5	2.149	1.687	0.143	4.45	1.44	1.47	1.34	0.79	0.62	9.1	1.47	2.23	0.64	0.8	0.61	0.51	0.383
			4		2.806	2.203	0.143	5.69	1.42	1.91	1.7	0.78	0.8	12.13	1.51	3	0.68	1.02	0.6	0.66	0.38
5/3.2	50	32	3	5.5	2.431	1.908	0.161	6.24	1.60	1.84	2.02	0.91	0.82	12.49	1.6	3.31	0.73	1.2	0.7	0.68	0.404
			4		3.177	2.494	0.16	8.02	1.59	2.39	2.58	0.9	1.06	16.65	1.65	4.45	0.77	1.53	0.69	0.87	0.402

续表

角钢号数	尺寸/mm				截面面积/cm^2	理论重量/(kg/m)	外表面积/(m^2/m)	参考数值															
								x-x			y-y			x_1-x_1		y_1-y_1		u-u			
	B	b	d	r				I_x/cm^4	i_x/cm	W_x/cm^3	I_y/cm^4	i_y/cm	W_y/cm^3	I_{x_1}/cm^4	y_0/cm	I_{y_1}/cm^4	x_0/cm	I_u/cm^4	i_u/cm	W_u/cm^3	$\tan\alpha$
5.6/3.6	56	36	3	6	2.743	2.153	0.181	8.88	1.8	2.32	2.92	1.03	1.05	17.54	1.78	4.7	0.8	1.73	0.79	0.87	0.408
			4		3.59	2.818	0.18	11.45	1.79	3.03	3.76	1.02	1.37	23.39	1.82	6.33	0.85	2.23	0.79	1.13	0.408
			5		4.415	3.466	0.18	13.86	1.77	3.71	4.49	1.01	1.65	29.25	1.87	7.94	0.88	2.67	0.78	1.36	0.404
6.3/4	63	40	4	7	4.058	3.185	0.202	16.49	2.02	3.87	5.23	1.14	1.70	33.3	2.04	8.63	0.92	3.12	0.88	1.4	0.398
			5		4.993	3.92	0.202	20.02	2	4.74	6.31	1.12	2.71	41.63	2.08	10.86	0.95	3.76	0.87	1.71	0.396
			6		5.908	4.638	0.201	23.36	1.96	5.59	7.29	1.11	2.43	49.98	2.12	13.12	0.99	4.34	0.86	1.99	0.393
			7		6.802	5.339	0.201	26.53	1.98	6.4	8.24	1.1	2.78	58.07	2.15	15.47	1.03	4.97	0.86	2.29	0.389
7/4.5	70	45	4	7.5	4.547	3.57	0.226	23.17	2.26	4.86	7.55	1.29	2.17	45.92	2.24	12.26	1.02	4.4	0.98	1.77	0.41
			5		5.609	4.403	0.225	27.95	2.23	5.92	9.13	1.28	2.65	57.1	2.28	15.39	1.06	5.4	0.98	2.19	0.407
			6		6.647	5.218	0.225	32.54	2.21	6.95	10.62	1.26	3.12	68.35	2.32	18.58	1.09	6.35	0.98	2.56	0.404
			7		7.657	6.011	0.225	37.22	2.2	8.03	12.01	1.25	3.57	79.99	2.36	21.84	1.13	7.16	0.97	2.94	0.42
7.5/5	75	50	5	8	6.125	4.808	0.245	34.86	2.39	6.83	12.61	1.44	3.3	70	2.4	21.04	1.17	7.41	1.1	2.74	0.435
			6		7.26	5.699	0.245	41.12	2.38	8.12	14.7	1.42	3.88	84.3	2.44	25.37	1.21	8.54	1.08	3.19	0.435
			8		9.467	7.431	0.244	52.39	2.35	10.52	18.53	1.4	4.99	112.5	2.52	34.23	1.29	10.87	1.07	4.1	0.429
			10		11.59	9.098	0.244	62.71	2.33	12.79	21.96	1.38	6.04	140.8	2.6	43.43	1.36	13.1	1.06	4.99	0.423
8/5	80	50	5	8	6.375	5.005	0.255	41.96	2.56	7.78	12.82	1.42	3.32	85.21	2.6	21.06	1.14	7.66	1.1	2.74	0.388
			6		7.56	5.935	0.255	49.49	2.56	9.25	14.95	1.41	3.91	102.53	2.65	25.41	1.18	8.85	1.08	3.2	0.387
			7		8.724	6.848	0.255	56.16	2.54	10.58	16.96	1.39	4.48	119.33	2.69	29.82	1.21	10.18	1.08	3.7	0.384
			8		9.867	7.745	0.254	62.83	2.52	11.92	18.85	1.38	5.03	136.41	2.73	34.32	1.25	11.38	1.07	4.16	0.381

续表

角钢号数	尺寸/mm				截面面积/cm^2	理论重量/(kg/m)	外表面积/(m^2/m)	参考数值													
								x-x			y-y			x_1-x_1		y_1-y_1		u-u			
	B	b	d	r				I_x/cm^4	i_x/cm	W_x/cm^3	I_y/cm^4	i_y/cm	W_y/cm^3	I_{x_1}/cm^4	y_0/cm	I_{y_1}/cm^4	x_0/cm	I_u/cm^4	i_u/cm	W_u/cm^3	tanα
9/5.6	90	56	5	9	7.212	5.661	0.287	60.45	2.9	9.92	18.32	1.59	4.21	121.32	2.91	29.53	1.25	10.98	1.23	3.49	0.385
			6		8.557	6.717	0.286	71.03	2.88	11.74	21.42	1.58	4.96	145.59	2.95	35.58	1.29	12.9	1.23	4.13	0.384
			7		9.88	7.756	0.286	81.01	2.86	13.49	24.36	1.57	5.70	169.66	3	41.71	1.33	14.67	1.22	4.72	0.382
			8		11.183	8.779	0.286	91.03	2.85	15.27	27.15	1.56	6.41	194.17	3.04	47.93	1.36	16.34	1.21	5.29	0.38
10/6.3	100	63	6	10	9.617	7.55	0.32	99.06	3.21	14.64	30.94	1.79	6.35	199.71	3.24	50.5	1.43	18.42	1.38	5.25	0.394
			7		11.111	8.722	0.32	113.45	3.29	16.88	35.26	1.78	7.29	233	3.28	59.14	1.47	21	1.38	6.02	0.393
			8		12.584	9.878	0.319	127.37	3.18	19.08	39.39	1.77	8.21	266.32	3.32	67.88	1.5	23.5	1.37	6.78	0.391
			10		15.467	12.142	0.319	153.81	3.15	23.32	47.12	1.74	9.98	333.06	3.4	85.73	1.58	28.33	1.35	8.24	0.387
10/8	100	80	6	10	10.637	8.35	0.354	107.04	3.17	15.19	61.24	2.4	10.16	199.83	2.95	102.68	1.97	31.65	1.72	8.37	0.627
			7		12.301	9.656	0.354	122.73	3.16	17.52	70.08	2.39	11.17	233.2	3	119.98	2.01	36.17	1.72	9.60	0.626
			8		13.944	10.946	0.353	137.92	3.14	19.81	78.58	2.37	13.21	266.61	3.04	137.37	2.05	40.58	1.71	10.8	0.625
			10		17.167	13.476	0.353	166.87	3.12	24.24	94.65	2.35	16.12	333.63	3.12	172.48	2.13	49.1	1.69	13.12	0.622
11/7	110	70	6		10.637	8.35	0.354	133.37	3.54	17.85	42.92	2.01	7.9	265.78	3.53	69.08	1.57	25.36	1.54	6.53	0.403
			7		12.301	9.656	0.354	153	3.53	20.6	49.01	2	9.09	310.07	3.57	80.82	1.61	28.95	1.53	7.5	0.402
			8		13.944	10.946	0.353	172.04	3.51	23.3	54.87	1.98	10.25	354.39	3.62	92.7	1.65	32.45	1.53	8.45	0.401
			10		17.167	13.476	0.353	208.39	3.48	28.54	65.88	1.96	12.48	443.13	3.7	116.83	1.72	39.20	1.51	10.29	0.397
12.5/8	125	80	7	11	14.096	11.066	0.403	227.98	4.02	26.86	74.42	2.3	12.01	454.99	4.01	120.32	1.8	43.81	1.76	9.92	0.408
			8		15.989	12.551	0.403	256.77	4.01	30.41	83.49	2.28	13.56	519.99	4.06	137.85	1.84	49.15	1.75	11.18	0.407
			10		19.712	15.474	0.402	312.04	3.98	37.33	100.67	2.26	16.56	650.09	4.14	173.4	1.92	59.45	1.74	13.64	0.404
			12		23.351	18.33	0.402	364.41	3.95	44.01	116.67	2.24	19.43	780.39	4.22	209.67	2	69.35	1.72	16.01	0.4

续表

角钢号数	尺寸/mm				截面面积 /cm^2	理论重量 /(kg/m)	外表面积 /(m^2/m)	参考数值													
								x-x			y-y			x_1-x_1		y_1-y_1		u-u			
	B	b	d	r				I_x /cm^4	i_x /cm	W_x /cm^3	I_y /cm^4	i_y /cm	W_y /cm^3	I_{x_1} /cm^4	y_0 /cm	I_{y_1} /cm^4	x_0 /cm	I_u /cm^4	i_u /cm	W_u /cm^3	tanα
14/9	140	90	8	12	18.038	14.16	0.453	365.64	4.5	38.48	120.69	2.59	17.34	730.53	4.5	195.79	2.04	70.83	1.98	14.31	0.411
			10		22.261	17.475	0.452	445.5	4.47	47.31	146.03	2.56	21.22	913.2	4.58	245.92	2.12	85.82	1.96	17.48	0.409
			12		26.4	20.724	0.451	521.59	4.44	55.87	169.79	2.54	24.95	1096.09	4.66	296.89	2.19	100.21	1.95	20.54	0.406
			14		30.456	23.908	0.451	594.1	4.42	64.18	192.1	2.51	28.54	1279.26	4.74	348.82	2.27	114.13	1.94	23.52	0.403
16/10	160	100	10	13	25.315	19.872	0.512	668.69	5.14	62.13	205.03	2.85	26.56	1362.89	5.24	336.59	2.28	121.74	2.19	21.92	0.39
			12		30.054	23.592	0.511	784.91	5.11	73.49	239.06	2.82	31.28	1635.56	5.32	405.94	2.36	142.33	2.17	25.79	0.388
			14		34.709	27.247	0.51	896.3	5.08	84.56	271.2	2.8	35.83	1908.5	5.4	476.42	2.43	162.23	2.16	29.56	0.385
			16		39.218	30.835	0.51	1003.04	5.05	95.33	301.6	2.77	40.24	2181.79	5.48	548.22	2.51	182.57	2.16	33.44	0.382
18/11	180	110	10	14	28.373	22.273	0.571	956.25	5.8	78.96	278.11	3.13	32.49	1940.4	5.89	447.22	2.44	166.5	2.42	26.88	0.376
			12		33.712	26.464	0.571	1124.72	5.78	93.53	325.03	3.1	38.32	2328.38	5.98	538.94	2.52	194.87	2.4	31.66	0.374
			14		38.967	30.589	0.57	1286.91	5.75	107.76	369.55	3.08	43.97	2716.6	6.06	631.95	2.59	222.3	2.39	36.32	0.372
			16		44.139	34.649	0.569	1443.06	5.72	121.64	411.85	3.06	49.44	3105.15	6.14	726.46	2.67	248.94	2.38	40.87	0.369
20/12.5	200	125	12		37.912	29.761	0.641	1570.9	6.44	116.73	483.16	3.57	49.99	3193.85	6.54	787.74	2.83	285.79	2.74	41.23	0.392
			14		43.867	34.436	0.64	1800.97	6.41	134.65	550.83	3.54	57.44	3726.17	6.62	922.47	2.91	326.58	2.73	47.34	0.39
			16		49.739	36.045	0.639	2023.35	6.38	152.18	615.44	3.52	64.69	4258.86	6.7	1058.86	2.99	366.21	2.71	53.32	0.388
			18		55.526	43.588	0.639	2238.3	6.35	169.33	677.19	3.49	71.74	4792	6.78	1197.13	3.06	404.83	2.7	59.18	0.385

注：1. $r_1 = d/3$

2. 角钢长度：

钢号	2～4号	4.5～8号	9～14号	16～20号
长度	3～9m	4～12m	4～19m	6～19m

3. 一般采用材料：A2，A3，A5，A3F。

表 3　热轧普通槽钢(GB 707—88)

符号意义：

h——高度	r_1——腿端圆弧半径
b——腿宽	I——惯性矩
d——腰厚	i——惯性半径
t——平均腿厚	W——截面系数
r——内圆弧半径	z_0——y-y 与 y_0-y_0 轴线间距离

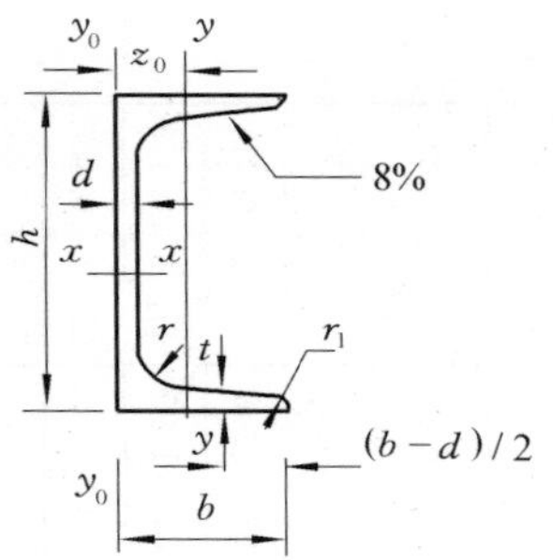

型号	尺寸 /mm						截面面积 /cm²	理论重量 /(kg/m)	参考数值							
									x-x			y-y			y_0-y_0	z_0 /cm
	h	b	d	t	r	r_1			W_x /cm³	I_x /cm⁴	i_x /cm	W_y /cm³	I_y /cm⁴	i_y /cm	I_{y_0} /cm⁴	
5	50	37	4.5	7	7	3.50	6.93	5.44	10.4	26	1.94	3.55	8.3	1.1	20.9	1.35
6.3	63	40	4.8	7.5	7.5	3.75	8.444	6.63	16.123	50.786	2.453	4.5	11.872	1.185	28.38	1.36
8	80	43	5	8	8	4	10.24	8.04	25.3	101.3	3.15	5.79	16.6	1.27	37.4	1.43
10	100	48	5.3	8.5	8.5	4.25	12.74	10	39.7	198.3	3.95	7.8	25.6	1.41	54.9	1.52
12.6	126	53	5.5	9	9	4.5	15.69	12.37	62.137	391.466	4.953	10.242	37.99	1.567	77.09	1.59
14 a	140	58	6	9.5	9.5	4.75	18.51	14.53	80.5	563.7	5.52	13.01	53.2	1.7	107.1	1.71
14 b	140	60	8	9.5	9.5	4.75	21.31	16.73	87.1	609.4	5.35	14.12	61.1	1.69	120.6	1.67
16 a	160	63	6.5	10	10	5	21.95	17.23	108.3	866.2	6.28	16.3	73.3	1.83	144.1	1.8
16	160	65	8.5	10	10	5	25.15	19.74	116.8	934.5	6.1	17.55	83.4	1.82	160.8	1.75
18 a	180	68	7	10.5	10.5	5.25	25.69	20.17	141.4	1272.7	7.04	20.03	98.6	1.96	189.7	1.88
18	180	70	9	10.5	10.5	5.25	29.29	22.99	152.2	1369.9	6.84	21.52	111	1.95	210.1	1.84
20 a	200	73	7	11	11	5.5	28.83	22.63	178	1780.4	7.86	24.2	128.	2.11	244	2.01
20	200	75	9	11	11	5.5	32.83	25.77	191.4	1913.7	7.64	25.88	143.6	2.09	268.4	1.95
22 a	220	77	7	11.5	11.5	5.75	31.84	24.99	217.6	2393.9	8.67	28.17	157.8	2.230	298.2	2.1
22	220	79	9	11.5	11.5	5.75	36.24	28.45	233.8	2571.4	8.42	30.05	176.4	2.210	326.3	2.03
25 a	250	78	7	12	12	6	34.91	27.47	269.597	3369.62	9.823	30.607	175.529	2.243	322.256	2.065
25 b	250	80	9	12	12	6	39.91	31.39	282.402	3530.04	9.405	32.657	196.421	2.218	353.187	1.982
25 c	250	82	11	12	12	6	44.91	35.32	295.236	3690.45	9.065	35.926	218.415	2.206	384.133	1.921
28 a	280	82	7.5	12.5	12.5	6.25	40.02	31.42	340.328	4764.59	10.91	35.718	217.989	2.333	387.566	2.097
28 b	280	84	9.5	12.5	12.5	6.25	45.62	35.81	366.46	5130.45	10.6	37.929	242.144	2.304	427.589	2.016
28 c	280	86	11.5	12.5	12.5	6.25	51.22	40.21	392.594	5496.32	10.35	40.301	267.602	2.287	462.597	1.951
32 a	320	88	8	14	14	7	48.7	38.22	474.879	7598.06	12.49	46.473	304.787	2.502	552.310	2.242
32 b	320	90	10	14	14	7	55.1	43.25	509.012	8144.2	12.15	49.157	336.332	2.471	592.933	2.158
32 c	320	92	12	14	14	7	61.5	48.28	543.145	8690.33	11.83	52.642	374.175	2.467	643.299	2.092
36 a	360	96	9	16	16	8	60.89	47.8	659.7	11874.2	13.97	63.54	455	2.73	818.4	2.44
36 b	360	98	11	16	16	8	68.09	53.45	702.9	12651.8	13.63	66.85	496.7	2.7	880.4	2.37
36 c	360	100	13	16	16	8	75.29	50.1	746.1	13429.4	13.36	70.02	536.4	2.67	947.9	2.34
40 a	400	100	10.5	18	18	9	75.05	58.91	878.9	17577.9	15.3	78.83	592	2.81	1067.7	2.49
40 b	400	102	12.5	18	18	9	83.05	65.19	932.2	18644.5	14.98	82.52	640	2.78	1135.7	2.44
40 c	400	104	14.5	18	18	9	91.05	71.47	985.6	19711.2	14.71	86.19	687.8	2.75	1220.7	2.42

注：1. 槽钢长度：5～8 号，长 5～12m；10～18 号，长 5～19m；20～40 号，长 6～19m。

2. 一般采用材料：A2，A3，A5，A3F。

表 4　热轧普通工字钢(GB 706—88)

符号意义：

h——高度	r_1——腿端圆弧半径
b——腿宽	I——惯性矩
d——腰厚	i——惯性半径
t——平均腿厚	W——截面系数
r——内圆弧半径	S——半截面的面矩

型号	尺寸/mm						截面面积/cm^2	理论重量/(kg/m)	参考数值						
									x-x				y-y		
	h	b	d	t	r	r_1			I_x/cm^4	W_x/cm^3	i_x/cm	I_x/S_x/cm	I_y/cm^4	W_y/cm^3	i_y/cm
10	100	68	4.5	7.6	6.5	3.3	14.3	11.2	245	49	4.14	8.59	33	9.72	1.52
12.6	126	74	5	8.4	7	3.5	18.1	14.2	488.43	77.529	5.195	10.85	46.906	12.677	1.609
14	140	80	5.5	9.1	7.5	3.8	21.5	16.9	712	102	5.76	12	64.4	16.1	1.73
16	160	88	6	9.9	8	4	26.1	20.5	1130	141	6.58	13.8	93.1	21.2	1.89
18	180	91	6.5	10.7	8.5	4.3	30.6	24.1	1660	185	7.36	15.4	122	26	2
20a	200	100	7	11.4	9	4.5	35.5	27.9	2370	237	8.15	17.2	158	31.5	2.12
20b	200	102	9	11.4	9	4.5	39.5	31.1	2500	250	7.96	16.9	169	33.1	2.06
22a	220	110	7.5	12.3	9.5	4.8	42	33	3400	309	8.99	18.9	225	40.9	2.31
22b	220	112	9.5	12.3	9.5	4.8	46.4	36.4	3570	325	8.78	18.7	239	42.7	2.27
25a	250	116	8	13	10	5	48.5	38.1	5023.54	401.88	10.18	21.58	280.046	48.283	2.408
25b	250	118	10	13	10	5	53.5	42	5283.96	422.72	9.938	21.27	309.297	52.423	2.404
28a	280	122	8.5	13.7	10.5	5.3	55.45	43.4	7114.14	508.15	11.32	24.62	345.051	56.565	2.495
28b	280	124	10.5	13.7	10.5	5.3	61.05	47.9	7480	534.29	11.08	24.24	379.496	61.209	2.493
32a	320	130	9.5	15	11.5	5.8	67.05	52.7	11075.5	692.2	12.84	27.46	459.93	70.758	2.619
32b	320	132	11.5	15	11.5	5.8	73.45	57.7	11621.4	726.33	12.58	27.09	501.53	75.989	2.614
32c	320	134	13.5	15	11.5	5.8	79.95	62.8	12167.5	760.47	12.34	26.77	543.31	81.166	2.608
36a	360	136	10	15.8	12	6	76.3	59.9	15760	875	14.4	30.7	552	81.2	2.69
36b	360	138	12	15.8	12	6	83.5	65.6	16530	919	14.1	30.3	582	84.3	2.64
36c	360	140	14	15.8	12	6	90.7	71.2	17310	962	13.8	29.9	612	87.4	2.6
40a	400	142	10.5	16.5	12.5	6.3	86.1	67.6	21720	1090	15.9	34.1	660	93.2	2.77
40b	400	144	12.5	16.5	12.5	6.3	94.1	73.8	22780	1140	15.6	33.6	692	96.2	2.71
40c	400	146	14.5	16.5	12.5	6.3	102	80.1	23850	1190	15.2	33.2	727	99.6	2.65
45a	450	150	11.5	18	13.5	6.8	102	80.4	32240	1430	17.7	38.6	855	114	2.89
45b	450	152	13.5	18	13.5	6.8	111	87.4	33760	1500	17.4	38	894	118	2.84
45c	450	154	15.5	18	13.5	6.8	120	94.5	35280	1570	17.1	37.6	938	122	2.79
50a	500	158	12	20	14	7	119	93.6	46470	1860	19.7	42.8	1120	142	3.07
50b	500	160	14	20	14	7	129	101	48560	1940	19.4	42.4	1170	146	3.01
50c	500	162	16	20	14	7	139	109	50640	2980	19	41.8	1220	151	2.96
56a	560	166	12.5	21	14.5	7.3	135.25	106.2	65585.6	2342.31	22.02	47.73	1370.16	165.08	3.182
56b	560	168	14.5	21	14.5	7.3	146.45	115	68512.5	2446.69	21.63	47.17	1486.75	174.25	3.162
56c	560	170	16.5	21	14.5	7.3	157.85	123.9	71439.4	2551.41	21.27	46.66	1558.39	183.34	3.158
63a	630	176	13	22	15	7.5	154.9	121.6	93916.2	2981.47	24.62	54.17	1700.55	193.24	3.314
63b	630	178	15	22	15	7.5	167.5	131.5	98083.6	3163.98	24.2	53.51	1812.07	203.6	3.289
63c	630	180	17	22	15	7.5	180.1	141	102251.1	3298.42	23.82	52.92	1924.91	213.88	3.268

注：1. 工字钢长度：10～18 号，长 5～19m；20～63 号，长 6～19m。

2. 一般采用材料：A2，A3，A5，A3F。

索　引
(按汉字拼音字母顺序)

J

K

L

M

N

O

P

Q

R

S

T

W

X

Y

Z